清华
科技大讲堂
前沿·科技·分享

U0353748

移动技术与应用

◎ 陈志奎 高静 宁兆龙 编著

清华大学出版社
北京

内 容 简 介

本书系统、全面地介绍了移动技术的相关概念、关键技术、发展现状和发展趋势等内容,并对一些典型的移动通信系统和移动技术应用进行了深入的分析和探讨。本书贯穿移动技术发展的整个过程,内容全面,浅显易懂,与实践相结合,有助于广大读者深入理解移动技术的相关原理和实际应用。

本书融通俗性、完整性、实用性、丰富性于一体,可作为高等院校计算机、软件工程、通信工程、电子信息工程等专业本科生及研究生的教材,也可作为移动技术相关领域技术人员的参考书。

图书在版编目(CIP)数据

移动技术与应用/陈志奎,高静,宁兆龙编著. —北京:清华大学出版社,2017
(清华科技大讲堂)
ISBN 978-7-302-45372-7

Ⅰ. ①移…　Ⅱ. ①陈…　②高…　③宁…　Ⅲ. ①移动通信—通信技术—高等学校—教材　Ⅳ. ①TN929.5

中国版本图书馆 CIP 数据核字(2016)第 260182 号

责任编辑:贾　斌　薛　阳
封面设计:刘　键
责任校对:梁　毅
责任印制:杨　艳

出版发行:清华大学出版社
　　　　网　　　址:http://www.tup.com.cn,http://www.wqbook.com
　　　　地　　　址:北京清华大学学研大厦 A 座　　　　邮　　编:100084
　　　　社 总 机:010-62770175　　　　　　　　　　　邮　　购:010-62786544
　　　　投稿与读者服务:010-62776969,c-service@tup.tsinghua.edu.cn
　　　　质 量 反 馈:010-62772015,zhiliang@tup.tsinghua.edu.cn
　　　　课 件 下 载:http://www.tup.com.cn,010-62795954
印　刷　者:北京富博印刷有限公司
装　订　者:北京市密云县京文制本装订厂
经　　　销:全国新华书店
开　　　本:185mm×260mm　　　印　　张:20.75　　　字　　数:505 千字
版　　　次:2017 年 2 月第 1 版　　　　　　　　　　　印　　次:2017 年 2 月第 1 次印刷
印　　　数:1～2500
定　　　价:44.50 元

产品编号:070387-01

前　言

自 20 世纪末,移动技术的出现给人们的生产生活方式带来了极大的变革,各类高性能、便携式的移动终端层出不穷。随着移动通信和移动计算技术的融合,移动技术正逐步趋于完善,移动技术的应用与发展将进一步推动社会形态的变革。

互联网和移动技术已经成为信息通信技术发展的主要动力,移动技术的使用开辟了广阔的移动交互空间,未来的移动信息终端和无线网络将会得到更好的发展,并对人们的生产生活产生更深远的影响。目前,我们国家移动通信网已经发展成全球第一大网。

移动技术是当今科技发展最快的领域之一,许多院校为了培养移动技术领域的科技人才,开设了“移动技术”这门课程。编写适应我国本科生和研究生教学改革发展要求,理论联系实际的教材,是目前高校迫切的需求。本书是一部全面介绍移动技术的专业教材,教材的指导思想是内容全面,浅显易懂,与实践相结合。本书由大连理工大学陈志奎教授主编。本书作者长期从事移动技术的教学和研究,全书内容根据作者的教学经验和实际研究编写完成。

全书共分为三篇,分别是长距离移动技术篇、短距离移动技术篇和应用篇。本书内容涉及移动技术发展的整个过程,全面系统地介绍了移动技术的相关概念、关键技术、一些典型的移动通信系统,以及移动技术的专题应用研究。第 1 章介绍了移动技术的发展史、特点、分类、发展趋势和面临的挑战。第 2~6 章分别介绍了 1G 技术到 5G 技术的背景、特点、关键技术以及存在的问题和挑战;第 7 章和第 8 章介绍了另外两种长距离移动技术——卫星通信和深空通信的相关概念;第 9 ~ 13 章是针对已引起广泛关注、具有广阔前景的短距离移动技术编写的,以使读者对该领域前沿技术有一个更为深刻的了解;第 14 章对移动技术中现有的以及未来将会广泛应用的骨干网进行了总结和展望;第 15 ~17 章介绍移动技术的专题应用。这种组织结构使读者易于掌握移动技术知识体系的脉络,同时,便于组织教学。

本书适合作为高等院校计算机、软件工程、通信工程、电子信息工程等专业本科生及研究生的教材,也可作为移动技术相关领域技术人员的参考书。相信它的出版将使广大读者对移动技术的发展过程、现状、趋势及挑战有全面的了解,从而更深刻地理解移动技术的相关原理和实际应用。

本书融通俗性、完整性、实用性、丰富性于一体,有助于广大读者全面理解移动技术。本书编写力求文字简洁、清楚、生动,但限于作者水平,书中难免有不妥之处,欢迎广大读者对本书提出宝贵的意见。

编者

2016 年 6 月

目 录

短距离移动技术篇

应　用　篇

第1章

概　述

1.1　移动技术的发展史

自从 1890 年特斯拉奠定了无线通信的理论基础,马可尼在 1894 年第一次将无线信号传输到两英里外,移动技术的出现给人们的生产生活方式带来了极大的变革。移动技术是信息技术与通信技术的融合,并与互联网一起成为信息通信技术发展的主要驱动力。依靠高覆盖率的移动通信网、高速无线网络和各种不同类型的移动信息终端,移动技术的使用开辟了广阔的移动交互空间,并且已经成为普及与流行的生活和工作方式。

1.1.1　移动通信技术发展史

移动通信技术可以说从无线电通信发明之日就产生了。1897 年,马可尼所完成的无线通信试验就是在固定站与一艘拖船之间进行的,距离为 18 海里。而现代移动通信技术的发展始于 20 世纪 20 年代,大致经历了 5 个发展阶段。35 年前,谁也无法想象有一天每个人身上都有一部电话,与这个世界连接。如今,人们可以通过手机进行通信,智能手机更如同一款随身携带的小型计算机,通过移动通信网络实现无线网络接入后,可以方便地实现个人信息管理,查阅股票、新闻、天气、交通、商品信息,下载应用程序、音乐和图片等功能。下面回顾一下移动通信网络技术的发展简史。

第一阶段从 20 世纪 20 年代至 20 世纪 40 年代,为早期发展阶段。

在这期间,首先在短波几个频段上开发出专用移动通信系统,其代表是美国底特律市警察使用的车载无线电系统。该系统工作频率为 2MHz,到 20 世纪 40 年代提高到 30～40MHz,可以认为这个阶段是现代移动通信的起步阶段,特点是专用系统开发,工作频率较低。

第二阶段从 20 世纪 40 年代中期至 20 世纪 60 年代初期。

在此期间，公用移动通信业务开始问世。1946 年，根据美国联邦通信委员会（FCC）的计划，贝尔系统在圣路易斯城建立了世界上第一个公用汽车电话网，称为"城市系统"。当时使用三个频道，间隔为 120kHz，通信方式为单工，随后，西德（1950 年）、法国（1956 年）、英国（1959 年）等国相继研制了公用移动电话系统。美国贝尔实验室完成了人工交换系统的接续问题。这一阶段的特点是从专用移动网向公用移动网过渡，接续方式为人工，网络容量较小。

第三阶段从 20 世纪 60 年代中期至 20 世纪 70 年代中期。

在此期间，美国推出了改进型移动电话系统（IMTS），使用 150MHz 和 450MHz 频段，采用大区制、中小容量，实现了无线频道自动选择并能够自动接续到公用电话网。德国也推出了具有相同技术水准的 B 网。可以说，这一阶段是移动通信系统改进与完善的阶段，其特点是采用大区制、中小容量，使用 450MHz 频段，实现了自动选频与自动接续。

第四阶段从 20 世纪 70 年代中期至 20 世纪 80 年代中期，这是移动通信蓬勃发展时期。

1978 年年底，美国贝尔实验室研制成功先进的移动电话系统（AMPS），建成了蜂窝状移动通信网，大大提高了系统容量。该阶段称为 1G（第一代移动通信技术），主要采用的是模拟技术和频分多址（FDMA）技术。Nordic 移动电话（NMT）就是这样一种标准，应用于北欧、东欧以及俄罗斯。其他还包括美国的高级移动电话系统（AMPS），英国的总访问通信系统（TACS）以及日本的 JTAGS，西德的 C-Netz，法国的 Radiocom 2000 和意大利的 RTMI。

这一阶段的特点是蜂窝状移动通信网成为实用系统，并在世界各地迅速发展。移动通信大发展的原因，除了用户要求迅猛增加这一主要推动力之外，还有几方面技术进展所提供的条件。首先，微电子技术在这一时期得到长足发展，这使得通信设备的小型化、微型化有了可能性，各种轻便电台被不断地推出。其次，提出并形成了移动通信新体制。随着用户数量增加，大区制所能提供的容量很快饱和，这就必须探索新体制。在这方面最重要的突破是贝尔实验室在 20 世纪 70 年代提出的蜂窝网概念，解决了公用移动通信系统要求容量大与频率资源有限的矛盾。第三方面进展是随着大规模集成电路的发展而出现的微处理器技术日趋成熟以及计算机技术的迅猛发展，从而为大型通信网的管理与控制提供了技术手段。以 AMPS 和 TACS 为代表的第一代移动通信模拟蜂窝网虽然取得了很大成功，但也暴露了一些问题，比如容量有限、制式太多、互不兼容、话音质量不高、不能提供数据业务、不能提供自动漫游、频谱利用率低、移动设备复杂、费用较贵以及通话易被窃听等，最主要的问题是其容量已不能满足日益增长的移动用户需求。

第五阶段从 20 世纪 70 年代中期开始，这是数字移动通信系统发展和成熟时期。

该阶段可以再分为 2G、2.5G、3G、4G 等。

2G 是第二代手机通信技术规格的简称，一般定义为以数码语音传输技术为核心，无法直接传送如电子邮件、软件等信息；只具有通话和一些如时间日期等传送的手机通信技术规格。不过手机短信服务（SMS）在 2G 的某些规格中能够被执行。2G 主要采用的是时分多址（TDMA）技术和码分多址（CDMA）技术，与之对应的是 GSM 和 CDMA 两种体制。

2.5G 是从 2G 迈向 3G 的衔接性技术，由于 3G 是个相当浩大的工程，要从 2G 直接迈向 3G 不可能一蹴而就，因此出现了介于 2G 和 3G 之间的 2.5G。HSCSD、EDGE 等技术是公认的 2.5G 技术。2.5G 功能通常与 GPRS 技术有关，GPRS 技术是在 GSM 的基础上的一种过渡技术。GPRS 的推出标志着人们在 GSM 的发展史上迈出了意义重大的一步，GPRS 在移动用户和数据网络之间提供一种连接，给移动用户提供高速无线 IP 和 X.25 分组数据接入服务。相比于 2G 服务，2.5G 无线技术可以提供更高的速率和更多的功能。

3G 是支持高速数据传输的第三代移动通信技术的简称。与从前以模拟技术为代表的第一代和第二代移动通信技术相比，3G 拥有更宽的带宽，其传输速度最低为 384kb/s，最高为 2Mb/s，带宽可达 5MHz 以上。不仅能传输话音，还能传输数据，从而提供快捷、方便的无线应用，如无线接入 Internet。能够实现高速数据传输和宽带多媒体服务是第三代移动通信的另一个主要特点。目前 3G 存在 4 种标准：CDMA2000，WCDMA，TD-SCDMA，WiMAX。第三代移动通信网络能将高速移动接入和基于互联网协议的服务结合起来，提高无线频率利用效率。提供包括卫星在内的全球覆盖并实现有线和无线以及不同无线网络之间业务的无缝连接。满足多媒体业务的要求，从而为用户提供更经济、内容更丰富的无线通信服务。

4G 是第 4 代移动通信及其技术的简称，能够传输高质量视频图像，它的图像传输质量与高清晰度电视不相上下。4G 系统能够以 100Mb/s 的速度下载，是拨号上网速度的 2000 倍，上传的速度也能达到 20Mb/s，并能够满足几乎所有用户对于无线服务的要求。4G 技术包括 TD-LTE 和 FDD-LTE 两种制式（严格意义上来讲，LTE 只是 3.9G，尽管被宣传为 4G 无线标准，但它其实并未被 3GPP 认可为国际电信联盟所描述的下一代无线通信标准 IMT-Advanced，因此在严格意义上其还未达到 4G 的标准。只有升级版的 LTE Advanced 才满足国际电信联盟对 4G 的要求）。

5G 指的是第 5 代移动通信技术。与前 4 代不同，5G 并不是单一的无线技术，而是现有无线通信技术的一个融合。目前，4G 峰值速率可以达到 100Mb/s，5G 的峰值速率将达到 10Gb/s，比 4G 提升了 100 倍。现有的 4G 网络处理自发能力有限，无法支持部分高清视频、高质量语音、增强现实、虚拟现实等业务。5G 将引入更加先进的技术，通过更加高的频谱效率、更多的频谱资源以及更加密集的小区等共同满足移动业务流量增长的需求，解决 4G 网络面临的问题，构建一个具有高速的传输速率、高容量、低时延、高可靠性、优质用户体验的网络社会。

1.1.2 无线网络技术发展历程

无线网络的历史起源，可以追溯到第二次世界大战期间，当时美国陆军采用无线电信号进行资料的传输。他们研发出了一套无线电传输科技，并且采用相当高强度的加密技术，得到美军和盟军的广泛使用。这项技术让许多学者得到了一些灵感，在 1971 年时，夏威夷大学的研究员创造了第一个基于封包式技术的无线电通信网络。这个被称作 ALOHANET 的网络，可以算是相当早期的无线局域网络（WLAN）。它包括 7 台计算机，它们采用双向星状拓扑横跨 4 座夏威夷的岛屿，中心计算机放置在瓦胡岛上。从这时开始，无线网络可以说是正式诞生了。

1983 年最早的有线网络标准正式面向大众发布。1990 年，IEEE 802.11 项目的出现标志着无线网络技术逐渐走向成熟。1997 年，第一个无线网络标准 IEEE 802.11 问世。1999

年,更可靠、更快捷、成本更低的无线推广阶段开始。2003 年以来,随着无线网络热度的迅速提升及以太网络的全面普及、企业化以及家庭化,Wi-Fi、CDMA/GPRS、蓝牙等技术不断出现在公众的眼前。无线网络成为 IT 市场中新的热点。

如今的无线网络技术无论是在难以布线的环境、频繁变化的环境还是流动工作者移动办公的区域的网络信息系统的接入方面都有很强的优势。它不仅可以对可移动设备进行快速的网络连接,进行远距离信息的传输,还可以作为专门工程或高峰时间所需的暂时局域网。无线网络为办公室和家庭办公室用户,以及需要安装小型网络的用户提供了更为灵活方便的上网条件。

1.2　移动技术的特点

移动通信系统允许在移动状态(甚至很快速度、很大范围)下通信,所以系统与用户之间的信号传输采用无线方式,且系统相当复杂。移动通信的主要特点如下。

1. 信道特性差

由于采用无线传输方式,电波会随着传输距离的增加而衰减(扩散衰减);不同的地形、地物对信号也会有不同的影响;信号可能经过多点反射,会从多条路径到达接收点,产生多径效应(电平衰落和时延扩展);当用户的通信终端快速移动时,会产生多普勒效应(附加调频),影响信号的接收。并且,由于用户的通信终端是可移动的,所以,这些衰减和影响是不断变化的。

2. 干扰复杂

移动通信系统运行在复杂的干扰环境中,如外部噪声干扰(天电干扰、工业干扰、信道噪声)、系统内干扰和系统间干扰(邻道干扰、互调干扰、交调干扰、共道干扰、多址干扰和远近效应等)。如何减少这些干扰的影响,也是移动通信系统要解决的重要问题。

3. 有限的频谱资源

考虑到无线覆盖、系统容量和用户设备的实现等问题,移动通信系统基本上选择在特高频 UHF(分米波段)上实现无线传输,而这个频段还有其他的系统(如雷达、电视、其他的无线接入),移动通信可以利用的频谱资源非常有限。随着移动通信的发展,通信容量不断提高,因此必须研究和开发各种新技术,采取各种新措施,提高频谱的利用率,合理地分配和管理频率资源。

4. 用户终端设备(移动台)要求高

用户终端设备除技术含量很高外,对于手持机(手机)还要求体积小、重量轻、防震动、省电、操作简单、携带方便;对于车载台还应保证在高低温变化等恶劣环境下也能正常工作。

5. 要求有效的管理和控制

由于系统中用户终端可移动,为了确保与指定的用户进行通信,移动通信系统必须具备很强的管理和控制功能,如用户的位置登记和定位、呼叫链路的建立和拆除、信道的分配和管理、越区切换和漫游的控制、鉴权和保密措施、计费管理等。

相比于传统的移动通信系统,广泛用于局部区域通信的低移动性无线网络技术通常具有下列特点。

1. 灵活性高

无线网络可以更方便地照顾到有线网络不能顾及的地方,而且架设很方便。对经常需要变动网络布线结构和用户需要更大范围移动计算机的地方,使用无线局域网可以克服线缆限制引起的不便性,对于时间紧、需要信速建立通信而使用有线网架设不便、成本高或耗时长的情况也可使用无线局域网。

2. 使用更方便

千兆有线网虽然在骨干网络中早已跨入应用主流,但在实际家庭或小型办公应用中,百兆有线网络仍是绝对主流。所以从实际应用来看,目前的无线网络已能提供接近于有线网络的速度。虽然这种速度的保障对距离的要求更为苛刻,但便利性和性能间的矛盾对目前的整个网络技术来说都是需要突破的。

3. 安全性已能保障普通应用

现在的无线产品已能提供多重安全防护。支持 64/128/152 位 WEP 数据加密,同时支持 WPA、IEEE 802.1X、TKIP、AES 等加密与安全机制。支持 SSID 广播控制,支持基于 MAC 地址的访问控制,再配合强大的防火墙特性,可有效防止入侵,为无线通信提供强大的安全保护。

4. 价格虽高于有线,但已可接受

对于普通的家庭用户和小型办公用户来说,无线的主要比较对象就是百兆有线家庭网络。同样以组建一个 4 台计算机的小型家庭无线网络为例,其投入可分为两类。

(1)组建 Ad-Hoc 对等网络,不需要投入无线 AP,只需要购买无线网卡。以已有笔记本集成有两块无线网卡为例,还需要为其他计算机购买两块网卡。

(2)如果组建具有基础设施的中心式无线网络,那么无线 AP 就是必需的。由于市场中单纯性 SOHO 级无线 AP 已被淘汰,所以集无线 AP 和宽带路由器于一身的无线路由器成为首选。

近年来移动通信技术与信息技术的融合使移动技术成为业界关注的焦点。随着移动通信和移动计算技术的融合,移动技术的逐步成熟,移动技术的应用与发展带来的移动交互,为普适计算(Ubiquitous Computing)、随时随地(Any time,Any where)在线连接、通信联络和信息交换提供了可能,为移动工作提供了新的机遇和挑战,并推动着社会形态及组织形态的进一步变革。

1.3　移动技术分类

移动技术按其覆盖的范围可分为长距离移动技术和短距离移动技术。

1. 长距离移动技术

长距离移动技术主要指传统的移动通信技术,其显著的特征是通信实体间存在较强的移动性,电波传播条件复杂,噪声和干扰严重,系统和网络结构复杂,对频带利用率、移动台要求较高。

（1）第一代移动通信技术（1G）：1G 是基于模拟调频技术（FM）和频分多址（FDMA）技术的模拟蜂窝网移动通信系统，其代表制式为美国的 AMPS 和英国的 TACS。

（2）第二代移动通信技术（2G）：2G 是以数字调制技术为基础，采用时分多址（TDMA）和码分多址（CDMA）技术的数字蜂窝网移动通信系统，包括 GSM、CMDA 及 GPRS、EDGE 等演进技术。

（3）第三代移动通信技术（3G）：3G 是以宽带码分多址技术为主，采用数字通信技术的新一代移动通信系统，包括 WCDMA、CDMA2000、TD-SCDMA、WiMAX 等。

（4）第四代移动通信技术（4G）：4G 是以 OFDM 和 MIMO 技术为核心的宽带移动通信网络，包括 TDD-LTE、FDD-LTE、LTE-Advanced、HSPA＋等。

（5）第五代移动通信技术（5G）：5G 是集移动互联网与物联网为一体的全新移动通信网，其传输速率、可靠性、能效较之 4G 将有大幅提升。

（6）其他长距离移动通信技术：GPS、卫星（低空）组网技术、深空通信技术等。

2. 短距离移动技术

短距离移动技术的主要特点为通信距离短，覆盖距离一般在 10～200m。另外，低成本、低功耗和对等通信也是短距离无线通信技术的三个重要特征和优势。

（1）Wi-Fi 技术：Wi-Fi（Wireless-Fidelity，无线高保真）属于无线局域网的一种，通常是指符合 IEEE 802.11b 标准的网络产品，是利用无线接入手段的新型局域网解决方案。

（2）Bluetooth 技术：Bluetooth 是一种无线数据与语音通信的开放性全球规范，它以低成本的短距离无线连接为基础，可为固定的或移动的终端设备提供廉价的接入服务。

（3）ZigBee 技术：ZigBee 主要应用在短距离范围之内并且数据传输速率不高的各种电子设备之间。

（4）HART 技术：HART（Highway Addressable Remote Transducer，可寻址远程传感器高速通道的开放通信协议）是一种用于现场智能仪表和控制室设备之间的通信协议。

（5）EnOcean 技术：EnOcean 是一种新型的无线传输技术，该技术同 ZigBee、Wi-Fi、Bluetooth 等无线技术相比最大的优点就是极低的功耗，可以在 1mW 的发射功率下实现的传输距离超过 300m。

1.4 移动技术发展趋势

1. 无线通信技术的发展趋势

不同的无线通信技术在不同领域的接入方式和技术也是不同的，它们的特点也具有一定的差异，覆盖范围有所不同，这就要求未来的无线通信技术要具有一定的互补性。移动通信技术是未来无线通信技术的主流技术，其他类型的无线通信技术则要根据自身的特性，在合理的覆盖范围内和移动通信技术形成有效互补。

随着光纤等高速通信传输技术的快速发展，有线网络的宽带化得到广泛的应用，无线通信技术也在朝着宽带化的方向发展，宽带在全球的接入速度和覆盖率呈逐渐上升的趋势，在未来的无线通信技术发展和革新的过程中，宽带化成为无线通信技术的一个重要发展趋势。

在无线通信技术发展的过程中，无线通信信息网接入模式也呈现出朝着综合化和多样化方向发展的特征,无线网络的分组化实现了无线通信技术的可持续发展,使得同一核心网络上的多种形式的信息和数据的传递得以实现,为适应网络市场竞争的基本需求,无线通信技术将会呈现出综合化、多样化特征,从而促进无线通信技术的发展。

随着 IP 技术的投入使用,无线通信技术将会实现信息个人化目标,IP 技术成为通信技术的一个热点,无线通信技术和 IP 技术的结合是无线通信技术发展的必然结果,将会为无线通信技术提供更可靠的技术支持,推动无线通信技术向全球个人通信方向发展。

2. 信息通信技术的深度融合

(1)无线技术与蜂窝网技术的融合。为了实现其计费和检测功能,短距离无线通信技术一直广泛应用于电子产品领域。近几年来,随着无线通信技术的不断发展,更多更新的短距离无线接入技术不断涌现,例如,蓝牙技术的应用,实现了短距离无线技术和蜂窝网技术的有效融合。

(2)移动通信技术和无线宽带接入技术的融合。移动通信业务的成功发展,以及宽带业务的迅速增加,促成了多种宽带接入技术的产生和成熟,WLAN 技术的发展促进了 3G 增强型业务和技术的迅速发展。为此,移动通信技术和无线宽带接入技术竞争和互补中不断发展,最终在 5G 时代实现二者的有机融合。

(3)无线通信技术与视频等多媒体技术的融合。利用地面数字系统,刺激数字电视广播技术和视频等多媒体业务的需求,为移动通信业务提供语音和视频等节目,这也是无线通信技术与地面数字媒体有机融合的一个表现。就视频业务来说,还存在着在现有的移动网络上开展视频业务,以及合适的商业模式等问题。

3. 移动应用的新变革

移动技术和互联网已经成为信息通信技术发展的主要驱动力,借着高覆盖率的移动通信网、高速无线网络和各种不同类型的移动信息终端,移动技术的使用开辟了广阔的移动交互空间。近年来,3G 和智能手机的引入无疑为移动应用的发展注入了新的强心剂,现在手机 CPU 的速度已经达到前几年台式计算机的水平。而手机和移动终端的可移动性是普通计算机所没有的巨大优势。手机已经不仅是一个通话工具,而且已经成为一个重要的可以随身移动的信息处理平台。这些移动的计算平台与笔记本构成了移动的"云",因此应运而生的"云计算"概念正在不断地扩大它的影响力,必将带来一次新的技术飞跃。因此移动应用将会越来越深入到人们生活中的方方面面。这包括移动办公、移动政务、移动商务、移动执法、移动旅游服务等。人们可以在任何地方找到和他所在位置相关的信息、处理的办公事务或私人事宜。近来许多 IT 界的巨头军加入进来,例如,Google 推出开源的 Android 移动平台,整合了它的 Gmail、Google 地图等资源,创建了一个庞大的移动应用产业链,并引入了各行业的巨头参与(手机制造,软件开发,移动运营)。移动应用正在发生一场新的变革。

以移动技术为代表的普适计算与泛在网络,也就是目前正在热议的物联网技术,将带动信息技术发展的下一波浪潮。信息技术的这一波浪潮在催生信息社会、知识社会形态的同时,也进一步催生了面向知识社会的创新 2.0 形态,引领着生活方式、管理模式、社会形态、创新形态的嬗变。

1.5 移动技术面临的挑战

移动技术发展所面临的挑战主要包括以下几点。

1. 有限的频谱资源一直以来制约着无线通信系统性能提升

考虑到无线覆盖、系统容量和用户设备的实现等问题，移动通信系统基本上选择在特高频 UHF（分米波段）上实现无线传输，而这个频段还有其他的系统（如雷达、电视、其他的无线接入），移动通信可以利用的频谱资源非常有限。随着移动通信的发展，通信容量不断提高，必须研究和开发各种新技术，采取各种新措施，提高频谱的利用率，合理地分配和管理频率资源。

2. 信道在高速移动条件下的恶化和高频段信道的开发为高传输速率技术带来挑战

高速移动无线信道工作环境极为复杂恶劣，往往引起通信终端的接收信号不稳定易受干扰，特别是高速移动将引起多普勒频移效应。此外，信号多径传播也将加剧信道衰落，导致通信质量降低。

随着各类移动通信、卫星和无线通信的不断发展，低频段资源日趋紧张，目前可用的资源主要集中在 6GHz 频段以上。与低频信号相比，高频信号在传播过程中，自由空间衰减和穿透损耗均比较大，因此需要对高频信道测量与建模、高频新空口、组网技术及器件等内容展开深入研究。

3. 小区密集化以及移动设备的增加导致的干扰制约网络容量增长和传输速率增加

随着网络容量需求的日益加大，小区的部署也随之越来越密集，小区覆盖面积的进一步缩小，小区间同频干扰强度显著增大。干扰的问题会使移动通信的误码率增加、通话质量降低甚至发生掉线，降低了移动通信系统接通率。

4. 新型通信技术和高频段开发给半导体技术带来挑战

新的产业浪潮的发展是信息通信技术的融合，是物联网与互联网的结合，它面对的是海量数据和信息的交流与处理，因此需要更高的通信带宽，更智能化的移动网络和终端，这些都对半导体技术提出了更高的要求。

5. 海量设备带来的能耗增加为绿色通信的要求带来挑战

随着通信及信息化的不断发展，通信产业的能耗问题也日益严重，高耗能的通信设备不但加大了对能源的消耗和对环境的污染，同时也不利于运营商的成本控制，通信产业节能减排形势日趋严峻。

1.6 关于本书的内容与安排

本书旨在介绍各类通信技术的演进，包括移动通信的相关概念、关键技术、演进过程、一些典型的移动通信系统以及移动技术专题应用研究，由长距离通信技术、短距离通信技术和应用三个部分组成。第 1 章介绍移动技术的发展史、移动技术的特点、移动技术的分类、移动技术的发展趋势和移动技术面临的挑战。第 2～7 章，分别介绍 1G 技术到 5G 技术的背景、特点、关键技术以及存在的问题和挑战。第8～13章介绍各类短距离移动技术,以使读者对各类前沿移动技术有一个更深刻的了解。第14～17章介绍移动技术的专题应用。

思考与讨论

1. 什么是移动技术?移动技术有哪些特点?
2. 简述移动通信技术的发展历程。
3. 简述移动技术的发展趋势及其面临的挑战。

参考文献

[1] 祝种谷. 无线网络技术及特点分析[J]. 信息安全与技术,2012,3(4):45-46.
[2] 世界网络. 移动通信发展史[OL]. 中无通讯,第62期. http://www.linkwan.com/gb/articles/1749.htm.
[3] 崔春风,王晓云. 3GPP LTE——3G向4G演进的关键一步[J]. 电信网技术,2005(9):1-4.
[4] 宋刚. 移动技术在城市管理中的应用——英国游牧项目及其启示[J]. 城市管理与科技,2005,7(3):103-106.
[5] 宋刚,李明升. 移动政务推动公共管理与服务创新[C]. OA'2006办公自动化学术研讨会,2006:10-13.
[6] 刘璨,崔昊杨,王超群,等. 高速移动环境下无线信道模型的性能[J]. 上海电力学院学报,2016,32(1).

长距离移动技术篇

第2章

1G技术

2.1　1G 技术简介

第一代移动通信技术(1G)是指 20 世纪 80 年代发展起来的模拟蜂窝移动电话系统,其主要特征是采用模拟调频技术和频分多址(FDMA)技术,主要业务是话音。第一代移动通信技术的代表性系统包括美国的高级移动电话系统(AMPS),英国的总访问通信系统(TACS)以及日本的 JTAGS,西德的 C-Netz,法国的 Radiocom 2000 和意大利的 RTMI。第一代移动通信系统在商业上取得了巨大的成功,但是其弊端也日渐显露出来,如频谱利用率低,业务种类有限,无高速数据业务,制式太多且互不兼容,保密性差,易被盗听和盗号,设备成本高,体积大,重量大。所以,第一代移动通信技术作为 20 世纪 80 年代到 20 世纪 90 年代初的产物已经完成了任务并退出了历史舞台。

2.2　1G 技术的发展史

20 世纪 70 年代中期至 20 世纪 80 年代中期是第一代蜂窝网络移动通信系统发展阶段。第一代蜂窝网络移动通信系统是基于模拟传输的,其特点是业务量小、质量差、安全性差、没有加密和速度低。1G 主要基于蜂窝结构组网,直接使用模拟语音调制技术,传输速率约 2.4kb/s。

1978 年年底,美国贝尔实验室成功研制了高级移动电话系统(Advanced Mobile Phone System,AMPS),建成了蜂窝状移动通信网,这是第一种真正意义上的可以随时随地通信的大容量的蜂窝状移动通信系统。蜂窝状移动通信系统是基于带宽或干扰受限,它通过小区分裂,有效地控制干扰,在相隔一定距离的基站,重复使用相同的频率,从而实现频率复用,大大提高了频谱的利用率,有效地提高了系统的容量。

1983 年,AMPS 首次在芝加哥投入商用,1985 年,已经扩展到 47 个地区。其他国家也相继开发出各自的蜂窝状移动通信网。日本于 1979 年推出 800MHz 汽车移动电话系统（HAMTS），在东京、大阪等地投入商用，成为全球首个商用蜂窝移动通信系统。前联邦德国于 1984 年完成 C 网，频段 450MHz。英国在 1985 年开发出全接入通信系统（Total Access Communications System，TACS），频段 900MHz。法国开发出 450 系统。加拿大推出 450MHz 移动电话系统（Mobile Telephone System，MTS）。瑞典等北欧四国于 1980 年开发出 NMT-450（Nordic Mobile Telephone，NMT）移动通信网，频段 450MHz。这些系统都是双工的基于频分多址（FDMA）的模拟制式系统，被称为第一代模拟移动通信系统。

中国的第一代模拟移动通信系统于 1987 年 11 月 18 日在第六届全国运动会上开通并正式商用，采用的是英国 TACS 制式。从中国电信 1987 年 11 月开始运营模拟移动电话业务到 2001 年 12 月底中国移动关闭模拟移动通信网，1G 系统在中国的应用长达 14 年，用户数最高曾达到了 660 万。

2.3　1G 技术的特点

第一代移动通信技术的主要特点包括模拟调频技术和频分多址（Frequency Division Multiple Access，FDMA）技术。

FDMA 是数据通信中的一种技术，它将通信系统的总频段划分成若干个等间隔的频道（信道），分配给不同的用户使用。这些频道互不交叠，其宽度应能传输一路数字话音信息，而在相邻频道之间无明显的串扰。频道与用户具有一一对应关系，依据频率区分来自不同地址的用户信号，从而完成多址连接。

在 FDMA 系统中，每个用户需要占用一个信道，即一对频谱，一个频谱用作前向信道即基站向移动台方向的信道，另一个则用作反向信道即移动台向基站方向的信道。这种通信系统的基站必须同时发射和接收多个不同频率的信号，任意两个移动用户之间进行通信都必须经过基站的中转，因而必须同时占用两个信道（两对频谱）才能实现双工通信。

由于采用的是模拟技术，1G 系统的容量十分有限。此外，安全性和干扰也存在较大的问题。1G 系统的先天不足，使得它无法真正大规模普及和应用，价格更是非常昂贵，成为当时的一种奢侈品和财富的象征。与此同时，不同国家的各自为政也使得 1G 的技术标准各不相同，即只有"国家标准"，没有"国际标准"，国际漫游成为一个突出的问题。这些缺点都随着第二代移动通信系统的到来得到了很大的改善。

2.4　延伸阅读——蜂窝网与切换技术

美国的贝尔实验室最早在 1947 年就提出了蜂窝无线移动通信（Cellular Radio Mobile Communication）的概念，1958 年向美国联邦通信委员会（FCC）提出了建议，1977 年完成了可行性技术论证，1978 年完成了芝加哥先进移动电话系统 AMPS 的试验，并且在 1983 年正式投入运营。此外，微电子学与超大规模集成电路（VLSI）技术的发展促进了蜂窝移动通信的迅速发展。

早期的移动通信系统采用大区制的强覆盖区，即建立一个无线电台基站，架设很高的天线塔（一般高于 30m），使用很大的发射功率（一般在 50～200W），覆盖范围可以达到 30～

50km。大区制的优点是结构简单，不需要交换，但频道数量较少，覆盖范围有限。为了提高覆盖区域的系统容量与充分利用频率资源，人们提出了小区制的概念。

如果将一个大区制覆盖的区域划分成多个小区，每个小区（Cell）中设立一个基站，通过基站在用户的移动台之间建立通信。小区覆盖的半径较小，一般为 1～20km，因此可以用较小的发射功率实现双向通信。如果每个基站提供一个或几个频道，可容纳的移动用户数就可以有几十到几百个。这样，由多个小区构成的通信系统的总容量将大大提高。

由若干小区构成的覆盖区叫作区群。由于区群的结构酷似蜂窝，因此人们将小区制移动通信系统叫作蜂窝移动通信系统。在每个小区设立一个（或多个）基站，它与若干个移动站建立无线通信链路。区群中各小区的基站之间可以通过电缆、光缆或微波链路与移动交换中心连接。移动交换中心通过 PCM 电路与市话交换局连接，从而构成了一个完整的蜂窝移动通信的网络结构，如图 2-1 所示。

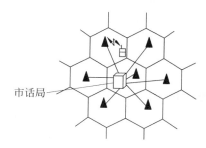

图 2-1　蜂窝移动通信系统结构

引入蜂窝概念是无线移动通信的重大突破，其主要目的是在有限的频谱资源上提供更多的移动电话用户。蜂窝的主要特点包括频率复用和小区分裂。频率复用通过控制发射功率使得频谱资源在一个大区的不同小区重复利用，是蜂窝系统提高通信容量的关键。小区分裂通过将小区划分为扇形或更小小区的方法来增大系统的容量，分裂后每个小区都有自己的基站并相应地降低天线高度和发射机功率。由于小区分裂能够提高信道复用的次数，因而能够提高系统容量。

当移动用户在蜂窝服务区中快速运动时，用户之间的通话常常不会在一个小区中结束。快速行驶的汽车在一次通话的时间内可能跨越多个小区。当移动台从一个小区进入另一相邻的小区时，其工作频率及基站与移动交换中心所用的接续链路必须从它离开的小区转换到正在进入的小区，这一过程称为越区切换。其控制机理如下：当通信中的移动台到达小区边界时，该小区的基站能检测出此移动台的信号正在逐渐变弱，而邻近小区的基站能检测出这个移动台的信号正在逐渐变强，系统收集来自这些有关基站的检测信息，进行判决，当需要实施越区切换时，就发出相应的指令，使正在越过边界的移动台将其工作频率和通信链路从离开的小区切换到进入的小区。整个过程自动进行，用户并不知道，也不会中断行进中的通话。

越区切换可以分为以下三类。

1. 硬切换

硬切换是不同频率的基站或小区之间的切换，在切换过程中，移动台必须在一指定时间内，先中断与原基站的联系，调谐到新的频率上，再与新基站取得联系。因此，硬切换是"先断开，后切换"。切换时，要在原话音信道上送切换指令，移动台需要暂时停止通话，然后调谐到新的信道频率上。

2. 软切换

软切换是同一频率不同基站之间的切换，在切换过程中，移动台同时与原基站和新基站都保持着通信链路,一直到进入新基站并测量到新基站的传输质量满足基站的连接。因此,软切换是"先切换,后断开",在切换过程中,移动台并不中断与原基站的联系,真正实现了"无缝"切换。

3. 更软切换

更软切换是指在导频信道的载波频率相同时小区之间的信道切换,即发生在同一基站不同扇区之间的切换。更软切换与软切换的本质区别是切换过程中不用分配新的信道单元资源。更软切换就像是乘坐摩天轮,从一个区域转到另一个区域,所坐的还是同一个座舱。软切换过程中会伴随有新的通信链路的建立和旧的通信链路的删除,而更软切换的前后,使用的是相同的通信链路。

思考与讨论

1. 简述第一代移动通信技术的特点。
2. 什么是越区切换? 越区切换技术分为哪几类?

参考文献

[1]　雷震洲. 蜂窝移动通信技术演进历程回顾及未来发展趋势[J]. 移动通信,2008,32(24):24-28.

[2]　赵如兵. 浅谈移动通信的切换技术[J]. 现代通信,2001(4):5-7.

第3章

2G技术

由于第一代模拟移动通信系统存在着许多的不足和缺陷,因此,人们开始探索更新的移动通信技术。进入 20 世纪 80 年代后期,大规模集成电路、微型计算机、微处理器和数字信号处理技术的大量应用,为开发数字移动通信系统提供了技术保障,从此,移动通信技术进入了其发展的第二个时期——2G 时代。

3.1 GSM

3.1.1 GSM 简介

全球移动通信系统(Global System for Mobile Communications,GSM)是一种起源于欧洲的移动通信技术标准,是第二代移动通信技术,其开发目的是让全球各地可以共同使用一个移动电话网络标准,让用户使用一部手机就能行遍全球。GSM 系统于 1991 年正式在欧洲问世,网络开通运行。我国于 20 世纪 90 年代初引进并采用此项技术标准,此前一直是采用蜂窝模拟移动技术。目前,中国移动的 GSM 网为世界最大的移动通信网络。

GSM 数字移动通信系统是在蜂窝系统的基础上发展而成的,主要包括 GSM900 (900MHz)、GSM1800(1800MHz)及 GSM1900(1900MHz)几个频段。GSM 在频分多址下实现了时分多址,当它工作在跳频方式时,又引入了码分多址。GSM 频率复用大大提高了频率利用率并增大系统容量,网络的智能化实现了越区转接和漫游功能,扩大了客户的服务范围。

3.1.2 GSM 的特点

GSM 系统作为一种开放式结构和面向未来设计的系统,具有下列主要特点。

1. 具有开放的接口和通用的接口标准

GSM 体制在构建过程中,不仅空中接口,而且网络内部各个接口都高度标准化。各子系统之间或各子系统与各种公用通信网之间都明确和详细定义了标准化接口规范,保证任何厂商提供的 GSM 系统或子系统能互连互通,而且能够适应未来数字化发展的需求,具有不断自我发展的能力。

2. 安全保密性好

GSM 系统具有模拟移动通信系统无法比拟的保密性和安全性。GSM 系统赋予每个用户各种用途的特征号码(如 IMSI、TMSI、IMEI 等),这些号码连同一些加密算法都存储在相应的网络设备中。另一方面,系统的合法用户所拥有的 SIM 卡中也存储着该用户的特征号码、注册参数等用户的全部信息和相应的加密算法。通过 GSM 系统特有的位置登记、鉴权等方式,能够保证合法用户的正常通信,禁止非法用户的侵入。

3. 支持多种业务

GSM 系统能够支持电信业务、承载业务和补充业务等多种业务形式。其中,电信业务是 GSM 的主要业务,包括语音、短信息、可视图文、传真和紧急呼叫等。GSM 的承载业务跟 ISDN 定义一样,不需要调制解调器就能提供数据业务,包括 $300\sim9600b/s$ 的电路交换异步数据、$1200\sim9600b/s$ 的电路交换同步数据和 $300\sim9600b/s$ 分组交换异步数据等。GSM 的补充业务更是多种多样,且能够不断推陈出新。

4. 能够实现跨国漫游

GSM 系统设置国际移动用户识别码(IMSI)是为了实现国际漫游功能。在拥有 GSM 系统的所有国家范围内,无论用户是在哪个国家进行的注册,只要携带着自己的 SIM 卡进入任何一个国家,即使使用的不是自己的手机,也能保证用户号码不变。而且,在所有这些 GSM 系统的网络达成某些协议后,用户的跨国漫游应该能够自动实现。

5. 具有更大的系统容量、通信质量好

GSM 系统比模拟移动通信系统容量增大了 $3\sim5$ 倍,其主要原因是系统对载噪比(载波功率与噪声功率的比值)的要求大大降低了。另一个原因是半速率语音编码的实现,使信息速率降低,从而使占用带宽减小。此外,GSM 系统抗干扰能力强,因而通信质量好,语音效果好。

6. 频谱效率提高

由于窄带调制、信道编码、交织、均衡和语音编码等技术的采用,使得频率复用的程度大大提高,能更有效地利用无线频率资源。

3.1.3　GSM 的系统结构

GSM 数字蜂窝通信系统的主要组成部分可分为移动台(MS)、基站子系统(BSS)和网络子系统(NSS),如图 3-1 所示。

1. 移动台(MS)

移动台是公用 GSM 移动通信系统中用户使用的设备,也是用户能够直接接触的整个 GSM 系统中的唯一设备。移动台的类型不仅包括手持台,还包括车载台和便携式台。随着 GSM 标准的数字式手持台进一步小型化、轻巧和增加功能的发展趋势,手持台的用户将占

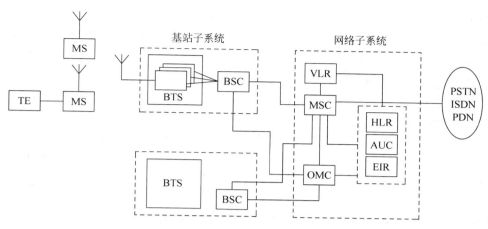

图 3-1 GSM 数字蜂窝通信系统的网络结构

整个用户的极大部分。

移动台由两部分组成,包括移动终端(MT)和用户识别卡(SIM)。移动终端是移动台的主体,是完成语音编码、信道编码、信息加密、信息的调制和解调、信号的发射和接收的主要设备。移动台另外一个重要的组成部分是 SIM 卡,它是一张符合 ISO 标准的"智慧"卡,它包含所有与用户有关的信息以及某些无线接口的信息,其中也包括鉴权和加密信息。使用 GSM 标准的移动台都需要插入 SIM 卡,只有当处理异常的紧急呼叫时,可以在不使用 SIM 卡的情况下操作移动台。

2. 基站子系统(BSS)

基站子系统是 GSM 系统中与无线蜂窝方面关系最直接的基本组成部分,它通过无线接口直接与移动台相接,负责无线发送、接收和无线资源管理。另一方面,基站子系统与网络子系统(NSS)中的移动业务交换中心(MSC)相连,实现移动用户之间或移动用户与固定网络用户之间的通信连接,传送系统信号和用户信息等。

基站子系统是由基站收发信台(BTS)和基站控制器(BSC)这两部分功能实体构成。实际上,一个基站控制器根据话务量需要可以控制数十个 BTS。BTS 可以直接与 BSC 相连接,也可以通过基站接口设备(BIE)采用远端控制的连接方式与 BSC 相连接,此时基站系统服务区为若干个无线覆盖区。

1)基站收发信台(BTS)

基站收发信台(BTS)属于基站子系统的无线部分,由基站控制器(BSC)控制,服务于某个小区的无线收发设备,完成 BSC 与无线信道之间的转换,实现 BTS 与移动台(MS)之间的无线传输及相关的控制功能。

2)基站控制器(BSC)

基站控制器(BSC)是基站子系统(BSS)的控制部分,起着 BSS 变换设备的作用,其主要功能是进行无线信道管理、实施呼叫和通信链路的建立和拆除,并为本控制区内移动台的过区切换进行控制,控制完成移动台的定位、切换及寻呼等。

3. 网络子系统(NSS)

网络子系统(NSS)主要包含 GSM 系统的交换功能、用户数据与移动性管理,以及安全性管理所需的数据库功能,它对 GSM 移动用户之间的通信和 GSM 移动用户与其他通信网用户之间的通信起着管理作用。NSS 由一系列功能实体组成,各功能实体之间和 NSS 与 BSS 之间的信令传输都符合 CCITT 信令系统的 No. 7 协议。

1) 移动交换中心(MSC)

移动交换中心(MSC)是网络的核心,它提供交换功能及面向系统其他功能实体的接口功能,把移动用户与移动用户、移动用户与固定网用户互相连接起来。MSC 可为移动用户提供一系列业务,包括电信业务、承载业务和补充业务。当然,作为网络的核心,MSC 还支持位置登记、越区切换和自动漫游等移动性管理工作。同时具有电话号码存储编译、呼叫处理、路由选择、回波抵消、超负荷控制等功能。

2) 归属位置寄存器(HLR)

归属位置寄存器(HLR)是 GSM 系统的中央数据库,存储着该 HLR 控制的所有存在的移动用户的相关数据。一个 HLR 能够控制若干个移动交换区域以及整个移动通信网,所有移动用户重要的静态数据都存储在 HLR 中,这包括移动用户识别号码、访问能力、用户类别和补充业务等数据。此外,HLR 还暂存移动用户漫游时的相关动态信息数据。这样,任何入局呼叫可以立刻按选择路径送到被叫的用户。

3) 访问位置寄存器(VLR)

访问位置寄存器(VLR)是服务于其控制区域内移动用户的,存储着进入其控制区域内已登记的移动用户相关信息,为已登记的移动用户提供建立呼叫接续的必要条件。VLR 从该移动用户的 HLR 处获取并存储必要的数据。一旦移动用户离开该 VLR 的控制区域,则重新在另一个 VLR 登记,原 VLR 将取消临时记录的该移动用户数据。因此,VLR 可看作为一个动态用户数据库。VLR 功能是在每个 MSC 中综合实现的。

4) 鉴权中心(AUC)

GSM 系统采取了特别的安全措施,例如用户鉴权、对无线接口上的语音、数据和信号信息进行保密等。因此,鉴权中心(AUC)存储着鉴权信息和加密密钥,用来防止无权用户接入系统和保证通过无线接口的移动用户通信的安全。AUC 属于 HLR 的一个功能单元部分,专用于 GSM 系统的安全性管理。

5) 移动设备识别寄存器(EIR)

移动设备标识寄存器(EIR)存储着移动设备的国际移动设备识别码(IMEI)和黑名单信息。EIR 根据 MS 开机时所发出的 IMEI 码实现对移动设备的识别、监视和闭锁等功能,以防止非法使用、盗窃的,或没有入网许可证的移动设备使用。

6) 操作维护中心(OMC)

操作维护中心(OMC)是网络操作维护人员对全网进行监控和操作的功能实体,用于接入 MSC 和 BSC,处理来自网络的错误报告,控制 BSC 和 BTS 的业务负载。OMC 通过 BSC 对 BTS 进行设置并允许操作者检查系统的相连部分。

4. 网络接口

GSM 通信网各分系统之间、构成分系统的各个功能实体之间以及移动网与各固定公众通信网之间,都有特定的接口和相应的接口和相应的接口技术规范。满足接口的要求,网络各组成部分才能成功地互连,网络的功能才能实现。

1）主要接口

GSM 系统的主要接口是指 A 接口、Abis 接口和 Um 接口,如图 3-2 所示。这三种主要接口的定义和标准化可保证不同厂家生产的移动台、基站子系统和网络子系统设备能够纳入同一个 GSM 移动通信网运行和使用。

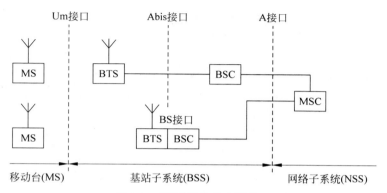

图 3-2　GSM 系统的主要接口

A 接口定义为 NSS 与 BSS 之间的通信接口。从系统的功能实体而言,就是 MSC 与 BSC 之间的互连接口,其物理连接是通过采用标准的 2.048Mb/s PCM 数字传输链路来实现的。此接口传送的信息包括对移动台及基站管理、移动性及呼叫接续管理等。

Abis 接口定义为 BSC 与 BTS 之间的通信接口,它是通过标准的 2.048Mb/s 或 64kb/s PCM 数字传输链路来实现的。此接口支持所有向用户提供的服务,并支持对 BTS 无线设备的控制和无线频率的分配。

Um 接口(空中接口)定义为 MS 与 BTS 之间的无线通信接口,用于 MS 与 GSM 系统设备间的互通,其物理链接通过无线链路实现。此接口传递的信息包括无线资源管理、移动性管理和接续管理等。

2）网络子系统内部接口

网络子系统内部接口包括 B、C、D、E、F、G 接口,如图 3-3 所示。

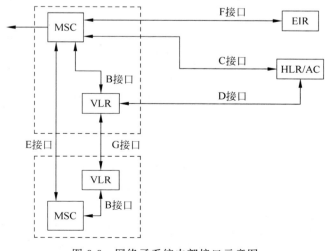

图 3-3　网络子系统内部接口示意图

B 接口定义为 MSC 与 VLR 之间的内部接口,用于 MSC 向 VLR 询问有关 MS 当前位置信息或者通知 VLR 有关 MS 的位置更新信息等。

C 接口定义为 MSC 与 HLR/AC 之间的接口,用于传递路由选择和管理信息。两者之间是采用标准的 2.048Mb/s PCM 数字传输链路实现的。

D 接口定义为 HLR/AC 与 VLR 之间的接口,用于交换有关 MS 位置和用户管理的信息,保证 MS 在整个服务区内能建立和接受呼叫。由于 VLR 综合于 MSC 中,因此 D 接口的物理链路与 C 接口相同。

E 接口为相邻区域的不同 MSC 之间的接口,用于 MS 从一个 MSC 控制区到另一个 MSC 控制区时交换有关信息,以完成越区切换,此接口的物理链接方式是采用标准的 2.048Mb/s PCM 数字传输链路实现的。

F 接口定义为 MSC 与 EIR 之间的接口,用于交换相关的管理信息,此接口的物理链接方式也是采用标准的 2.048Mb/s PCM 数字传输链路实现的。

G 接口定义为两个 VLR 之间的接口,当采用临时移动用户识别码(TMSI)时,它用于向分配 TMSI 的 VLR 询问此移动用户的国际移动用户识别码(IMSI)的信息。G 接口的物理链接方式与 E 接口相同。

3) GSM 系统与其他公用电信网的接口

其他公用电信网主要是指公用电话网(PSTN)、综合业务数字网(ISDN)、分组交换公用数据网(PSPDN)和电路交换公用数据网(CSPDN)。GSM 系统通过 MSC 与这些公用电信网互连,其接口必须满足原国际电报电话咨询委员会(CCITT)的有关接口和信令标准及各个国家邮电运营部门制定的与这些电信网有关的接口和信令标准。

3.1.4 GSM 的无线接口

1. 频率与频道序号

以 GSM900 为例,系统工作在以下射频频段:上行(移动台发、基站收)为 890～915MHz,下行(基站发、移动台收)为 935～960MHz,相邻两个频道间隔为 200kHz,收、发频率间隔为 45MHz。

由于载频间隔是 0.2MHz,因此 GSM 系统整个工作频段分为 124 对载频,其频道序号用 n 表示,则上、下两频段中序号为 n 的载频可用下式计算。

$$下频段 \ f_1(n) = (890 + 0.2n)\text{MHz}$$
$$上频段 \ f_h(n) = (935 + 0.2n)\text{MHz}$$

2. 接入方式

GSM 系统在无线路径上采用时分多址(TDMA)、频分多址(FDMA)和频分双工(FDD)相结合的接入方式。在 25MHz 的频段中共分为 125 个频道,频道间隔 200kHz。每一频道(载波)含 8 个时隙,时隙宽为 0.577ms。8 个时隙构成一个 TDMA 帧,帧长为 4.615ms,如图 3-4 所示。

一对双工载波各用一个时隙构成一个双向物理信道,这种物理信道共有 125×8＝1000 个,根据需要分配给不同的用户使用。移动台在特定的频率上和特定的时隙内,以触发方式

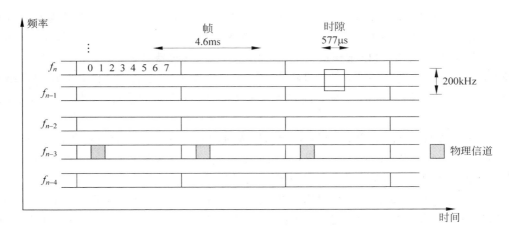

图 3-4　TDMA/FDMA 接入方式

向基站传输信息,基站在相应的频率上和相应的时隙内,以时分复用的方式向各个移动台传输信息。

3. 帧结构

GSM 系统 TDMA 帧结构如图 3-5 所示。每个载波被定义为一个 TDMA 帧,每个 TDMA 帧都要有 TDMA 帧号(FN)。这是因为 GSM 系统的保密特性是通过在发送信息前对信息进行加密实现的,而计算加密序列的算法是以 TDMA 帧号为一个输入参数,因此每一帧都必须要有一个帧号。通过 TDMA 帧号,移动台可以判断与该控制信道匹配的逻辑信道类型。

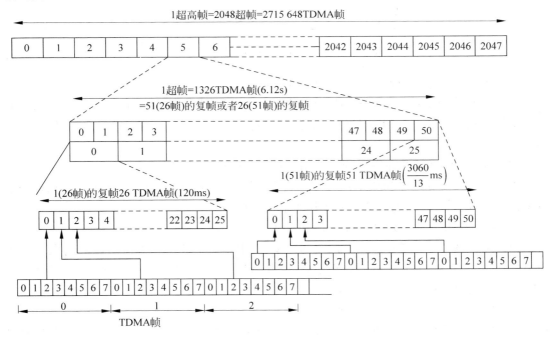

图 3-5　GSM 系统各种帧及时隙的格式

TDMA 帧号是以 2 715 648 个 TDMA 基本帧的持续时间为周期进行循环编号的,因此帧号的范围是 0~2 715 647。每 2 715 648 个 TDMA 帧为一个超高帧。超高帧是持续时间最长的 TDMA 帧结构,可以用作加密和跳频的最小周期,其持续时间为 12 533.76s。每一个超高帧由 2048 个超帧组成,一个超帧的持续时间为 6.12s,是最小的公共复用时帧结构。每个超帧又是由复帧组成的。为了满足不同速率的信息传输的需要,复帧分成以下两种类型:

(1) 业务复帧,它包括 26 个 TDMA 帧,持续时间为 120ms。每个超帧含有这种复帧的数目为 51 个。它由 24 个业务信道(TCH)、一个控制信道(SACCH)和一个空闲信道组成。其中空闲的一帧无数据,是在将来采用半码率传输时为兼容而设置的。

(2) 控制复帧,它包括 51 个 TDMA 帧,持续时间为 235.385ms(3060/13ms)。每个超帧含这种复帧的数目为 26 个。这种复帧可用于 BCCH、CCCH(AGCH、PCH 和 RACH)以及 SDCCH 等信道。

TDMA 帧中的一个时隙称为一个突发,一个时隙中的物理内容,即在此隙内被发送的无线载波所携带的信息比特串,称为一个突发脉冲序列。对于不同的逻辑信道,有不同的突发脉冲序列。根据功能不同,突发脉冲序列可以分为以下 4 种类型,其中前三种序列格式如图 3-6 所示。

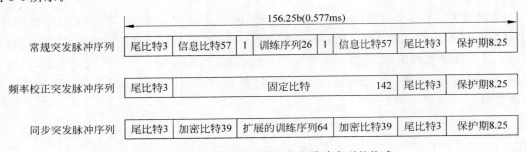

图 3-6 常规、频率校正、同步突发脉冲序列的格式

(1) 常规突发脉冲序列(Normal Burst,NB)。

常规突发脉冲序列也称普通突发脉冲序列,用于携带业务信道及除接入信道、同步信道和频率校正信道以外的控制信道上的信息,它包含 116 个加密比特和 8.25 周期的保护时间(约 30.46μs)。

(2) 频率校正突发脉冲序列(Frequency Correction Burst,FB)。

频率校正突发脉冲序列用于移动台与基站的频率同步。它相当于一个带频率偏移的未调制载波,它的重复发送就构成了频率校正信道(FCCH)。

(3) 同步突发脉冲序列(Synchronization Burst,SB)。

同步突发脉冲序列用于移动台的时间同步,其中包括一个易被检测的较长的训练序列并携带有 TDMA 帧号(FN)和基站识别码(BSIC)信息。它与频率校正突发(FB)一起广播,它的重复发送就构成了同步信道(SCH)。

(4) 接入突发脉冲序列(Access Burst,AB)。

接入突发脉冲序列用于移动台主呼或寻呼相应时随即接入。其特点是有一个较长的保护间隔,占 68.25b,合 252μs。其格式如图 3-7 所示。

| 接入突发脉冲序列 | 尾比特8 | 训练序列41 | 加密比特36 | 尾比特3 | 保护期68.25 |

图3-7   接入突发脉冲序列的格式

除了上述4种突发结构之外,当无信息可发送时,由于系统的需要,在相应的时隙内还应有突发发送,这就是空闲突发。空闲突发不携带任何信息,其格式与普通突发相同,只是其中的加密比特要用具有一定比特模型的混合比特来代替。

4. 信道及其组合

1) 信道分类

GSM系统的信道分为物理信道和逻辑信道。物理信道就是TDMA帧中的一个时隙,而逻辑信道是根据所传输信息的种类人为定义的一种信道,在传输过程中逻辑信道要被映射到某个物理信道上才能实现信息的传输。

根据信息种类的不同,逻辑信道又分为两类:一类是业务信道(TCH),用于传送语音和数据;另一类是控制信道(CCH),用于传输各种信令信息,跟踪整个通信过程。按照信息种类的不同,控制信道又可分为三类:广播信道(BCH)、公共控制信道(CCCH)和专用控制信道(DCCH),如图3-8所示。

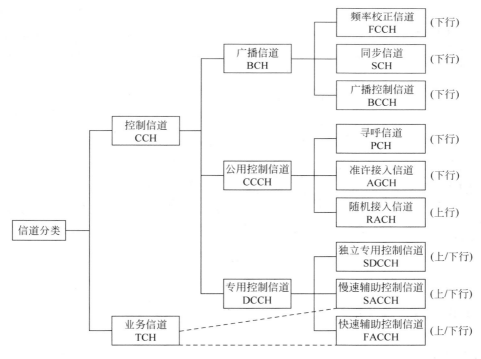

图3-8   GSM系统的逻辑信道分类

2) 信道的组合方式

逻辑信道组合是以帧为基础的,"组合"是将各种逻辑信道装载到物理信道上去。逻辑信道与物理信道之间存在着映射关系。信道的组合形式与通信系统在不同阶段(接续或通话)所需要完成的功能有关,也与传输的方向(上行或下行)有关,还与业务量有关。业务信道有全速率和半速率之分,下面只考虑全速率情况。

（1）业务信道的组合方式。

业务信道的复帧含 26 个 TDMA 帧,其组成的格式和物理信道（一个时隙）的映射关系如图 3-9 所示。

图 3-9　业务信道的组合方式

（2）控制信道的组合方式。

控制信道的复帧包含 51 帧,其组合方式类型较多,而且上行传输和下行传输的组合方式也是不相同的。具体包括:①BCH 和 CCCH 在 TS0 上的复用（见图 3-10）；②SDCCH 和 SACCH 在 TS1 上的复用（见图 3-11）；③公用控制信道和专用控制信道均在 TS0 上复用。

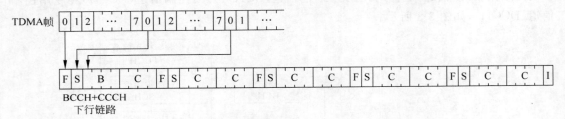

图 3-10　BCH 和 CCCH 在 TS0 上的复用

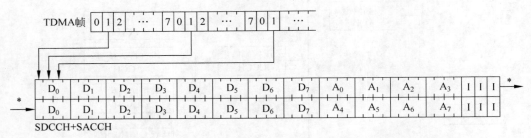

图 3-11　SDCCH 和 SACCH（下行）在 TS1 上的复用

3.1.5　GSM 的关键技术

1. 话音和信道编码技术

1）语音编码

语音编码有三种方式:波形编码、声源编码和混合编码。如果 GSM 系统采用波形编码器进行 PCM 语音编码,那么每个语音信道是 64kb/s,8 个语音信道就是 512kb/s,可在 GSM 规范中规定载频间隔为 200kHz。因此要把它们保持在规定的频带内,这种编码方式不适用;如果 GSM 采用声源编码器进行编码,则可以实现低速率语音编码,比特率可压缩到 2~4.8kb/s,但语音的失真性很大,语音质量只能达到中等。所以,GSM 采用混合编码方案,它编码后的数字语音信号中既含有若干语音特征参量,又包括波形编码的信息,继承了波形编码器与声源编码器的优点。

2）信道编码

信道编码是在数据发送前,在信息码元中增加一些冗余码元(也称监督码元或检验码元),供接收端纠正或检出在信道中传输时由于干扰、噪声或衰落所造成的误码。增加监督码元的过程称为信道编码。信道编码主要有两种,即分组码和卷积码。码元分组是信道编码的基本格式；卷积码是一种特殊的分组,它的监督码元不仅与本组的信息有关,而且还与若干组的信息码元有关,其纠错能力强。GSM 系统采用一种(2,1)卷积码,其码率为 1/2,它的监督码位只有一位,比较简单。

3）交织编码

信道编码纠正的是随机差错,而交织编码纠正的是突发差错。交织编码的方法是把信道编码输出的编码信息编成交错码,使突发差错比特分散,再利用信道编码得以纠正。图 3-12 给出了信道编码和交织的过程。

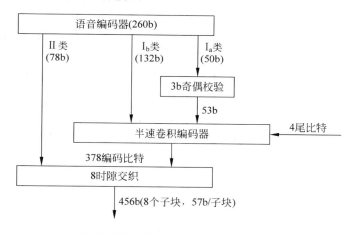

图 3-12　语音编码信道编码和交织过程(全速业务信道)

GSM 所采用的交织是一种既有块交织又有比特交织的交织技术。全速语音的时块被交织成 8 个突发时隙,即从语音编码器来的 456b 输出被分裂成 8 个时块,每个子块 57b,再将每 57b 进行比特交织,然后再根据奇偶原则分配到不同的突发块口,交织造成 65 个突发周期或 37.5ms 滞后。

2. 跳频和间断传输技术

1）跳频

跳频是指载波频率在很宽频率范围内按某种图案(序列)进行跳变。跳频系统的抗干扰原理与直接序列扩频系统是不同的,直接序列扩频是靠频谱的扩展和解扩处理来提高抗干扰能力的,而跳频是靠躲避干扰来获得抗干扰能力的。跳频技术首先被用于军事通信,后来在 GSM 标准中也被采纳。GSM 系统实现跳频的方法是将语音信号进行语音和信道编码形成帧后,在跳频序列控制下,由发射机采用不同频率发射。如图 3-13 所示为 GSM 系统的跳频示意图。GSM 规定每帧改变一次频率,即每隔 4.615ms 改变一个载波频率,跳频速率为 1/4.615＝217 跳/秒。

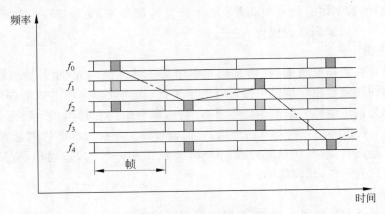

图 3-13　GSM 系统的跳频示意图

2）间断传输

为了提高频谱利用率，GSM 系统还采用了语音激活检测技术（VAD）。这项技术也被称为间断传输技术（DTX），其基本原则是只在有语音时才打开发射机，这样可以减小干扰，提高系统容量。GSM 利用语音激活检测技术检测语音编码的每一帧是否包含语音信息。当检测出语音帧时开启发射机，当检测不到语音时，向对方发送携带反映发送端背景噪声参数的噪声帧，从而生成使用户感觉舒服一些的背景噪声，即所谓的舒适噪声。通话时进行13kb/s 编码，停顿期用 500b/s 编码发送舒适的噪声。

3．调制与解调技术

1）调制技术

GSM 调制器接收来自加密单元的比特流，并产生射频信号。其调制方式为高斯滤波最小移频键控（GMSK），其归一化带宽为 0.3。调制速率是 $(1625/6)$kb/s，即近似为 270.833kb/s。GMSK 调制是下述两者之间的折中选择：相当高的无线频谱效率（1bHz 数量级）和合理的解调复杂性。

2）解调技术

GSM 解调器对所收的失真信号，必须做调制数据序列估计。为使解调器完成此项工作，在每个突发脉冲序列中都含有一个接收机能识别的预定序列，如训练序列，以便接收机能估计出传播引起的信号失真。现有的解调算法很多，GSM 规范也没有规定必须采用哪一种算法，但对信道译码纠错以后所测的总性能是有要求的。一个重要的限制是算法必须能应付在 16s（约 4 个比特的持续时间）间隔中接收两条路径的等功率信号。这种情况下的字符干扰与调制本身引入的字符间干扰相比较有显著增加。简单的解调技术克服不了这样严重的字符间干扰，所以采用均衡是必不可少的。

4．鉴权与加密技术

由于空中接口极易受到侵犯，GSM 系统为了保证通信安全，采取了特别的鉴权与加密措施。鉴权是为了确认移动台的合法性，而加密是为了防止第三者窃听。鉴权中心（AUC）为鉴权与加密提供了三个参数组，即 RAND、SRES 和 K_c，如图 3-14 所示。在用户入网签约时,用户鉴权键 K_i 连同 IMSI 一起分配给用户,每一个用户均有唯一的 K_i 和 IMSI,它们存储于 AUC 数据库和 SIM 用户识别卡中。

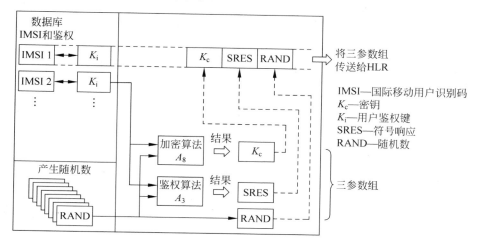

图 3-14 AUC 产生三个参数组

鉴权中心产生三参数组的过程简述如下:首先,产生一个随机数(RAND);再通过密钥算法(A_8)和鉴权算法(A_3),用 RAND 和 K_i 分别计算出密钥(K_c)和符号响应(SRES);最后,RAND、SRES 和 K_c 作为一个三参数组一起送给 HLR。

1) 鉴权

鉴权的作用是保护网络,防止非法盗用并拒绝假冒合法用户的"入侵"。鉴权的出发点是验证网络端和用户端的鉴权键 K_i 是否相同。鉴权是一个需要全网配合、共同支持的处理过程,几乎涉及移动通信网络中的所有实体,包括 MSC、VLR、HLR、AUC 以及 MS,它们均各自存储着用户有关的信息或参数。系统在移动用户发起呼叫(不含紧急呼叫)、接受呼叫、进行补充业务操作以及移动台位置登记、切换等场合都需要进行鉴权。

2) 加密

GSM 系统为确保用户信息(语音或数据业务)以及与用户有关的信令信息的私密性,在 BTS 与 MS 之间交换信息时专门采用了一个加密程序。显然,这里的加密只是针对无线信道进行加密。

3) 设备识别

每一个移动台设备均有一个唯一的移动设备识别码(IMEI)。在 EIR 中存储了所有移动台的设备识别码,每一个移动台只存储本身的 IMEI。设备识别的目的是确保系统中使用的设备不是盗用的或非法的。

4) 用户识别码(IMSI)保密

为了防止非法监听进而盗用 IMSI,当在无线链路上需要传送 IMSI 时,均用临时移动用户识别码(TMSI)代替 IMSI,仅在位置更新失败或 MS 得不到 TMSI 时才使用 IMSI。

5. 位置登记

位置登记(或称注册)是通信网为了跟踪移动台的位置变化,而对其位置信息进行登记、删除和更新的过程。位置信息存储在归属位置寄存器(HLR)和访问位置寄存器(VLR)中。

GSM 蜂窝通信系统把整个网络的覆盖区域划分为许多位置区,并以不同的位置区标志进行区别,如图 3-15 中的 LA_1,LA_2,LA_3,…所示。

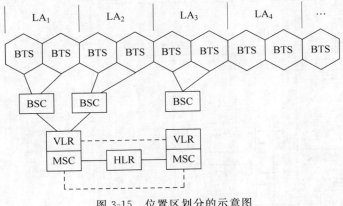

图 3-15　位置区划分的示意图

　　当一个移动用户首次入网时,它必须通过移动交换中心(MSC),在相应的归属位置寄存器(HLR)中登记注册,把其有关的参数(如移动用户识别码、移动台编号及业务类型等)全部存放在这个位置寄存器中,于是网络就把这个位置寄存器称为原籍位置寄存器。

　　移动台的不断运动将导致其位置的不断变化。这种变动的位置信息由另一种位置寄存器,即访问位置寄存器(VLR)进行登记。位置区的标志在广播控制信道(BCCH)中播送,移动台开机后,就可以搜索此 BCCH,从中提取所在位置区的标志。当移动台进入某个访问区需要进行位置登记时,它就向该区的 MSC 发出"位置登记请求(LR)",如果 MS 是利用"临时用户识别码(TMSI)"(由 VLR0 分配的)发起"位置登记请求"的 VLRn 收到后,必须先向VLR0 询问该用户的 IMSI,如询问操作成功,VLRn 再给该 MS 分配一个新的 TMSI,接下去的过程与上面一样。如果 MS 因故未收到"确认"信息,则此次申请失败,可以重复发送三次申请,每次间隔至少是 10s。

　　位置更新示意图如图 3-16 所示。

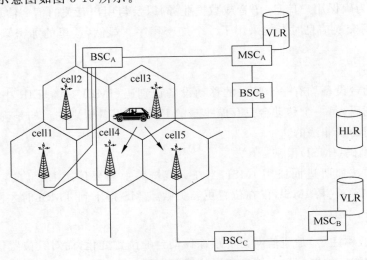

图 3-16　位置更新示意图

移动台可能处于激活(开机)状态,也可能处于非激活(关机)状态。移动台转入非激活状态时,要在有关的 VLR 和 HLR 中设置特定的标志,使网络拒绝向该用户呼叫,以免在无线链路上发送无效的寻呼信号,这种功能称为"IMSI 分离"。当移动台由非激活状态转为激活状态时,移动台取消上述分离标志,恢复正常工作,这种功能称为"IMSI 附着"。两者统称为"IMSI 分离/附着"。网络通过 BCCH 通知 MS 其周期性登记的时间周期。周期性登记程序中有证实消息,MS 只有接收到此消息后才停止发送登记消息。

6. 呼叫接续

移动用户主呼和被呼的接续过程是不同的,下面分别讨论移动用户向固定用户发起呼叫(即移动用户主呼)和固定用户呼叫移动用户(移动用户被呼)的接续过程。

1) 移动用户主呼

移动用户向固定用户发起呼叫的接续过程如图 3-17 所示。

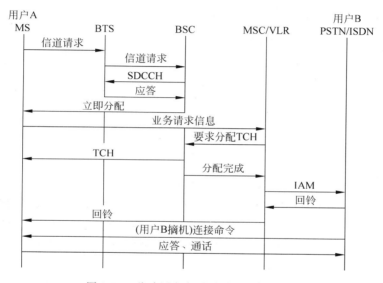

图 3-17 移动用户主呼叫时的接续过程

这种情况属于移动用户主呼的情况。其基本过程为:GSM 网用户 A 拨打固定网用户 B 的号码,A 的 MS 在随机接入信道(RACH)上向 BTS 发送"信道请求"信息。BTS 收到此信息后通知 BSC,并附上 BTS 对该 MS 到 BTS 传输时延的估算及本次接入的原因。BSC 根据接入原因及当前资料情况,选择一条空闲的独立专用控制信道(SDCCH),并通知 BTS 激活它。BTS 完成指定信道的激活后,BSC 在允许接入信道(AGCH)上发送"立即分配"信息,其中包含 BSC 分配给 MS 的 SDCCH 描述、初始化时间提前量、初始化最大传输功率以及有关参考值。每个在 AGCH 信道上等待分配的 MS 都可以通过比较参考值来判断这个分配信息的归属,以避免争抢引起混乱。

当 A 的 MS 正确地收到自己的分配信息后,根据信道的描述,把自己调整到该 DCCH 上,从而和 BS 之间建立起一条信令传输链路。通过 BS,MS 向 MSC 发送"业务请求"信息。MSC 启动鉴权过程,网络开始对 MS 进行鉴权。若鉴权通过,MS 向 MSC 传送业务数据(若需要进行数据加密,此操作之前,还需经历加密过程),进入呼叫建立的起始阶段。

MSC 要求 BS 给 MS 分配一个无线业务信道(TCH)。若 BS 中没有无线资源可用,则此次呼叫将进入排队状态。若 BS 找到一个空闲 TCH,则向 MS 发送指配命令,以建立业务信道链接。连接完成后,向 MSC 返回分配完成信息。MSC 收到此信息后,向固定网络发送 IAM 信息,将呼叫接续到固定网络。在用户 B 端的设备接通后,固定网络通知 MSC,MSC 给 MS 发回铃信息。此时,MS 进入呼叫成功状态并产生回铃音。在用户 B 摘机后,固定网通过 MSC 发给 MS 连接命令。MS 做出应答并转入通话。至此,就完成了 MS 主呼固定用户的进程。

2)移动用户被呼

固定用户向移动用户发起呼叫的接续过程如图 3-18 所示。

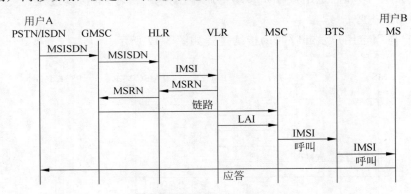

图 3-18　移动用户被呼叫时的接续过程

这种情况属于移动用户被呼的情况。其基本过程为:固定网络用户 A 拨打 GSM 网用户 B 的 MSISDN 号码(如 139H1H2H3H4ABCD),A 所处的本地交换机根据此号码(139)与 GSM 网的相应入口移动交换中心(GMSC)建立链路,并将此号码传送给 GMSC。GMSC 根据此号码(H1H2H3H4ABCD)分析出 B 的 HLR,即向该 HLR 发送此 MSISDN 号码,并向其索要 B 的漫游号码(MSRN)。

HLR 将此 MSISDN 号码转换为移动用户识别码(IMSI),查询内部数据,获知用户 B 目前所处的 MSC 业务区,并向该区的 VLR 发送此 IMSI 号码,请求分配一个 MSRN。VLR 分配并发送一个 MSRN 给 HLR,再由 HLR 传送给 GMSC。GMSC 有了 MSRN,就可以把入局呼叫接到 B 用户所在的 MSC 处。GMSC 与 MSC 的连接可以是直达链路,也可以是由汇接局转接的间接链路。

MSC 根据从 VLR 处查到的该用户的位置区识别码(LAI),将向该位置区内的所有 BTS 发送寻呼信息(称为一起呼叫),而这些 BTS 再通过无线寻呼信道(PCH)向该位置区内的所有 MS 发送寻呼信息(也是一起呼叫)。B 用户的 MS 收到此信息并识别出其 IMSI 码后(认为是在呼叫自己),即发送应答响应。至此,就完成了固定用户呼叫 MS 的进程。

7. 越区切换与漫游

1)越区切换

一个蜂窝移动通信系统的覆盖区是由许多无线覆盖小区组成的。对于静态的移动台来说,对小区的选择/重选过程可使其获得更好的小区服务,从而获得更高的通信质量;对于处于动态中的移动台来说,由于地理位置和环境因素的改变,为了保证通信质量,也要进行信道或小区的改变。

一个正在通信的移动台因某种原因而被迫从当前使用的无线信道上转换到另一个无线信道上的过程,称为切换(handover 或 handoff)。最常见的切换是越区切换,它指的是当一个正在通信的移动台由一个小区移动到另一个小区时,为了保证通信上的连续性,而被系统要求从正在通信的小区的某一个信道上转换到所进入小区的另一个信道上的过程。在大、中容量的移动通信系统中,高频率的越区切换已成为不可避免的事实。因而,必须采用好的切换技术,以保证通信的连续性,否则,很容易产生"掉话"现象。

在 GSM 移动通信系统中,为了实现快速准确的切换,移动台会主动参与切换过程。即在发生切换之前,移动台会主动为 MSC 和 BS 提供大量的实时参考数据,这就大大缩短了切换前期的准备时间,能够达到快速切换的目的。这是 GSM 与模拟移动通信系统的一大区别,也是技术上的一大进步。

在通信过程中,移动台不断向 MSC 和 BS 周期性地提供大量的参考数据是系统判断是否需要发起切换过程的重要依据。以这些参考数据为基础,不同的系统可能会采取不同的判断切换准则,这些准则包括:①按接收信号载波电平的测量值进行判断;②按移动台的载干比(即载波功率与干扰噪声的功率比,C/I)进行判断;③按移动台到基站的距离进行判断。

在 GSM 移动通信系统中,切换可以分为以下 5 种。

(1) 小区内部的切换。小区内部切换指的是在同一小区(同一基站收发信台 BTS)内部不同物理信道之间的切换,包括在同一载频或不同载频的时隙之间的切换。

(2) 小区之间的切换(BSC 内部)。小区之间的切换指的是在同一基站控制器(BSC)控制的不同小区之间的不同信道的切换。

(3) BSC 之间的切换(MSC 内部)。BSC 之间的切换指的是同一 MSC 所控制的不同BS 之间的不同信道的切换。

(4) MSC 之间的切换(PLMN 内部)。MSC 之间的切换指的是在同一个公用陆地移动网(PLMN)覆盖的不同 MSC 之间的不同信道的切换。这是一种非常复杂的情况,切换前需要进行大量的信息传递。为了区别两个不同的 MSC,称切换前移动台所处的 MSC 为服务交换中心(MSCA),切换后移动台所处的 MSC 为目标交换中心(MSCB)。

(5) PLMN 之间的切换。PLMN 之间的切换指的是不同的 PLMN 之间的不同信道的切换。从技术角度考虑,这种切换虽然复杂度最高,却是可行的;但从运营部门的管理角度考虑,当这种切换涉及在不同国家之间进行时,就会不可避免地受到限制。

2) 漫游

漫游这一概念,从狭义上来讲,指的是移动台从一个 MSC 区(归属区)移动到另一个MSC 区(被访区)后仍然使用网络服务的情况;从广义上来讲,只要是移动台离开了其 SIM卡的申请区域(即归属区),无论是在同一个 GSM PLMN 中,还是移动到其他 GSM PLMN内,都能够继续使用网络的服务。

漫游的作用,从移动用户角度来讲,是可使一个在 GSM 系统中注册的移动台在大范围内跨区移动,并随意与此系统中的固定网用户或其他移动台通话;从网络管理角度来讲,是使系统在所有时刻都能知道移动用户的位置,而在必要的时候能与用户建立联系,保证用户的正常通信。GSM 主要是在移动台识别码分配定义、漫游用户位置登记和呼叫接续过程三个方面对漫游功能做了保证。

GSM 系统中的移动通信网络能自动跟踪正在漫游的移动台的位置,位置寄存器之间可以通过 No.7 号信令链路互相询问和交换移动台的漫游信息,从技术上保证了 GSM 系统能有效地提供自动漫游功能。只要在国内或国际的不同运营部门之间能够就有关漫游费率结算办法和网络管理等方面达成协议,保证漫游计费和位置登记等信息在不同 PLMN 网络之间正常传递,那么就能实现全球漫游功能。

移动台的漫游过程主要包括三个步骤:位置更新、转移呼叫和呼叫建立。

(1) 位置更新。位置更新是漫游过程中一个很重要而且也很难实现的环节。有关位置更新的内容已经在前面进行了阐述。

(2) 呼叫转移。所谓呼叫转移就是入口交换局(GMSC)根据主叫用户的拨号,通过 No.7 号信令向 HLR 查询漫游用户的当前位置信息以及获得移动台漫游号码(MSRN),并利用 MSRN 重新选接续路由的过程。

(3) 呼叫建立。呼叫建立指的是被访 MSC 查出漫游用户的 IMSI,将其转换成信令数据,在该 MSC 控制的位置区中发出寻呼,查找移动台的过程。

3.1.6 GSM 的主要业务

GSM 系统定义的所有业务是建立在综合业务数字网概念基础上的,并考虑移动特点做了必要修改。GSM 系统的业务可以分为电信业务、承载业务和补充业务三大类。简单来讲,电信业务主要提供移动台与其他应用的通信;承载业务主要提供在确定用户界面间传递消息的能力;而补充业务则包含了更多完善的服务,旨在为用户提供更多的使用方便。

1. 电信业务

电信业务是指端到端的业务,它包括开放系统互连参考模型(OSI/RM)1～7 层的协议。GSM 系统可以提供的电信业务大致可分为两类:语音业务和数据业务。语音业务是GSM 系统提供的基本业务,允许用户在世界范围内任何地点与固定电话用户、移动电话用户以及专用网用户进行双向通话联系。数据业务是指语音业务之外的业务,它提供了固定用户和 ISDN 用户所能享用的业务中大部分的业务,包括文字、图像、传真、Internet 访问等服务。具体来讲,GSM 系统能提供 6 类 11 种电信业务,如表 3-1 所示。表中,E1 为必需项,第一阶段以前提供;E2 为必需项,第二阶段以前提供;E3 为必需项,第三阶段以前提供;A 为附加项;FS 为待研究。

表 3-1　电信业务分类

分类号	电信业务类型	编号	电信业务名称	实现阶段
1	语音传输	11	电话	E1
		12	紧急呼叫	E1
		13	语音信箱	A
2	短信息业务	21	点对点 MS 终止的短信息业务	E3
		22	点对点 MS 起始的短信息业务	A
		23	小区广播短信息业务	FS

续表

分类号	电信业务类型	编号	电信业务名称	实现阶段
3	MHS接入	31	先进消息处理系统接入	A
4	可视图文接入	41	可视图文接入子集1	A
		42	可视图文接入子集2	A
		43	可视图文接入子集3	A
5	智能用户电报传送	51	智能用户电报	A
6	传真	61	交替的语音和三类传真　透明	E2
			交替的语音和三类传真　非透明	A
		62	自动三类传真　透明	FS
			自动三类传真　非透明	FS

2. 承载业务

承载业务主要是指 GSM 网络传输具有流量、误码率和传输模式等技术参数的数据业务,它仅包括 OSI 的 1～3 层协议。与电信业务相似,GSM 系统的承载业务不仅使移动用户之间能够完成数据通信,更重要的是能为移动用户与 PSTN 或 ISDN 用户之间提供数据通信服务,还能使 GSM 移动通信网与其他公用数据网互通,例如 PSPDN 和 CSPDN。

按照数据传输方式不同,承载业务可分为两大类:透明业务和不透明业务。透明业务是指数据按原始形式发送,到达接收端时有固定的时延,并在接收端尽可能忠实地再生出数据流;不透明业务采用了额外的协议——无线链接协议(Radio Link Protocol,RLP),用来检测传输中的差错,当发现传输的数据出错时,该系统将重发该数据。由于透明业务未采取针对差错的任何措施,因而精确度较差,但传输速率快,适用于对速率要求高但对精确度要求较低的情况。不透明业务的数据传输由 RLP 控制,因而传输速率较慢,而且传输时延会随着链路条件的不同而不同,但不透明业务的精确度较高,能保证数据准确可靠地传输。

3. 补充业务

补充业务是对基本业务的改进和补充,它不能单独向用户提供,而必须与基本业务一起提供,同一补充业务可应用到若干个基本业务中,补充业务的大部分功能和服务不是 GSM 系统所特有的,也不是移动电话所特有的,而是直接继承固定电话网的,但也有少部分是为适应用户的移动性而开发的。

GSM 的主要补充业务包括号码识别类补充业务、呼叫提供类补充业务、呼叫限制类补充业务、呼叫完成类补充业务、多方通信类补充业务、集团类补充业务以及计费类补充业务。用户在使用补充业务前,应在归属局申请使用手续,在获得某项补充业务的使用权后才能使用。系统按用户的选择提供补充业务,用户可随时通过移动电话通知系统为自己提供或删除某项具体的补充业务。用户在移动电话上对补充业务的操作有激活补充业务、删除补充业务、查询补充业务。

3.1.7　GSM 的局限性及其演进

1. GSM 体制的缺点

(1) 系统容量有限。GSM 系统的频谱效率约是模拟系统的三倍,但不能从根本上解决目前用户数量急增与频率资源有限之间的矛盾。

（2）编码质量不够高。GSM 系统的编码速率为 13kb/s（即使是实现了半速率 6.5kb/s），这种质量也很难达到有线电话的质量水平。

（3）终端接入速率有限。GSM 系统的业务综合能力较高，能进行数据和语音的综合，但终端接入速率有限（最高仅为 9.6kb/s）。

（4）切换能力较差。GSM 系统软切换能力较差，因而容易掉话，影响服务质量。

（5）漫游能力有限。GSM 系统还不能实现真正的国际漫游功能。

2. GSM 的发展及演进

GSM 的发展及演进里程碑如表 3-2 所示。

表 3-2　GSM 的发展与演进里程碑

年份	成　　果
1982 年	"移动通信特别组"在欧洲邮政与电信大会（CEPT）内成立
1986 年	法国、意大利、英国和德国签署联合开发 GSM 合同欧盟（EU）各国首脑同意为 GSM 安排 900MHz 频段
1987 年	来自 13 个国家的 15 个成员形成谅解备忘录，确定 GSM 标准的基本参数
1989 年	决定将 GSM 作为全球数字蜂窝系统标准
1990 年	第一阶段 GSM 900 规范（1987—1990 年制定）被冻结，开始 DCS1800 的修改
1991 年	第一个系统在 Telecom 91 展示会上运行
1992 年	欧洲各大营运者开始商业营运并发送第一条短信（SMS）
1994 年	GSM 第二阶段数据/传真业务开通
1998 年	在法国和意大利开展 WAP 实验
2000 年	第一个 GPRS 商用业务开通
2001 年	第一个 3GSM 网络开通
2003 年	第一个 EDGE 网络开通，GSM 成员国突破 200 个
2005 年	第一个 HSDPA 网络开通
2007 年	引入 HSUPA 技术

（1）高速电路交换数据（HSCSD）。

通常情况下，一个用户占用一路时隙，而 HSCSD 能使一个用户占用多路时隙，以此直接提升数据传送速率。如果一个用户占用 4 路时隙，那么其传送速率将达到 57.6kb/s。HSCSD 将由 GPRS 产生的虚拟时隙分配给需要高速数据传送的用户，即能分配给用户 8 路实时隙和 2 路虚时隙。

（2）通用分组无线业务（GPRS）。

GPRS 是 GSM 无线信道中产生附加虚拟时隙的技术。GPRS 能使时隙被若干用户共享，数据被封装成包，在当前空闲的时隙发送出去。GPRS 是一个能在 GSM 上实现 IP 能力的技术。运用 GPRS 能有效地处理大量通信负载，提供远程监控、多媒体信息等业务。

（3）GSM 增强数据速率改进（EDGE）。

EDGE 是一种从 GSM 到 3G 的过渡技术，它主要是在 GSM 系统中采用了一种新的调制方法，即最先进的多时隙操作和 8PSK 调制技术。由于 8PSK 可将现有 GSM 网络采用的 GMSK 调制技术的信号空间从 2 扩展到 8，从而使每个符号所包含的信息是原来的 4 倍。

3.2 CDMA

3.2.1 CDMA 简介

CDMA 是码分多址的英文缩写(Code Division Multiple Access),它是在扩频通信技术上发展起来的一种崭新而成熟的无线通信技术。CDMA 技术的原理是基于扩频技术,即将需传送的具有一定信号带宽的信息数据,用一个带宽远大于信号带宽的高速伪随机码进行调制,使原数据信号的带宽扩展,再经载波调制并发送出去。接收端使用完全相同的伪随机码,与接收的带宽信号做相关处理,把宽带信号换成原信息数据的窄带信号即解扩,以实现信息通信。

CDMA 技术的出现源自人类对更高质量无线通信的需求。第二次世界大战期间因战争的需要而研究开发出 CDMA 技术,其思想初衷是防止敌方对己方通信的干扰,在战争期间广泛应用于军事抗干扰通信,后来由美国高通公司更新成为商用蜂窝电信技术。1995年,第一个 CDMA 商用系统运行之后,CDMA 技术理论上的诸多优势在实践中得到了检验,从而在北美洲、南美洲和亚洲等地得到了迅速推广和应用。全球许多国家和地区,包括中国香港、韩国、日本、美国都已建有 CDMA 商用网络。

CDMA 技术的标准化经历了几个阶段。IS-95 是 cdmaOne 系列标准中最先发布的标准,是真正在全球得到广泛应用的第一个 CDMA 标准,这一标准支持 8K 编码话音服务。其后,又分别出版了 13K 话音编码器的 TSB74 标准,它支持 1.9GHz 的 CDMA PCS 系统的 STD-008 标准,其中 13K 编码话音服务质量已非常接近有线电话的话音质量。随着移动通信对数据业务需求的增长,1998 年 2 月,美国高通公司宣布将 IS-95B 标准用于 CDMA 基础平台上。IS-95B 可提高 CDMA 系统性能,并增加用户移动通信设备的数据流量,提供对 64kb/s 数据业务的支持。其后,CDMA2000 成为窄带 CDMA 系统向第三代系统过渡的标准。CDMA2000 在标准研究的前期,提出了 1x 和 3x 的发展策略,随后的研究表明,1x 和 1x 增强型技术代表了未来发展方向。

3.2.2 CDMA 的特点

与 FDMA、TDMA 系统相比,CDMA 系统具有许多独特的优点,其中一部分是扩频通信系统所固有的,另一部分则是由软切换和功率控制等技术所带来的。CDMA 移动通信网是由扩频、多址接入、蜂窝组网和频率复用等几种技术组合而成,因此它具有抗干扰性好、抗多径衰落、保密安全性好、同频率可在多个小区重复使用、容量和质量之间可做权衡取舍等特性,这些特性使 CDMA 比其他系统更有优势。

1. 系统容量大

理论上,在使用相同频率资源的情况下,CDMA 移动通信网的容量是模拟网容量的 20倍,实际比模拟网大 10 倍,比 GSM 网大 4 到 5 倍。在 CDMA 系统中,由于不同的扇区也可以使用相同频率,当小区使用定向天线(如 120°扇形天线)时,干扰减小为原来的 1/3,因为每幅天线只收到 1/3 移动台的发射信号。这样,整个系统所提供的容量又可以提高约三倍

（实际上，由于相邻扇区之间有重叠，一般只能提高到 2.55 倍），并且小区容量将随着扇区数的增大而增大。但对其他系统来说，由于不同扇区不能使用同一频率，所以即使分成三个扇区也只是频率复用的要求，并没有增加小区容量。

除此之外，CDMA 系统还采用语音激活技术来控制语音编码器的输出速率，降低发射机的平均发射功率。在蜂窝移动通信系统中，采用语音激活技术可以使各用户之间的干扰平均减少 65%。也就是当系统容量较大时，采用语音激活技术可以使系统容量增加约三倍，但当系统容量较小时，系统容量的增加值要降低。在频分多址、时分多址和码分多址三种制式中，唯有码分多址可以方便而充分地利用语音激活技术。如果在频分多址和时分多址制式中采用语音激活技术，其系统容量将有不同程度的提高，但二者都必须增加比较复杂的功率控制系统，而且还要实现信道的动态分配，其结果必然带来时间延迟和系统复杂性的增加，而在 CDMA 系统中实现这种功能就相对简单得多。

2．具有软容量特性

在模拟移动通信系统和数字时分系统中，通信信道是以频带或时隙的不同来划分的，每个蜂窝小区提供的信道数一旦固定就很难改变。当没有空闲信道时，系统会出现忙音，移动用户不可能再呼叫其他用户或接收其他用户的呼叫。当移动用户在越区切换时，也很容易出现通话中断现象。在 CDMA 系统中，信道划分是靠不同的码型来划分的，其标准的信道数是以一定的输入、输出信噪比为条件的。当系统中增加一个通话用户时，所有用户输入、输出信噪比都有所下降，这使该扇区内的移动用户信息数据的误码率有所升高，但增加的用户不会发生因无信道而出现忙音的现象。这对于解决通信高峰期时的通信阻塞问题和提高用户越区切换的成功率无疑是非常有益的。

3．具备软切换功能

软切换指用户在越区切换时不先中断与原基站间的通信，而是在与目标基站取得可靠通信后，再中断与原基站的联系。CDMA 系统采用软切换技术和先进的数字语音编码技术，并使用多个接收机同时接收不同方向的信号。移动台在切换过程中与原小区和新小区同时保持通话，以保证通信的畅通。软切换只能在具有相同频率的 CDMA 信道间进行。软切换在两个基站覆盖区的交界处起到了话务信道的分集作用，这样完全克服了硬切换容易掉话的缺点。软切换的主要优点如下。

（1）无缝切换，可保持通话的连续性。

（2）减小掉话可能性。由于在软切换过程中，在任何时候移动台至少可以跟一个基站保持联系，从而减少了掉话的可能性。

（3）处于切换区域的移动台发射功率降低。减少发射功率是通过分集接收来实现的，降低发射功率有利于增加反向容量。

但同时，软切换也相应带来了一些缺点。

（1）导致硬件设备的增加。

（2）降低了前向容量。但由于 CDMA 系统前向容量大于反向容量，因此适量减少前向容量不会导致整个系统容量的降低。

4．保密性强

CDMA 系统的体制本身就决定了它具有良好的保密能力。首先，在 CDMA 移动通信系统中必须采用扩频技术,使它所发射的信号频谱扩展得很宽,从而使发射的信号完全隐蔽在噪声、干扰之中,不易被发现和接收,因此也就实现了保密通信。其次,在通信过程中,各移动用户所使用的地址码各不相同,在接收端只有完全相同(包括码型和相位)的用户才能接收到相应的发送数据,对非相关的用户来说是一种背景噪声,所以 CDMA 系统可以防止有意或无意的窃听,具有很好的保密性能。

5. 通话质量更佳

CDMA 系统的声码器使用的是码激励线性预测(CELP)和 CDMA 特有的算法,称为QCELP(Qualcomm Code Excited Linear Prediction)。QCELP 算法被认为是到目前为止效率最高的算法。可变速率声码器的一个重要特点是使用适当的门限值来决定所需速率,门限值随背景噪声电平的变化而变化。这样就抑制了背景噪声,使得即使在喧闹的环境下,也能得到良好的语音质量。

3.2.3 CDMA 的系统结构

IS-95 CDMA 系统的工作频段为下行 869～894MHz(基站发射,移动台接收),上行 824～849MHz(移动台发射,基站接收)。其每一个网络分为 9 个载频,其中收/发各占 12.5MHz,共占 25MHz,上下行收/发频率相差 45MHz。

IS-95 CDMA 系统的网络结构主要包括网络子系统、基站子系统和移动台三部分,如图 3-19 所示。

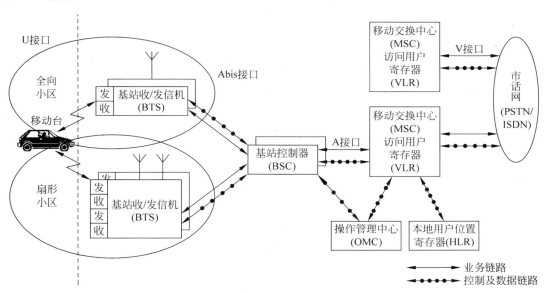

图 3-19　CDMA 数字蜂窝移动通信系统的网络结构

1. 网络子系统

网络子系统处于市话网与基站控制器之间,它主要由移动交换中心(MSC)或称为移动电话交换局(MTSO)组成。此外,还有归属位置寄存器(HLR)、访问位置寄存器(VLR)、操作管理中心（OMC）以及鉴权中心等设备。

移动交换中心（MSC）是蜂窝通信网络的核心，其主要功能是对位于本 MSC 控制区域内的移动用户进行通信控制和管理，如图 3-20 所示。

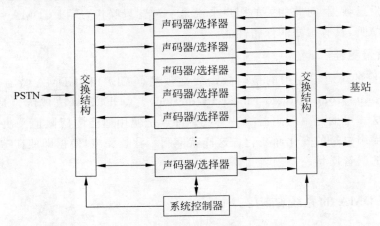

图 3-20　移动交换中心（MSC）结构

移动交换中心（MSC）的其他功能与 GSM 的移动交换中心的功能是类似的，主要有：信道的管理和分配；呼叫的处理和控制；过区切换与漫游的控制；用户位置信息的登记与管理；用户号码和移动设备号码的登记与管理；服务类型的控制；对用户实施鉴权；为系统连接别的 MSC 和为其他公用通信网络，如公用交换电信网（PSTN）、综合业务数字网（ISDN），提供链路接口。

2. 基站子系统

基站子系统（BSS）包括基站控制器（BSC）和基站收发设备（BTS）。每个基站的有效覆盖范围为无线小区，简称小区。小区可分为全向小区（采用全向天线）和扇形小区（采用定向天线），常用的小区分为三个扇形区，分别用 α、β 和 γ 表示。一个基站控制器（BSC）可以控制多个基站，每个基站含有多部收发信机，如图 3-21 所示。

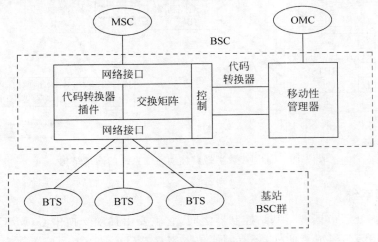

图 3-21　基站控制器结构简化图

3. 移动台

IS-95标准规定的双模式移动台,必须与原有的模拟蜂窝系统(AMPS)兼用,以便使CDMA系统的移动台也能用于所有的现有蜂窝系统的覆盖区,从而有利于发展CDMA蜂窝系统。这一点非常有价值,也利于从模拟蜂窝平滑地过渡到数字蜂窝网。双模式移动台方框图如图3-22所示。

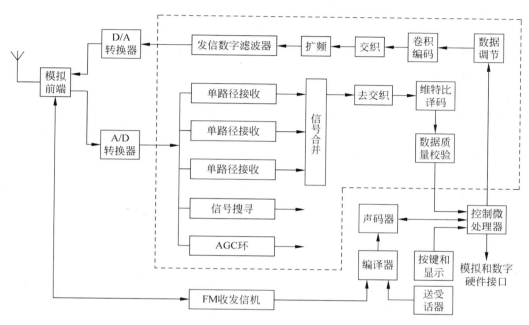

图3-22 双模式移动台方框图

3.2.4 CDMA的关键技术

1. 功率控制

在CDMA系统中,功率控制被认为是所有关键技术的核心,其控制的范围和精度直接影响到整个系统的性能。如偏差过大,不仅系统容量迅速下降,通信质量也急剧下降。CDMA功率控制的目的有两个:一个是克服反向链路的远近效应;另一个是在保证接收机的解调性能情况下,尽量降低发射功率,减少对其他用户的干扰,增加系统容量。

CDMA功率控制分为前向功率控制和反向功率控制,而反向功率控制又分为仅由移动台参与的开环功率控制和移动台、基站同时参与的闭环功率控制。

1) 反向开环功率控制

CDMA系统的每一个移动台都一直在计算从基站到移动台的路径衰耗,当移动台接收到的信号很强时,表明要么离基站很近,要么有一个特别好的传播路径。这时移动台可降低它的发射功率,而基站依然可以正常接收。相反,当移动台接收到的来自基站的信号很弱时,它就增加发射功率,以抵消衰耗,这就是开环功率控制。反向开环功率控制是指移动台根据在小区中所接收功率的变化,迅速调节移动台发射功率。它的目的是使所有移动台发出的信号在到达基站时都有相同的标称功率。

开环功率控制只是对发送电平的粗略估计,因此它的反应时间既不应太快,也不应太慢。如果反应太慢,则在开机或进入阴影、拐弯效应时,开环起不到应有的作用;而如果反应太快,则将会由于前向链路中的快衰落而浪费功率,因为前向、反向衰落是两个相对独立的过程,移动台接收的尖峰式功率很有可能是由于干扰形成的。

开环功率控制是为了补偿平均路径衰落的变化和阴影、拐弯等效应,它必须要有一个很大的动态范围。根据 CDMA 空中接口标准,至少应达到 $\pm32\text{dB}$ 的动态范围。

2) 反向闭环功率控制

CDMA 系统的前向、反向信道分别占用不同的频段,收发间隔为 45MHz,使得这两个频道衰减的相关性很弱。在整个测试过程中,两个信道衰减的平均值应该相等,但在具体某一时刻,则很可能不等。这就需要基站根据目前所需信噪比与实际接收的信噪比之差随时命令移动台调整发射功率(即闭环调整)。基站目前所需的信噪比是根据初始设定的误帧率随时调整的(即外环调整)。

在反向闭环功率控制中,基站起着很重要的作用。闭环控制的设计目标是使基站对移动台的开环功率估计迅速做出纠正,以使移动台保持最理想的发射功率。这种对开环的迅速纠正,解决了前向链路和反向链路间增益容许度和传输损耗不一样的问题。

在对反向业务信道进行闭环功率控制时,移动台将根据在前向业务信道上收到的有效功率控制比特(在功率控制子信道上)来调整其平均输出功率。功率控制比特("0"或"1")是连续发送的,其速率为每比特 1.25ms(即 800b/s)。"0"比特指示移动台增加平均输出功率,"1"比特指示移动台减少平均输出功率。每个功率控制比特使移动台增加或减少功率的大小为 1dB。

基站接收机应测量所有移动台的信号强度,测量周期为 1.25ms,并利用测量结果,分别确定对各个移动台的功率控制比特值,然后基站在相应的前向业务信道上将功率控制比特发送出去。基站发送的功率控制比特较反向业务信道延迟 $2\times1.25\text{ms}$。移动台接收前向业务信道后,从中抽取功率控制比特,进而对反向业务信道的发射功率进行调整。

3) 前向功率控制

在前向功率控制中,基站根据移动台提供的测量结果,调整对每个移动台的发射功率。其目的是对路径衰落小的移动台分配较小的前向链路功率,而对那些远离基站和路径衰落大的移动台分配较大的前向链路功率。使任意移动台无论处于小区中的任何位置上,收到基站的信号电平都刚刚达到信噪比所要求的门限值。这样,就可以避免基站向距离近的移动台辐射过大的信号功率,也可以防止由于移动台进入传播条件恶劣或背景干扰过强的地区而发生误码率增大或通信质量下降的现象。

基站通过移动台对前向误帧率的报告决定是增加发射功率还是减少发射功率。移动台的报告分为定期报告和门限报告。定期报告就是隔一段时间汇报一次,门限报告就是当误帧率达到一定门限时才报告。这个门限是由营运商根据对话音质量的不同要求设置的。这两种报告方式可同时存在,也可只用一种,或者两种都不用,这可根据营运商的具体要求进行设定。

2. 软切换技术

在 CDMA 系统中的信道切换可分为两大类：硬切换和软切换。在那些采用传统硬切换模式的系统中，移动台通过得到邻近信道的报告和向基站发送信息报告辅助参与切换过程。在 CDMA 系统中，硬切换发生在具有不同发射频率的两个 CDMA 基站之间。CDMA 的硬切换过程和 GSM 的硬切换过程大体相似。

CDMA 还支持另外一种称为软切换的切换过程。软切换发生在具有相同载频的 CDMA 基站之间。软切换允许原工作蜂窝小区和切换到达的新小区同时在软切换过程中为这次呼叫服务。

软切换的实现过程包含以下三个阶段。

（1）移动台与原小区基站保持通信链路。移动台搜索所有导频并测量它们的强度，当测量到某个载频大于一个特定值时，移动台认为此导频的强度已经足够大，能够对其进行解调，但尚未与该导频对应的基站联系时，它就向原基站发送一条导频强度测量信息，以通知原基站这种情况，原基站再将移动台的报告送往移动交换中心（MSC），移动交换中心则让新的基站安排一个下行业务信道给移动台，并且由原基站发送一条消息指示移动台开始切换。

（2）移动台与原小区基站保持通信链路的同时，与新的目标小区（一个或多个小区）的基站建立通信链路。当移动台收到来自原基站的切换指示时，移动台将新基站的导频纳入有效导频集，开始对新基站和原基站的下行业务信道同时进行解调。之后，移动台向基站发送一条切换完成消息，通知基站自己已经根据命令开始对两个基站同时解调了。

（3）移动台只与其中的一个新小区基站保持通信链路。随着移动台的移动，可能两个基站中某一方向的导频强度已经低于某一特定值 S，这时移动台启动切换去掉计时器，当该切换去掉计时器期满时（在此期间其导频强度始终低于 S），移动台向基站发送导频强度测量消息，然后基站发切换指示消息给移动台，移动台将切换去掉计时器到期的导频从有效导频集中去掉，此时移动台只与目前有效导频集内的导频所代表的基站保持通信，同时会发出一条切换完成消息告诉基站，表示切换已经完成。

实现软切换的前提条件是移动台应能不断地测量原基站和相邻基站导频信道的信号强度，并把测量结果通知基站。对于某一个小区基站的导频信号而言，在切换过程中其导频信号是处在不同的状态——相邻、候选、激活。

3. RAKE 接收技术

在移动通信中，由于城市建筑物和地形地貌的影响，电波传播必然会出现不同路径和时延，使接收信号出现起伏和衰落，采用分集合并接收技术是十分有效的抗多径衰落的方法。CDMA 个人通信系统采用时间分集和空间分集两种 RAKE 接收方法。基站使用有一定间隔的两组天线，分别接收来自不同方向的信号，独立处理，最后合并解调。移动台采用时间分集 RAKE 接收，让接收信号通过相关延迟为 D 的逐次延迟相关器，延迟间隔 D 为扩频码码元宽或大于码元宽，不同的延迟相关输出结果对应不同路径的信号，选其最大输出的前几个进行合并，即可实现 RAKE 接收。RAKE 接收机在利用多径信号的基础上可以降低基站和移动台的发射功率。而在 GSM 手机中只能通过时域均衡器抵消多径效应，不能通过多路信号的能量叠加而降低发射功率。

3.2.5 CDMA 的应用

1. CDMA 技术在蜂窝移动通信系统中的应用

CDMA 技术在移动通信网中的应用使其在容量、服务质量方面得到了很大的改善。CDMA 通过不同的地址码来区分用户，所有的用户共用一个频率，QCDMA（以美国 Qualcomm 公司的 CDMA 空中接口规范为标准的 CDMA 技术）的容量可以是 AMPS 的 8～10 倍。CDMA 可变速率声码器 8K 编码所提供的话音质量不比 GSM 的 13K 编码差，而现在提出来的 13K 编码所能提供的语音服务已经非常接近有线电话，甚至有些方面如背景噪声等已超过有线质量。由于 CDMA 技术采用宽带传输，信号频带大于信道的相干带宽，多径分量可以自动跟踪和分离，可利用多径分集接收技术，大大降低了对衰落的敏感性。除此之外，CDMA 技术采用的鉴权、数字格式、宽带信令和根据受话人制定的通话保护措施等，可提供最佳的保密特性，防止手机密码被盗。其网络建设成本低（CDMA 系统和手机的价格都低于 GSM 和模拟系统）、覆盖范围大，系统规划简单，电池兼容性好。

2. CDMA 技术在卫星通信系统中的应用

卫星移动通信的多址技术有频分、时分、码分等几种形式。使用 FDMA 技术，由于卫星转发器的非线性而形成的交调干扰，就要避开一部分频带不用，还要用卫星功率进行"补偿"以进一步降低交调干扰，这样就浪费了卫星功率和频带等宝贵资源；TDMA 可以克服交调现象，但又面临着同步问题，由于卫星地面通信站安装在运动物体上，运动物体迅速移动，要实现移动地面站往卫星同步地发射信号显然很困难。在全球卫星移动通信系统中，若采用 CDMA 技术，则具有组网简单、灵活，抗干扰能力强，系统容量潜力大，成本低等一系列优点。与传统的点对点定向传输的卫星通信不一样，卫星移动通信是一点对多点的全向性传输，必须采用扩频技术提高抗多径干扰能力。在 CDMA 中还可采用诸如话音激活、频率复用、扇区划分等来增强系统容量，而在 FDMA 和 TDMA 中扩容技术实现起来难度较大。

3. CDMA 技术在军事上的应用

应急机动作战中，部队行动突然，作战空间广阔，参战力量多元，信息对抗激烈，电磁环境复杂，对指挥通信特别是"动中通、应急通、抗中通、协同通"提出了新要求。军用 CDMA 移动通信系统具有三军技术体制统一，接口兼容性好，互连互通能力强的优点，能够实现诸军兵种之间的互连互通，是未来作战协同通信的重要补充。以军用 CDMA 公众网为依托，合理配置车载、机载、舰载机动式系统，并根据作战需要，利用卫星中继链路接入全军指挥自动化网、CDMA 公众网，有效延伸公众网覆盖范围，建立覆盖整个作战地域的 CDMA 通信网，达成诸军兵种、军民之间语音、数据、图像等多种业务通信，满足多兵种联合作战协同通信的需要，确保作战指挥顺畅。

军用 CDMA 移动通信系统提供的业务主要有两大类：一类是国家 CDMA 移动网提供的话音、短消息、无线数据等基本业务；另一类是军队特殊业务，如数字加密（包括加密话音、加密短消息、无线加密数据）、集群调度和安全控制（保密模块的遥毁）等功能，另外通过智能网方式，可以为军队用户提供缩位编号、军队特殊拨号方式、闭合用户等多项业务功能。根据不同类型部队的实际和随行多样化军事任务对移动通信保障的要求，军队 CDMA 移动通信系统在日常办公、训练演习、处突维稳、抢险救灾和作战等重大活动中被广泛运用。

3.2.6 CDMA 的局限性及其演进

1. CDMA 存在的问题

多址干扰、远近效应是码分多址移动通信中最为重要的问题。多址干扰的实质原因是由于多个用户要求同时通信，而又不能完全将他们彼此隔开而引起的干扰。CDMA 系统为一干扰受限系统，即干扰的大小直接影响系统容量。

除了多址干扰本身直接的影响外，在上行链路中，如果保持小区内所有移动台的发射功率相同，由于小区内移动台用户的随机移动，使得移动台与基站间距离是不同的，接近基站的移动台信号强，远离基站的移动台信号弱，因而会产生以强压弱现象，而设备的非线性就更会加速这一现象的产生，这就是"远近效应"。在下行链路中，当移动台位于相邻小区的交界处时，受到所属基站的有用信号功率很低，同时还会受到相邻小区基站较强的干扰，这就是"角效应"。除此之外，电波传播中由于大型建筑物的阻挡形成"阴影效应"产生慢衰落。这些现象将会导致系统容量下降和实际通信服务范围缩小等。

2. CDMA 技术的演进

1) IS-95A 和 IS-95B——第二代 CDMA 技术标准

IS-95A 是 1995 年美国 TIA 正式颁布的窄带 CDMA（N-CDMA）标准。

IS-95B 是 IS-95A 的进一步发展，于 1998 年制定。主要目的是能满足更高的比特速率业务的需求，IS-95B 可提供的理论最大比特速率为 115kb/s，实际只能实现 64kb/s。

IS-95A 和 IS-95B 均有一系列标准，其总称为 IS-95。cdmaOne 是基于 IS-95 标准的各种 CDMA 产品的总称，即所有基于 cdmaOne 技术的产品，其核心技术均以 IS-95 作为标准。

2) CDMA2000 和 IS-2000 ——第三代 CDMA 技术

CDMA2000 是美国向 ITU 提出的第三代移动通信空中接口标准的建议，是 IS-95 标准向第三代演进的技术体制方案，这是一种宽带 CDMA 技术。CDMA2000 室内最高数据速率为 2Mb/s 以上，步行环境时为 384kb/s，车载环境时为 144kb/s 以上。

IS-2000 则是采用 CDMA2000 技术的正式标准总称。IS-2000 系列标准有 6 部分，定义了移动台和基地台系统之间的各种接口。

3) CDMA2000-1x/CDMA2000-3x/CDMA2000-1XEV

CDMA2000-1x 原意是指 CDMA2000 的第一阶段（速率高于 IS-95，低于 2Mb/s），可支持 308kb/s 的数据传输、网络部分引入分组交换，可支持移动 IP 业务。

CDMA2000-3x 有人称为 CDMA2000 第二阶段，实际上并不准确。它与 CDMA2000-1x 的主要区别是前向 CDMA 信道采用 3 载波方式，而 CDMA2000-1x 用单载波方式。因此它的优势在于能提供更高的速率数据，但占用频谱资源也较宽，在较长时间内运营商未必会考虑 CDMA2000-3x，而会考虑 CDMA2000-1xEV。

CDMA2000-1xEV 是在 CDMA2000-1x 基础上进一步提高速率的增强体制，采用高速率数据（HDR）技术，能在 1.25MHz（同 CDMA2000-1x 带宽）内提供 2Mb/s 以上的数据业务,是 CDMA2000-1x 的边缘技术。3GPP 已开始制定 CDMA2000-1xEV 的技术标准,其中用高通公司技术的称为 HDR,用摩托罗拉和诺基亚公司联合开发的技术的称为 1XTREME,中国的 LAS-CDMA 也属此列。

与 GSM 不同,由 GSM 演进的 GPRS 为第二代半产品,CDMA 并无第二代半产品。IS-95 为第二代,IS-2000(包括 CDMA2000-1x、CDMA2000-3x、CDMA2000-1xEV 等)均属第三代产品。当然,各系列产品之间的业务性能、功能还是有明显的差别。

3.3　2G 演进技术

3.3.1　GPRS 技术

通用分组无线业务(General Packet Radio Service,GPRS)是在 GSM 移动通信系统基础上发展起来的一种移动分组数据业务。GPRS 通过在 GSM 数字移动通信网络中引入分组交换的功能实体,以完成用分组方式进行的数据传输。GPRS 系统可以看作是对原有的 GSM 电路交换系统进行业务扩充,以支持移动用户利用分组数据移动终端接入 Internet 或其他分组数据网络。

GPRS 系统以分组交换技术为基础,采用 IP 数据网络协议,使原有 GSM 网的数据业务突破了 9.6kb/s 的速率限制,最高数据速率可以达到 170kb/s,用户通过 GPRS 可以在移动状态下使用各种高速率数据业务,包括收发电子邮件、Internet 浏览等 IP 业务功能。

GPRS 采用与 GSM 相同的频段、频带宽度、突发结构、无线调制标准、跳频规则以及相同的 TDMA 帧结构。因此,在 GSM 系统的基础上构建 GPRS 系统时,GSM 系统中的绝大部分部件都不需要做硬件改动,只需做软件升级。GPRS 是 GSM 通向 3G 的一个重要里程碑,被认为是 2.5G 产品。

1. GPRS 的标准制定

当初欧洲电信标准协会(ETSI)在制定 GSM 标准规范时,将 GSM 标准规范分成许多实现阶段,并且在 ETSI 组织下分成许多委员会专门移动组(Special Mobile Group,SMG),负责相关部分的 GSM 标准制定。同样,GPRS 标准也是由 ETSI 下的一个委员会所负责制定的。根据 ETSI 对 GPRS 的建议,GPRS 从试验到投入商用后分成两个阶段。

第一阶段可以向用户提供电子邮件、因特网浏览等数据业务:①GPRS 网络和因特网进行点对点的数据传输。②定义 GPRS 网络所需要的各种识别码,这一工作是同 GSM 网络内要定义的包括 IMEI、IMSI 等识别码是一样的。③当 GPRS 网络传输数据时,维护分组安全的特殊算法。④根据传输的分组数据量确定收费的方式。⑤原有 GSM 网络上的简讯业务(SMS)如何以 GPRS 网络来传送。

第二阶段是 EDGE 的 GPRS,简称 E-GPRS:①GPRS 网络与因特网的联机,可以是点对点传输,也可以是点对多点传输。②当 GPRS 网络传送声音、图像或多媒体等应用业务时,不同的应用业务所需要不同的传输速率与延迟时间。③在许多架设 GPRS 网络的国家(地区)间实现国际漫游的功能。

2. GPRS 的技术特点

(1) GPRS 采用分组交换技术,数据实现分组发送和接收,高效传输高速或低速数据和信令,可以在保证话音业务的同时,为用户提供高速的数据业务。用户永远在线且按流量计费,降低了服务成本。

(2) GPRS网络为用户和信道的分配提供了很大的灵活性,每个用户可同时占用多个无线信道,同一无线信道又可以由多个用户共享,每个TDMA帧可分配1~8个无线接口时隙。时隙能为活动用户所共享,且向上链路和向下链路的分配是独立的,资源被有效地利用。

(3) 支持中、高速率数据传输,可提供高达115kb/s的传输速率(最高值为171.2kb/s,不包括FEC)。这意味着通过便携式计算机,GPRS用户能和ISDN用户一样快速地上网浏览,同时也使一些对传输速率敏感的移动多媒体应用成为可能。GPRS采用了与GSM不同的信道编码方案,定义了CS-1、CS-2、CS-3和CS-4共4种编码方案。

(4) GPRS网络接入速度快,提供了与现有数据网的无缝连接。GPRS技术160kb/s的极速传送,几乎能让无线上网达到公网ISDN的效果,可以为用户提供随时、高速、稳定的网络服务。

(5) GPRS支持基于标准数据通信协议的应用,可以和IP网、X.25网互连互通。支持特定的点到点和点到多点的服务,以实现一些特殊应用,如远程信息处理。GPRS也允许短消息业务(SMS)经GPRS无线信道传输。

(6) GPRS的设计使得它既能支持间歇的爆发式数据传输,又能支持偶尔大量数据的传输。它支持4种不同的QoS级别。GPRS能在0.5~1s之内恢复数据的重新传输。GPRS的计费一般以数据传输量为依据。

(7) GPRS可以实现基于数据流量、业务类型及服务质量等级(QoS)的计费功能,计费方式更加合理,用户使用更加方便。

3. GPRS的系统结构

GPRS网络是在GSM网络的基础上进行升级的,最主要的改变是在GSM系统中引入了服务支持节点(Serving GPRS Supporting Node,SGSN)、网关支持节点(Gateway GPRS Support Node,GGSN)和分组控制单元(Packet Control Unit,PCU)三个主要组件。

因为GGSN与SGSN数据交换节点具有处理分组的功能,所以使得GPRS网络能够和因特网互相连接,如图3-23所示,数据传输时的数据与信号都以分组来传送。GGSN与SGSN如同因特网上的IP路由器,具备路由器的交换、过滤与传输数据分组等功能,也支持静态路由与动态路由。多个SGSN与一个GGSN构成电信网络内的一个IP网络,由GGSN与外部的因特网相连接。

当手机用户进行语音通话时,由原有GSM网络的设备负责线路交换的传输,当手机用户传送分组时,由GGSN与SGSN负责将分组传输到因特网。如此手机用户在拥有原有的通话功能的同时,还能随时以无线的方式连接因特网,浏览因特网上丰富的信息。

GSN是GPRS网络中最重要的网络节点。GSN具有移动路由管理功能,它可以连接各种类型的数据网络,并可以连接到GPRS寄存器。GSN可以完成移动台和各种数据网络之间的数据传送和格式转换。GSN可以是一种类似于路由器的独立设备,也可以与GSM中的MSC集成在一起。GSN有两种类型:一种为SGSN,另一种为GGSN。

SGSN主要负责移动性管理,监测本地区内的移动台对于分组数据的传输与接收。此外,它还定位和识别移动台的状态并收集关键的呼叫信息,对于运营商的计费,这是一个至

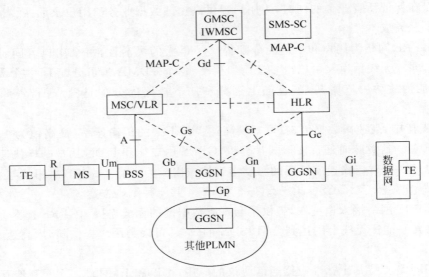

图 3-23　GPRS 网络参考模型

关重要的功能。SGSN 还控制移动寻呼和短信息业务(SMS)及 GSM 电话交换业务的加密、压缩与交互。

GGSN 是 GSM 网络与公共数据之间的网关,它能够利用各种物理和隧道协议上的 IP,直接与互联网连接。GGSN 还可以用作防火墙,把 GSM 网中的 GPRS 分组数据包进行协议转换,既把这些分组数据包传送到远端的 TCP/IP 或 X.25 网络,又保证所有的输入和输出数据都是经过授权的,增加了网络的安全性。

4. GPRS 的技术优势

GPRS 引入了分组交换的传输模式,使得原来采用电路交换模式的 GSM 传输数据方式发生了根本性的变化,这在无线资源稀缺的情况下显得尤为重要。按电路交换模式来说,在整个连接期内,用户无论是否传送数据都将独自占有无线信道。而对于分组交换模式,用户只有在发送或接收数据期间才占用资源,这意味着多个用户可高效率地共享同一无线信道,从而提高了资源的利用率。GPRS 用户的计费以通信的数据量为主要依据,体现了"得到多少、支付多少"的原则。实际上,GPRS 用户的连接时间可能长达数小时,却只需支付相对低廉的连接费用。

5. GPRS 技术存在的问题

1) GPRS 会发生包丢失现象

由于分组交换连接比电路交换连接要差一些,因此,使用 GPRS 会发生一些包丢失现象。而且,由于话音和 GPRS 业务无法同时使用相同的网络资源,因此,用于专门提供 GPRS 使用的时隙数量越多,能够提供给话音通信的网络资源就越少。对用户来说若其容量有限 GPRS 确实会对网络现有的小区容量产生影响,对于不同的用途而言只有有限的无线资源可供使用。例如,话音和 GPRS 呼叫都使用相同的网络资源,这势必会相互产生一些干扰。其对业务影响的程度主要取决于时隙的数量。当然,GPRS 可以对信道采取动态管理,并且能够通过在 GPRS 信道上发送短信息来减少高峰时的信令信道数。

2）实际速率比理论值低

GPRS 数据传输速率要达到理论上的最大值 172.2kb/s,就必须只有一个用户占用所有的 8 个时隙,并且没有任何防错保护。运营商将所有的 8 个时隙都给一个用户使用显然是不太可能的。另外,最初的 GPRS 终端预计可能仅支持一个、二个或三个时隙,一个 GPRS 用户的带宽因此将会受到严重的限制,所以,理论上的 GPRS 最大速率将会受到网络和终端现实条件的制约。

3）终端不支持无线终止功能

目前还没有任何一家主要手机制造厂家宣称其 GPRS 终端支持无线终止接收来电的功能,这将是对 GPRS 市场是否可以成功地从其他非语音服务市场抢夺用户的核心问题。启用 GPRS 服务时,用户将根据服务内容的流量支付费用,GPRS 终端会装载 WAP 浏览器。但是,未经授权的内容也会发送给终端用户,更糟糕的是用户要为这些垃圾内容付费。

4）存在转接时延

GPRS 分组通过不同的方向发送数据,最终达到相同的目的地,那么数据在通过无线链路传输的过程中就可能发生一个或几个分组丢失或出错的情况。

3.3.2 EDGE 技术

EDGE 是 Enhanced Data Rate for GSM Evolution 的缩写,即增强型数据速率 GSM 演进技术。EDGE 是一种从 GSM 到 3G 的过渡技术,它主要是在 GSM 系统中采用了一种新的调制方法,即最先进的多时隙操作和 8PSK 调制技术。由于 8PSK 可将现有 GSM 网络采用的 GMSK 调制技术的符号携带信息空间从 1 扩展到 3,从而使每个符号所包含的信息是原来的三倍。

之所以称 EDGE 为 GPRS 到第三代移动通信的过渡性技术方案,主要原因是这种技术能够充分利用现有的 GSM 资源。因为它除了采用现有的 GSM 频率外,同时还利用了大部分现有的 GSM 设备,而只需对网络软件及硬件做一些较小的改动,就能够使运营商向移动用户提供诸如互联网浏览、视频电话会议和高速电子邮件传输等无线多媒体服务,即在第三代移动网络商业化之前提前为用户提供个人多媒体通信业务。由于 EDGE 是一种介于现有的第二代移动网络与第三代移动网络之间的过渡技术,比 2.5G 技术 GPRS 更加优良,因此也有人称它为"2.75G"技术。

EDGE 还能够与 WCDMA 制式共存,这也正是其所具有的弹性优势。EDGE 技术主要影响现有 GSM 网络的无线访问部分,即收发基站(BTS)和基站控制器(BSC),而对基于电路交换和分组交换的应用和接口并没有太大的影响。因此,网络运营商可最大限度地利用现有的无线网络设备,只需少量的投资就可以部署 EDGE,并且通过移动交换中心(MSC)和服务 GPRS 支持节点(SGSN)还可以保留使用现有的网络接口。事实上,EDGE 改进了这些现有 GSM 应用的性能和效率并且为将来的宽带服务提供了可能。EDGE 技术有效地提高了 GPRS 信道编码效率及其高速移动数据标准,它的最高速率可达 384kb/s,在一定程度上节约了网络投资,可以充分满足未来无线多媒体应用的带宽需求。从长远观点看,它将会逐步取代 GPRS 成为与第三代移动通信系统最接近的一项技术。

3.4 延伸阅读——基站

基站即公用移动通信基站,是无线电台站的一种形式,是指在一定的无线电覆盖区中,通过移动通信交换中心与移动电话终端之间进行信息传递的无线电收发信电台。

广义上的基站被称为 BSS,是基站子系统(Base Station Subsystem)的简称。以 GSM 网络为例,包括基站收发信机(BTS)和基站控制器(BSC)。一个基站控制器可以控制数十个基站收发信机。而在 WCDMA 等系统中,类似的概念称为 Node B 和 RNC。

狭义上的基站指的是公用移动通信基站,是无线电台站的一种形式,是指在一定的无线电覆盖区中,通过移动通信交换中心,与移动电话终端之间进行信息传递的无线电收发信电台。

基站是移动通信的基础,而移动通信一般具有以下几种特点。

(1) 无线电波传播环境复杂。移动通信的电波处在特高频(300~3000MHz)频段,电波传播主要方式是视距传播。电磁波在传播时不仅有直射波信号,还有经地面、建筑群等产生的反射、折射、绕射的传播,从而产生多径传播引起的快衰落、阴影效应引起的慢衰落,系统必须配有抗衰落措施,才能保证正常运行。

(2) 噪声和干扰严重。移动台在移动时既受到环境噪声的干扰,又存在系统干扰。由于系统内有多个用户,必须采用频率复用技术,系统就有了互调干扰、邻道干扰、同频干扰等主要的系统干扰,这就要求系统有合理的同频复用规划和无线网络优化等措施。

(3) 用户的移动性。用户的移动性和移动的不可预知性,要求系统有完善的管理技术对用户的位置进行登记、跟踪,不因位置改变中断通信。

(4) 频率资源有限。ITU 对无线频率的划分有严格规定,要设法提高系统的频率利用率。

移动通信这些特点问题都是移动通信基站不得不解决的问题。

移动通信基站有多重分类的方式,例如按照服务对象分类,可以分为公用移动通信和专用移动通信;按组网方式分类,可以分为蜂窝状移动通信、移动卫星通信、移动数据通信、公用无绳电话、集群调度电话等;按工作方式分类,可以分为单向和双向通信方式两大类,双向通信方式又可分为单工、双工和半双工通信方式;按采用的技术分类,分为模拟移动通信系统和数字移动通信系统。

移动通信基站的建设是我国移动通信运营商投资的重要部分,移动通信基站的建设一般都是围绕覆盖面、通话质量、投资效益、建设难易、维护方便等要素进行。随着移动通信网络业务向数据化、分组化方向发展,移动通信基站的发展趋势也必然是宽带化、大覆盖面建设及 IP 化。

从第一代模拟通信系统(AMPS/TACS)的应用,到被第二代窄带数字移动通信系统(GSM/CDMA/PHS)所替代,历经了 15 年,其间主要解决通话的需求。第二代基站主要是 GSM 与 CDMA 两大阵营。根据全球移动设备供应商协会(GSA)的统计,GSM 阵营用户市场占有率较 CDMA 有更大优势。移动通信市场发展促使基站技术不断发展,每隔几年就有更高性能的新一代 GSM 基站推出。

以 GSM 系统为例,其基站的发展大致经历了三个历程。第一阶段的 GSM 基站,设备集成度低,耗电大,功放效率低,能提供的容量有限,产品形式单一,只有室内宏蜂窝型号。经过 3～5 年时间,微电子技术使设备能高度集成,设备耗电小,功放效率高,单机柜的系统容量得到很大提升,产品形式极大丰富,除了常用的室内宏蜂窝外,还有室外一体化基站、室内微蜂窝基站和直放站等。随着数据业务需求的出现,第二阶段基站通过部分硬件更换和软件升级的方式发展到第三阶段基站,此阶段的基站具备了支持 GPRS/EDGE、半速率、小区定位等功能,同时设备向更高的集成度和更大的容量发展。

基站历经从模拟到数字、从窄带到宽带的发展历程,每四五年就更新一代。但其发展方向一直没有改变,都是向高性能、高可靠、布网灵活、升级维护方便、节省总成本的方向发展。随着计算机的快速发展,小数据量的通信能力已经不能满足人们丰富的业务需求,窄带数字系统正逐步向第三代宽带数字移动通信系统(WCDMA/CDMA2000/TD-SCDMA)演进,从窄带系统的出现到宽带系统的出现,大约经历了 15 年,正是因为从 2G 到 3G 是演进而非革命,使得两者可以共存相当长的一段时间,3G 除了提供 2G 的所有业务外,还具备了宽带数据业务的能力。当前最新一代 3G 基站具备多载波、高效数字功放、全性能 HSDPA、开放式的架构等特征,已经成为业界的主流。3G 基站向高集成度方向发展,不断引入新技术,目前部署的 WCDMA 基站都支持 HSDPA,部分已经支持 HSUPA。

未来的基站在形态上将朝着更高性能和集成度的宏基站、体积更小的微基站、更灵活的分布式基站三种方向发展;而各种基站在组成架构上,将成为开放式的模块化的产品;在技术上,未来基站朝着更高集成度、全 IP 化、多载波和更高效率数字功放的方向发展。

思考与讨论

1. GSM 通信系统主要由哪几部分组成?
2. GSM 交换网络子系统由哪些功能实体组成? 分别起什么作用?
3. 什么是位置登记? GSM 系统如何实现位置登记?
4. 为什么说 CDMA 蜂窝系统具有软容量特性? 这种特性有什么好处?
5. 说明 CDMA 蜂窝系统采用功率控制的必要性及对功率控制的要求。
6. GPRS 的主要特点是什么?
7. 在 GSM 网络中引入 GPRS 支持节点和新的接口及单元后,对 GSM 网络设备会产生什么影响?

参考文献

[1] 韦惠民,李国民,等. 移动通信技术[M]. 北京:人民邮电出版社,2006.
[2] 解文博,解相吾. 移动通信技术与设备[M]. 2 版.北京:人民邮电出版社,2015.
[3] 章坚武. 移动通信[M]. 4 版.西安:西安电子科技大学出版社,2016.
[4] 李建东,郭梯云,等. 移动通信(第四版)[M]. 西安:西安电子科技大学出版社,2016.
[5] 魏红. 移动通信技术[M]. 3 版.北京:人民邮电出版社,2015.
[6] 王淑香. 移动通信系统与应用[M]. 西安:西安电子科技大学出版社,2009.

第4章

3G技术

4.1　3G 技术概述

第三代移动通信系统简称 3G,它是由国际电信联盟(ITU)率先提出并负责组织研究的。它最早被命名为未来公共陆地移动通信系统(FPLMTS),后更名为 IMT-2000 (International Mobile Telecommunication 2000),意指工作在 2000MHz 频段并在 2000 年左右投入商用的国际移动通信系统,包括地面通信系统和卫星通信系统。第三代移动通信系统是以宽带码分多址(CDMA)技术为主,采用数字通信技术的新一代移动通信系统。它能够处理图形、音乐、视频流等多种形式的信号,提供包括网页浏览、电话会议、电子商务等多种信息服务。

4.1.1　3G 的目标与要求

第三代移动通信系统的理论研究、技术开发和标准的制定工作早在 20 世纪 80 年代中期就已经开始了。3G 的目标就是把多媒体业务及时地传送给移动域内的用户。也就是说,3G 与第二代移动通信系统相比,能够为任何地方的任何用户提供更高的数据传输速率,能够更灵活地按照不同的服务质量提供多种业务。这个目标可以概括为实现通信全球化、综合化、智能化和个人化。第三代移动通信系统的目标主要包括以下几个方面。

(1) 全球漫游,以低成本的多模手机来实现。全球具有公有频段,用户不再限制于一个地区和一个网络,能与固定网络兼容,和现有移动通信网互连互通。在设计上具有高度的通用性,拥有足够的系统容量和强大的多种用户管理能力,能够提供全球漫游,是一个覆盖全球的、具有高度智能和个人服务特色的移动通信系统。

(2) 适应多种环境,包括城市和乡村、丘陵和山地、空中和海上以及室内场所。采用多层小区结构,即微微蜂窝、微蜂窝、宏蜂窝,将地面移动通信系统和卫星移动通信系统结合在一起,与不同的网络互通,提供无缝漫游和业务的一致性、网络终端的多样性,并与第二代移动通信系统共存和互通。系统结构开放,易于引进新技术。

(3) 能够提供高质量的多媒体业务,包括高质量的语音、可变速率的数据(从不到10kb/s 到 2Mb/s)、高分辨率的图像视频等多种业务,能支持面向电路和面向分组业务。

(4) 足够的系统容量,强大的多种用户管理能力,高保密性能和服务质量。用户可以用唯一的个人电信号码(PTN)在任何时间、任何地点、任何终端上获取所需要的电信服务,这就超越了传统的终端移动性,真正实现了个人移动性。

(5) 网络结构可配置成不同形式,以适应各种服务需要,如公用、专用、商用和家用;具有高级的移动性管理,能保证大量用户数据的存储、更新、交换和实时处理等。

为实现上述目标,ITU 提出 3G 无线传输技术必须满足以下几点要求。

(1) 快速移动环境,最高速率达 144b/s。

(2) 室外到室内或步行环境,最高速率应达到 384kb/s。

(3) 室内环境,最高速率应达到 2Mb/s。

(4) 便于过渡、演进。由于第二代网络已具有相当规模,所以第三代网络引入时,一定要能在第二代网络的基础上逐渐演进而成,并与固定网兼容。

(5) 上下行链路能够适应不对称业务的需求。

(6) 具有易于管理的信道结构。

(7) 灵活的无线资源管理和系统配置,支持频谱间的无缝切换,从而支持多层次的小区结构。

4.1.2　3G 的频谱规划

1992 年,世界无线电行政大会根据 ITU-R(国际电联无线通信组织)对于 IMT-2000 的业务量和所需频谱的估计,划分了 230MHz 带宽给 IMT-2000,规定 1885～2025MHz(上行链路)以及 2110～2200MHz(下行链路)频带为全球基础上可用于 IMT-2000 的业务,还规定 1980～2010MHz 和 2170～2200MHz 为卫星移动业务频段,共 60MHz,其余 170MHz 为陆地移动业务频段,其中对称频段是 2×60MHz,不对称的频段是 50MHz。上、下行频带不对称主要是考虑到可以使用双频 FDD 方式和单频 TDD 方式。

除了上述频谱划分外,ITU 在 2000 年的 WARC2000 大会上在 WARC-92 基础上又批准了新的附加频段,即 806～960MHz、1710～1885MHz 和 2500～2690MHz。

在中国,IMT-2000 频谱的一部分已被预留给小灵通(PCS)或无线本地环路(WLL)使用,不过这部分频谱并没有分配给任何运营商。2002 年 10 月,信息产业部颁布了关于我国第三代移动通信系统的频率规划,如表 4-1 所示。

表 4-1　我国第三代移动通信系统的频率规划

频率范围/MHz	工作模式	业务类型	备注
1920～1980/2110～2170	FDD	陆地移动业务	主要工作频段
1755～1785/1850～1880	FDD	陆地移动业务	补充工作频段
1880～1920/2010～2025	TDD	陆地移动业务	主要工作频段

频率范围/MHz	工作模式	业务类型	备　注
2300～2400	TDD	陆地移动业务	补充工作频段,无线电定位业务共用
825～835/870～880 885～915/930～960 1710～1755/1805～1850	FDD	陆地移动业务	之前规划给中国移动和中国联通的频段,上、下行频率不变
1980～2010/2170～2200	—	卫星移动业务	—

4.1.3　3G 的主要技术标准

由于无线接口部分是 3G 系统的核心组成部分,而其他组成部分都可以通过统一的技术加以实现,因此,无线接口技术标准即代表了 3G 的技术标准。IMT-2000 主要有以下 5 种方案。

(1) IMT-2000 CDMA DS:对应 WCDMA,简化为 IMT-DS。

(2) IMT-2000 CDMA MC:对应 CDMA 2000,简化为 IMT-MC。

(3) IMT-2000 CDMA TD:对应 TD-SCDMA 和 UTRA(通用地面无线接入)TDD,简化为 IMT-TD。

(4) IMT-2000 TDMA SC:对应 UWC-136,简化为 IMT-SC。

(5) IMT-2000 TDMA MC:对应 DECT,简化为 IMT-FT。

ITU IMT-2000 所确定的 5 种技术规范中有三种基于 CDMA 技术,两种基于 TDMA 技术,CDMA 技术是第三代移动通信的主流技术。

ITU 在 2000 年 5 月确定 WCDMA、CDMA 2000 和 TD-SCDMA 三大主流无线接口标准,写入 3G 技术指导性文件(2000 年国际移动通信计划,简称 IMT-2000)。

4.1.4　2G 到 3G 的演进策略

第二代移动通信技术的升级向第三代移动通信系统的过渡都是渐进式的,这主要考虑保证现有投资和运营商利益及已有技术的平滑过渡。

1. GSM 的升级和向 WCDMA 的演进策略

由于 WCDMA 投资巨大,一时难以大规模应用,但用户对高速率的数据业务又有一定需求,因此就出现了所谓的 2.5G 技术。在 GSM 基础上的 2.5G 技术包括高速电路交换数据(HSCSD,57.6kb/s)、通用分组无线业务(GPRS,115kb/s)、GSM 演进的增强数据速率(EDGE,将调制方式由 GMSK 更新为更高效率方式,将传输速率上升至 384kb/s),可提供类似于第三代移动通信的业务。不过,以上这些技术只能提供类似于第三代移动通信的业务,WCDMA 才是基于 GSM 的真正的第三代移动通信系统,但在向 WCDMA 过渡时又必须做很大的改动。

2. 窄带 CDMA 向 CDMA 2000 的演进 Wi-Fi

IS-95(窄带 CDMA)向 CDMA 2000 演进的策略是由目前的 IS-95A 到可传输 115kb/s

的 IS-95B 或直接到加倍容量的 CDMA 2000-1x,数据速率可达 144kb/s,支持突发模式并增加新的补充信道,先进的 MAC 提供 QoS 保证。采用增强技术后的 CDMA 2000-1x EV 可以提供更高的性能,最终平滑无缝隙地演进真正的第三代移动通信系统,此时传输速率可高达 2Mb/s。

3G 演进路线如图 4-1 所示。

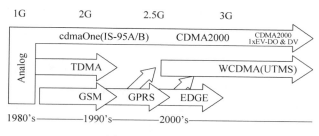

图 4-1　3G 演进路线

4.2　WCDMA

4.2.1　WCDMA 简介

宽带码分多址(Wideband Code Division Multiple Access,WCDMA)是第三代移动通信系统的主流体制,其典型代表是欧洲电信标准委员会(ETSI)提出的 UMTS。欧洲电信标准委员会在 GSM 之后就开始研究其 3G 标准,其中有几种备选方案是基于直接序列扩频码分多址的,而日本的第三代研究也是使用宽带码分多址技术。其后,以二者为主导进行融合,在 3GPP 组织中发展成了第三代移动通信系统 UMTS,并提交给国际电信联盟。国际电信联盟最终接受 WCDMA 作为 IMT-2000 3G 标准的一部分。

WCDMA 系统采用直接序列扩频,基本带宽为 5MHz。基本码片速率为 3.84Mc/s,对应带宽近似为 5MHz。WCDMA 也规定了高码片速率,这是为了使 WCDMA 将来可提供更高的数据速率。WCDMA 无线传输可以采用两种双工方式:FDD 模式和 TDD 模式。WCDMA 的主要技术指标如下。

(1) 基站同步方式:支持异步和同步的基站运行。

(2) 信号带宽:5MHz。

(3) 码片速率:3.84Mc/s。

(4) 调制方式:上、下行均为 QPSK。

(5) 语音编码:AMR(自适应多码率语音传输编译码器)。

(6) 信道编码:卷积码和 Turbo 码。

(7) 解调方式:导频辅助的相干解调。

(8) 发射分集方式:TSTD、STTD、FBTD。

(9) 功率控制:上、下行闭环功率控制,开环功率控制。

4.2.2　WCDMA 的特点

WCDMA 系统主要有以下几个特点。

（1）频点更宽。WCDMA 采用了 5MHz 的频点带宽，是 CDMA2000 频点带宽的 4 倍，因此可以采用高达 3.84Mb/s 的码率，是 CDMA2000 码率 1.2288Mb/s 的三倍以上。这样 WCDMA 就可以提供数倍于 CDMA2000 的上、下行业务速率，这对提高数据业务的用户体验非常有帮助。

（2）复用更充分。WCDMA 系统复用更充分来源于以下两个方面的要求。

其一，WCDMA 是 3G 技术，因此需要支持多媒体业务，业务种类自然很多。例如，常用的业务就有语音业务（CS12.2）、视频电话业务（CS64）、分组数据业务（PS64/PS128）和高速分组数据业务（HSPA）等。另外，每个用户还可以同时进行多项业务，例如，语音业务与数据业务的组合，需要支持并发的业务。

其二是由"频点更宽"带来的。由于 WCDMA 频点带宽很大，充分利用这些带宽就很关键，需要尽量减少浪费。

（3）话音质量高。WCDMA 系统采用了 AMR 语音编码技术，有 8 种语音编码速率（12.2～4.75kb/s），可以根据小区负荷自动调节编码速率，有很好的背景噪声抑制功能。WCDMA 系统使用 RAKE 分集接收技术以克服衰落、提高话音质量，使用软切换技术更可以有效地减少掉话。

（4）采用软切换技术。WCDMA 系统和 CDMA2000 系统采用了软切换技术，而 TD-SCDMA 系统则采用了接力切换技术，这些切换技术可以更有效地降低掉话率，提高系统容量，改善话音质量。

（5）保密性能好。因为采用码分多址技术，其复杂的编译码及调制解调技术确保系统具有良好的保密性能。

4.2.3　WCDMA 的系统结构

1. UMTS 系统结构

通用移动通信系统（Universal Mobile Telecommunications System，UMTS）是采用 WCDMA 空中接口技术的第三代移动通信系统，通常也把 UMTS 系统称为 WCDMA 通信系统。UTMS 系统的网络结构与第二代移动通信系统 GSM 类似，包括无线接入网络（UMTS Terrestrial Radio Access Network，UTRAN）和核心网络（Core Network，CN）。其中，无线接入网络用于处理所有与无线有关的功能，而 CN 处理系统内所有的语音呼叫和数据连接，并实现与外部网络的交换和路由功能。CN 从逻辑上分为电路交换域（Circuit Switched Domain，CS）和分组交换域（Packet Switched Domain，PS）。UTRAN、CN 与用户设备（User Equipment，UE）一起构成了整个 UTMS 系统。其系统结构如图 4-2 所示。

从 3GPP R99 标准的角度来看，UE 和 UTRAN 由全新的协议构成，其设计基于 WCDMA 无线技术。而 CN 则采用了 GSM/GPRS 的定义，这样可以实现网络的平滑过渡，此外在第三代移动通信网络建设的初期可以实现全球漫游。

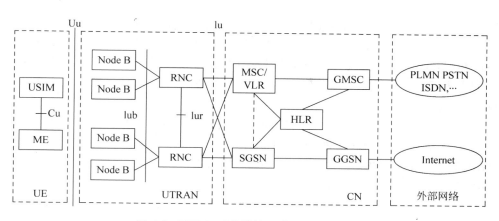

图 4-2　UTMS 系统结构及单元构成示意图

1）用户终端设备（UE）

UE 即终端用户设备，主要包括射频处理单元，基带处理单元，协议栈模块以及应用层软件模块等。UE 通过 Uu 接口与网络设备进行数据交互，为用户提供电路域和分组域内的各种业务功能，包括普通话音、数据通信、移动、多媒体、Internet 应用（如 E-mail、WWW 浏览、FTP）等。UE 包括 ME 和 USIM 两部分。

（1）移动设备（Mobile Equipment，ME），提供应用和服务；

（2）用户识别模块（UMTS Subscriber Identity Module，USIM），提供用户身份识别。

2）陆地无线接入网（UTRAN）

UTRAN 即陆地无线接入网，分为基站（Node B）和无线网络控制器（RNC）两部分。

（1）基站（Node B）。Node B 是 WCDMA 系统的基站（即无线收发信机），包括无线收发信机和基带处理部件。Node B 通过标准的 Iub 接口和 RNC 互连，主要完成 Uu 接口物理层协议的处理。它的主要功能是扩频、调制、信道编码及解扩、解调、信道解码，还包括基带信号和射频信号的相互转换等功能。Node B 由下列几个逻辑功能模块构成：射频收/发放大系统（TRX）、基带部分（BB）、传输接口单元和基站控制部分。

（2）无线网络控制器（RNC）。RNC 是无线网络控制器，主要完成连接建立和断开、切换、宏分集合并、无线资源管理控制等功能，具体包括执行系统信息广播与系统接入控制功能，切换和 RNC 迁移等移动性管理功能，以及宏分集合并、功率控制、无线承载分配等无线资源管理和控制功能。

3）核心网络（CN）

CN 即核心网络，负责与其他网络的连接和对 UE 的通信和管理。主要功能实体如下。

（1）MSC/VLR。MSC/VLR 是 WCDMA 核心网 CS 域功能节点，它通过 Iu-cs 接口与RAN 相连，通过 PSTN/ISDN 接口与外部网络（PSTN、ISDN 等）相连，通过 C/D 接口与HLR 相连，通过 E 接口与其他 MSC/VLR、GMSC 相连，通过 Gs 接口与 SGSN 相连。MSC/VLR 的主要功能是提供 CS 域的呼叫控制、移动性管理、鉴权和加密等功能。

（2）GMSC。GMSC 是 WCDMA 移动网 CS 域与外部网络之间的网关节点，也称为接口交换机，是可选功能节点，它通过 E 接口与外部网络（PSTN、ISDN、其他 PLMN）相连，通过 C/D 接口与 HLR 相连。它的主要功能是完成 VMSC 功能中的呼入/呼出的路由功能及与固定网等外部网络的网间结算功能。

（3）SGSN。SGSN 是 WCDMA 核心网 PS（分组交换）域功能节点，它通过 Iu-ps 接口与 RAN 相连，通过 Gn/Gp 接口与 GGSN 相连，通过 Gr 接口与 HLR 相连，通过 Gs 接口与 MSC/VLR 相连。SGSN 的主要功能是提供 PS 域的路由转发、移动性管理、会话管理、鉴权和加密等功能。

（4）GGSN。GGSN 是 WCDMA 核心网 PS 域功能节点，它通过 Gn/Gp 接口与 SGSN 相连，通过 Gi 接口与外部数据网络（Internet/Intranet）相连。GGSN 提供数据包在 WCDMA 移动网和外部数据网之间的路由和封装。GGSN 的主要功能是提供同外部 IP 分组网络的接口。GGSN 需要提供 UE 接入外部分组网络的关口功能，从外部网的观点来看，GGSN 就好像是可寻址 WCDMA 移动网络中所有用户 IP 的路由器，需要同外部网络交换路由信息。

（5）HLR。HLR 是 WCDMA 核心网 CS 域和 PS 域共有的功能节点，它通过 C 接口与 MSC/VLR 或 GMSC 相连，通过 Gr 接口与 SGSN 相连，通过 Gc 接口与 GGSN 相连。HLR 的主要功能是提供用户的签约信息存放、新业务支持、增强的鉴权等功能。

4）外部网络

外部网络可以分为以下两类。

（1）电路交换网络（CS Networks），提供电路交换的连接服务，像通话服务。ISDN 和 PSTN 均属于电路交换网络。

（2）分组交换网络（PS Networks），提供数据包的连接服务，Internet 属于分组数据交换网络。

5）系统接口

从图 4-2 的 UMTS 网络单元构成示意图中可以看出，3G WCDMA 系统与 2G GSM 网络相比，CN 部分的接口变化不大，UTRAN 部分主要有如下接口。

（1）Cu 接口。Cu 接口是 SIM 卡和裸机之间的电气接口，Cu 接口采用标准接口。

（2）Uu 接口。Uu 接口是 WCDMA 的无线接口。UE 通过 Uu 接口接入到网络系统的固定网络部分，可以说 Uu 接口是 WCDMA 系统中最重要的开放接口。

（3）Iu 接口。Iu 接口分为 Iu-cs 和 Iu-ps，是连接 RAN 和 CN 的接口，类似于 GSM 系统的 A 接口和 Gb 接口。Iu 接口是一个开放的标准接口，这也使通过 Iu 接口相连接的 RAN 与 CN 可以分别由不同的设备制造商提供。

（4）Iur 接口。Iur 接口是连接 RNC 之间的接口，是 WCDMA 系统特有的接口，用于对 RAN 中移动台的移动管理。例如，在不同的 RNC 之间进行软切换时，移动台所有数据都是通过 Iur 接口从正在工作的 RNC 传到候选 RNC。Iur 是开放的标准接口。

（5）Iub 接口。Iub 接口是连接 Node B 与 RNC 的接口，也是一个开放的标准接口。与 Iub 接口相连接的 RNC 与 Node B 是分别由不同的设备制造商提供的。

2. WCDMA 的无线接口

WCDMA 的无线接口协议模型如图 4-3 所示。WCDMA 继承了 GSM 无线接口协议的特点，定义了各种类型的信道。在无线接口上的信道有三种类型：物理信道、传输信道和逻辑信道。物理信道构成了物理层实际的传输通道；物理层通过传输信道向 MAC 层提供支持；MAC 层通过逻辑信道向 RLC 层提供支持。

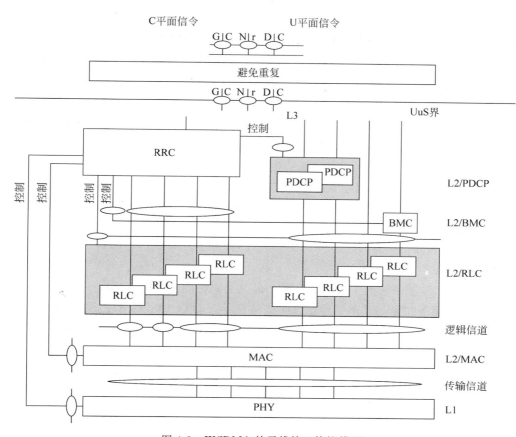

图 4-3 WCDMA 的无线接口协议模型

1）分层结构

WCDMA 无线接口的协议结构分为三个协议层：无线资源控制层（L3）、数据链路层（L2）和物理层（L1）。数据链路层包括描述 MAC 和描述 RLC 的两个子层。

（1）无线资源控制层（RRC）。RRC 位于无线接口的第三层，它主要处理 UE 和 RAN 的第三层控制平面之间的信令，包括处理连接管理功能、无线承载控制功能、移动性管理等。

（2）数据链路层。数据链路层包括媒体接入控制（MAC）层与无线链路控制（RLC）子层。MAC 层屏蔽了物理介质的特征，为高层提供了使用介质的手段。高层以逻辑信道的形式传输信息，MAC 完成传输信息的有关变换（检错、打包、拆包、复用），以传输信道的形式将信息发向物理层。RLC 层为用户和控制数据提供分段及重传业务。每个 RLC 实体由 RRC 配置，并以三种模式进行操作：透明模式、非确认模式、确认模式。在控制平面，RLC 层向上提供的业务为信令无线承载。在用户平面，RLC 向上层提供的业务为业务无线承载。

（3）物理层。物理层是 OSI 参考模型的最底层，它支持在网络介质上传输比特流所需的操作。物理层与 L2 的 MAC 子层和 L3 的 RRC 相连（图 4-3 中不同层间的椭圆圈为业务接入点）。物理层与 MAC 层相互之间的通信是用 PHY 原语来完成的，与 RRC 层的接口相互间的通信是用 CPHY 原语实现的。

2）信道结构

WCDMA 的信道分为物理信道、传输信道和逻辑信道。

　　逻辑信道直接承载用户业务,根据承载的是控制平面的业务还是用户平面的业务可将其分为控制信道和业务信道。控制信道包括广播控制信道(BCCH)、寻呼控制信道(PCCH)、公共控制信道(CCCH)、专用控制信道(DCCH)和共享控制信道(SHCCH)。业务信道包括专用业务信道(DTCH)、公共业务信道(CTCH)。

　　传输信道是物理层给 MAC 层提供的服务,定义无线接口数据传输的方式和特性。传输信道分为公共传输信道和专用传输信道两种类型。公共传输信道包括随机接入信道(RACH)、前向接入信道(FACH)、下行共享信道(DSCH)、公共分组信道(CPCH)、广播信道(BCH)和寻呼信道(PCH);专用传输信道只有一种,即为专用信道(DCH)。

　　物理信道是承载传输信道业务的物理载体,可以由特定的载频、码(信道码和扰码)、开始和结束之间的持续时间,以及上、下行链路中相对的相位定义。在采用扰码与扩频码的信道里,扰码或扩频码任何一种不同,都可以确定为不同的信道。一般物理信道包括三层结构:超帧、无线帧和时隙。

　　在 WCDMA 中,一个超帧长 720ms,包括 72 个无线帧。超帧的边界是用系统帧序号(SFN)来定义的。当 SFN 为 72 的整数倍时,该帧为超帧的起始无线帧;当 SFN 为 72 的整数倍减 1 时,该帧为超帧的结尾无线帧。无线帧是一个包括 15 个时隙的信息处理单元,时长 10ms。时隙是包括一组信息符号的单元,每个时隙的符号数目取决于物理信道,一个符号包括许多码片,每个符号的码片数量与物理信道的扩频因子相同。

　　物理信道包括上行物理信道和下行物理信道。其中,上行物理信道包括专用物理信道和公共物理信道;下行物理信道也包括专用和公共两种物理信道。上行专用物理信道分为上行专用物理数据信道(DPDCH)和上行专用物理控制信道(DPCCH)。上行公共物理信道包括物理随机接入信道(PRACH)和物理公共分组信道(PCPCH)。下行专用物理信道只有一种类型,即下行 DPCH。下行公共物理信道包括公共导频信道(CPICH)、公共控制物理信道(CCPCH)、同步信道(SCH)、物理下行共享信道(PDSCH)、捕获指示信道(AICH)和寻呼指示信道(PICH)。

　　在如图 4-4 所示无线接口的整体协议结构中,信息以传输信道的形式从 MAC 层传到物理层,再在物理层上映射到不同的物理信道,这就要求物理层能够支持可变比特速率的传输信道,以提供各种类型带宽需求的业务,同时能将多种业务复用到同一连接上。图 4-4 总结了不同传输信道与不同物理信道的映射关系。

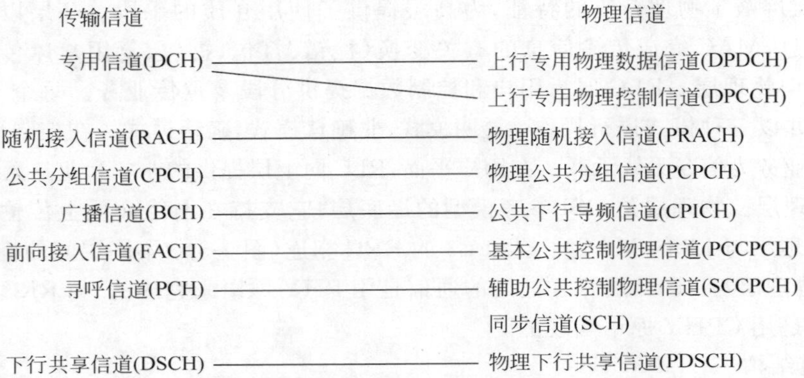

传输信道	物理信道
专用信道(DCH)	上行专用物理数据信道(DPDCH)
	上行专用物理控制信道(DPCCH)
随机接入信道(RACH)	物理随机接入信道(PRACH)
公共分组信道(CPCH)	物理公共分组信道(PCPCH)
广播信道(BCH)	公共下行导频信道(CPICH)
前向接入信道(FACH)	基本公共控制物理信道(PCCPCH)
寻呼信道(PCH)	辅助公共控制物理信道(SCCPCH)
	同步信道(SCH)
下行共享信道(DSCH)	物理下行共享信道(PDSCH)

图 4-4　传输信道到物理信道的映射关系

3）帧结构

图 4-5 为上行专用物理信道的帧结构，其中，N_{data} 表示实际信息的比特数。每个帧长为 10ms，分成 15 个时隙，每个时隙的长度为 $T_{slot}=2560$ 码片，对应于一个功率控制周期，一个功率控制周期为 $(10/15)ms$。

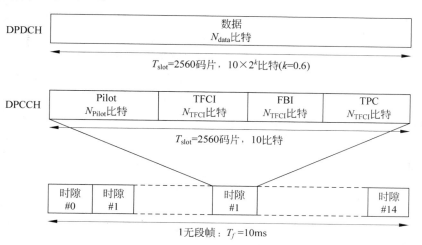

图 4-5 上行 DPDCH/DPCCH 帧结构

如图 4-6 所示为下行 DPCH 的帧结构，每个长 10ms 的帧被分成 15 个时隙，每个时隙长为 $T_{slot}=2560$ 码片，对应于一个功率控制周期。

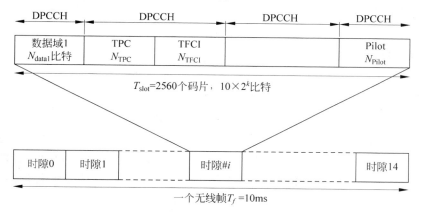

图 4-6 下行 DPCH 帧结构

4）信道编码和复用

为保证高层的信息数据在无线信道上可靠传输，需对来自 MAC 和高层的数据流（传送块/传送块集）进行编码/复用后在无线链路上发送，并且将无线链路上接收到的数据进行解码/解复用再送给 MAC 和高层。信道编码/复用包括非压缩和压缩两种模式。

非压缩模式下，到达编码/复用功能模块的数据以传送块集合的形式传输，在每个传送时间间隔 TTI 传输一次，传送时间间隔可以是集合 {10ms,20ms,40ms,80ms} 中的一个值。编码/复用的步骤如下：给每个传送块加 CRC，传送块级联和码块分段，信道编码，速率匹配,插入非连续传输 DTX 指示比特,交织,无线帧分段,传输信道复用,物理信道的分段,到物理信道的映射。

压缩模式中,一帧的一个或连续几个无线帧中某些时隙不被用作数据的传输。为了保持压缩后的质量不被影响,压缩帧中其他时隙的瞬时传输功率被增加,功率的增加与传输时间的减少相对应。何时帧被压缩,取决于网络。在压缩模式中,压缩帧可以周期性地出现,也可以在必需时才出现,并且依赖于外界条件,主要用于频间测量、系统间切换,有单帧和双帧方式两种类型。压缩模式下,传输间隔可以被放置在固定位置。接收机为了准确解码,必须得到发送方的编码/复用格式参数,因此,需要采用传送格式检测来获得这些参数。

4.2.4　WCDMA 的关键技术

1. RAKE 接收

无线信号通过电波在空间里传输。在信号传输过程中遇到物体的尺寸比波长大得多的时候,就发生反射;传播路径被尖利的边缘阻挡时,就发生绕射;无线电波遇到的物体非常大,而物体粗糙表面不规则部分小于波长时,就会发生散射。因此,如何克服电波传输所造成的多径衰落现象是移动通信的一个基本问题。

RAKE 接收技术,也即多径分集接收技术。RAKE 接收机在利用多径信号的基础上可以降低基站和移动台的发射功率。由于信号带宽较宽,因而在时间上可以分辨出比较细微的多径信号,对分辨出的多径信号分别进行加权调整,使合成之后的信号得以增强,从而可在较大程度上降低多径衰落信道所造成的负面影响。RAKE 接收机通过多个相关检测器接收多径信号中各路信号,并把它们合并在一起,可有效克服多径效应。

2. 多用户检测

多用户检测(MUD)是通过消除 CDMA 系统中小区内或小区间的干扰来改进接收性能、增加系统容量的。因为在 CDMA 系统中,对某一特定用户,其他用户的信号都是干扰,这些干扰既有来自小区内的,也有来自小区外的。干扰限定了系统的容量。多用户检测的原理是:系统中的每个用户发送的数据比特,是采用一定扩频码进行扩频后发送的。只要在接收端用多个相关接收机和多个相应的扩频码进行相关接收,多用户检测器的输出就是包括本用户在内的所有接收到的估测的各用户的数据比特。接收机能在指定要接收的信号中减去其他信号的干扰,从而减小了系统内的自身干扰。MUD 还缓解了 CDMA 系统中的远近效应。

3. 智能天线

智能天线采用空分多址(SDMA)技术,利用信号在传输方向上的差别,将同频率或同时隙、同码道的信号区分开来,最大限度地利用有限的信道资源。用智能天线对接收信号进行空域处理可减小多址干扰对信号的影响,采用具有一定方向性的扇形天线可以排除某一角度内的其他干扰,提高系统性能。动态调整的智能天线阵列的波束跟踪高速率用户,起到空间隔离、消除干扰的作用。同时,采用智能天线还能增加覆盖范围,改善用户在建筑物中和高速运动时的信号接收质量,降低掉话率,提高语音质量,降低发射功率,延长移动台电池寿命,提高系统设计时的灵活性。

4. 功率控制

WCDMA 系统是自干扰系统,存在远近效应。离基站很近的手机上行信号可能会屏蔽其他手机的信号。功率控制的目的是维持高质量通信,减少无线干扰,提高系统整体容量,所有到达基站的信号功率相同(上行),减少对其他基站的干扰(下行)。在 WCDMA 系统中,功率控制按方向分为上行(或称为反向)功率控制和下行(或称为前向)功率控制两类;按移动台和基站是否同时参与又分为开环功率控制和闭环功率控制两大类。闭环功控是指发射端根据接收端送来的反馈信息对发射功率进行控制的过程;而开环功控不需要接收端的反馈,发射端根据自身测量得到的信息对发射功率进行控制。

4.3　CDMA2000

4.3.1　CDMA2000 简介

CDMA2000 是美国推出的满足 ITU IMT-2000 要求的第三代移动通信系统标准,也是 2G cdmaOne 标准的延伸。它是基于 IS-95 CDMA 的宽带 CDMA 传输体制,根本的信令标准是 IS-2000。CDMA2000 与 WCDMA 不兼容。

CDMA2000 有多个不同的版本,下面按照演化过程排列。

1. CDMA2000-1x

CDMA2000-1x 就是众所周知的 3G 1x 或者 1xRTT,它是 3G CDMA2000 技术的核心。标志 1x 习惯上指使用一对 1.25MHz 无线电信道的 CDMA2000 无线技术。

2. CDMA2000-1xRTT

CDMA2000-1xRTT(RTT,无线电传输技术)是 CDMA2000 的一个基础层,理论上支持最高达 144kb/s 数据传输速率。尽管获得 3G 技术的官方资格,但是通常被认为是 2.5G 或者 2.75G 技术,因为它的速率仍比其他 3G 技术低得多。另外,较之前的 CDMA 网络拥有双倍的语音容量。

3. CDMA2000-1xEV

CDMA2000-1xEV(Evolution)是 CDMA2000-1x 附加了高数据速率(HDR)能力。1xEV 一般分成以下两个阶段。

CDMA2000-1xEV 第一阶段,CDMA2000-1xEV-DO(Evolution-Data Only)在一个无线信道传送高速数据报文数据的情况下,理论上支持下行(前向链路)数据速率最高 3.1Mb/s,上行(反向链路)速率最高达到 1.8Mb/s。

CDMA2000-1xEV 第二阶段,CDMA2000-1xEV-DV(Evolution-Data and Voice),理论上支持下行(前向链路,数据速率最高为 3.1Mb/s)和上行(反向链路,速率最高为 1.8Mb/s)。1xEV-DV 还能支持 1x 语音用户,1xRTT 数据用户和高速 1xEV-DV 数据用户使用同一无线信道并行操作。

4. CDMA2000-3x

CDMA2000-3x 就是采用扩频速率 SR3(记为 3x)的 CDMA2000 系统。其技术特点是前向信道有 3 个载波的多载波调制方式,每个载波均采用 1.2288Mb/s 直接序列扩频,其反向信道则采用码片速率为 3.6864Mb/s 的直接扩频,因此 CDMA2000-3x 的信道带宽为 3.75MHz,最大用户比特率为 1.0368Mb/s。

4.3.2 CDMA2000 的特点

CDMA2000 系统提供了与 IS-95B 的后向兼容,同时又能满足 ITU 关于第三代移动通信基本性能的要求。后向兼容意味着 CDMA2000 系统可以支持 IS-95B 移动台, CDMA2000 移动台可以工作于 IS-95B 系统。

CDMA2000 系统是在 IS-95B 系统的基础上发展而来的,因而在系统的许多方面,如同步方式、帧结构、扩频方式和码片速率等都与 IS-95B 系统有许多类似之处。但为了灵活支持多种业务,提供可靠的服务质量和更高的系统容量,CDMA2000 系统也采用了许多新技术和性能更优越的信号处理方式,概括如下。

1. 多载波工作

CDMA2000 系统的前向链路支持 $N \times 1.2288$Mc/s(这里 $N=1,3,6,9,12$)的码片速率。$N=1$ 时的扩频速率与 IS-95B 的扩频速率完全相同,称为扩频速率 1。多载波方式将要发送的调制符号分接到 N 个相隔 1.25MHz 的载波上,每个载波的扩频速率均为 1.2288Mc/s。反向链路的扩频方式在 $N=1$ 时与前向链路类似,但在 $N=3$ 时采用码片速率为 3.6864Mc/s 的直接序列扩频,而不使用多载波方式。

2. 反向链路连续发送

CDMA2000 系统的反向链路对所有的数据速率提供连续波形,包括连续导频和连续数据信道波形。连续波形可以使干扰最小化,可以在低传输速率时增加覆盖范围,同时连续波形也允许整帧交织,而不像突发情况那样只能在发送的一段时间内进行交织,这样可以充分发挥交织的时间分集作用。

3. 反向链路独立的导频和数据信道

CDMA2000 系统反向链路使用独立的正交信道区分导频和数据信道,因此导频和物理数据信道的相对功率电平可以灵活调节,而不会影响其帧结构或在一帧中符号的功率电平。同时,在反向链路中还包括独立的低速率、低功率、连续发送的正交专用控制信道,使得专用控制信息的传输不会影响导频和数据信道的帧结构。

4. 独立的数据信道

CDMA2000 系统在反向链路和前向链路中均提供称为基本信道和补充信道的两种物理数据信道,每种信道均可以独立地编码、交织,设置不同的发射功率电平和误帧率要求以适应特殊的业务需求。基本信道和补充信道的使用使得多业务并发时系统性能的优化成为可能。

5. 前向链路的辅助导频

在前向链路中采用波束成型天线和自适应天线可以改善链路质量,扩大系统覆盖范围或增加支持的数据速率以增强系统性能。CDMA2000 系统规定了码分复用辅助导频的产生和使用方法,为自适应天线的使用(每个天线波束产生一个独立的辅助导频)提供了可能。

码分辅助导频可以使用准正交函数方法产生。

6. 前向链路的发射分集

发射分集可以改进系统性能,降低对每条信道发射功率的要求,因而可以增加容量。在CDMA2000系统中采用正交发射分集(OTD),其实现方法为:编码后的比特分成两个数据流,通过相互正交的扩频码扩频后,由独立的天线发射出去。每个天线使用不同的正交码进行扩频,这样保证了两个输出流之间的正交性,在平坦衰落时可以消除自干扰。导频信道中采用OTD时,在一个天线上发射公共导频信号,在另一个天线上发射正交的分集导频信号,保证了在两个天线上所发送信号的相干解调的实现。

7. 增强的媒体接入控制

CDMA2000系统支持通用多媒体业务模型,允许话音、分组数据、高速电路数据的并发业务的任意组合。CDMA2000也包括服务质量(QoS)控制功能,可以平衡有多个并发业务时变化的QoS需求。

与IS-95相比,CDMA2000主要的不同点如下。

(1)反向链路采用BPSK调制并连续传输,因此,发射功率峰值与平均值之比明显降低。

(2)在反向链路上增加了导频,通过反向的相干解调可使信噪比增加2～3dB。

(3)采用快速前向功率控制,增加了前向容量。

(4)在前向链路上采用了发射分集技术,可以提高信道的抗衰落能力,改善前向信道的信号质量。

(5)业务信道可以采用Turbo码,它比卷积码高2dB的增益。

(6)引入了快速寻呼信道,有效地减少了移动台的电源消耗,从而延长了移动台的待机时间。

(7)为满足不同的服务质量(QoS),支持可变帧长度的帧结构、可选的交织长度、先进的媒体接入控制(MAC)层,支持分组操作和多媒体业务。

4.3.3 CDMA2000的系统结构

1. CDMA2000的网络结构

组成CDMA2000系统的网络结构是在原有cdmaOne网络结构的基础上的扩展,两者的主要区别在于CDMA2000系统中引入了分组数据业务。要实现一个CDMA2000系统,必须对BTS和BSC进行升级,这是为了使系统能处理分组数据业务。

CDMA2000系统的网络结构如图4-7所示。CDMA2000的网络分成两大部分:基站子系统和核心网。基站子系统包含基站控制器BSC和基站BTS。它们的作用与WCDMA系统中的基站子系统一样。核心网分成电路域核心网和分组域核心网。

电路域核心网包含移动交换中心MSC,访问位置寄存器VLR,归属位置寄存器HLR和鉴权中心。这部分设备的功能与cdmaOne中的基本相同。但在归属位置寄存器中增加了与分组业务有关的用户信息。

分组域核心网包括分组控制节点PCF,分组数据服务节点PDSN,归属代理HA和认证、授权、计费服务器AAA。

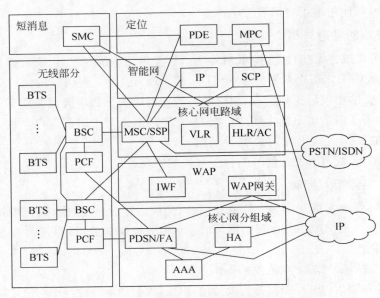

图 4-7　CDMA2000 系统的网络结构

1）分组数据业务节点（PDSN）

相对于 cdmaOne 网络，与 CDMA2000 系统相关联的 PDSN 是一个新网元。在处理所提供的分组数据业务时，PDSN 是一个基本单元，它在 CDMA2000 网络中的位置如图 4-7 所示。PDSN 的作用是支持分组数据业务，在分组数据的会话过程中，执行下列主要功能。

（1）建立、维持和结束同用户的端到端协议（PPP）会话。

（2）支持简单和移动 IP 分组业务。

（3）通过无线分组（R-P）接口建立、维持和结束与无线网络（RN）的逻辑连接。

（4）进行移动台用户到 AAA 服务器的认证、授权与计费（AAA）。

（5）接收来自 AAA 服务器的对于移动用户的服务参数。

（6）路由去往和来自外部分组数据网的数据包。

（7）收集转接到 AAA 服务器的使用数据等。

2）认证、授权与计费（AAA）

AAA 服务器是 CDMA2000 配置的另外一个新的组成部分。如其名字一样，AAA 对与 CDMA2000 相关联的分组数据网络提供认证、授权和计费功能，并且利用远端拨入用户服务（RADIUS）协议。

如图 4-7 所示，AAA 服务器通过 IP 与 PSDN 通信，并在 CDMA2000 网络中完成如下主要功能。

（1）进行关于 PPP 和移动台连接的认证。

（2）授权（业务文档、密钥的分配和管理）。

（3）计费等。

3）归属代理（HA）

归属代理（HA）是 CDMA2000 分组数据业务网的第三个主要组成部分，并且它服从于 IS-835，IS-835 在无线网络中与 HA 功能有关。HA 完成很多任务，其中一些是当移动 IP

用户从一个分组区移动到另外一个分组区时对其进行位置跟踪。在跟踪移动用户时,HA要保证数据包能到达移动用户。

4）归属位置寄存器（HLR）

用于现在的 IS-95 网络的 HLR 需要存储更多的与分组数据业务有关的用户信息。HLR 对分组业务完成的任务与现在对话音业务所做的一样,它存储用户分组数据业务选项等。在成功登记的过程中,HLR 的服务信息从与网络转换有关的访问位置寄存器（VLR）上下载。这个过程与现在的 IS-95 系统和其他的 1G 和 2G 等语音导向系统一样。

5）基站收/发信机（BTS）

BTS 是小区站点的正式名称。它负责分配资源,用于用户的功率和 Walsh 码。BTS 也有物理无线设备,用于发送和接收 CDMA2000 信号。BTS 控制处在 CDMA2000 网络和用户单元的接口。BTS 也控制直接许多与网络性能有关的系统方面。BTS 控制的一些项目是多载波的控制、前向功率分配等。

CDMA2000 与 IS-95 系统一样可以在每个扇区内使用多个载波。由于 BTS 用的资源要受到物理和逻辑限制,因此,当发起一个新的话音或者包会话时,BTS 必须决定如何最好地分配用户单元,以满足正被发送的业务。BTS 在决定的过程中,不仅要检测要求的业务,而且必须考虑无线配置、用户类型,当然也要检测要求的业务是话音还是数据包等。

6）基站控制器（BSC）

BSC 负责控制它的区域内的所有 BTS,BSC 对 BTS 和 PDSN 之间的来、去数据包进行路由。此外,BSC 将时分多路复用（TDM）业务路由到电路交换平台,并且将分组数据路由到 PDSN。图 4-7 中的 PCF（Packet Control Function）一般与 BSC 在一起。PCF 的功能主要是在 BSC 和 PDSN 之间提供 PPP 帧的传输。

2. CDMA2000 的空中接口

1）分层结构

CDMA2000 空中接口的重点是物理层、媒体接入控制（MAC）子层和链路接入控制（LAC）子层。链路接入控制（LAC）和媒体接入控制（MAC）子层设计的目的是为了满足工作在 1.2kb/s 到大于 2Mb/s 的高效、低延时的各种数据业务的需要;满足支持多个可变QoS 要求的并发话音、分组数据、电路数据的多媒体业务的需要。

LAC 子层用于提供点到点无线链路的可靠的、顺序输出的发送控制功能。在必要时,LAC 子层业务也可使用适当的 ARQ 协议实现差错控制。如果低层可以提供适当的 QoS,LAC 子层可以省略（即为空）。

MAC 子层除了控制数据业务的接入外,还提供以下功能。

（1）尽力而为的传送（Best Effort Delivery）。在无线链路中使用可以提供"尽力而为"可靠性的无线链路协议（RLP）进行可靠传输。

（2）复接和 QoS 控制。通过仲裁竞争业务和接入请求优先级间的矛盾,保证已经协商好的 QoS 级别。

2）信道结构

CDMA2000 与 IS-95 CDMA 系统的主要区别是信道类型及物理信道的调制得到增强,以适应更多、更复杂的第三代业务。CDMA2000 空中接口中的物理信道分为前向物理信道和反向物理信道。

前向信道包括导频信道、同步信道、寻呼信道、广播控制信道、快速寻呼信道、公用功率控制信道、公用指配信道、公用控制信道。其中，前三种与 IS-95 系统兼容，后面的信道则是 CDMA2000 新定义的信道。前向专用信道包含专用控制信道、基本信道、辅助码分信道、辅助信道。其中，前向基本信道的 RC1、RC2 以及辅助码分信道是和 IS-95 中的业务信道兼容的，其他信道则是 CDMA2000 新定义的信道。

（1）广播控制信道：传输经过卷积编码、码符号重复、交织、扰码、扩频和调制的扩频信号，用来发送基站的系统广播控制信息。基站利用此信道与区域内的移动台进行通信。

（2）快速寻呼信道：传输一个未编码的开关控制调制扩频信号，包含寻呼信道指示，用于基站和区域内的移动台进行通信。基站使用快速寻呼信道通知空闲模式下工作在分时隙方式的移动台，是否应在下一个前向公用控制信道或寻呼信道时隙的开始接收前向公用控制信道或寻呼信道。

（3）公用功率控制信道：用于基站进行多个反向公用控制信道和增强接入信道的功率控制。基站支持多个公用功率控制信道工作。

（4）公用指配信道：提供对反向链路信道指配的快速响应，以支持反向链路的随机接入信息的传输。该信道在备用接入模式下控制反向公用控制信道和相关联的功率控制子信道，并且在功率控制接入模式下提供快速证实。基站可以选择不支持公用指配信道，并在广播控制信道通知移动台这种选择。

（5）前向公用控制信道：传输经过卷积编码、码符号重复、交织、扰码、扩频和调制的扩频信号，用于在未建立呼叫连接时发射移动台特定消息。基站利用此信道和区域内的移动台进行通信。

（6）前向专用控制信道：用于在呼叫过程中给某一特定移动台发送用户信息和信令信息。每个前向业务信道可以包括一个前向专用控制信道。

（7）前向辅助码分信道：用于在通话过程中给特定移动台发送用户和信令消息，在无线配置 RC 为 1 和 2，且前向分组数据量突发性增大时建立，并在指定的时间段内存在。每个前向业务信道最多可包括 7 个前向辅助码分信道。

（8）前向辅助信道：用于在通话过程中给特定移动台发送用户和信令消息，在无线配置 RC 为 3～9，且前向分组数据量突发性增大时建立，并在指定的时间段内存在。每个前向业务信道最多可包括两个前向辅助信道。

CDMA2000 的反向链路采用直接序列扩频。基本扩频速率为 1.2288Mc/s，记为 1x。还可采用基本速率的 3、6、9 和 12 倍的速率，记为 3x、6x、9x 和 12x，对应的码片速率分别为 3.6864Mc/s、7.37278Mc/s、11.0592Mc/s 和 14.7456Mc/s。

反向信道包括以下类型。

（1）反向导频信道：是一个移动台发射的未调制扩频信号，用于辅助基站进行相关检测。

（2）接入信道：传输一个经过编码、交织及调制的扩频信号，是移动台用来发起与基站的通信或响应基站的寻呼消息。

（3）增强接入信道：用于移动台初始接入基站或响应移动台指令消息，可能用于以下三种接入模式：基本接入模式、功率控制接入模式和备用接入模式。当工作在基本接入模式时，移动台在增强接入信道上不发射增强接入头，增强接入试探序列将由接入信道前导和增强接入数据组成；当工作在功率控制接入模式时，移动台发射的增强接入试探序列由接入信道前导、增强接入头和增强接入数据组成；当工作在备用接入模式时，移动台发射的增强接入试探序列由接入信道前导和增强接入头组成，一旦收到基站的允许，在反向公用控制信道上发送增强接入数据。

（4）反向公用控制信道：传输一个经过编码、交织及调制的扩频信号，是在不使用反向业务信道时，移动台在基站指定的时间段向基站发射用户控制信息和信令信息，通过长码唯一识别。反向公用控制信道可能用于两种接入模式：备用接入模式和指配接入模式。

（5）反向专用控制信道：用于某一移动台在呼叫过程中向基站传送该用户的特定用户信息和信令信息，反向业务信道中可以包含一个反向专用控制信道。

（6）反向基本信道：用于移动台在呼叫过程中向基站发射用户信息和信令信息，反向业务信道可以包含一个基本信道。

（7）反向辅助码分信道：用于移动台在呼叫过程中向基站发射用户信息和信令信息，仅在无线配置 RC 为 1 和 2，且反向分组数据量突发性增大时建立，并在基站指定的时间段内存在。反向业务信道可以最多包含 7 个反向辅助码分信道。

（8）反向辅助信道：用于移动台在呼叫过程中向基站发射用户信息和信令信息，仅在无线配置 RC 为 3～6 时，且反向分组数据量突发性增大时建立，并在基站指定的时间段内存在。反向业务信道可以包含两个辅助信道。

4.3.4　CDMA2000 的关键技术

1. 前向快速功率控制技术

CDMA2000 采用快速功率控制方法。方法是移动台测量收到业务信道的信噪比，并与门限值比较，根据比较结果，向基站发出调整基站发射功率的指令，功率控制速率可以达到 800b/s。由于使用快速功率控制，可以达到降低基站发射功率、减少总干扰电平，从而降低移动台信噪比要求，最终可以增大系统容量。

2. 前向快速寻呼信道技术

前向快速寻呼信道技术可以实现寻呼或睡眠状态的选择，因为基站使用快速寻呼信道向移动台发出指令，决定移动台是处于监听寻呼信道还是处于低功耗的睡眠状态，这样移动台不必长时间连续监听前向寻呼信道，可减少移动台激活时间并降低功耗；还可实现配置改变功能，通过前向快速寻呼信道，基站向移动台发出最近几分钟内的系统参数消息，使移动台根据此消息做相应设置处理。

3. 前向链路发射分集技术

前向链路发射分集技术可降低发射功率，抗锐利衰落，增大系统容量，CDMA2000 系统采用直接扩频发射分集技术，有两种方式：正交发射分集方式，先分离数据再用正交 Walsh 码进行扩频，通过两个天线发射；空时扩展分集方式，使用空间两根分离天线发射已交织的数据，使用相同的 Walsh 码信道。

4. 反向相干解调

基站利用反向导频信道发出扩频信号捕获移动台的发射，再用 Rake 接收机实现相干解调，与 IS-95 采用非相干解调相比，提高了反向链路性能，降低了移动台发射功率，增大了系统容量。

5. 连续的反向空中接口波形

在反向链路中,数据采用连续导频,使信道上数据波形连续,此措施可减少外界电磁干扰,改善搜索性能,支持前向功率快速控制以及反向功率控制连续监控。

6. Turbo 码使用

Turbo 码具有优异的纠错性能,适于高速率和对译码时延要求不高的数据传输业务,并可降低对发射功率的要求、增加系统容量,在 CDMA2000-1x 中 Turbo 码仅用于前向补充信道和反向补充信道中。

Turbo 编码器由两个 RSC 编码器(卷积码的一种)、交织器和删除器组成。每个 RSC 有两路校验位输出,两个输出经删除复用后形成 Turbo 码。

Turbo 译码器由两个软输入/软输出的译码器、交织器、去交织器构成,经对输入信号交替译码、软输出多轮译码、过零判决后得到译码输出。

4.4   TD-SCDMA

4.4.1   TD-SCDMA 简介

2000 年 5 月 5 日,国际电信联盟(ITU)正式公布了第三代移动通信标准,其中,由中国信息产业部电信科学技术研究院(简称 CATT)于 1998 年 6 月代表我国信息产业部向 ITU 提交的 TD-SCDMA 标准,正式成为 ITU 第三代(3G)移动通信标准 IMT-2000 建议的一个组成部分。

TD-SCDMA 是时分同步码分多址(Time Division-Synchronous Code Division Multiple Access)的简称,是由中国提出的第三代移动通信标准(简称 3G),也是 ITU 批准的三个 3G 标准中的一个,是以我国知识产权为主的、被国际上广泛接受和认可的无线通信国际标准,是我国电信史上重要的里程碑。据统计,截至 2014 年年底,TD-SCDMA 网络建设累计投资超过 1880 亿元。加上中国移动投入的终端补贴、营销资源,保守估计投入远远超过 2000 亿元。

4.4.2   TD-SCDMA 的特点

TD-SCDMA 的技术特点主要表现在以下几个方面。

1. 频谱灵活性和支持蜂窝网的能力

TD-SCDMA 采用 TDD 技术,仅需要 1.6MHz 的最小带宽,而以 FDD 为代表的 CDMA2000 需要 1.25×2MHz 带宽,WCDMA 需要 5×2MHz 带宽才能进行双工通信。若带宽为 5MHz,则支持三个载波。同时,TD-SCDMA 在一个地区可组成蜂窝网,支持移动业务,并可通过动态信道分配(DCA)技术提供不对称数据业务。

2. 采用多项新技术,频谱效率高

TD-SCDMA 采用智能天线、联合检测、上行同步技术,可降低发射功率,减少多址干扰,增加系统容量;采用接力切换技术,克服软切换大量占用资源的缺点;采用软件无线电技术,更容易实现多制式基站和多模终端,系统更易于升级换代。TD-SCDMA 的话音频谱利用率比 WCDMA 高 2.5 倍,数据频谱利用率甚至要高 3.1 倍。

3. 上、下行时隙分配灵活,提供数据业务优势明显

数据业务将在 3G 及 3G 以后的移动业务中扮演重要角色,以无线上网为代表的 3G 业务的特点是上、下行链路吞吐量不对称,导致上、下行链路所承载的业务量不平衡。TD-SCDMA 基于 TDD 双工模式下的 TDMA 传输,每个无线信道时域里的一个定期重复的 TDMA 子帧被分为多个时隙,通过改变上、下行链路间时隙的分配,能够适应从低比特率语音业务到高比特率因特网业务以及对称和非对称的所有 3G 业务。

4. 设备成本低

在无线基站方面,TD-SCDMA 设备成本低的原因如下。

(1)智能天线能大大地增加接收灵敏度,减少同信道干扰,增加容量,同时在发射端也能降低干扰和输出功率。

(2)上行同步降低了码道间干扰,提高了 CDMA 容量,简化了基站硬件,降低了成本。

(3)软件无线电可缩短产品开发周期,减小硬件设备更新换代的损失,降低成本。

5. 系统兼容性好

由于 TD-SCDMA 同时满足 Iub、A、Gb、Iu、Iur 多种接口的要求,因此 TD-SCDMA 的基站子系统既可作为 2G 和 2.5G GSM 基站的扩容,又可作为 3G 网中的基站子系统,能同时兼顾现在的需求和长远的发展。

4.4.3　TD-SCDMA 的系统结构

1. TD-SCDMA 的网络结构

TD-SCDMA 通信系统的网络结构由三个主要部分组成:移动用户终端(UE)、无线网络子系统(RNS,即 UTRAN)以及核心网子系统(CN)。整个通信系统从物理上分成两个域:用户设备域(UE)和基础设备域。基础设备域分成无线网络子系统域和核心网(CN)域,核心网域又分为电路交换(CS)域和分组交换(PS)域,分别对应于 2G/2.5G 网络中的 GSM 交换子系统和 GPRS 交换子系统。网络体系以 3GPP R4 的标准为基础,相对原来 2G/2.5G 的网络结构,新增的设备和新增的接口以及它们在网络中的位置如图 4-8 所示。

1)无线网络子系统

无线网络子系统(RNS)负责移动用户终端(UE)和核心网(CN)之间传输通道的建立与管理,由无线网络控制器(RNC)和无线收发信机 Node B 组成。无线网的结构如图 4-9 所示。根据不同网络环境的要求,一个 RNC 可以接一个或多个 Node B 设备。一个无线网络子系统包括一个 RNC 和一个或多个 Node B,Node B 和 RNC 之间通过 Iub 接口进行通信。

RNC 在网络中完成无线资源管理,包括接纳控制、功率控制、负载控制、切换和分组调度等,它适应于 TD-SCDMA 的特性包括:接力切换控制技术,可以提供上、下行不对称业务,适用于非对称业务的资源分配技术,物理信道的上行同步控制技术,频率、时隙、码资源的动态分配技术。

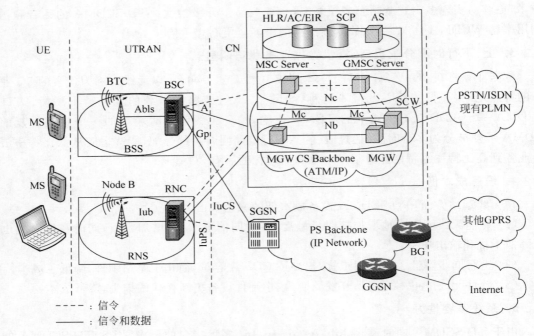

图 4-8　TD-SCDMA 系统网络结构

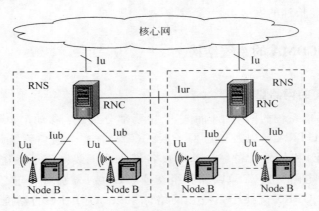

图 4-9　无线网络子系统结构

Node B 主要由以下几个部分构成：基带处理模块、接入与控制模块、射频模块、天线模块和 GPS 模块。Node B 提供标准开放的 Uu 接口，支持 3G 各类终端和各种业务入网，并且提供标准开放的 Iub 接口，实现和无线网络控制器的通信联络，便于灵活进行组网和控制。Node B 兼容 2G、2.5G 系统的传统业务和技术，组网时可以和 2G、2.5G 系统的基站共址运行。

RNC 与 Node B 之间的接口为 Iub 接口，接口协议遵循 3GPP R4 协议中 25.43x 规范的规定。接入网和核心网之间的接口为 Iu 接口，遵循 3GPP R4 协议中 25.41x 规范的规定。接入网和 UE 之间的空中接口为 Uu 接口，遵循 3GPP R4 协议中 25.1xx、25.2xx、25.3xx的规定。接入网 RNC 和 RNC 之间的接口为 Iur 接口，遵循 3GPP R4 协议中 25.42x 规范中的规定。

2）核心网子系统

核心网介于传统的有线通信网络和无线通信网络之间，在两个系统间起到桥梁作用。核心网和接入网是独立的，对核心网而言，它并不关心接入网是采用哪种具体的 RTT 接入方式。TD-SCDMA 的核心网兼容 WCDMA 的核心网，并且同 WCDMA 的核心网一样，是基于演进的 GSM/GPRS 网络，其发展和演进遵循 3GPP 相应规范的要求，具体请参阅 3GPP R4 协议中 23.002、25.4xx 和 29.4xx 规范中的相关内容。

核心网子系统的框架结构分成两个部分：电路交换（CS）域和分组交换（PS）域，分别对应于原来的 GSM 交换子系统和 GPRS 交换子系统。CS 域和 PS 域是依据系统对用户业务的支持方式区分的，运营商根据网络的规划方案，实际核心网可以同时包含这两个域，也可以只包括其中之一。

（1）核心网电路域。

3GPP R4 核心网的电路域将 MSC、GMSC 的呼叫控制和业务承载进行分离，（G）MSC 分为（G）MSC 服务器和（G）MGW，如图 4-10 所示。

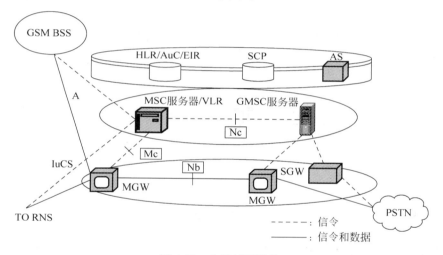

图 4-10　电路域网结构

核心网电路交换域有以下功能实体（这里仅介绍 TD-SCDMA 新增的实体）。

MSC 服务器（MSC Server）：是 TD-SCDMA 移动通信系统中电路交换网向分组网演进的核心设备，主要实现呼叫控制、移动性管理等功能，并可以向用户提供现有电路交换机所能提供的业务以及通过智能 SCP 提供多样化的第三方业务。MSC 服务器中包含 VLR，以存储移动用户的业务数据和 CAMEL 的相关数据。

GMSC 服务器（GMSC Server）：与 MSC 服务器的功能基本相似，是移动网络与外部网络的关口，实现呼叫控制、移动性管理等功能，完成应用层信令转换功能。

媒体网关（MGW）：主要功能是提供承载控制和传输资源，MGW 还具有媒体处理设备（如码型变换器、回声消除器、会议桥等），用于执行媒体转换和帧协议转换。

信令网关（SGW）：连接 No.7 信令网与 IP 网的设备，主要完成传统的 PSTN/ISDN/PIMN 侧的 No.7 号信令与 3GPP R4 网络侧 IP 信令的传输层信令转换。

Mc：它是 MSC 服务器与 MGW 之间的接口，应用层协议为 H.248，可以基于 ATM 或 IP。Mc 接口支持移动特定功能，如 SRNS 的重定位、切换和锚定，通过 H.248/IETFMegaco 机制实现。

Nb：它是 MGW 之间的接口，实现承载的控制与传输。在 R4 网络中，用户数据的传输与承载控制可以使用 AAL2/Q.AAL2、STM/none 及 RTP/H.245。

Nc：它是 MSC 服务器与 GMSC 服务器之间的接口，这一接口实现局间的呼叫控制，其应用层协议为 ISUP 或 BICC(Bearer Independent Call Control)，可以基于 ATM 或 IP。

SCP：它用于存储有关 CAMEL 的业务逻辑，接入呼叫控制应用服务器(AS)，即 SIP 应用服务器、OSA 应用服务器、CAMELIM-SSF。它们提供增值的 IM 服务，或者存在于用户的归属网络，或者处在第三方的位置，第三方可以是一个网络或者是一个独立的服务器。

（2）核心网分组域。

核心网分组交换域使 TD-SCDMA 通信系统具备了对宽带多媒体业务以及其他数据业务的支持能力，分组交换(PS)域主要包括的节点有 SGSN、GGSN、CG 以及 BG，其网络结构如图 4-11 所示。

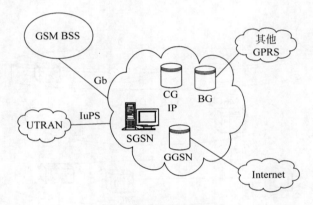

图 4-11　分组域网络结构

核心网分组交换域有如下功能实体。

SGSN：相当于电路交换(CS)域中的 MSC，为 UE 提供分组数据服务，此外还有移动性管理、鉴权、加密和计费功能。

GGSN：是核心网分组域与外部分组数据网络的接口，负责分配 IP 地址，并实现与外部网络协议的转换。

BG：是辅助功能实体，实现与其他分组域网络的互通。BG 为一个内置安全性协议和路由协议的路由器。

CG：是计费网关。

核心网提供 Iu 接口，以支持 RNC 接入到核心网。通过 IuCS 接口，UTRAN 利用核心网 CS 域的资源与 PSTN 网络建立通信，接入 PSTN 传统的语音业务。通过 IuPS 接口，LITRAN 利用核心网 PS 域的资源与 IP 网络建立通信，接入 IP 等传统数据通信网络的数据业务。核心网提供 A 接口，支持 GSM 的基站设备通过电路交换域接入传统的 PSTN 的语音业务。核心网提供 Gb 接口，支持 GSM 的基站设备通过分组交换域接入传统的 IP 等数据网络的数据业务。

2. TD-SCDMA 的无线接口结构

TD-SCDMA 系统的网络结构与标准化组织 3GPP 制定的 UMTS 网络结构类似,其特色在于无线接口(Uu)的物理层。

TD-SCDMA 系统的无线接口协议也分为三层,其中,物理层处于无线接口协议模型的最底层,它提供物理介质中比特流传输所需要的所有功能。物理层通过 MAC 子层的传输信道实现向上层提供数据传输服务,传输信道特性由传输格式定义,传输格式同时也指明物理层对这些信道的处理过程。一个 UE 可同时建立多个传输信道,每个传输信道都有其特征。物理层实现传输信道到相同或不同物理信道的复用,在当前无线帧中传送格式组合指示(TFCI)字段,用于唯一标识编码复合传输信道中每个传输信道的传输格式。

物理层主要的功能包括:传输信道的 FEC(前向纠错)编译码,向上提供测量及指示(如FER、SIR、干扰功率、发送功率等)信息;宏分集分布/组合及软切换执行;传输信道的错误检测;传输信道的复用;编码复合传输信道的解复用;速率匹配;编码复合传输信道到物理信道的映射;物理信道的调制/扩频与解调/解扩;频率和时间的同步;闭环的功率控制;物理信道的射频处理等。

一个物理信道是由频率、时隙、信道码和无线帧分配来定义的,建立一个物理信道的同时,也就给出了它的初始结构。物理信道的持续时间既可以无限长,也可以分配所定义的持续时间。

1) TD-SCDMA 系统帧结构

TD-SCDMA 的物理信道采用 4 层结构:系统帧、无线帧、子帧和时隙,如图 4-12 所示。时隙用于在时域上区分不同用户信号,具有 TDMA 的特性。一个系统帧长 720ms,由 72 个无线帧组成,每个无线帧长 10ms,分为两个 5ms 的子帧。

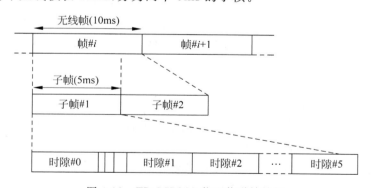

图 4-12　TD-SCDMA 物理信道帧结构

在一个子帧中,共计 7 个固定长度的常规时隙和三个特殊时隙。7 个常规时隙中除了TS0 必须用于下行方向、TS1 必须用于上行方向外,其余时隙的方向可以改变。三个特殊时隙由下行导引时隙(DwPTS)、上行导引时隙(UpPTS)和保护时隙(GP)构成,如图 4-13所示。

2) TD-SCDMA 时隙结构

TD-SCDMA 的物理信道是一个突发信道,在分配到无线帧中的特定时隙发射。无线

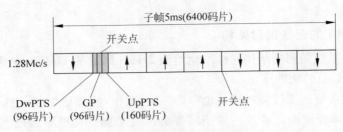

图 4-13　TD-SCDMA 系统子帧结构

帧的分配可以是连续的,即每一帧的相应时隙都可以分配给某物理信道;也可以是不连续的,即仅有部分无线帧的相应时隙分配给该物理信道。TD-SCDMA 系统常规时隙突发结构如图 4-14 所示。突发由数据符号、训练序列和保护间隔(GP)组成。

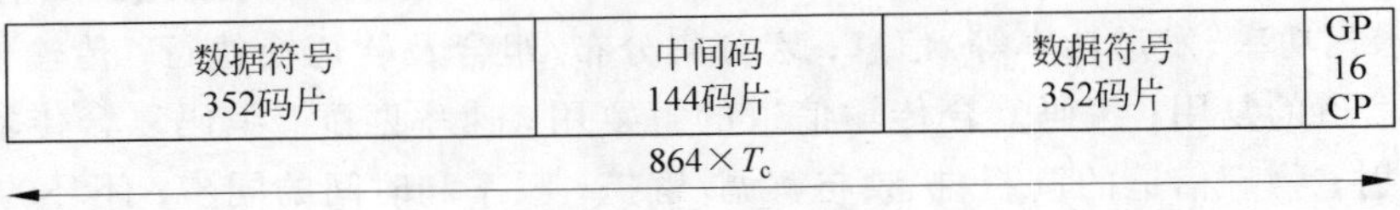

数据符号 352码片	中间码 144码片	数据符号 352码片	GP 16 CP
	$864 \times T_c$		

图 4-14　TD-SCDMA 系统常规时隙突发结构

一个发射机可同时发射几个突发数据符号,必须使用不同的 OVSF 信道码。训练序列必须使用同一基本的训练序列码。但这些码是由基本码的移位产生的。突发结构中的中间码即训练序列,用于信道估值、测量,例如上行同步的保持及功率测量等。

3. TD-SCDMA 的信道结构

在 TD-SCDMA 系统中,同样存在三种信道模式:逻辑信道、传输信道和物理信道。逻辑信道是 MAC 子层向上层提供的服务,它描述的是传送什么类型的信息;传输信道作为物理层向高层提供的服务,它描述的是信息如何在空中接口上传输。TD-SCDMA 通过物理信道模式直接把需要传输的信息发送出去,也就是说,在空中传输的都是物理信道承载的信息。

1)传输信道

传输信道分为专用传输信道和公共传输信道。专用传输信道仅存在一种,即 DCH,是一个上行或下行传输信道,可用于上/下行链路作为承载网络和特定 UE 之间的用户信息或控制信息。

公共传输信道包括广播信道(BCH)、下行接入信道(FACH)、寻呼信道(PCH)、随机接入信道(RACH)、上行共享信道(USCH)和下行共享信道(DSCH)。

广播信道(BCH)是一个下行信道,用于广播系统和小区的特点信息,可利用一个单独的传送格式在整个小区内发射。

下行接入信道(FACH)是一个下行传输信道,在确定了 UE 所在小区的前提条件下向 UE 发送控制信息,有时也可以使用它发送短的业务数据包。

寻呼信道(PCH)是一个下行传输信道,它总是在整个小区内进行寻呼信息的发射,与物理层产生的寻呼指示的发射是相随的,以支持有效的睡眠模式,延长终端电池的使用寿命。

随机接入信道(RACH)是一个上行信道,使用它向系统发送控制信息,有时也可以使用它发送短的业务数据。

上行共享信道(USCH)是一个被一些 UE 共享的上行传输信道,用于承载 UE 的专用控制和业务数据。

下行共享信道(DSCH)是一个被一些 UE 共享的下行传输信道,用于承载 UE 的专用控制和业务数据。

2) 物理信道

物理信道也分为专用物理信道(DPCH)和公共物理信道(CPCH)两大类。专用传输信道(DCH)被映射到 DPCH 上,它采用前面介绍的突发结构,由于支持上、下行数据传输,下行通常采用智能天线进行波束赋形。

公共物理信道(CPCH)包括主公共控制物理信道(P-CCPCH)、从公共控制物理信道(S-CCPCH)、快速物理接入信道(FPACH)、物理随机接入信道(PRACH)、物理上行共享信道(PUSCH)、物理下行共享信道(PDSCH)、寻呼指示信道(PICH)。

主公共控制物理信道(P-CCPCH)仅承载来自 BCH 的信息,用作整个小区下的系统信息广播,根据系统信息容量的要求,一个小区中需要配置两个 P-CCPCH。

从公共控制物理信道(S-CCPCH)用于承载来自 PCH 和 FACH 的数据,根据 PCH 和 FACH 的数据的容量要求,系统中可以配置一个或多个 S-CCPCH。S-CCPCH 所使用的时隙和码字等配置信息可以从 BCH 广播中获取。S-CCPCH 固定使用 SF=16 的扩频因子,不使用 SS 和 TPC,但可以使用 TFCI。

快速物理接入信道(FPACH)是 TD-SCDMA 系统所独有的,它作为对 UE 发出的 UpPTS 信号的应答,用于支持建立上行同步。Node B 使用 FPACH 传送对检测到的 UE 的上行同步信号的应答。FPACH 上的内容包括定时调整、功率调整等,是一单突发信息,不承载传输信道的信息。FPACH 使用扩频因子 SF=16,其配置(使用的时隙和码道)通过小区系统信息广播而读取。FPACH 突发携带的信息为 32b。

物理随机接入信道(PRACH)用于承载来自 RACH 的数据。在系统中可以根据运营商的需求,配置一个或多个 PRACH。PRACH 可以使用的扩频码和相应的扩频因子为 16、8、4,其配置(使用的时隙和码道)通过小区系统信息广播而读取。

物理上行共享信道(PUSCH)。USCH 映射到 PUSCH,PUSCH 支持传送 TFCI 信息。UE 使用 PUSCH 进行发送是由高层信令选择的。

物理下行共享信道(PDSCH)。DSCH 映射到 PDSCH,PDSCH 支持传送 TFCI 信息。PDSCH 的突发结构训练序列的选择均与 DSCH 相同,需要注意的是,DSCH 不能独立存在,必须有 FACH 或 DCH 与之相随,因此作为 DSCH 承载信道的 PDSCH 也不能单独存在。PDSCH 可以使用物理层信令 TFCI、SS 和 TPC。但通常情况下,对 UE 的功控命令和定时提前量调整的信息都放在与之相随的 DPCH 上传输。

寻呼指示信道(PICH)不承载传输信道的信息,但与 PCH 配对使用,为终端提供有效的休眠模式操作。PICH 使用 SF=16 的扩频因子和两个信道化码。

3) 传输信道到物理信道的映射

传输信道到物理信道的映射关系如表 4-2 所示。

表 4-2　传输信道到物理信道的映射关系

传 输 信 道	物 理 信 道
专用传输信道（DCH）	专用物理信道（DPCH）
广播信道（BCH）	主公共控制信道（P-CCPCH）
寻呼信道（PCH）	从公共控制信道（S-CCPCH）
下行接入信道（FACH）	从公共控制信道（S-CCPCH）
随机接入信道（RACH）	物理随机接入信道（PRACH）
上行共享信道（USCH）	物理上行共享信道（PUSCH）
下行共享信道（DSCH）	物理下行共享信道（PDSCH）
—	寻呼指示信道（PICH）
—	下行导频信道（DwPCH）
—	上行导频信道（UpPCH）
—	快速物理接入信道（FPACH）

需要注意的是，PICH、DwPCH、UpPCH 和 FPACH 不承载来自传输信道的信息，所以没有对应的传输信道。

4.4.4　TD-SCDMA 的关键技术

1. TDD 技术

对于数字移动通信而言，双向通信可以以频率或时间分开，前者称为 FDD（频分双工），后者称为 TDD（时分双工）。对于 FDD，上下行用不同的频带，一般上下行的带宽是一致的；而对于 TDD，上下行用相同的频带，在一个频带内上下行占用的时间可根据需要进行调节，并且一般将上下行占用的时间按固定的间隔分为若干个时间段，称之为时隙。TD-SCDMA 系统采用的双工方式是 TDD。TDD 技术相对于 FDD 方式来说，具有如下优点。

（1）易于使用非对称频段，无须具有特定双工间隔的成对频段。TDD 技术不需要成对的频谱，可以利用 FDD 无法利用的不对称频谱，结合 TD-SCDMA 低码片速率的特点，在频谱利用上可以做到"见缝插针"。只要有一个载波的频段就可以使用，从而能够灵活地利用现有的频率资源。目前移动通信系统面临的一个重大问题就是频谱资源的极度紧张，在这种条件下，要找到符合要求的对称频段非常困难，因此 TDD 模式在频率资源紧张的今天受到特别的重视。

（2）适应用户业务需求，灵活配置时隙，优化频谱效率。TDD 技术调整上下行切换点来自适应调整系统资源从而增加系统下行容量，使系统更适于开展不对称业务。

（3）上行和下行使用同个载频，故无线传播是对称的，有利于智能天线技术的实现。时分双工 TDD 技术是指上下行在相同的频带内传输，也就是说具有上下行信道的互易性，即上下行信道的传播特性一致。因此可以利用通过上行信道估计的信道参数，使智能天线技术、联合检测技术更容易实现。通过上行信道估计参数用于下行波束赋形，有利于智能天线技术的实现。通过信道估计得出系统矩阵，用于联合检测区分不同用户的干扰。

（4）无须笨重的射频双工器，基站更为小巧，可降低成本。由于 TDD 技术上下行的频带相同，无须进行收发隔离，可以使用单片 IC 实现收发信机，降低了系统成本。

2. 上行同步

上行同步是 TD-SCDMA 的关键技术之一,上行同步性能的好坏直接关系到整个系统性能的好坏。由于每个移动终端发射的码道信号到达基站的时间不同,造成码道非正交而带来干扰,通过上行同步,可以让使用正交扩频码的各个码道在解扩时尽可能完全正交,相互间不会产生过多的多址干扰。上行同步的实现可以提高多径衰落信道条件下的码道利用率,提高 TD-SCDMA 系统的频谱利用率,同时大大提高系统容量。

上行同步的主要特点是同步同一时隙中的不同用户的上行信号。这样在很大程度上简化了数据处理,降低了基带信号处理的复杂性,方便采用智能天线、联合检测等先进技术。如果 UE 是单径的,就可以近似实现理想同步,有效抑制多用户之间的干扰。但是,在多径条件下,理想同步不能得到,只能得到主径的同步,其他路径被看作干扰或噪声。此时,多用户之间的干扰抑制可以通过联合检测和智能天线技术实现。

3. 功率控制

在 TD-SCDMA 系统中,无线资源管理的问题涉及移动台与基站之间建立无线链路,包括空闲模式任务、切换控制、接纳控制、负载控制、功率控制、动态信道分配 DCA、包调度和 AMR 模式控制等方面,其中功率控制是一个重要环节。这是由于在 TD-SCDMA 系统中,为确保基站/移动台接收到的信号足以获得良好的话音/数据质量,一个有效的方法就是功率控制的使用。

功率控制的作用主要表现在减小远近效应的影响、抗衰落、提高系统容量等几个方面。TD-SCDMA 系统中的功率控制一方面能够克服路径损耗和阴影衰落,另一方面对多径效应造成的快衰落也有一定的补偿作用。再有,由于系统采用了联合检测技术,对功率控制的要求有所降低。在 TD-SCDMA 系统中,一般使用开环功率控制与闭环功率控制相结合的办法来进行功率控制。

4. 联合检测

CDMA 系统中多个用户的信号在时域和频域上是混叠的,接收时需要在数字域上用一定的信号分离方法把各个用户的信号分离开来。信号分离的方法大致可以分为单用户检测和多用户检测两种。传统的 CDMA 系统信号分离方法是把多址干扰(MAI)看作热噪声一样的干扰,它会导致信噪比严重恶化,系统容量也随之下降。这种将单个用户的信号分离看作是各自独立的过程的信号分离技术称为单用户检测。

实际上,由于 MAI 中包含许多先验的信息,如确知的用户信道码,各用户的信道估计等,因此 MAI 不应该被当作噪声处理。可以将其利用起来以提高信号分离方法的准确性。这样充分利用 MAI 中的先验信息而将所有用户信号的分离看作一个统一的过程的信号分离方法称为多用户检测技术(MD)。根据对 MAI 处理方法的不同,多用户检测技术可以分为干扰抵消和联合检测两种。

联合检测技术是目前第三代移动通信技术中的热点,它充分利用造成 MAI 干扰的所有用户信号信息及对单个用户的信号进行检测,从而具有优良的抗干扰性能,远近效应问题也得到了一定的改善,同时降低了系统对功率控制精度的要求,因此可以更加有效地利用上行链路频谱资源,显著提高系统容量。

5．智能天线

智能天线是一种基于自适应天线原理的移动通信新技术,其核心是自适应天线波束赋形。自适应天线波束赋形技术在 20 世纪 60 年代开始发展,其研究对象是雷达天线阵,具有提高雷达的性能和电子对抗的能力。20 世纪 90 年代中期,智能天线技术开始应用于无线通信系统,1998 年我国向国际电联提交的 TD-SCDMA RTT 建议是第一次提出以智能天线为核心技术的 CDMA 通信系统,在国内外均获得了广泛的认可和支持。

智能天线技术的原理是使一组天线和对应的收发信机按照一定的方式排列和激励,利用波的干涉原理可以产生强方向性的辐射方向图。如果使用数字信号处理方法在基带进行处理,使得辐射方向图的主瓣自适应地指向用户来波方向,就能达到提高信号的载干比,降低发射功率,提高系统覆盖范围的目的。

智能天线的优势在于能够以较低的代价换得整个系统质量和性能的提高,主要体现在减少小区间干扰、降低多径干扰、增加基于每一用户的信噪比、降低发射功率、提高接收灵敏度、增加容量及小区覆盖半径等方面上。在 TD-SCDMA 系统中,智能天线还可以结合联合检测和上行同步等技术,在多径严重的高速移动环境下,能更有效地消除系统干扰。

6．接力切换

接力切换是 TD-SCDMA 移动通信系统的核心技术之一,是介于硬切换和软切换之间的一种新的切换方法。在 TD-SCDMA 系统中,由于采用了智能天线,可以实现单基站对移动台准确定位,从而可以实现接力切换。接力切换的设计思想是:当用户终端从一个小区或扇区移动到另一个小区或扇区时,利用智能天线和上行同步等技术对 UE 的距离和方位进行定位,将 UE 的方位和距离信息作为切换的辅助信息;如果 UE 进入切换区,则 RNC 通知另一基站做好切换准备,从而达到快速、可靠和高效切换的目的。这个过程就像是田径比赛中的接力赛跑传递接力棒一样,因而人们形象地称之为接力切换。

接力切换使用上行预同步技术,在切换过程中,UE 从源小区接收下行数据,向目标小区发送上行数据,即上下行通信链路先后转移到目标小区,提高切换的成功率。接力切换的优势在于将软切换的高成功率和硬切换的高信道利用率综合起来,实现了不中断通信、不丢失信息的越区切换。

7．动态信道分配

所谓信道分配是指在采用信道复用技术的小区制蜂窝移动系统中,在多信道共用的情况下,以最有效的频谱利用方式为每个小区的通信设备提供尽可能多的可使用信道。在动态信道分配(DCA)技术中,所有的信道资源放置在中心存储区中,表示信道的完全共享。采用 DCA 技术的优势如下。

(1) 能够较好地避免干扰,使信道重用距离最小化,从而高效率地利用有限的无线资源,提高系统容量;

(2) 满足第三代移动通信业务的需要,尤其是高速率的上下行不对称的数据业务和多媒体业务的需要。

TD-SCDMA 系统的资源包括频率、时隙、码道和空间方向 4 个方面,一条物理信道由频率、时隙、码道的组合来标志。在 TD-SCDMA 系统中,TDD 模式的采用使得 TD-

SCDMA 系统同时具有 CDMA 系统大容量和 TDMA 系统灵活分配时隙的特点。智能天线技术的采用使得 TD-SCDMA 系统可以为不同方向上的用户分配相同的频率、时隙和扩频码,给信道分配带来更多的选择。

8. 软件无线电技术

由于 TD-SCDMA 系统的 TDD 模式和低码片速率的特点,使得数字信号处理量大大降低,适合采用软件无线电技术。所谓软件无线电技术,就是在通用芯片上用软件实现无线电功能的技术。软件无线电的关键思想是尽可能在靠近天线的部位(中频,甚至射频)进行宽带 A/D 和 D/A 变换;然后用高速数字信号处理器 DSP 进行软件处理,以实现尽可能多的三线通信功能。它作为一种新的通信体制,为通信多种标准的统一建立了桥梁。软件无线电具有如下主要优势。

(1) 可以克服微电子技术的不足,通过软件方式,灵活完成硬件/专用 ASIC 的功能。在统一硬件平台上利用软件处理基带信号,通过加载不同的软件,实现不同的业务性能。

(2) 系统增加功能可通过软件升级来实现,具有良好的灵活性及可编程性,对环境的适应性好,不会老化。

(3) 可替代昂贵的硬件电路,实现复杂的功能,减少用户设备费用支出。

4.5　WiMAX

4.5.1　WiMAX 简介

WiMAX(World Interoperability for Microwave Access)意为全球微波接入互操作性,是基于 IEEE 802.16 标准系列的无线城域网技术。2007 年 10 月 19 日,国际电信联盟(ITU)批准 WiMAX 加入 IMT-2000,命名为 OFDMA TDD WMAN,成为第 6 种 3G 空中接口方案和第 4 种主流 3G 标准。

WiMAX 是一项新兴的宽带无线接入技术,能提供面向互联网的高速连接,数据传输距离最远可达 50km。WiMAX 还具有 QoS 保障、传输速率高、业务丰富多样等优点。WiMAX 的技术起点较高,采用了代表未来通信技术发展方向的 OFDM/OFDMA、AAS、MIMO 等先进技术,是 3G 演进系统的有力竞争者。

4.5.2　WiMAX 的特点

1. 链路层技术

在 WiMAX 技术漫游模式端到端参考模型的应用条件下(室外远距离),无线信道的衰落现象非常显著,在质量不稳定的无线信道上运用 TCP/IP 协议,其效率十分低下。WiMAX 技术在链路层加入了 ARQ 机制,减少到达网络层的信息差错,可大大提高系统的业务吞吐量。同时 WiMAX 采用天线阵、天线极化方式等天线分集技术来应对无线信道的衰落。这些措施都提高了 WiMAX 的无线数据传输的性能。

2. QoS 性能

WiMAX 可以向用户提供具有 QoS 性能的数据、视频和话音（VoIP）业务。WiMAX 可以提供三种等级的服务：固定带宽（Constant Bit Rate，CBR）、承诺带宽（Committed Rate，CIR）、尽力而为（Best Effort，BE）。CBR 的优先级最高，任何情况下网络操作者与服务提供商以高优先级、高速率及低延时为用户提供服务，保证用户订购的带宽。CIR 的优先级次之，网络操作者以约定的速率来提供，但速率超过规定的峰值时，优先级会降低，还可以根据设备带宽资源情况向用户提供更多的传输带宽。BE 则具有更低的优先级，这种服务类似于传统 IP 网络的尽力而为的服务，网络不提供优先级与速率的保证。在系统满足其他用户较高优先级业务的条件下，尽力为用户提供传输带宽。

3. 工作频段

整体来说，802.16 工作的频段采用的是无须授权频段，范围在 2～66GHz，而 802.16a 则是一种采用 2～11GHz 无须授权频段的宽带无线接入系统，其频道带宽可根据需求在 1.5～20MHz 范围进行调整。因此，802.16 所使用的频谱可能比其他任何无线技术更丰富，具有以下优点。

(1) 对于已知的干扰，窄的信道带宽有利于避开干扰。

(2) 当信息带宽需求不大时，窄的信道带宽有利于节省频谱资源。

(3) 灵活的带宽调整能力，有利于运营商或用户协调频谱资源。

4.5.3　WiMAX 的系统结构

1. WiMAX 的基本结构

WiMAX 网络体系如图 4-15 所示，由核心网、接入网以及用户终端设备（TE）组成。

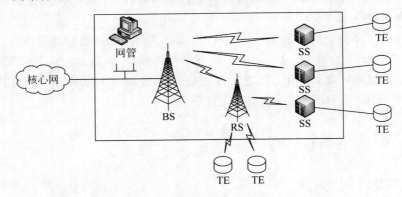

图 4-15　WiMAX 系统参考模型

1）核心网络

WiMAX 连接的核心网络通常是传统交换网或因特网。WiMAX 提供核心网络与基站间的连接接口，但 WiMAX 系统并不包括核心网络。WiMAX 核心网主要实现漫游、用户认证以及 WiMAX 网络与其他网络之间的接口功能，包括用户的控制与管理、用户的授权与认证、移动用户终端的授权认证、归属网络的连接、与 2G/3G 等其他网络的核心网的互通、防火墙、VPN、合法监听等安全管理、网络选择与重选以及漫游管理等。

2）接入网

WiMAX 接入网包括用户站（SS）、基站（BS）、接力站（RS）和网管。接入网的功能包括为终端的 AAA（认证、授权和计费）提供代理、支持网络服务协议的发现和选择、IP 地址的分配、无线资源管理、功率控制、空中接口数据的压缩和加密以及位置管理等。

（1）基站：基站提供用户站与核心网络间的连接，通常采用扇形/定向天线或全向天线，可提供灵活的子信道部署与配置功能，并根据用户群体状况不断升级扩展网络。

（2）用户站：属于基站的一种，提供基站与用户终端设备间的中继连接，通常采用固定天线，并被安装在屋顶上。基站与用户站间采用链路自适应技术。

（3）接力站：在点到多点体系结构中，接力站通常用于提高基站的覆盖能力，也就是说充当一个基站和若干个用户站（或用户终端设备）间信息传输的中继站。接力站面向用户侧的下行频率可以与其面向基站的上行频率相同，当然也可以采用不同的频率。

（4）网管系统：用于监视和控制网内所有的基站和用户站，提供查询、状态监控、软件下载和系统参数配置等功能。

3）用户终端设备

WiMAX 系统定义用户终端设备与用户站间的连接接口，提供用户终端设备的接入。但用户终端设备本身并不属于 WiMAX 系统。

WiMAX 曾被认为是最好的一种接入蜂窝网络，让用户能够便捷地在任何地方连接到运营商的宽带无线网络，并且提供优于 Wi-Fi 的高速宽带互联网体验。它是一个新兴的无线标准。用户还能通过 WiMAX 进行订购或付费点播等业务，类似于接收移动电话服务。

2. WiMAX 中的网络接口

IEEE 802.16 系列标准的主要工作都围绕空中接口展开，WiMAX 系统的空中接口主要由物理层和 MAC 层规范。物理层由传输汇聚（Transmission Convergence，TC）子层和物理媒介依赖（Physical Medium Dependence，PMD）子层组成，通常说的物理层主要是指 PMD。物理层定义了 TDD 和 FDD 两种双工方式。MAC 层独立于物理层，并能支持多种不同的物理层。MAC 层又分成三个子层：特定业务汇聚子层（Service Specific Convergence Sublayer）、公共部分子层（Common Part Sublayer）、安全子层（Privacy Sublayer）。IEEE 802.16 系列标准协议参考模型如图 4-16 所示。

（1）R1：空中接口，移动用户终端与接入网业务网络之间的接口。与 IEEE 802.16 空中接口物理层和 MAC 层一致，包含相关管理平面的功能。

（2）R2：客户界面，移动用户终端与连接业务网络之间的逻辑接口。建立在用户到 CSN 的物理连接之上，提供认证、业务授权和 IP 主机配置等服务。

（3）R3：WiMAX 接入网与核心网接口。接入网络（ASN）和连接业务网络（CSN）之间的互操作接口，包括一系列的控制和承载平面协议。其中，控制平面包括 IP 隧道建立、由于终端的移动而产生隧道释放等控制协议，AAA、ASN 和 CSN 之间的策略，QoS 执行等协议。承载平面由 ASN 和 CSN 之间的 IP 隧道构成，IP 隧道的粗粒度与不同的 QoS 等级相关，同时也和不同的 CSN 相关。

（4）R4：ASN 与 ASN 的接口，用于处理 ASN 网关间的与移动性相关的一系列控制与承载平面协议。

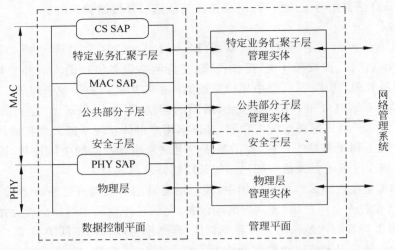

图 4-16　IEEE 802.16 系列标准协议参考模型

（5）R5：核心网 WiMAX 漫游接口，漫游 CSN 与归属 CSN 之间互操作的一系列控制与承载平面协议。控制平面包括 IP 隧道建立，由于终端的移动而产生隧道释放等控制协议，AAA、ASN 和 CSN 之间的策略，以及 QoS 执行等协议。承载平面由漫游 CSN 和归属 CSN 之间的 IP 隧道构成。

（6）R6：基站与 ASN 网关之间的接口，属于 ASN 的内部接口，由一系列控制与承载平面协议构成。控制平面包括 IP 隧道建立以及由于终端的移动而产生隧道释放等控制协议。承载平面由 BS 和 ASN 网关之间的 IP 隧道构成。

（7）R7：ASN 网关内部接口，是 ASN 网关决策点与 ASN 网关执行点之间的控制平面接口。

（8）R8：基站之间的接口，用于快速切换功能，由一系列控制与承载平面协议构成。控制平面包含基站之间的通信协议。承载平面定义了一套协议，允许切换时在所有涉及的基站之间传递数据。

4.5.4　WiMAX 的关键技术

WiMAX 的关键技术主要包括以下几个方面。

1. OFDM/OFDMA

正交频分复用 OFDM 是一种高速传输技术，是未来无线宽带接入系统下一代蜂窝移动系统的关键技术之一，3GPP 已将 OFDM 技术作为其 LTE 研究的主要候选技术。在 WiMAX 系统中，OFDM 技术为物理层技术，主要应用的方式有两种：OFDM 物理层和 OFDMA 物理层。无线城域网 OFDM 物理层采用 OFDM 调制方式，OFDM 正交载波集由单一用户产生，为单一用户并行传送数据流。支持 TDD 和 FDD 双工方式，上行链路采用 TDMA 多址方式，下行链路采用 TDM 复用方式，可以采用 STC 发射分集以及 AAS 自适应天线系统。无线城域网 OFDMA 物理层采用 OFDMA 多址接入方式，支持 TDD 和 FDD 双工方式，可以采用 STC 发射分集以及 AAS。OFDMA 系统可以支持长度为 2048、1024、

512 和 128 的 FFT 点数,通常向下数据流被分为逻辑数据流。这些数据流可以采用不同的调制及编码方式以及以不同信号功率接入不同信道特征的用户端。向上数据流子信道采用多址方式接入,通过下行发送的媒质接入协议(MAP)分配子信道传输上行数据流。虽然OFDM 技术对相位噪声非常敏感,但是标准定义了 Scalable FFT,可以根据不同的无线环境选择不同的调制方式,以保证系统能够以高性能的方式工作。

2. HARQ

混合自动重传请求(HARQ)技术因为提高了频谱效率,所以可以明显提高系统吞吐量,同时因为重传可以带来合并增益,所以间接扩大了系统的覆盖范围。在 IEEE 802.16e的协议中虽然规定了信道编码方式有卷积码(CC)、卷积 Turbo 码(CTC)和低密度校验码(LDPC)编码,但是对于 HARQ 方式,根据目前的协议,802.16e 中只支持 CC 和 CTC 的HARQ 方式。具体规定为:在 802.16e 协议中,混合自动重传请求(HARQ)方法在 MAC部分是可选的。HARQ 的功能和相关参数是在网络接入过程或重新接入过程中用消息 SBC被确定和协商的。HARQ 是基于每个连接的,它可以通过消息 DSA/DSC 确定每个服务流是否有 HARQ 的功能。

3. AMC

自适应调制编码(AMC)在 WiMAX 的应用中有其特有的技术要求,由于 AMC 技术需要根据信道条件来判断将要采用的编码方案和调制方案,所以 AMC 技术必须根据WiMAX 的技术特征来实现 AMC 功能。与 CDMA 技术不同的是,由于 WiMAX 物理层采用的是 OFDM 技术,所以时延扩展、多普勒频移、PAPR 值、小区的干扰等对于 OFDM 解调性能有重要影响的信道因素必须考虑到 AMC 算法中,用于调整系统编码调制方式,达到系统瞬时最优性能。WiMAX 标准定义了多种编码调制模式,包括卷积编码、分组 Turbo 编码(可选)、卷积 Turbo 码(可选)、零咬尾卷积码(Zero Tailbaiting CC)(可选)和 LDPC(可选),并对应不同的码率,主要有 1/2、3/5、5/8、2/3、3/4、4/5、5/6 等码率。

4. MIMO

对于未来移动通信系统而言,如何能够在非视距和恶劣信道下保证高的 QoS 是一个关键问题,也是移动通信领域的研究重点。对于单输入单输出(SISO)系统,如果要满足上述要求就需要较多的频谱资源和复杂的编码调制技术,而频谱资源的有限和移动终端的特性都制约着 SISO 系统的发展,所以多输入多输出(MIMO)是未来移动通信的关键技术。MIMO 技术主要有两种表现形式,即空间复用和空时编码。这两种形式在 WiMAX 协议中都得到了应用。协议还给出了同时使用空间复用和空时编码的形式。目前 MIMO 技术正在被开发应用到各种高速无线通信系统中,但是目前很少有成熟的产品出现,估计在MIMO 技术的研发和实现上,还需要一段时间才能够取得突破。支持 MIMO 是协议中的一种可选方案,协议对 MIMO 的定义已经比较完备了,MIMO 技术能显著地提高系统的容量和频谱利用率,可以大大提高系统的性能,未来将被多数设备制造商所支持。

5. QoS 机制

在 WiMAX 标准中,MAC 层定义了较为完整的 QoS 机制。MAC 层针对每个连接可以分别设置不同的 QoS 参数,包括速率、延时等指标。WiMAX 系统所定义的 4 种调度类型只针对上行的业务流。对于下行的业务流,根据业务流的应用类型只有 QoS 参数的限制

（即不同的应用类型有不同的 QoS 参数限制）而没有调度类型的约束,因为下行的带宽分配是由 BS 中的 Buffer 中的数据触发的。这里定义的 QoS 参数都是针对空中接口的,而且是这 4 种业务的必要参数。

6. 睡眠模式

IEEE 802.16e 协议为了适应移动通信系统的特点,增加了终端睡眠模式:Sleep 模式和 Idle 模式。Sleep 模式的目的在于减少 MS 的能量消耗并降低对 ServingBS 空中资源的使用。Sleep 模式是 MS 在预先协商的指定周期内暂时中止 ServingBS 服务的一种状态。从 ServingBS 的角度观察,处于这种状态下的 MS 处于不可用状态。Idle 模式为 MS 提供了一种比 Sleep 模式更为省电的工作模式,在进入 Idle 模式后,MS 只是在离散的间隔,周期性地接收下行广播数据(包括寻呼消息和 MBS 业务),并且在穿越多个 BS 的移动过程中,不需要进行切换和网络重新进入的过程。Idle 模式与 Sleep 模式的区别在于:Idle 模式下 MS 没有任何连接,包括管理连接,而 Sleep 模式下 MS 有管理连接,也可能存在业务连接;Idle 模式下 MS 跨越 BS 时不需要进行切换,Sleep 模式下 MS 跨越 BS 需要进行切换,所以 Idle 模式下 MS 和基站的开销都比 Sleep 小;Idle 模式下 MS 定期向系统登记位置,Sleep 模式下 MS 始终和基站保持联系,不用登记。

7. 切换技术

IEEE 802.16e 标准规定了一种必选的切换模式,在协议中简称为 HO(Hand Over),实际上就是通常所说的硬切换。除此以外还提供了两种可选的切换模式:宏分集切换(MDHO)和快速 BS 切换(FBSS)。IEEE 802.16e 中规定必须支持的是硬切换。移动台可以通过当前的服务 BS 广播的消息获得相邻小区的信息,或者通过请求分配扫描间隔或者是睡眠间隔来对邻近的基站进行扫描和测距的方式获得相邻小区信息,对其评估,寻找潜在的目标小区。切换既可以由 MS 决策发起,也可以由 BS 决策发起。在进行快速基站切换(FBSS)时,MS 只与 AnchorBS 进行通信;所谓快速是指不用执行 HO 过程中的步骤就可以完成从一个 AnchorBS 到另一个 AnchorBS 的切换。支持 FBSS 对于 MS 和 BS 来说是可选的。进行宏分集切换(MDHO)时,MS 可以同时在多个 BS 之间发送和接收数据,这样可以获得分集合并增益以改善信号质量。支持 MDHO 对于 MS 和 BS 来说是可选的。

4.5.5　WiMAX 的优势及局限性

1. WiMAX 的主要优点

1) 覆盖范围大

WiMAX 的无线信号最大传输距离可达 50km,是 Wi-Fi 所不能比拟的,面积是 3G 基站的 10 倍,有效地扩大了无线网络的应用范围。WiMAX 之所以能够有这么大的覆盖范围是因为标准中采用了很多先进技术,包括先进的网络拓扑(网状网)、OFDM 和天线技术(波束成形、天线分集和多扇区)。另外,WiMAX 还针对各种传播环境进行了优化。

2) 数据传输速率高

WiMAX 技术具有足够的带宽,支持高频谱效率,其最大数据传输速率可高达 75Mb/s,是 3G 所能提供的传输速度的 30 倍。即使在链路环境最差的环境下,也能提供比 3G 系统高得多的传输速率。

3）支持 TCP/IP

WiMAX 技术支持 TCP/IP，协议的特点之一是对信道的传输质量有较高的要求，无线宽带接入技术面对日益增长的 IP 数据业务，必须适应 TCP/IP 对信道传输质量的要求。WiMAX 技术在链路层加入了机制，减少到达网络层的信息差错，可大大提高系统的业务吞吐量。同时 WiMAX 采用天线阵、天线极化方式等天线分集技术来应对无线信道的衰落。这些措施都提高了无线数据传输的性能。

4）业务功能丰富

WiMAX 技术具有各种 QoS 性能的数据、视频、话音业务，支持不同的用户环境，在同一信道上可以出现上千个不同的用户。

5）QoS 性能优异

WiMAX 可以提供三种等级的服务：固定带宽(CBR)、承诺带宽(CIR)、尽力而为(BE)。

6）可靠的安全性

WiMAX 技术在 MAC 层中利用一个专用子层来提供认证、保密和加密功能。实际上WiMAX 使用的是与 Wi-Fi 的 WPA2 标准相似的认证与加密方法。其中的微小区别在于WiMAX 的安全机制使用 3DES 或 AES 加密，然后再加上 EAP。

2. WiMAX 的主要缺点

（1）从标准来讲 WiMAX 技术不能支持用户在移动过程中的无缝切换。其速度只有50km，而且如果高速移动，WiMAX 将达不到无缝切换的要求，跟 3G 的三个主流标准相比，其性能相差是很远的。

（2）WiMAX 严格意义上讲不是一个移动通信系统的标准，而是一个无线城域网的技术。另外，我国政府也组织了相关专家对此做了充分分析与评估，得出的结论是类似的。

（3）WiMAX 要到 IEEE 802.16m 才能成为具有无缝切换功能的移动通信系统。WiMAX 阵营把解决这个问题的希望寄托于未来的 IEEE 802.16m 标准上，而 IEEE 802.16m的进展情况还存在不确定因素。

4.6　3G 的演进技术

4.6.1　HSPA 技术

HSPA 的全称为高速分组接入(High Speed Packet Access)，它是高速下行链路分组接入(High Speed Downlink Packet Access，HSDPA)和高速上行链路分组接入(High Speed Uplink Packet Access，HSUPA)两种技术的统称。HSPA 是为了支持更高速率的数据业务、更低的时延、更高的吞吐量和频谱利用率、对高数据速率业务更好的覆盖而提出的。

高速下行链路分组接入(HSDPA)技术是实现提高 WCDMA 网络高速下行数据传输速率最为重要的技术，是 3GPP 在 R5 协议中为了满足上/下行数据业务不对称的需求提出来的，它可以在不改变已经建设的 WCDMA 系统网络结构的基础上，大大提高用户下行数据业务速率(理论最大值可达 14.4Mb/s)，该技术是 WCDMA 网络建设中提高下行容量和数据业务速率的一种重要技术。

高速上行链路分组接入（HSUPA）是上行链路方向（从移动终端到无线接入网络的方向）针对分组业务的优化和演进。HSUPA 是继 HSDPA 后，WCDMA 标准的又一次重要演进。利用 HSUPA 技术，上行用户的峰值传输速率可以提高 2～5 倍，HSUPA 还可以使小区上行的吞吐量比 R99 的 WCDMA 多出 20%～50%。

1. HSDPA 新增物理信道

1）HSDPA 新增物理信道

HSDPA 在物理层引入了三种新的物理信道：HS-PDSCH、HS-SCCH 和 HS-DPCCH。在用户数据传输方面引入了高速下行链路共享物理信道 HS-PDSCH，在伴随的信令消息方面引入了高速共享控制信道 HS-SCCH 和高速专用物理控制信道 HS-DPCCH。HS-SCCH 信道用于下行链路，负责传输 HS-DSCH 信道解码所必需的控制信息。HS-DPCCH 信道用于上行链路，负责传输必要的控制信息。

2）HSUPA 新增物理信道

在上行信道方面，HSUPA 增加了增强专用物理数据信道 E-DPCCH 和增强专用物理控制信道 E-DPDCH。E-DPDCH 用于承载用户上行数据，E-DPCCH 承载伴随信令，包括 E-TFCI、重传序列号（RSN）和满意比特信息。在下行信道方面，HSUPA 增加了绝对授权信道 E-AGCH、相对授权信道 E-RGCH、HARQ 确认指示信道 E-HICH。E-AGCH 为公共信道，用来传送用户终端最大可用传输速率的数据；E-RGCH 为专用信道，用来传送递增或递减的调度指令，最快可按 2ms TTI 调整用户终端的上行传输速率；E-HICH 为专用信道，承载标识用户接收进程是否正确的 ACK/NACK 信息。

2. HSPA 的工作原理

3GPP R5 版本中的 HSDPA 技术是为了满足高速下行数据业务而设计的，它在不改变原有 3GPP R4 版本网络架构的情况下，通过引入自适应调制编码 AMC、混合自动重传 HARQ，把下行数据业务速率提高到 10Mb/s 以上，HSDPA 是 TD-SCDMA 系统提高下行容量和数据业务速率的一种重要技术。

HSDPA 技术的基本原理是，当 UE 接入到 HSDPA 无线网络，需要传输下行数据时，UE 周期性地向 Node B 上报信道质量指示（CQI）。Node B 接收到 UE 上报的数据后，根据所要传输数据的 QoS 和 UE 上报的 CQI，选择合适的调制方式，QPSK 或 16QAM，并在 HSDPA 专用信道 HS-PDSCH 上传输用户的下行数据。UE 接收到 Node B 的下行数据包后，通过 HSDPA 专用信道 HS-SICH，向 Node B 发送确认信息 ACK/NACK。

与 HSDPA 类似，HSUPA 引入了 5 条新的物理信道 E-DPDCH、E-DPCCH、E-AGCH、E-RGCH、E-HICH 和两个新的 MAC 实体 MAC-e 和 MAC-es，并把分组调度功能从 RNC 下移到 Node B，实现了基于 Node B 的快速分组调度，并通过混合自动重传 HARQ、2ms 无线短帧及多码传输等关键技术，使得上行链路的数据吞吐率最高可达到 5.76Mb/s，大大提高了上行链路数据业务的承载能力。

在理论上 HSUPA 的用户峰值速率可达到 5.8Mb/s，这一目标将分阶段完成，在第一阶段 HSUPA 网络将首先支持 1.4Mb/s 的上行峰值速率，在接下来的阶段逐步支持 2Mb/s 以及更高的上行峰值速率。

HSUPA 向后充分兼容于 3GPP 的 WCDMA R99。这使得 HSUPA 可以逐步引入到网络中。R99 和 HSUPA 的终端可以共享同一无线载体。并且 HSUPA 不依赖 HSDPA,也就是说没有升级到 HSDPA 的网络也可以引入 HSUPA。

3. HSPA 的关键技术

1) HARQ

混合自动重传(Hybrid Automatic Repeat reQuest,HARQ)是一种把前向纠错(FEC)和自动请求重传(ARQ)相结合的纠错技术。通过发送附加冗余信息,并统一放在物理层,HARQ 保存以前尝试中的失败信息,用于将来的解码,提高编码和重传的效率。对于 HARQ 的前向纠错,主要有追加合并(Chase Combining,CC)和递增冗余(Incremental Redundancy,IR)两种重传方式。CC 方式重传的信息和第一次发送的内容完全一样,这样 UE 在解码前,先把重传的信息进行最大比合并后,再进行解码,提高解码增益。IR 方式的重传支持两种类型,一种是重传时发送和前次发送完全不一样的冗余信息,该信息只有和第一次发送的信息合并后才可以解码;另外一种是重传时发送和前次完全不一样的冗余信息,但该信息是可以自解码的。在每次 HARQ 重传时,通过给定增量冗余方式,提高译码前向纠错的能力。

HARQ 技术是 HSPDA 系统中关键的技术之一,它的引入主要有三个目的:一是通过使用速率匹配,使 AMC 机制的精度更高,更佳匹配信道条件;二是为了补偿 CQI 测量误差和上报时延对 AMC 性能的影响;三是通过软合并,减少对第一次传输 Es/NO 的要求,从而获得一部分功率增益。HSDPA 系统支持多个 HARQ 进程并行传输,以连续为某个用户发送数据。每个 HARQ 进程只有收到其反馈信息(ACK/NACK)后,才可以重新传输数据。基站使用一个 HARQ 进程发送数据后,大约在三个 TTI 后收到该 HARQ 进程的反馈信息,再加上基站处理时间两个 TTI,需要 5 个 TTI 时间才能重新调度该 HARQ 进程。所以为了连续地发送数据至少需要 5 个 HARQ 进程。

HSUPA 在 Node B 增加了 HARQ 功能,用以提高传输速率和减小时延。在 HSUPA 中采用的是多进程停等 HARQ 机制。停等协议(Stop & Wait,SAW)是对每个进程来说,发送完数据包后等待接收正确的确认信息,如果对方没有正确接收,则重传数据包,如果对方已经正确接收,则发送下一个新的数据包。在 HSUPA 中,10ms TTI 对应 4 个 HARQ 进程,2ms TTI 对应 8 个 HARQ 进程。

2) AMC

自适应调制编码(Adaptive Modulation and Coding,AMC)是无线信道上采用的一种自适应的编码调制技术,通过调整无线链路传输的调制方式与编码速率,来确保链路的传输质量。当信道质量较差时选择较小的调制方式与编码速率,当信道质量较好时选择较大的调制方式,从而最大化了传输速率。在 AMC 的调整过程中,系统总是希望传输的数据速率与信道变化的趋势一致,从而最大化地利用无线信道的传输能力。

HSDPA 将不同的编码和调制方式组合成若干种调制编码方案,能根据信道条件动态地进行选择,信道情况需要由接收端反馈,并由上文中提到的 HS-DPCCH 信道提供。使用 AMC 技术能有效减少干扰,此时靠近基站的用户设备通常选用高阶调制和高速率的信道编码方式(如 16QAM 调制和 3/4 速率的 Turbo 编码),从而得到较高的峰值速率;而靠近小区边缘的用户则选用低阶调制方式和低速率的编码方案(如 QPSK 调制和 1/2 速率的 Turbo 编码),保证通信质量。

将 AMC 与 HARQ 技术结合，HSDPA 可以得到很好的链路自适应效果。HSDPA 先通过 AMC 提供粗略的数据速率选择方案，然后再使用 HARQ 技术提供精确的速率调节，从而提高自适应调节的精度和资源利用率。但是这种技术其本身也面临着问题。因为它需要由信道的瞬时变化来选择调制编码方案，这就对信道估计的准确性和时延提出了很高的要求，否则会大大影响系统的性能。

3）快速调度

HSUPA 采用 Node B 的非集中调度策略。非集中调度策略是针对 RNC 内的集中式调度策略而言，RNC 集中调度的优点是知道 UE 多个无线链路的解调性能以及相应小区负载信息，可以更准确地调度 UE 的数据传输速率，防止 UE 过高的发射功率给某些小区带来过大的底噪攀升，但是缺点是响应时间太慢。Node B 非集中调度的优点是可以根据当前 UE 的信道条件好坏和小区负载状况，以最快 2ms 的速率对用户的数据传输速率进行调度，可以获得快速调度带来的性能增益，缺点是无法知道调度 UE 发射功率给其他相邻小区带来的底噪攀升。

为了解决软切换区域服务小区 Node B 调度给其他相邻小区带来的不可估计的底噪影响，在 HSUPA 中，最终的 UE 传输格式选择权由 UE 自己决定，UE 可以根据当前各个小区下行传输速率调度指示 RG 信息以及自己剩余的可用功率信息，决定是增加传输速率，还是降低传输速率。例如，如果 UE 接收的非服务小区传输速率调整指示 RG 为下调传输速率，则即使 UE 服务小区指示 UE 上调传输速率，也将按照下调传输速率进行数据传输，防止过大的发射功率抬高非服务小区的底噪声，超过了负载要求，导致系统性能下降。Node B 采用非集中式的快速调度机制，和 R99/R4 的 DCH 相比，可以使得 Node B 工作在较高的负载水平，这样网络规划的负载余量预留可以大大减小，提高了系统上行的容量。

4）2ms 短帧

HSUPA 采用 2ms 短帧，减小了传输时延，主要体现在空口数据传输相比 10ms 有比较大的时延减小，并且发射方数据组成帧时需要的帧对齐时间也减小了。2ms 短帧使得 Node B 控制的 HARQ 进程的往返（Round Trip Time，RTT）减小了，并提高了快速调度响应时间。相对 10ms 帧来说，可以更好地利用资源，获得更高的系统容量。

4. HSPA 应用现状

HSPA 通过采用一系列新的技术大大提高了无线网络的效率和数据传输的速率，显著降低了数据传输时延和每比特传输成本，提供了更高的网络可用性。HSPA 基于 R99/R4 的网络架构，使得可以通过软件升级实现 HSPA，实现网络的平滑过渡，从而提高了 RAN 的硬件利用率，极大降低了运营商的网络建设成本。对用户而言，HSPA 带来了上/下行高速的数据传送、更短的服务反应时间和更加可靠的服务，大大提高了客户体验。

据全球移动设备供应商协会（GSA）统计，全球所有的 WCDMA 运营商都已经部署了 HSPA 技术，共有 588 张 HSPA 网络在全球 218 个国家投入商用。截止到 2015 年第二季度，全球共有超过 1.99 亿 WCDMA-HSPA 用户。可以预计，在 LTE 技术大规模投入商用之前，HSPA 将继续在 3G 网络中扮演重要角色，并持续向 HSPA＋、LTE 演进。

4.6.2 HSPA＋

HSPA＋的英文全称为 High-Speed Packet Access＋，即增强型高速分组接入技术，是

HSPA 的强化版本,最高支持的下行速率为 21Mb/s,甚至高达 84Mb/s。3GPP 在提出 HSPA＋课题时就明确其目的在于"提高基于 HSPA 无线网络的容量和性能",以及"HSPA 网络将会构成未来 3G 系统的一个完整的部分,同时必须提供向 LTE 平滑演进的路线",并为 HSPA＋的发展制定了以下原则。

(1) HSPA＋的频谱效率、峰值速率和时延必须能够在 5MHz 带宽内和 LTE 相近。

(2) HSPA＋能够和 LTE 有互操作能力,能够平滑地相互切换以便同网运营。

(3) HSPA＋能够完全使用共享信道,能建设成为一个"packet-only"的网络。

(4) HSPA＋能够兼容传统终端,并能和 WCDMA 网络共载频部署。

(5) 现有网络能够不做太多改变就容易地实现 HSPA＋部分功能。

1. HSPA＋的关键技术

1) 下行 64QAM

R7 以前 HSDPA 的调制方式主要采用四相相移键控(Quadrature Phase Shift Keying, QPSK)。在 M 维 PSK 调制中,传输信号的振幅是恒定的。如果允许幅度随着相位的变化而变化,就可以产生一种新的调制方式——M 维正交振幅调制(QAM)。

在数字调制中,调制信号可以表示为符号或脉冲的时间序列,其中每个符号采用 n 比特来表示。因此每个符号传送的比特越多,传输效率就越高。QAM 调制实际上是幅度调制和相位调制的组合,由相位和幅度状态共同定义了一个符号,因此 QAM 具有更大的符号率,从而可获得更高的系统效率。

对于 64QAM,每个符号包含 $n=6\text{bit}$,因此共有 $2^n=64$ 种状态,每种状态对应星座图上的一个点。HSPA＋的峰值速率较 HSDPA 提升 50%,达到 $14.4\times6/4=21.6(\text{Mbps})$。需要注意的是,更高阶调制方式需要更好的接入信道的质量,因此只有在信道条件非常好时才能使用到 64QAM 的高阶调制,否则只能使用 16QAM,甚至是 QPSK。

三种调制技术星座图对比如图 4-17 所示。

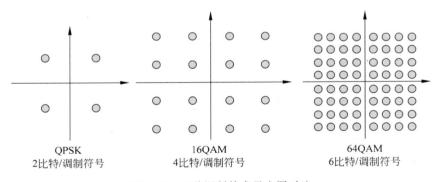

QPSK
2比特/调制符号

16QAM
4比特/调制符号

64QAM
6比特/调制符号

图 4-17 三种调制技术星座图对比

2) 上行 16QAM

R7 以前 HSUPA 的调制方式采用 QPSK。HSPA＋中采用 16QAM 调制使其峰值速率达到 $5.76\times4/2=11.5(\text{Mbps})$。同下行 64QAM 类似,上行 16QAM 也只有在信道条件较好的情况下才能使用,在蜂窝组网条件下,只有在靠近基站的较小一部分区域内有机会使用 16QAM。

3）MIMO 技术

多输入多输出天线技术（Multi-Input Multi-Output，MIMO）在发射端和接收端分别使用多个发射天线和接收天线，向一个用户同时传送多个数据流，达到空间分集的增益，从而提高频谱效率，提高数据速率。

HSPA＋中，在基站侧采用 2×2，2 个天线发射，2 个天线接收；在 UE 侧采用 1×2，1 个天线发射，2 个天线接收。使用 MIMO 技术可以有效利用频谱资源，显著提升小区容量，其峰值速率可以提升至 $14.4\times2=28.8$（Mbps），同时还可以灵活配置单流或双流工作模式。

64QAM＋MIMO 是 WCDMA R8 版本的标志性技术，MIMO 通过结合使用上行链路和下行链路中的高阶调制，将并行数据流传输至单个最终用户，可实现数据速率的提升：在单载波 5Mbps 带宽下，其峰值速率可达到 43Mbps，大幅提高了频谱效率，增强了 HSDPA 技术的持续可竞争性。

4）双载波 HSDPA

双载波 HSDPA 技术（Dual-Cell HSDPA）又称 DC-HSDPA。运用 DC-HSDPA 技术主要目的是将多个载波聚合在一起，通过联合调度来分配资源和实现载波间的负荷平衡。

DC-HSDPA 采用同一频段的相邻两个载频进行发射，下行包括两个小区，一个主服务小区和一个辅服务小区；主小区有相应的上行小区及相应的上行信道，而辅小区没有相应的上行小区和相应的上行信道。主小区具有与以前单载波 HSDPA 小区完全相同的能力，而在辅小区中，只有用于 HSDPA 传输的物理信道，即 HS-PDSCH 以及 HS-SCCH。

DC-HSDPA 技术的采用使得基站可以在两个载波下选择最优的用户和载波进行调度，从而显著提升小区的吞吐量和频谱效率，实现频率分集；通过双小区联合调度也可以实现小区间的负荷均衡，实现 $1+1>2$ 的效果。除此之外，对于不支持 DC-HSDPA 的终端，在 DC-HSDPA 的基站下仍然使用单载波的 HSPA 正常工作。

5）层二增强

HSPA＋中的层二（L2）增强本身并不像 64QAM 和 MIMO 那样能够直接提高传输速率，它是和 64QAM 调制技术、MIMO、增强 Cell FACH 相关联的。64QAM 和 2×2MIMO 分别可以使下行峰值速率达到 21Mbps 和 28Mbps，但有个前提就是必须支持层二增强，保证下行链路层支持更高数据速率。层二增强包含以下两方面内容：

（1）支持可变大小的 RLC PDU（协议数据单元）模式。

RLC 层的峰值速率受限于 RLC 协议数据单元（PDU）大小、RLC 往返时间（RTT）以及 RLC 窗口大小。R7 以前的 RLC PDU 采用固定大小（320bit 或 640bit），在链路自适应和小区覆盖上也显得非常不灵活。HSPA＋为了达到 MIMO 技术和 64QAM 调制方案所实现的峰值数据速率，需要很大的 RLC PDU，而传输较大的 PDU 在小区边缘很不经济。为此，HSPA＋在保留定长 PDU 同时，在下行 RLC 中引入可变大小的 RLC PDU。

（2）引入增强的 MAC-hs 实体，即 MAC-ehs。

MAC-ehs 在 MAC-d PDU 的长度上做了扩展，支持定长和可变长 RLC PDU 操作；MAC-ehs 将逻辑信道数据的复用由 RNC 下移到 Node B，MAC-ehs 直接处理逻辑信道的数据；MAC-ehs 可以对待调度的队列数据进行分段，即对过长的 RLC PDU 对应的 SDU 进行必要的分段；MAC-ehs 一次最多可以调度 3 个队列的数据。

可变长的 RLC PDU 和 MAC 分割使得不同应用可以灵活选择 RLC PDU 的大小，保证系统效率,提高应用数据的吞吐量,同时减少了 RNC 和终端处理层二数据的负荷。

6) 增强 CELL_FACH

为了减小 UE 的能量消耗,与大部分蜂窝系统一样,WCDMA 为 UE 定义了多种状态,包括 URA_PCH、CELL_PCH、CELL_FACH 和 CELL_DCH。UE 由 RRC 信令控制在不同的状态下迁移。

在 R7 之前,UE 在 CELL_FACH 状态下传输数据时,需要映射到 FACH 信道,传输速率通常低于 32kbps。为提高用户在 CELL_FACH 状态下的传输速率,HSPA＋引入了增强 CELL_FACH 技术,定义 CELL_FACH、CELL_PCH 和 URA_PCH 状态时 UE 能够同时接收 HSDPA 信道的数据传输,也就是将 HS-DSCH 作为一个公共信道使用,可以用来承载 BCCH、PCCH 和 CCCH 信息。

相比没有增强的 CELL_FACH 而言,用户不需要将 CELL_FACH 状态迁移到 CELL_DCH 状态就能够进行下行高速数据传输,大大减小状态迁移时延,提高了用户感受,有利于"永久在线"类业务。例如,对于小文件下载而言,如进行 Web 页面浏览,UE 可以直接在 CELL_FACH 状态下接收,而不用切换到 CELL_DCH 状态,避免了从 CELL_FACH 状态迁移到 CELL_DCH 状态的小区更新过程,减小了状态转换时延。

7) 连续性分组连接(Continuous Packet Connectivity,CPC)

随着移动互联网的发展,基于 IP 网络的电信业务已成为主流,这类业务已经将通信业务的简化推向了一种"客户端-服务器"的结构,将通信业务简化到极致。该类业务具有一个基本要求,就是要求通信终端很长的时间处于在线状态,因此需要网络系统能够支持 IP 永久在线的功能。

CPC 的目的就是为了在 WCDMA 系统中支持更多的在线用户,同时也希望提高从无数据传输(非激活状态)到数据传输(激活状态)的迁移时延小于 50ms。为了实现 CPC 的目标,主要从空口物理层进行改进,3GPP 在 2006 年 9 月 RAN1♯46 次会议最终选择了以下 4 项技术。

(1) DTX/DRX。

非连续发射 DTX 指 UE 在 CELL_DCH 状态下采用非 DCH 信道时,可以非连续发射上行 DPCCH 信道,以减少手机上行 DPCCH 的传输。

非连续接收 DRX 指 UE 在 CELL_DCH 状态下采用非 DCH 信道时,可以非连续接收系统的下行 HS-SCCH 信道信息。非连续接收 DRX 是对上行 DTX 方案的补充,必须和非连续传输 DTX 一起使用,不能单独使用。

DTX/DRX 可以降低 UE 的电池消耗,增加待机时间;同时采用 DTX 对网络性能有较大改善,能够显著减少上行干扰,增加在线用户数,增加上行容量。仿真表明,特定条件下,采用上行 DTX,VoIP 容量可以提升 40％～50％左右;采用上行 DTX 和下行 DRX 后,手机耗电量可以节省 30％～50％。

(2) 新的上行 DPCCH 时隙格式。

DPCCH 为专用物理控制信道,其主要目的是携带专用物理数据信道的同步和功控信息。R6 以前的 DPCCH 时隙格式主要适合有数据传输的情况,在无数据传输时则需要进行优化,以减少控制信道的开销。

新上行 DPCCH 时隙结构主要改动是减少导频比特位、扩大功控命令(TPC)的比特位,提高其 TPC 域的能量,从而达到提高功率控制的正确性,降低 DPCCH 目标信干比和发射功率的目的。SRNC 通过高层信令控制 NodeB 和 UE 何时启用新上行 DPCCH 时隙结构,且必须和 DTX/DRX 同时使用。

(3) 减少 CQI 报告。

用户保持在 CELL_DCH 状态时,如果下行 HS-PDSCH 没有数据传输时,通过减少 CQI 报告可以降低上行 DPCCH 噪声,降低 UE 的发射功率,提高电池寿命,减少无线容量损失;增加 CELL_DCH 下临时非激活用户的数量,非常短的时间内可以激活,避免了频繁转到 CELL_FACH;根据下行非激活特性可以减少上行干扰的抬升。

减少 CQI 报告过程通过 Node B 发送"CQI 报告开关"停止 CQI 的上报或者通过降低 CQI 报告的上报周期方法实现。

(4) HS-SCCH-less 操作。

HSDPA 的 HS-SCCH-less 操作主要包含两方面内容:

① HS-SCCH(高速共享控制信道)包含的物理层信令通过高层的 RRC 信令传递给 UE,而物理层不发送,从而减少 HS-SCCH 的开销,这一改变主要是针对传输像 VoIP 或者游戏那样的低延迟、低数据速率的小包 PS 类业务提出的,减小 HS-SCCH 开销,提高系统的 VoIP 用户容量。

② 上行 HS-DPCCH 反馈的 HARQ(混合自动重传请求)的确认信息中只发送 ACK 信息,而不发送 NACK 信息。

8) CS over HSPA

传统的 R99 语音业务承载在专用信道 DCH。这样可以保证语音业务的端到端延迟性能,但是由于专用信道一旦分配就会被用户一直占用,甚至在没有业务数据发送的时候也占用专用信道,限制了系统容量。

CS over HSPA 功能将 CS 语音建立在 HSPA 的 HS-DSCH 信道上,即 HSPA 的数据链路承载电路域数据,而在核心网侧,仍然走电路交换(CS)域。这样做的好处是可以保持现有的核心网不变,对 UMTS 系统无线侧和 UE 的改动都比较小,可以通过软件升级实现,更易于商用。

CS over HSPA 特性可以接纳更多 CS 语音用户,提升了整个小区的容量。引入 CS over HSPA 可以减少 CS 语音通话建立时间,在语音通话进行过程中如果请求并发分组交换(PS)服务也可以减少建立时间,降低 UE 的电池消耗。

2. HSPA十的应用现状

据全球移动设备供应商协会(GSA)统计,截止到 2015 年 11 月,全球超过 70% 的 HSPA 运营商选择部署 HSPA十,共有 415 张 HSPA 网络(21Mb/s 以上)在 173 个国家投入商用。

其中 95 个国家的 190 张 DC-HSPA十网络也已经投入商用,几乎占到了整个 HSPA 网络的 1/3。由此可见,为了更好的用户体验,部署 42Mb/s DC-HSPA十成为运营商技术演进的主流趋势。除此之外,还有两张 63Mb/s 的 3C-HSPA十网络也已经投入商用。

总地来说,HSPA十作为 WCDMA/HSPA 的演进技术,在国际标准 3GPP 体系中处于重要的地位,它为 HSPA 运营商的网络演进提供了强有力的技术选择,可以提供接近 LTE 部署初期的系统性能和业务提供能力。因此,HSPA十可以在未来的一定时期内为

WCDMA/HSPA 运营商提供一个理想的技术演进路线,并且在保持竞争力和保护投资的同时,最终完成向 LTE 的平滑演进。

4.6.3 LTE

长期演进(Long Term Evolution,LTE)指 3GPP 的长期演进,是 3G 与 4G 技术之间的一个过渡,通常被称作 3.9G,主要包括 TDD、FDD 两种双工模式。LTE 改进并增强了 3G 的空中接入技术,采用 OFDM 和 MIMO 作为其无线网络演进的唯一标准。LTE 项目始于 2004 年 3GPP 的多伦多会议,是 2006 年以来 3GPP 启动的最大的新技术研发项目。LTE 以 OFDM/FDMA 为核心的技术,能够在 20MHz 频谱带宽下提供下行 100Mb/s 与上行 50Mb/s 的峰值速率。

3GPP LTE 项目的主要性能目标包括:在 20MHz 频谱带宽能够提供下行 100Mb/s、上行 50Mb/s 的峰值速率;改善小区边缘用户的性能;提高小区容量;降低系统延迟,用户平面内部单向传输时延低于 5ms,控制平面从睡眠状态到激活状态迁移时间低于 50ms,从驻留状态到激活状态的迁移时间小于 100ms;支持半径为 100km 的小区覆盖;能够为 350km/h 高速移动用户提供大于 100kb/s 的接入服务;支持成对或非成对频谱,并可灵活配置 1.25～20MHz 多种带宽。

1. LTE 技术特征

GPP 从系统性能要求、网络的部署场景、网络架构、业务支持能力等方面对 LTE 进行了详细的描述。与 3G 相比,LTE 具有如下技术特征。

(1)通信速率有了提高,下行峰值速率为 100Mb/s、上行峰值速率为 50Mb/s。

(2)提高了频谱效率,下行链路为 5(b/s)/Hz,是 R6 HSDPA 的 3 或 4 倍;上行链路为 2.5(b/s)/Hz,是 R6 HSUPA 的 2 或 3 倍。

(3)以分组域业务为主要目标,系统在整体架构上将基于分组交换。

(4)QoS 保证,通过系统设计和严格的 QoS 机制,保证实时业务(如 VoIP)的服务质量。

(5)系统部署灵活,能够支持 1.25～20MHz 间的多种系统带宽,并支持 paired 和 unpaired 的频谱分配。保证了将来在系统部署上的灵活性。

(6)降低无线网络时延:子帧长度 0.5ms 和 0.675ms,解决了向下兼容的问题并降低了网络时延,时延可达 U-plan 小于 5ms,C-plan 小于 100ms。

(7)增加了小区边界比特速率,在保持目前基站位置不变的情况下增加小区边界比特速率。如 MBMS(多媒体广播和组播业务)在小区边界可提供 1b/s/Hz 的数据速率。

(8)强调向下兼容,支持已有的 3G 系统和非 3GPP 规范系统的协同运作。与 3G 相比,LTE 更具技术优势,具体体现在:高数据速率、分组传送、延迟降低、广域覆盖和向下兼容。

2. LTE 关键技术

LTE 采取了一系列先进的无线接口技术来满足 LTE 的需求,概括起来有三种基本技术:多载波技术、多天线技术及分组交换无线接口。这些基本技术保证了 LTE 的高数据速率和高频谱效率。

1）多载波技术

在 LTE 中，第一个主要的设计是采用以 OFDM 技术为基础的多址接入方式。对多种提案经过筛选，下行方案采用正交频分多址接入（OFDMA）技术，上行方案采用单载波频分多址接入（SC-FDMA）技术。其频域多址接入如图 4-18 所示。

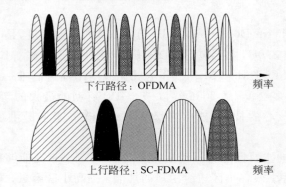

图 4-18　LTE 多址接入技术频域特性

OFDMA 是对多载波技术 OFDM 的扩展，从而提供了一个非常灵活的多址接入方案。OFDM 把有效的信号传输带宽细分为多个窄带子载波，并使其相互正交，任一个子载波都可以单独或成组地传输独立的信息流；OFDMA 技术则利用有效带宽的细分在多用户间共享子载波。

但由于 OFDM 信号的峰均功率比（PAPR）较高，需要一个线性度较高的射频功率放大器，使发射机成本大大提高，因此并不适合用于上行链路传输。对于上行链路，采用与OFDM 技术很相似的 SC-FDMA 技术。

SC-FDMA 是单载波频域均衡（SC-FDE）的多用户扩展。SC-FDE 与 OFDM 技术大部分相似，不同之处在于 IFFT 的位置和作用，OFDM 中的 IFFT 在发射机，用于将不同用户数据调制到不同载波，而 SC-FDE 中的 IFFT 在接收机，用于将频域信号转换到时域。两者在性能上相当，但是 SC-FDE 可以显著降低 PAPR。

2）多天线技术

使用多天线技术（MIMO），可以把空间域作为另一个新资源。在追求更高频谱效率的要求下，多天线技术已经成为最基本的解决方案之一。空间分集天线配置专门针对 LTE 设计。实际上，LTE 系统规定了三类天线技术：MIMO、波束成形和分集方法。对提升信号鲁棒性、实现 LTE 系统能力来说，这三种技术都非常关键。

多天线技术可以用各种方式实现，主要基于以下三个基本原则。

（1）分集增益：利用多天线提供的空间分集来改善多径衰落情况下传输的健壮性。

（2）阵列增益：通过预编码或波束成形使能量集中在一个或多个特定方向上。这也可以为在不同方向上的多个用户同时提供业务（即所谓的多用户 MIMO）。

（3）空间复用增益：在可用天线组合所建立的多重空间层上，将多个信号流传输给单个用户。

3）分组交换无线接口

LTE 是完全面向分组交换的多业务系统，为了改善系统的时延，数据包传输时间由

HSDPA 中的 2ms 进一步缩短为 1ms。这么短的传输时间间隔,加上新的频率和空间维度,进一步扩展了 MAC 层和物理层之间跨层领域的技术,包含:

(1) 频域和空间资源的自适应调度。

(2) MIMO 配置的自适应,包括同时传输空间层数的选择。

(3) 调制和编码速率的链路自适应,其中包括传输码字数量的自适应。

(4) 快速信道状态报告的若干模式。

3. LTE 发展现状

据全球移动设备供应商协会(GSA)报告,LTE 是一项主流技术,要支持现有和新的服务功能,对传输能力、数据承载量和低延时都提出了更高的要求。运营商向 LTE 升级的主要动机是需要更多的容量,更好的性能管理和更高的效率。LTE 将用户体验提升到了一个新的阶段,能够支持互动电视、移动视频博客、高级游戏和专业服务等高级应用。

据 GSA 2016 年 4 月发布的 LTE 发展报告,全球有 180 个国家的 691 家运营商都在对 LTE 进行投资,其中已有 162 个国家的 494 个网络投入商业运营。目前大部分网络采用成对频谱 LTE 标准的 FDD 模式。最普遍使用的 FDD 频段为 1800MHz(超过 45% 的商业 LTE 网络采用此频率),其次是 2.6GHz 频率。

TD-LTE 是 LTE TDD 的商业名称,它是由中国移动等主导创立 TD-LTE 全球发展倡议组织(Global TD-LTE Initiative,GTI)推动支持 LTE TDD 标准化与商业化的项目。截至 2016 年 4 月,全球共有 43 个国家的 72 个 LTE TDD 网络投入商业运营。约 38% 的 LTE 设备支持 LTE TDD。在中国政府的全力支持下,TD-LTE 作为新一代无线宽带技术,其产业化、商用化、国际化步伐进一步加快,这将是 TD-LTE 的发展机遇。同时,中国的 TD-LTE 发展也面临以下挑战。

(1) TD-LTE 网络覆盖还不尽完善,平滑升级问题不小。虽然由 TD-SCDMA 平滑升级到 TD-LTE 成本很低,但关键是当前中国移动的 TD-LTE 网络覆盖不完善,中小城市及乡镇覆盖率亟待加强。

(2) TD-LTE 产业链不成熟,难以发挥规模效应。一些业内人员认为在 2G 时代,技术很好的 CDMA 网络发展远不如 GSM 网络主要是因为 CDMA 的产业链不及后者。

TD-LTE 发展的最大问题在于产业链的成熟度不够,而 FDD-LTE 的最大优势正是产业链的成熟和规模效应。

随着 TD-LTE 转入实质规模发展,TD-LTE 和 FDD-LTE 的融合也将进入新阶段。全球无线通信频谱资源有限,这给非对称频段的 TD-LTE 发展带来了很大的生存空间,而 TD-LTE 和 FDD-LTE 的融合有助于形成规模效应,进一步降低了成本。

目前,爱立信和中兴已经提供了融合的基站平台技术。高通 MWC2012 上展出的 MSM8960 和海思的 Balong710 两款多模终端芯片也都支持 TD-LTE、FDD-LTE、3G 和 2G 标准,被很多运营商看好。

4.7 延伸阅读——MobileIP

1. MobileIP 简介

移动 IP 是一种在 Internet 上提供移动功能的解决方案。它使移动主机在切换链路时仍保持正在进行的通信,满足了人们随时随地接入 Internet 的需求。

传统 IP 在提供 Internet 访问业务时,每个连接由接口(由 IP 地址和端口号组成)唯一地识别。在通信期间,它们的 IP 地址和 TCP 端口号必须保持不变,否则 IP 主机之间的通信将无法继续。移动 IP 并不是移动通信技术和 Internet 技术的简单叠加,也不是无线语音和无线数据的简单叠加,它是移动通信和 IP 的深层融合。其目标是将无线语音和无线数据综合到一个技术平台上传输,这一平台就是由 IETF 制定的移动 IP 协议。

2. MobileIP 发展现状

现代网络的接入网、核心网与承载网都应用了移动 IP 技术,呈现出 IP 化的发展趋势。首先,接入网将业务节点接口和用户网络接口相连,为通信业务传送必要的承载力。接入网应用移动 IP 技术可以完善通信行业的运作环境,提高通信行业的承载能力。其次,核心网将多种接入网连接在一起,把 A 口的数据及呼叫请求接续到不同的网络上。IP 化的核心网可以使整个呼叫信令控制和承载建立系统更加优化。再次,承载网主要用于信息传输质量要求较高的业务。IP 承载网是各通信运营商以移动 IP 技术构件的一张专网,它具有运行成本低、扩展性好、承载力强等特点,提高了通信系统的可靠性和安全性。移动 IP 技术可以使接入网、核心网与承载网协调发展,对提高各自的性能发挥着重要的作用。

移动 IP 技术的发展初期主要应用在企业局域网络中,在 3G 牌照发放后,国内三大通信运营商对 3G 网络科技应用的积极性都十分高涨,3G 网络的建设作为网络通信行业发展的新动力,对移动 IP 技术的发展起到了巨大的推动作用。移动 IP 技术在进入 3G 时代后被更大范围地加以应用,3G 技术使固定宽带、电路交换模式等的限制逐渐减弱,移动 IP 技术与互联网络的有机结合产生的效益是无法估量的。首先,网络的传输速率得到极大的提高,使用同一部手机可以无区域、无时间、无环境限制实现信息通信。其次,网络运营商和通信运营商的积极商业开拓,使更多的数据通信模式得到最大程度上的开发,网络软硬件设施在开发通信模式时也能够与之有机结合在一起,给企业和用户带来更大的利益。

目前世界上使用的移动网络技术主要分为:以美国、中国、韩国等为代表的 CDMA2000,以欧洲、日本等为代表的 WCDMA,以及以韩国、中国等为代表的 TD-SCDMA。当 3G 网络的应用使移动通信的分组和 IP 化互相交换,这一举动也同时让移动网络通信的模式发生了巨大的改变,原有的模式从电路交换转向分组交换,这将更有利于移动 IP 技术数据交换传输等特征的实现,大大提高了移动 IP 技术的市场竞争力。

移动通信技术与移动 IP 技术的完美结合,使得网络数据通信发生了更加深刻的变革。首先是通信成本的降低,在全 IP 网络中语音、短信和一些其他的业务,用户不再支付大量的金钱来获得服务。其次是用户之间的交流更加快捷和便利。用户通过移动 IP 技术,把传统和新型的业务有机地紧密连接,然后再通过移动网络把信息传输出去。这一过程中用户可以随时在保证通话流畅的同时通过移动 IP 网络把重要的资料信息传递给客户,使得客户的业务办理更加流畅。

4G 技术的开发目标是将通信移动技术和 IP 技术紧密融合,进而达到互联网与移动 IP 的高度统一,这一行为必将使未来的移动通信业务得到更大的收益,也将移动业务从 CDMA 宽带技术向移动 IP 技术快速推进。移动 IP 技术将会作为 4G 时代的主流技术被最大程度地开发和利用。在已经到来的 4G 时代,移动 IP 技术将通过统一的 IP 通信平台实现数据、图像、视频、语音、消息等信息的传输,使互联网的作用发挥到极致。二者的紧密结合将会带来无法估计的商业机会和发展前景。

3. MobileIP 难点

移动 IP 协议执行时常会遇到三角形路径问题,即通信节点发送数据包到移动节点时,需要通过其归属代理,而移动节点根据标准 IP 路由规则将数据包直接发送到通信节点。三角形路径问题会引起一些潜在的危害,例如,增加引入流量的时延容易引起归属代理处的路由瓶颈。如果通信节点知道移动节点的转交地址,通信节点就能通过隧道技术直接发送数据包到移动节点,不需要归属代理的帮助。现在的问题是 Internet 上的通信节点一般不能提供接收和存储移动节点转交地址的信息,也就是不能执行任何隧道技术。对基本移动 IP 协议的改进将有助于这个问题的解决。

外区代理间的光滑切换。由于移动主机的频率可能很高,与移动节点通信的每个主机可能来不及收到移动主机的地址更新消息,在主机离开一个子网而进入另一个子网期间,有可能在网络上有以移动节点为目的的分组。因此保证这些分组的安全是网络实现在各网间光滑漫游的主要问题。

移动节点连至 Internet 的链路通常是无线链路,这种链路与传统的有线网络相比,其带宽明显低得多,误码率高得多;某些防火墙也可能会阻断 IP 隧道,因为它们检验每个数据包的源地址,而移动节点的数据包归属地址与外区网的网络地址不一样,从而导致防火墙阻截 IP 隧道数据包;且移动节点可能是电池供电,如何减小功耗是一个急需解决的问题。

移动 IP 技术包含两个基本假设:第一个是点到点通信的数据包在路由选择时与源 IP 地址无关,路由选择机制只依据目的地址来选取路由,实际上是只依据目的地址前缀进行路由选择,这正是 IP 路由机制的基本特征;第二个假设是支持移动 IP 的网络是一个连通网络,网络上的任何两个节点之间都能够互相通信,要求由路由器和链路构成的网络能够将数据包送到移动节点的家乡链路和任意可能到达的位置。

在满足上述假设的网络中,根据节点的移动范围和特征,可以把移动分为两种类型:宏移动(Macromobility)和微移动(Micromobility)。宏移动是指移动节点 MN 在不同的管理域之间运动,微移动是指移动节点在同一个管理域中运动。移动 IP 技术是有效的宏移动解决方案,然而它并不适合于解决微移动问题,原因在于:难以实现无缝切换,移动 IP 技术描述了 MN 在不同子网之间的切换操作,却对如何降低切换延时、减小丢包等方面缺乏深入考虑。

移动注册的信令开销较大,如果 MN 移动比较频繁,绑定更新的次数增加,将给核心网增加很大的负担。移动 IP 需要和 QoS 协议进行交互,采用隧道技术进行数据传输屏蔽了包含 QoS 信息的数据报头,使得实现 QoS 保障更加困难。由于安全性方面的考虑,在移动 IPv4 中还存在三角路由问题,使得路由效率不高。移动 IP 仅定义了一个简单、可扩展的宏移动框架,要使它支持需要服务质量保障的实时应用(例如 VoIP),仍需要解决大量的技术难题,制定补充协议。

思考与讨论

1. 第三代移动通信无线传输技术应满足哪些要求?
2. WCDMA 系统无线网络控制器 RNC 的主要功能是什么?

3．WCDMA 网络中有哪些主要接口？

4．CDMA2000 移动通信系统的无线接口有哪些特征？

5．IS-95 CDMA 与 CDMA2000 的主要区别是什么？

6．TD-SCDMA 空中接口的关键技术有哪些？

7．简述软件无线电技术。

8．接力切换与传统的切换技术有哪些区别？

9．画出 2G 到 3G 演进路线的基本框图，并做简单说明。

10．什么是 HSPA？在 WCDMA 系统中引入 HSPA 有什么好处？

11．HSPA＋有哪些提高系统容量的关键技术？

12．为什么说 LTE 是"准 4G"技术？

参考文献

[1]　韦惠民,李国民,等. 移动通信技术[M]. 北京：人民邮电出版社,2006.

[2]　解文博,解相吾. 移动通信技术与设备(第 2 版)[M]. 北京：人民邮电出版社,2015.

[3]　章坚武. 移动通信(第四版)[M]. 西安：西安电子科技大学出版社,2016.

[4]　李建东,郭梯云,等. 移动通信(第四版)[M]. 西安：西安电子科技大学出版社,2016.

[5]　魏红. 移动通信技术(第 3 版)[M]. 北京：人民邮电出版社,2015.

[6]　王淑香. 移动通信系统与应用[M]. 西安：西安电子科技大学出版社,2009.

第5章

4G技术

5.1 4G 简介

通信技术日新月异,移动用户不断增加,移动用户对移动通信业务的追求已从单纯的语音业务扩展到多媒体业务,移动通信技术变得越来越重要。为了满足人们日益增长的需求,人们努力改进和发展一些新的技术。现在移动通信技术的热点是 3G、4G 和 5G 技术。然而,人们可能产生疑问,在 3G 还没有完全实现的时候,为什么就急于研究 4G 甚至 5G 呢?3G 具有漫游功能增强、支持宽带数据的视频和多媒体业务、高服务质量和数据永远在线的特点,4G 不仅是对 3G 的困难和局限的突破和演进,而且增强了服务质量、增加了带宽和降低了成本,给人们带来不少享受。而 5G 则有望满足高速发展的业务需求,让万物互联成为现实。

所有技术的发展都不可能在一夜之间实现,从 GSM、GPRS 到 4G,需要不断演进,而且这些技术可以同时存在。人们都知道最早的移动通信电话用的是模拟蜂窝通信技术,这种技术只能提供区域性语音业务,而且通话效果差、保密性能也不好,用户的接听范围也很有限。随着移动电话迅猛发展,用户增长迅速,传统的通信模式已经不能满足人们通信的需求,在这种情况下就出现了 GSM 通信技术,该技术用的是窄带 TDMA,允许在一个射频(即"蜂窝")同时进行 8 组通话。它是根据欧洲标准而确定的频率范围在 $900\sim1800\mathrm{MHz}$ 之间的数字移动电话系统,而同时频率为 $1800\mathrm{MHz}$ 的系统也被美国采纳。GSM 是 1991 年开始投入使用的。到 1997 年年底,已经在一百多个国家运营,成为欧洲和亚洲实际上的标准。GSM 数字网具有较强的保密性和抗干扰性,音质清晰,通话稳定,并具备容量大,频率资源利用率高,接口开放,功能强大等优点。不过它能提供的数据传输率仅为 $9.6\mathrm{kb/s}$,和五六年前用固定电话拨号上网的速度相当,而当时的 Internet 几乎只提供纯文本的信息。而时下正流行的数字移动通信手机是第二代(2G),一般采用 GSM 或 CDMA 技术。第二代手机除了可提供所谓的"全球通"话音业务外,已经可以提供低速的数据业务了,也就是收发短消息之类。虽然从理论上讲,2G 手机用户在全球范围都可以进行移动通信,但是由于没有统一的国际标准,各种移动通信系统彼此互不兼容,给手机用户带来诸多不便。

针对 GSM 通信出现的缺陷,人们在 2000 年又推出了一种新的通信技术 GPRS,该技术是在 GSM 的基础上的一种过渡技术。GPRS 的推出标志着人们在 GSM 的发展史上迈出了意义最重大的一步,GPRS 在移动用户和数据网络之间提供一种连接,给移动用户提供高速无线 IP 和 X.25 分组数据接入服务。

在这之后,通信运营商们又要推出 EDGE 技术,这种通信技术是一种介于现有的第二代移动网络与第三代移动网络之间的过渡技术,因此也有人称它为"二代半"技术,它有效提高了 GPRS 信道编码效率的高速移动数据标准,允许高达 384kb/s 的数据传输速率,可以充分满足未来无线多媒体应用的带宽需求。EDGE 提供了一个从 GPRS 到第三代移动通信的过渡性方案,从而使现有的网络运营商可以最大限度地利用现有的无线网络设备,在第三代移动网络商业化之前提前为用户提供个人多媒体通信业务。

在新兴通信技术的不断推动之下,象征着 3G 通信的标志性技术 WCDMA 在一段时间内成为通信技术的主流。该技术能为用户带来最高 2Mb/s 的数据传输速率,在这样的条件下,计算机中应用的任何媒体都能通过无线网络轻松地传递。WCDMA 通过有效地利用宽频带,不仅能顺畅地处理声音、图像数据,还能与互联网快速连接;此外,WCDMA 和 MPEG-4 技术结合起来还可以处理真实的动态图像。人们之间沟通的瓶颈会由网络传输速率转变为各种新型应用的提供:如何让无线网络更好地为人们服务而不是给人们带来骚扰,如何让每个人都能从信息的海洋中快速地得到自己需要的信息,如何能够方便地携带、使用各种终端设备,各种终端设备之间如何更好地自动协同工作等。在上述通信技术的基础之上,随着数据通信与多媒体业务需求的发展,适应移动数据、移动计算及移动多媒体运作需要的第四代移动通信开始兴起,无线通信技术正迈向 4G 通信技术时代,这种第四代移动通信技术能给人们的工作和生活带来更多的便捷和美好。

所谓的 4G 通信技术,是建立在 3G 通信技术基础之上的新一代移动通信技术,能够提供高达 100Mb/s 的数据传输率支持各项多媒体业务,通过无线网络系统将高质量、高清晰度的视频图像传达到用户手中。4G 通信技术的产生与发展是科学技术发展到一定程度的必然趋势,是适应人们生活需要、提高人们生活质量的必然结果,对于整个网络通信市场乃至国民经济的发展都具有重要意义和作用。

第四代移动电话行动通信标准,指的是第四代移动通信技术,外语缩写为 4G。该技术包括 TD-LTE 和 FDD-LTE 两种制式(严格意义上来讲,LTE 只是 3.9G,尽管被宣传为 4G 无线标准,但它其实并未被 3GPP 认可为国际电信联盟所描述的下一代无线通信标准 IMT-Advanced,因此在严格意义上其还未达到 4G 的标准。只有升级版的 LTE Advanced 才满足国际电信联盟对 4G 的要求)。4G 是集 3G 与 WLAN 于一体,并能够快速传输数据、高质量、音频、视频和图像等。4G 能够以 100Mb/s 以上的速度下载,比目前的家用宽带 ADSL(4 兆)快 25 倍,并能够满足几乎所有用户对于无线服务的要求。此外,4G 可以在 DSL 和有线电视调制解调器没有覆盖的地方部署,然后再扩展到整个地区。很明显,4G 有着不可比拟的优越性。

4G 通信技术是继第三代以后的又一次无线通信技术演进,其开发更加具有明确的目标性:提高移动装置无线访问互联网的速度。4G 通信技术并没有脱离以前的通信技术,而是以传统通信技术为基础,并利用了一些新的通信技术,来不断提高无线通信的网络效率和功能的。与传统的通信技术相比,4G通信技术最明显的优势在于通话质量及数据通信速度。

　　4G最大的数据传输速率超过100Mb/s,这个速率是移动电话数据传输速率的一万倍,也是3G移动电话速率的50倍。4G手机可以提供高性能的汇流媒体内容,并通过ID应用程序成为个人身份鉴定设备。它也可以接受高分辨率的电影和电视节目,从而成为合并广播和通信的新基础设施中的一个纽带。此外,4G的无线即时连接等某些服务费用会比3G便宜。还有,4G有望集成不同模式的无线通信——从无线局域网和蓝牙等室内网络、蜂窝信号、广播电视到卫星通信,移动用户可以自由地从一个标准漫游到另一个标准。

　　4G提供高速率、高容量、低成本和基于IP的业务。4G基于Ad hoc网络模型,它的操作运行不需要固定的基础结构,Ad hoc网络需要全球移动性能(即移动IP)和全球IPv6网络的连通性以支持每个移动设备的IP地址。在不同的IP网络(802.11WLAN,GPRS和UMTS)中,4G能够在更高的数据传输速率下实现无缝漫游,其数据传输速率从2Mb/s到1Gb/s,还能够提供低时延的新业务。虽然移动设备不依赖固定的基础结构,但是在Ad hoc网络中仍需要自组织的增强型智能并具有在分组交换网络中的路由能力。

　　4G采用广带(Broadband)接入和分布网络,具有非对称超过2Mb/s的数据传输能力,对全球移动用户能提供150Mb/s的高质量影像服务。第四代移动通信系统包括广带无线固定接入,广带无线局域网,移动广带系统和互操作的广播网络。它可以在不固定的无线平台和跨越不同频带的网络中提供无线服务,可以在任何地方宽带接入互联网,能够提供信息通信之外的定位定时、数据采集、远程控制等综合功能。

　　第四代移动通信还具有以下特点。

1. 灵活性强

　　4G系统能自适应分配资源,在信道条件不同的各种复杂环境下,采用智能信号处理技术正常发送和接收信号,具有很强的适应性、智能性和灵活性。

2. 通信速率高

　　4G中将采用几项突破性技术,如OFDM(Orthogonal Frequency Division Multiplexer)技术、光纤通信技术、无线接入技术等。数据传输速率从2Mb/s提高到100Mb/s。

3. 网络带宽高

　　4G网络的带宽将比3G网络带宽高很多,更加有效地实现网络覆盖。核心网将全面采用分组交换技术,根据用户的需要分配带宽,实现真正的宽带通信。

4. 无缝通信

　　可在不同的接入技术(包括WLAN、蜂窝、短距离连接及有线)之间进行全球漫游,实现用户之间的无缝通信。其中既有系统内切换,又有系统间切换,还可在不同通信速率间切换。

5. 多媒体通信

　　4G系统采用IPv6等先进的无线接入技术,提供包括语音、高清晰图像、虚拟现实等业务的无线多媒体通信服务。

6. 智能终端设备的多样化

　　4G时代的终端设备不仅包括电话、手机、PDA等,还有可能是电视机、电冰箱、微波炉等家用电器。4G时代的数据传输,可能不局限于语音传输,还会有图像传输等。总而言之,

4G 通信终端的功能更加多样化和智能化。因此 4G 才是真正意义上的"多媒体移动通信"。

5.2　4G 的网络体系结构

　　4G 移动系统网络结构可分为三层：物理网络层、中间环境层、应用网络层。物理网络层提供接入和路由选择功能，它们由无线和核心网的结合形式完成。中间环境层的功能有 QoS 映射、地址变换和完全性管理等。

　　物理网络层与中间环境层及其应用环境之间的接口是开放的，它使发展和提供新的应用及服务变得更为容易，提供无缝高数据率的无线服务，并运行于多个频带。这一服务能自适应多个无线标准及多模终端能力，跨越多个运营者和服务，提供大范围服务。

　　在 4G 通信技术飞速发展的新形势下，要想实现进一步发展，就必须充分了解其中的网络结构，在现有的 4G 网络结构的基础上加大研究与开发，不断缩小与发达国家之间的技术差距。4G 通信系统依据各种不同业务的接入系统，通过多媒体接入连接到基于 IP 的核心网中，其分为接入技术层和无缝网络两种结构。一方面，接入技术层结构是 4G 通信网络的基础结构。顾名思义，就是根据实际使用情况，采用分层结构形式安排和利用各类接入技术，这种结构可以实现无线资源的充分利用，目前主要应用于多媒体设备与个人连接中。其中，接入技术层结构又可以根据其接入技术的不同分为 Cellular 层、热点层、个人网络层和定点层。其中，Cellular 是一种无线通信技术，主要适用于多媒体应用和个人连接上，通过无线传输频率来实现无线资源的广泛利用；热点层又包括 WLAN 系统、IEEE 802.11 以及 MMAC 等，并可以通过这些系统结构来支持更高速率通信网络的应用与个人连接业务；个人网络层是利用蓝牙、DECT 等设备来实现不同电器之间的通信，具有易操作、易传输等特点，正在被广泛应用于各大领域；定点层主要包括固定接入系统，虽然具有其自身的优势，但是其最大的缺陷在于不支持移动性系统，所以并没有得到较为广泛的应用。另一方面，无线网络结构是 4G 通信网络的重要结构。此结构可以通过一个核心网络实现各类网络的均衡通信，彼此之间不会因为通信时间和速率而受到相关影响，从而有效提高通信网络的高效性和安全性。从目前的发展状况来看，无线网络结构受到了多数人的青睐，不仅有效地避免了通信时间和速率的限制，还在很大程度上实现了网络通信的安全性。可见，无线网络结构的出现与发展对于在激烈的市场竞争中实现 4G 网络通信的持续健康和稳定发展具有至关重要的意义。

1. 4G 无缝网络结构

　　4G 无线通信系统的特征是不同接入技术到不同有线系统之间的水平通信。从目前发展的情况看，新的接入系统（总接入网络）应考虑同一网络间和不同网络间的信息传递，最终形成无缝全 IP 核心网。这就需要包括对移动的检测管理，包括对业务安全性和质量的要求，其次是对接入技术的漫游功能的移动性要求。如图 5-1 所示的包括多种接入技术的无缝网络可以处理这些过程。

2. 4G 接入技术的层结构

　　针对不同的应用领域与环境，需要选择合适的系统，不同的接入技术可以按照分层结构对其进行组织利用。

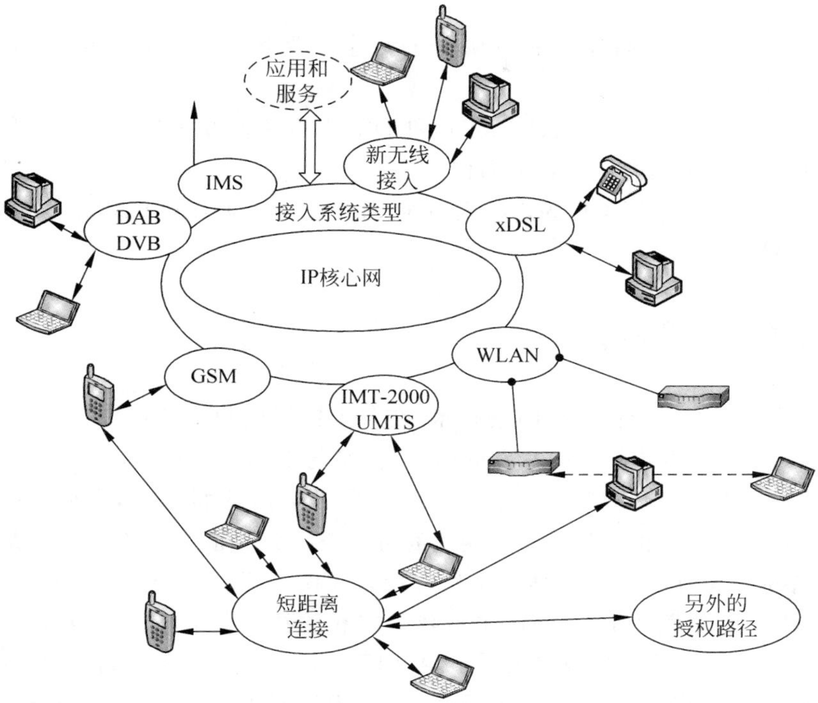

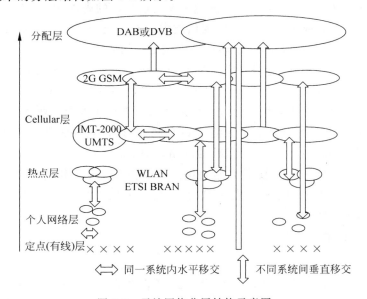

图 5-1　包括多种接入技术的无缝网络

4G 接入技术的分层结构如图 5-2 所示。

图 5-2　无缝网络分层结构示意图

（1）Cellular 层。它是一种无线通信技术，充分利用有限的无线传输频率，不同的蜂窝可以使用相同的频率，这样，有限的无线资源就可以广泛利用。该层适合于多媒体应用和个人连接。

（2）热点层。支持更高速率的应用与个人连接业务。该层主要包括 WLAN 系统、IEEE 802.11、MMAC 等。

（3）个人网络层。通过蓝牙、HomeRF 和 DECT 等之间相互信息传递，可以实现办公室与家庭环境中的不同装备和电器的通信。

（4）定点有线层。主要包括固定接入系统，如 FFTx，xDSL 和 CATV 等。固定接入系统不支持移动性。

5.3 4G 的关键技术

4G 通信技术作为一种新型的网络技术，在各个国家的投入使用中都受到了一致的好评，虽然我国具有广阔的市场空间和发展前景，但是与发达国家相比，我国的 4G 通信技术发展缓慢、技术较为薄弱，仍然存在着一定的差距。早在 21 世纪初，国际电信联盟（简称 ITU），就为 4G 通信技术的发展制定了明确的时间表：预计在 2006 年前后完成频谱规划工作，于 2010 年完成全球统一的标准化工作并投入使用。要求各个国家依据自身的技术能力，加强对 4G 通信技术的研究，并于 2008 年提交相关技术提案，为 4G 通信技术的发展提供强大的技术支持。根据国家发展的需求，我国于 2001 年在"863 计划"中就提出了 4G 移动通信技术的发展研究计划，并受到了国家相关工作者的高度重视，国内十余所大学、企业和研究所均参与其中的技术研究工作。在众多科学工作者的共同努力下，我国于 2006 年10 月底在上海进行了 4G 通信技术的现场验收，当时我们所研究的 4G 通信系统主要包括 6 个节点、3 个信道和 6 个终端，虽然没有发达国家通信系统的先进，但也是我国研究 4G 通信技术的重大开端和重要成果，为日后 4G 通信技术的发展奠定了良好的基础。现阶段，我国 4G 通信技术已获得了成功运用，并逐渐被推广至更多的应用领域。

4G 无线通信系统的特征是不同接入技术到不同用户终端，如 cellularcordless 系统、短距离连接、广播系统、有线系统等之间的水平通信。这些不同的系统要基于一个统一、灵活和大容量的公共平台在无线环境下完成最佳路径选择来满足不同的业务要求。从目前发展情况来看，最终的 4G 网络将会基于无缝全核心网，并通过软件无线电技术完成上面的要求。4G 必定会发展成以数字广带为基础的网络，采用统一 IP 核心网。不同国家和地区之间的网络互联是在网络层上用 IP 协议进行的。而且各接入方法和速率可以不同，从而解决了 3G 不能实现全球漫游的问题。另外，4G 系统将会采用 128 位地址空间的 IPv6 在 IP 网络上实现语音和多媒体业务。

4G 中的关键技术包括以下几个。

1. 定位技术

就现在无线通信技术发展的水平来看，3G 技术的发展已经趋于成熟，4G 通信技术各个国家发展的水平还存在很大的差异。4G 移动通信系统主要以 OFDM 技术（正交频分复用）为核心，OFDM 技术本质是多载波调制技术之一。在 4G 移动通信系统中，移动终端可能在不同系统（平台）间进行移动通信。因此，对移动终端的定位和跟踪，是实现移动终端在不同系统（平台）间无缝连接和系统中高速率和高质量的移动通信的前提和保障。

2. 切换技术

在 4G 系统中,高业务速率的用户切换会使得整个系统的动态特性产生较大的波动,造成切换期间和切换之后的一段时间内系统传输性能的下降。因此能否确保 4G 系统中不同类型的业务用户在通信过程中得到及时可靠的切换将在很大程度上影响系统性能。如何充分地利用系统资源,既保证各种不同 QoS 需求用户的平滑切换,同时又降低高业务速率用户对目标小区的影响将成为未来 4G 系统切换的关键问题。

4G 移动通信的智能天线技术选择的是 SDMA 技术(空时多址技术),利用不同信号在传输信道上传输方向不同的差异性,目前 4G 通信技术在欧洲各国均取得了较好的发展,美国也在 4G 通信技术领域取得了巨大的成绩,并逐步发展成为第二个推出商用 4G 网络的国家。切换技术是移动终端的通信系统、移动小区建立可靠移动通信的基础和重要的关键技术。它主要包括软/硬切换。在 4G 移动通信系统中,软件应用程序将会越来越复杂,通信领域专家提出利用软件无线电技术,软件无线电技术是近几年来的新型技术,是以数字信号处理为技术核心,以无线电微电子技术作为技术支撑。在 4G 通信系统中,切换技术所适用的范围是比较广的,也是使软/硬件能够有机结合的研究方向。

在 B3G、4G 通信系统中、传输能力更强的 OFDMA 技术被普遍认为是多址技术的解决方案。LTE 和 802.16(WiMAX)均已采用了 OFDMA 技术作为其多址接入技术。目前,OFDMA 的切换技术主要采用硬切换(HHO),其特点是用户测量原基站和目标基站分配给用户的多个子载波的信号强度,统计其平均值,将每个基站的子载波看作一个整体来实现先断后连的硬切换策略。

协同切换按一定的时间间隔,目标小区资源更新一次原服务小区资源,自始至终切换用户只占用了一套资源。虽然切换触发时刻目标小区资源不足,但是在资源更新间隔中其他用户可能结束通话并释放资源,下一个更新时刻切换用户即可用上这些资源,所以最后有可能不用抢占其他用户的资源,这样就提高了资源利用率,降低了资源抢占现象的发生。

在协同切换过程中主要包括以下几个思想。

(1) 切换过程中,切换用户同时和原服务基站和目标基站保持通信连接。

(2) 目标基站资源不是一次性占用,原服务基站资源不是一次性释放,而是目标基站根据所规定的资源更新判决准则并逐步更新原服务基站资源。

(3) 资源更新判决准则根据每个子载波上的信噪比 SINR 来判断某个子载波是否需要更新。

(4) 在替代过程中,原服务基站和目标基站共同承担切换用户的传输任务,两基站处于协同传输状态,所耗资源总和多于硬切换,而少于软切换。

3. MIMO 技术

多输入输出技术(Multiple-Input Multiple-Output,MIMO)是指在基站和移动终端设置多个天线,通过这些天线来接收网络信号的技术。该技术通过在发射端和接收端分别使用多个发射天线和接收天线,使信号通过发射端与接收端的多个天线传送和接收,从而改善通信质量。网络资料通过多重切割之后,经过多重天线进行同步传送,由于无线信号在传送的过程当中,为了避免发生干扰,会走不同的反射或穿透路径,因此到达接收端的时间会不一致。为了避免资料不一致而无法重新组合,因此接收端会同时具备多重天线接收,然后利用 DSP 重新计算的方式,根据时间差的因素,将分开的资料重新做组合,然后传送出正确且快速的资料流。由于传送的资料经过分割传送,不仅单一资料流量降低,可拉高传送距离,又增加天线接收范围,因此 MIMO 技术不仅可以增加既有无线网络频谱的资料传输速度,而且又不用额外占用频谱范围,更重要的是,还能增加信号接收距离。所以不少强调资料传输速度与传输距离的无线网络设备,纷纷开始抛开对既有 Wi-Fi 联盟的兼容性要求,而采用 MIMO 的技术,推出高传输率的无线网络产品。

该技术可以为整个 4G 网络通信系统提供相应的空间复用和空间分集,空间复用是在信号的接收端和发射端安装多副天线,将信号分散至各个空间,增加其容量;空间分集主要分为发射分集和接收分集两类,通过分集技术来提升无线信道的性能,增加其容量和扩大其覆盖范围。MIMO 技术相比于其他通信技术,具有高频谱利用率和无线容量、覆盖范围广的特点。

该技术利用多发射、多接收天线进行空间分集,它采用的是分立式多天线,能够有效地将通信链路分解成为许多并行的子信道,从而大大提高容量。信息论已经证明,当不同的接收天线和不同的发射天线之间互不相关时,MIMO 系统能够很好地提高系统的抗衰落和噪声性能,从而获得巨大的容量。例如,当接收天线和发送天线数目都为 8 根,且平均信噪比为 20dB 时,链路容量可以高达 42(b/s)/Hz,这是单天线系统所能达到容量的四十多倍。因此,在功率带宽受限的无线信道中,MIMO 技术是实现高数据速率、提高系统容量、提高传输质量的空间分集技术。在无线频谱资源相对匮乏的今天,MIMO 系统已经体现出其优越性,也会在 4G 移动通信系统中继续应用。

4. 调制和信号传输技术

4G 移动通信系统采用新的调制技术,如多载波正交频分复用调制技术以及单载波自适应均衡技术等调制方式,以保证频谱利用率和延长用户终端电池的寿命。4G 移动通信系统采用更高级的信道编码方案(如 Turbo 码、级联码和 LDPC 等)、自动重发请求(ARQ)技术和分集接收技术等,从而在低 Eb/N0 条件下保证系统足够的性能。

5. 其他技术

1) 软件无线电技术

软件无线电技术,是把各种无线电信号进行软件编程之后,支持其正常运行的一种技术,简称 SDR 技术。SDR 技术的出现及应用是为了适应市场的需求,正因为绝大多数用户渴望实现在任何时间任何地点以任何形式都能接入网络,专家提出了软件无线电技术。它可以通过一种适合各种类型的空中接口作为移动终端,使得用户的各类网络通过该终端接收并传输信号且无须漫游,这是一种新型的通信技术,是电子信息技术发展的产物,以现代通信理论为基础、以熟悉信号处理为核心、以微电子技术为支持。由于 SDR 技术的所有程序都是通过软件编程来完成的,所以具有较强的灵活性、集中性和模块性。软件无线电技术凭借其自身的优势成为 4G 通信网络关键技术中的重要组成部分,是通向未来 4G 通信的桥梁和纽带。软件无线电技术的大力推广和应用不仅能减少开发风险,更有利于加快开发系列型产品。此外,由于它减少了硅芯片的容量,也在一定程度上降低了运算器件的价格,减少了产品开发的成本。

2）智能天线技术

智能天线技术是设置在基站现场双向天线上的波束间没有切换的多波束或自适应阵列天线，简称 SA 技术，是 4G 通信网络未来的关键技术。在 4G 通信网络的实际应用中，SA 技术会通过智能天线释放出空间定向波速，用户可以实时接收信号，还可以避免来自其他设备信号的干扰，从而保证用户信号的干净和清晰。可见，智能天线技术具有抗干扰性、实时跟踪和数字波速调节等特点。

3）IPv6 技术

IPv6 是一种先进的编址技术，在 IPv4 技术的基础之上不断发展，拥有 IPv4 技术所没有的优势。目前 IPv4 技术在我国得到广泛应用，但是其编址并不合理，造成地址空间资源的浪费情况，不利于通信技术的发展。而 IPv6 技术完全避免了此种弊端，以 IPv4 技术的地址空间为基础相应地扩大了自身的地址空间，增强了通信技术，提升了服务质量，最重要的是安全性能也远远高于 IPv4 技术，不仅实现了空间资源的有效利用，还在一定程度上提高了系统的使用效率和质量。所以，IPv6 技术作为 4G 通信网络的关键技术之一，其出现和发展是通信技术发展的必然趋势，在未来的发展过程中也必将完全取代 IPv4 技术。

4）多用户检测技术

该技术也作为 4G 通信网络的关键技术之一，与其他技术相辅相成，推动 4G 通信技术的进一步发展。所谓的多用户检测技术，就是通过各种信息及信号处理手段对所有用户信道的信号进行检测处理，避免所有用户之间出现彼此干扰的情况及容量约束现象的技术。该技术与其他技术不同，具有良好的抗干扰和抗远近效应性能，目前在 4G 系统的终端和基站中广泛应用，可以有效提高系统内部的容量。

同时，因为 4G 通信技术是建立在 3G 通信技术基础之上的，其中涵盖了 3G 通信技术的优势，又更新出众多 3G 通信技术所不具备的优势，为人们的生活和工作带来了前所未有的便捷，其特点主要体现在以下几个方面。

其一，具有较快的通信速度。相比于 3G 通信速度，4G 通信速度受到更多人的喜爱与支持，其速度远远超过 3G 通信速度。有数据显示，在正常的使用过程中，4G 数据传输率是 3G 数据传输率的 5～10 倍，一般而言 3G 数据传输率仅可达 2Mb/s，而 4G 数据传输率则可以达到 10～20Mb/s，最快可达到 100Mb/s 的无线数据传输率。可见，在工作中需要传输大量的数据信息时，4G 通信传输效率会远远高于 3G 通信的传输，从而大大提高工作效率。

其二，具有更宽的网络频谱。4G 通信网络技术在 3G 通信技术的基础上改进了网络频谱的宽度，可以在很大程度上直接加快数据的传输速度，这是 4G 通信技术的重要特点。

其三，具有灵活的通信方式。4G 通信技术改变了 3G 通信技术的单向操作功能，可以同时进行双向功能的操作，如一边通信一边下载传递资料、图像等信息，甚至可以实现全能型计算机的功能。

其四，具有多媒体通信功能。多媒体通信功能是 4G 通信技术区别于 3G 通信技术的重要特点，不仅可以在短时间内传输海量的信息资料，还可以通过 4G 手机观看 3D 视频，给人以身临电影院的感觉。

其五，具有较低的通信费用。虽然 4G 通信技术具有 3G 通信技术所不可比拟的优势和功能，但是其通信费用并不会高于 3G 网络通信费用，甚至其某些费用还会低于 3G 通信费用，这更在一定程度上增加了人们的支持与信赖。

其六,多种业务融合。4G 通信技术相比于 3G 通信技术具有更丰富的业务功能,不仅可以上网、打电话,还可以满足人们对可视电话的需求,包括电话会议、虚拟现实业务等。这种及时迅速的技术有效地实现了个人通信、广播和娱乐行业的有效结合,营造出了一个更加安全、便捷的网络环境氛围。

5.4　OFDM 技术在 4G 中的应用

5.4.1　功能模块

正交频分复用技术(Orthogonal Frequency Division Multiplexing,OFDM)实际上是多载波调制(Multi-Carrier Modulation,MCM)的一种。

OFDM 技术由 MCM 发展而来。OFDM 技术是多载波传输方案的实现方式之一,它的调制和解调是分别基于 IFFT 和 FFT 来实现的,是实现复杂度最低、应用最广的一种多载波传输方案。

在通信系统中,信道所能提供的带宽通常比传送一路信号所需的带宽要宽得多。如果一个信道只传送一路信号是非常浪费的,为了能够充分利用信道的带宽,就可以采用频分复用的方法。

OFDM 的主要思想是:将信道分成若干正交子信道,将高速数据信号转换成并行的低速子数据流,调制到在每个子信道上进行传输。正交信号可以通过在接收端采用相关技术来分开,这样可以减少子信道之间的相互干扰(ISI)。每个子信道上的信号带宽小于信道的相关带宽,因此每个子信道上可以看成平坦性衰落,从而可以消除码间串扰,而且由于每个子信道的带宽仅仅是原信道带宽的一小部分,信道均衡变得相对容易。OFDM 的基本原理如图 5-3 所示。

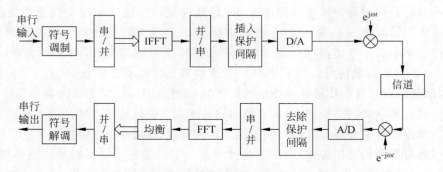

图 5-3　OFDM 的基本原理

其基本原理是将信号分割为 N 个子信号,然后用 N 个子信号分别调制 N 个相互正交的子载波。由于子载波的频谱相互重叠,因而可以得到较高的频谱效率。高速信息数据流通过串并变换,分配到速率相对较低的若干子信道中传输,每个子信道中的符号周期相对增加,这样可减少因无线信道多径时延扩展所产生的时间弥散性对系统造成的码间干扰。另外,由于引入保护间隔,在保护间隔大于最大多径时延扩展的情况下,可以最大限度地消除多径带来的符号间干扰。如果用循环前缀作为保护间隔,还可避免多径带来的信道间干扰。

在发射端,首先对比特流进行 QAM 或 QPSK 调制,然后依次经过串并变换和 IFFT 变换,再将并行数据转化为串行数据,加上保护间隔(又称"循环前缀"),形成 OFDM 码元。在组帧时,须加入同步序列和信道估计序列,以便接收端进行突发检测、同步和信道估计,最后输出正交的基带信号。

当接收机检测到信号到达时,首先应进行同步和信道估计。当完成时间同步、小数倍频偏估计和纠正后,经过 FFT 变换,进行整数倍频偏估计和纠正,此时得到的数据是 QAM 或 QPSK 的已调数据。对该数据进行相应的解调,就可得到比特流。

FDM/FDMA(频分复用/多址)技术其实是传统的技术,将较宽的频带分成若干较窄的子带(子载波)进行并行发送是最朴素的实现宽带传输的方法。但是为了避免各子载波之间的干扰,不得不在相邻的子载波之间保留较大的间隔,大大降低了频谱效率。

因此,频谱效率更高的 TDM/TDMA(时分复用/多址)和 CDM/CDMA 技术成为无线通信的核心传输技术。近几年由于数字调制技术 FFT 的发展,使 FDM 技术有了革命性的变化。FFT 允许将 FDM 的各个子载波重叠排列,同时保持子载波之间的正交性(以避免子载波之间干扰)。部分重叠的子载波排列可以大大提高频谱效率,因为相同的带宽内可以容纳更多的子载波。

在通信系统中,例如我们用手机打电话的时候,通话数据被采样后,会形成 D0、D1、D2、D3、D4、D5…这样连续的数据流。

FDM 就是把这个序列中的元素依次地调制到指定的频率后发送出去。

OFDM 就是先把序列划分为 D0、D4、D8、…、D1、D5、D9、…、D2、D6、D10、…、D3、D7、D11、…这样 4 个子序列(此处子序列个数仅为举例,不代表实际个数),然后将第一个子序列的元素依次调制到频率 F1 上并发送出去,第二个子序列的元素依次调制到频率 F2 上并发送出去,第三个子序列的元素依次调制到频率 F3 上并发送出去,第四个子序列的元素依次调制到频率 F4 上并发送出去。F1、F2、F3、F4 这 4 个频率满足两两正交的关系,如图 5-4 所示。

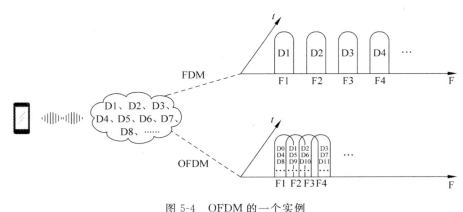

图 5-4　OFDM 的一个实例

5.4.2　OFDM 的优缺点

在 FDMA、TDMA、CDMA 和 OFDM 等多址方式中,OFDM 是 4G 系统最为合适的多址方案,从目前的研究进展来看,OFDM 也是将来 4G 系统最有可能采用的多址方式。OFDM(正交频分复用)是一种无线环境下的高速传输技术,其主要思想就是在频域内将给定信道分成许多正交子信道,在每个子信道上使用一个子载波进行调制,各子载波并行尽管总的信道是非平坦的,即具有频率选择性,但是每个子信道是相对平坦的,在每个子信道上进行的是窄带传输,信号带宽小于信道的相应带宽。

WiMAX 和 B3G 技术的研究已经体现出明显的"多址技术正交化"的趋势。CDMA 技术适合在低信噪比区域提高功率效率,而 OFDMA 技术则更适合在高信噪比区域提高频谱效率。以 WiMAX、LTE、UMB 为代表的 B3G 技术由于从话音业务(功率效率更重要)为主转向侧重数据业务(频谱效率更重要),因此用 OFDMA 技术替代了 CDMA 技术。但这并不意味着 OFDMA 适合于解决所有移动通信中的问题。实际上,在一个蜂窝移动通信系统中,频谱受限和功率/干扰受限的情况都存在。例如,在小区中心信噪比较高、功率充足的情况下,应注重提高频谱效率,以实现更大的系统容量;但在小区边缘,相邻小区的干扰比较严重的情况下,系统功率受限,应注重提高功率效率,以提高小区边缘的数据率。因此,除了采用某些补充性的小区间干扰消除技术外,可以将 OFDMA 和 CDMA 技术有机结合,灵活切换,以便在不同的场合下扬长避短,灵活提高系统的频谱效率和功率效率,取得均衡的系统性能。由于 OFDM 在频域传输的特性,OFDM 发射机的峰值平均功率比(PAPR)较高,需要大线性范围的功放,且耗电较高,从而在上行对移动终端的应用造成了很多限制。为了解决这个问题,除了可以在 OFDMA 基础上采用削波、预留子载波等方法外,也可以采用线性预处理的方法。LTE 上行目前采用的 DFT-S、OFDM 就是在 OFDM 的反快速傅里叶变换(IFFT)操作前增加了一个离散傅里叶变换(DFT),将 OFDM 的频域信号恢复到时域,从而可降低 PAPR。在 OFDMA 基础上进一步提高系统容量也是一个改进的方向。主要的思路是在 OFDM 的基础上再叠加非正交的多址技术,使多个用户可以共享相同的时频资源。其中一个例子是利用多天线技术实现空分多址(SDMA)。

1. OFDM 的主要优点

首先,抗衰落能力强。OFDM 把用户信息通过多个子载波传输,在每个子载波上的信号时间就相应地比同速率的单载波系统上的信号时间长很多倍,使 OFDM 对脉冲噪声(Impulse Noise)和信道快衰落的抵抗力更强。同时,通过子载波的联合编码,达到了子信道间的频率分集的作用,也增强了对脉冲噪声和信道快衰落的抵抗力。因此,如果衰落不是特别严重,就没有必要再添加时域均衡器。

其次,频率利用率高。OFDM 允许重叠的正交子载波作为子信道,而不是传统的利用保护频带分离子信道的方式,提高了频率利用效率。

再者,适合高速数据传输。OFDM 自适应调制机制使不同的子载波可以按照信道情况和噪声背景的不同使用不同的调制方式。当信道条件好的时候,采用效率高的调制方式。当信道条件差的时候,采用抗干扰能力强的调制方式。再有,OFDM 加载算法的采用,使系统可以把更多的数据集中放在条件好的信道上以高速率进行传送。因此,OFDM 技术非常适合高速数据传输。

此外,抗码间干扰(ISI)能力强。码间干扰是数字通信系统中除噪声干扰之外最主要的干扰,它与加性的噪声干扰不同,是一种乘性的干扰。造成码间干扰的原因有很多,实际上,只要传输信道的频带是有限的,就会造成一定的码间干扰。OFDM 由于采用了循环前缀,对抗码间干扰的能力很强。

2. OFDM 的主要缺点

OFDM 的主要缺点是功率效率不高,对频偏和相位噪声比较敏感。OFDM 技术区分各个子信道的方法是利用各个子载波之间严格的正交性。频偏和相位噪声会使各个子载波之间的正交特性恶化,仅 1% 的频偏就会使信噪比下降 30dB。因此,OFDM 系统对频偏和相位噪声比较敏感。

功率峰值与均值比(PAPR)大,导致射频放大器的功率效率较低。与单载波系统相比,由于 OFDM 信号是由多个独立的经过调制的子载波信号相加而成的,这样的合成信号就有可能产生比较大的峰值功率,也就会带来较大的峰值均值功率比,简称峰均值比。

负载算法和自适应调制技术会增加系统复杂度。负载算法和自适应调制技术的使用会增加发射机和接收机的复杂度,并且当终端移动速度每小时高于 30km 时,自适应调制技术就不是很适合了。

5.5 4G 技术面临的问题及挑战

5.5.1 4G 的主要优势

1. 通信速度快

由于人们研究 4G 通信的最初目的就是提高蜂窝电话和其他移动装置无线访问 Internet 的速率,因此 4G 通信给人印象最深刻的特征莫过于它具有更快的无线通信速度。

从移动通信系统数据传输速率做比较,第一代模拟式仅提供语音服务;第二代数位式移动通信系统传输速率也只有 9.6kb/s,最高可达 32kb/s,如 PHS;第三代移动通信系统数据传输速率可达到 2Mb/s;而第四代移动通信系统传输速率可达 20Mb/s,甚至最高可以达到高达 100Mb/s,这种速度会相当于 2009 年最新手机的传输速度的一万倍左右,第三代手机传输速度的 50 倍。

2. 网络频谱宽

要想使 4G 通信达到 100Mb/s 的传输,通信营运商必须在 3G 通信网络的基础上,进行大幅度的改造和研究,使 4G 网络在通信带宽上比 3G 网络的蜂窝系统的带宽高出许多。据研究 4G 通信的 AT&T 的执行官们说,估计每个 4G 信道会占有 100MHz 的频谱,相当于 WCDMA3G 网络的 20 倍。

3. 通信灵活

从严格意义上说,4G 手机的功能,已不能简单划归到"电话机"的范畴,毕竟语音资料的传输只是 4G 移动电话的功能之一,因此未来 4G 手机更应该算得上是一台小型计算机了,而且 4G 手机从外观和样式上,会有更惊人的突破,人们可以想象的是,眼镜、手表、化妆盒、旅游鞋,以方便和个性为前提,任何一件能看到的物品都有可能成为 4G 终端,只是人们还不知应该怎么称呼它。

4G 通信使人们不仅可以随时随地通信,更可以双向下载传递资料、图画、影像,当然更可以和从未谋面的陌生人网上联线对打游戏。也许有被网上定位系统永远锁定无处遁形的苦恼,但是与它据此提供的地图带来的便利和安全相比,这简直可以忽略不计。

4. 智能性能高

第四代移动通信的智能性更高,不仅表现于 4G 通信的终端设备的设计和操作具有智能化,例如,对菜单和滚动操作的依赖程度会大大降低,更重要的 4G 手机可以实现许多难以想象的功能。

例如,4G 手机能根据环境、时间以及其他设定的因素来适时地提醒手机的主人此时该做什么事,或者不该做什么事,4G 手机可以把电影院票房资料,直接下载到 PDA 之上,这些资料能够把售票情况、座位情况显示得清清楚楚,大家可以根据这些信息来进行在线购买自己满意的电影票;4G 手机可以被看作是一台手提电视,用来看体育比赛之类的各种现场直播。LG G3 支持双卡,支持 2014 年的主流 4G,并内置可拆卸式 3000mA 的电池。

5. 兼容性好

要使 4G 通信尽快地被人们接受,除了考虑它的功能强大外,还应该考虑到现有通信的基础,以便让更多的现有通信用户在投资最少的情况下就能很轻易地过渡到 4G 通信。因此,从这个角度来看,未来的第四代移动通信系统应当具备全球漫游,接口开放,能跟多种网络互联,终端多样化以及能从第二代平稳过渡等特点。

6. 提供增值服务

4G 通信并不是从 3G 通信的基础上经过简单的升级而演变过来的,它们的核心建设技术根本就是不同的,3G 移动通信系统主要是以 CDMA 为核心技术,而 4G 移动通信系统技术则以正交多任务分频技术(OFDM)最受瞩目,利用这种技术人们可以实现例如无线区域环路(WLL)、数字音讯广播(DAB)等方面的无线通信增值服务;不过考虑到与 3G 通信的过渡性,第四代移动通信系统不会在未来只采用 OFDM 一种技术,CDMA 技术会在第四代移动通信系统中,与 OFDM 技术相互配合以便发挥出更大的作用,甚至未来的第四代移动通信系统也会有新的整合技术如 OFDM/CDMA 产生,前文所提到的数字音讯广播,其实它真正运用的技术是 OFDM/FDMA 的整合技术,同样是利用两种技术的结合。

因此以 OFDM 为核心技术的第四代移动通信系统,也会结合两项技术的优点,一部分会是以 CDMA 的延伸技术。

7. 高质量通信

尽管第三代移动通信系统也能实现各种多媒体通信,为此第四代移动通信系统也称为"多媒体移动通信"。

第四代移动通信不仅是为了应用户数的增加,更重要的是,必须要应多媒体的传输需求,当然还包括通信品质的要求。总结来说,首先必须可以容纳市场庞大的用户数、改善现有通信品质不良的问题,以及达到高速数据传输的要求。

8. 频率效率高

相比第三代移动通信技术来说,第四代移动通信技术在开发研制过程中使用和引入许多功能强大的突破性技术,例如,一些光纤通信产品公司为了进一步提高无线因特网的主干带宽宽度,引入了交换层级技术,这种技术能同时涵盖不同类型的通信接口,也就是说第四代主要是运用路由技术(Routing)为主的网络架构。

由于利用了几项不同的技术,所以无线频率的使用比第二代和第三代系统有效得多。按照最乐观的情况估计,这种有效性可以让更多的人使用与以前相同数量的无线频谱做更多的事情,而且做这些事情的时候速度相当快。研究人员说,下载速率有可能达到 5～10Mb/s。

9. 费用便宜

由于 4G 通信不仅解决了与 3G 通信的兼容性问题,让更多的现有通信用户能轻易地升级到 4G 通信,而且 4G 通信引入了许多尖端的通信技术,这些技术保证了 4G 通信能提供一种灵活性非常高的系统操作方式,因此相对其他技术来说,4G 通信部署起来就容易迅速得多;同时在建设 4G 通信网络系统时,通信营运商们会考虑直接在 3G 通信网络的基础设施之上,采用逐步引入的方法,这样就能够有效地降低运行者和用户的费用。据研究人员宣称,4G 通信的无线即时连接等某些服务费用会比 3G 通信更加便宜。

对于人们来说,未来的 4G 通信的确很神秘,不少人都认为第四代无线通信网络系统是人类有史以来发明的最复杂的技术系统。第四代无线通信网络在具体实施的过程中出现大量令人头痛的技术问题,大概一点儿也不会使人们感到意外和奇怪。第四代无线通信网络存在的技术问题多和互联网有关,并且需要花费好几年的时间才能解决。

5.5.2　4G 存在的缺陷

1. 标准多

虽然从理论上讲,3G 手机用户在全球范围都可以进行移动通信,但是由于没有统一的国际标准,各种移动通信系统彼此互不兼容,给手机用户带来诸多不便。因此,开发第四代移动通信系统必须首先解决通信制式等需要全球统一的标准化问题,而世界各大通信厂商会对此一直争论不休。

2. 技术难

据研究这项技术的开发人员而言,要保证 4G 通信的下载速度存在着一系列技术问题。

例如,如何保证楼区、山区,及其他有障碍物等易受影响地区的信号强度等问题。日本 DoCoMo 公司表示,为了解决这一问题,公司会对不同编码技术和传输技术进行测试。另外在移交方面存在的技术问题,使手机很容易在从一个基站的覆盖区域进入另一个基站的覆盖区域时和网络失去联系。由于第四代无线通信网络的架构相当复杂,这一问题显得格外突出。

不过,行业专家们表示,他们相信这一问题可以得到解决,但需要一定的时间。

3. 容量受限

人们对未来的 4G 通信的印象最深的莫过于它的通信传输速度会得到极大提升,从理论上说其所谓的 100Mb/s 的宽带速度(约为每秒 12.5MB),比 2009 年最新手机信息传输速度每秒 10KB 要快一千多倍,但手机的速度会受到通信系统容量的限制,如系统容量有限,手机用户越多,速度就越慢。据有关行家分析,4G 手机会很难达到其理论速度。如果速度上不去,4G 手机就会大打折扣。

4. 市场难以消化

在覆盖全球的 3G 网络已经基本建成,全球 25％以上人口使用第三代移动通信系统,第三代技术仍然在缓慢地进入市场,整个行业正在消化吸收第三代技术的情况下,对于第四代移动通信系统的接受还需要一个逐步过渡的过程。

另外,在过渡过程中,如果 4G 通信因为系统或终端的短缺而导致延迟的话,那么新一代的 5G 技术随时都有可能威胁到 4G 的盈利计划,此时 4G 漫长的投资回收和盈利计划会变得异常的脆弱。

5. 设施更新慢

在部署 4G 通信网络系统之前,覆盖全球的大部分无线基础设施都是基于第三代移动通信系统建立的,如果要向第四代通信技术转移的话,那么全球的许多无线基础设施都需要经历着大量的变化和更新,这种变化和更新势必减缓 4G 通信技术全面进入市场、占领市场的速度。

而且到那时,还必须要求 3G 通信终端升级到能进行更高速数据传输及支持 4G 通信各项数据业务的 4G 终端,也就是说 4G 通信终端要能在 4G 通信网络建成后及时提供,不能让通信终端的生产滞后于网络建设。但根据某些事实来看,在 4G 通信技术全面进入商用之日算起的两三年后,消费者才有望用上性能稳定的 4G 通信手机。

6. 其他

因为手机的功能越来越强大,而无线通信网络也变得越来越复杂,同样 4G 通信在功能日益增多的同时,它的建设和开发也会遇到比以前系统建设更多的困难。

例如,每一种新的设备和技术推出时,其后的软件设计和开发必须能及时跟上步伐,才能使新的设备和技术得到很快推广和应用,在 4G 通信具体的设备和用到的技术还没有完全成型的情况下,对应的软件开发会遇到困难;另外费率和计费方式对于 4G 通信的移动数据市场的发展尤为重要,例如 WAP 手机推出后,用户花了很多的连接时间才能获得信息,而按时间及信息内容的收费方式使用户难以承受,因此必须及早慎重研究基于 4G 通信的收费系统,以利于市场发展。

思考与讨论

1. 4G 技术有哪些特点? 较之 3G 技术有哪些创新和改进?
2. 4G 中使用的关键子技术主要有哪些? 应用在 4G 层面上的这些技术有哪些独特之处?
3. 4G 的网络结构是怎样的? 为何要采用这样的结构?
4. 4G 技术具有哪些优势? 又有哪些亟待改进的缺陷?

参考文献

[1] Aretz K, Haardt M, Konhäuser W, et al. The future of wireless communications beyond the third generation[J]. Computer Networks, 2001, 37(1): 83-92.

[2] 刘艳萍, 章秀银, 胡斌杰. 4G 核心技术原理及其与 3G 系统的对比分析[J]. 移动通信, 2004, 28(10):

40-42.

[3] 杨艳岭,程洋. 4G 通信的网络结构与关键技术解析[J]. 无线互联科技,2014 (1)：50.

[4] 徐啸涛,赵宏亮. 浅谈第四代移动通信系统[J]. 移动通信,2003,27(3)：22-25.

[5] 俞筱楠. 4G 通信的网络结构与关键技术解析[J]. 价值工程,2012,31(23)：179、180.

[6] 刘志远. 浅析移动通信技术应用与发展[J]. 电脑知识与技术：学术交流,2011,7(5)：3056、3057.

[7] 曲玲玲. 基于 4G 通信的网络结构与关键技术分析[J]. 电子制作,2014,7：125.

[8] 姚飙,吴臻. 浅谈移动通信 4G 网络的系统结构与关键技术[J]. 中国新通信,2015,17(1)：48.

[9] 吴武科. 移动通信 4G 技术的应用与分析[J]. 通讯世界：下半月,2015 (7)：40-41.

[10] 陈良明,韩泽耀. OFDM——第四代移动通信的主流技术[J]. 计算机技术与发展,2008,18(3)：
      184-187.

第6章

5G技术

6.1 5G 技术的背景

随着信息化的加速，人类社会对信息通信的需求水平明显提升，可以说信息通信对人类社会的价值和贡献将远远超过通信本身，信息通信将成为维持整个社会生态系统正常运转的信息大动脉。无线移动通信以其使用的广泛性和接入的便利性，将在未来信息通信系统中扮演越来越重要的角色。人们对无线移动通信方方面面的需求呈现爆炸式增长，这将对下一代无线移动通信(5G)系统在频率、技术和运营等方面带来新的挑战，未来移动通信如何发展成为业界研究的热点。

移动通信经历了从一代到四代的发展，历代移动通信系统都有其典型业务能力和标志性技术。例如，一代模拟蜂窝技术，二代 TDMA 和 FDMA 为主的数字蜂窝技术，都是以电路域话音通信为主；三代以 CDMA 为主要特征，支持数据和多媒体；四代以 OFDM 和 MIMO 为主要特征，支持宽带数据业务。近年来，集成电路技术快速发展，通信系统和终端能力极大提升，通信技术和计算机技术快速融合，各种无线接入技术逐渐成熟并大规模应用，可以预见，对于未来 5G 技术，很难再用某项业务能力或者某个典型技术特征来定义。5G 移动通信系统为一个多系统和多技术融合的网络，其支持更广泛的业务能力，将全面满足 2020 年及以后人类信息社会需求的无线移动通信系统。

尽管 4G 还远未达到充分商用的程度，但目前行业对 5G(Fifth Generation)的热情表明 5G 距离我们其实并不遥远。结合 5G 发展的态势来看，5G 不仅是移动宽带技术的演进，而且会对整个产业带来革命性的影响，并改变每个人的工作和生活方式，使人类社会全面进入到数字化时代。未来 30 年，所有的事情都将通过物联网连接。不仅百度公司总裁张亚勤、日本软银集团董事长孙正义对此深信不疑，在众多领袖人物云集论道的世界互联网大会上，物联网也被不断提及。物联网的两个最重要的核心需求是海量的连接和 1ms 左右的时延，而目前的网络，包括 LTE 及 LTE Advanced 也无法给予支撑，5G 网络则完全可以满足。另外,当前全球运营商普遍处于管道化危机中,未来运营商如何提升网络体验是关键,这是从话音经营走向流量经营所面临的最现实和最严酷的问题。

在很多人看来,4G 的网速已经很快了,但是技术进步带来的无限想象空间让很多人好奇,4G 之后的 5G 网络速度能够达到多少呢？国际电信联盟在美国加州圣迭戈举行的工作会议上公布了 5G 技术标准化的时间表,5G 技术正式名称为 IMT-2020,标准将在 2020 年制定完成,预计未来 5G 网络至少有 20Gb/s 的速度,这比之前坊间预测的 10Gb/s 整整快了一倍。国际电信联盟称:"5G 网络同时具备在一平方千米范围内向超过 100 万台物联网设备提供每秒 100MB 的平均传输速度。"此外,国际电联计划 2018 年在韩国平昌举行的冬季奥运会率先启用 5G 通信。

在 2015 年 IMT-2020 5G 峰会上,中国信息通信研究院发布了 5G 无限技术架构白皮书和 5G 的网络技术架构白皮书,白皮书中提到,面向 2020 年以及未来,移动通信技术和产业将迈入第 5 代通信,也就是 5G 的发展阶段。中国信息通信研究院院长曹淑敏介绍,按照现在国际电信联盟的时间表,应该在 2020 年 5G 标准完成,国内大规模商用、让寻常老百姓都用上 5G 应该在 2020 年之后。曹淑敏表示,5G 目标是在大范围覆盖时达到每秒 100 兆,局部甚至达到每秒吉比特的速率。与以往的移动通信技术相比,5G 会更加满足多样化场景和及时的新闻挑战,如 5G 将渗透到物联网等领域,与工业设施、医疗器械、医疗仪器、交通工具等深度融合,全面实行万物互联,有效满足工业、医疗、交通等垂直行业的信息化服务需要。举例来说,此前异地做手术由于网络的速率没有那么高,常常很难进行,一旦进入 5G,像异地手术这种情况都能够很通畅地完成。对大众用户而言,5G 可真正实现一眨眼就能完成一部电影下载,或数百张照片瞬间传输,全面提升用户体验。

不久前,中国移动也正式发布了 2020 年技术愿景,中国移动副总裁李正茂表示,未来 5G 峰值速率可达 20Gb/s,达到 4G 的 20 倍;用户体验速率可达 1Gb/s 以上,是 4G 的 100 倍;空口单向时延低至 1ms 以内,约为 4G 的五分之一,能效要达到 4G 的 100 倍以上。

综上所述,未来的 5G 网络将有望拥有多达 1000 亿的连接数量,也就是说,5G 的推出能够满足高速发展的移动互联网和物联网业务的需要,从而使"万物互联"成为现实。

6.2　5G 技术的特点

从字义上看,5G 指的是第五代移动通信,是继 4G 之后的延伸。但与 4G、3G 和 2G 不同的是,5G 并不是一个单一的无线接入技术,而是多种新型无线接入技术和现有无线接入技术演进集成后的解决方案的总称。回顾移动通信的发展历程,每一代移动通信系统都可以通过标志性能力指标和核心关键技术来定义。其中,1G 采用频分多址(FDMA),只能提供模拟语音业务;2G 主要采用时分多址(TDMA),可提供数字语音和低速数据业务;3G 以码分多址(CDMA)为技术特征,用户峰值速率达到 2Mb/s 至数十兆比特每秒,可以支持多媒体数据业务;4G 以正交频分多址(OFDMA)技术为核心,用户峰值速率可达 100Mb/s～1Gb/s,能够支持各种移动宽带数据业务。从性能特点来看,每一代移动通信技术都解决了上一代网络中存在的问题:2G 修复了模拟电话的安全问题,3G 网络解决了 GSM 移动数据传输慢的问题,4G 则提供了更快的数据传输速度和带宽。

从时间坐标来看,每隔 10 年,移动通信领域就会发生巨大变化。每隔 10 年,新的移动通信技术就会普及：20 世纪 80 年代第一代移动通信网络诞生，然后是 1990 年的 GSM 网络，随后到新世纪的 3G 网络，紧接着是 2010 年的 LTE 4G 网络。

　　如今 5G 网络又开始进入人们的视线，业界普遍认为用户体验速率是 5G 最重要的性能指标，这是一种什么样的速度，北京邮电大学信息经济与竞争力研究中心主任曾剑秋做了这样的比喻：从 3G 的 10 兆带宽、4G 的 100 兆带宽发展到 5G 的 1000 兆带宽，是一个从量变到质变的过程，好比从双车道进入 20 车道，又发展到 200 车道。"比如，现在的通话以音频为主，5G 时代会有无处不在的视频通话，帮助人们面对面交流。"4G、5G，照此下去，移动通信是否还会有 10G 甚至 100G，对此，曾剑秋表示否定，他认为，人类对于通信网络的追求并不会朝着单一追求速度的方向无限地迈进，而是在一个拥有相对极值的阶段保持一定时间的稳定。

　　与 2G 时代传递一张照片需要花费几个小时相比，到了 4G 时代，下载一部高清电影只是几十秒的事，这样的通信体验，人们似乎已经没有什么可不满足的。但是，根据预计，2010～2020 年全球移动数据流量增长将超过 200 倍，2010～2030 年将增长近两万倍；中国的移动数据流量增速高于全球平均水平，预计 2010～2020 年将增长 300 倍以上，2010～2030 年将增长超 4 万倍。发达城市及热点地区的移动数据流量增速更快，2010～2020 年上海的增长率可达 600 倍，北京热点区域的增长率可达 1000 倍。除此之外，未来全球移动通信网络连接的设备总量将达到千亿规模。预计到 2020 年，全球移动终端（不含物联网设备）数量将超过 100 亿，其中中国将超过 20 亿。到 2030 年，全球物联网设备连接数将接近 1000 亿，其中中国超过 200 亿。

　　可以想象，4G 时代的通信管道很可能被未来 10 年爆炸式增长的移动数据流量所堵塞，而物联网将是未来真正的杀手级应用，这就需要更高速的无线网络来支撑，只有性能更为强大的 5G 技术才能支撑这一诉求，这就不难理解，为什么 4G 到来没多久，各国已经开始未雨绸缪，投入到紧张的 5G 技术研发中。

　　5G 的技术特点可以用几个数字来概括：1000× 的容量提升、1000 亿＋的连接支持、10GB/s 的最高速度、1ms 以下的延迟。速度更快也许是 5G 最明显的标志，但如果认为 5G 带来的只是更快的网速，那就太小瞧它了。在白皮书中，推进组专家将 5G 的特点归纳为连续广域覆盖、热点高容量、低功耗大连接和低时延高可靠 4 个方面。而这 4 个方面正能够满足不同用户、不同行业对于通信的复杂需求。

　　具体来说，连续广域覆盖意味着 5G 能够使人们在偏远地区、高速移动等恶劣环境下仍可以高速上网。热点高容量则使 5G 能够满足人们在人员密集、流量需求大的区域依然可以享受到极高网络速度的要求。低功耗大连接的特点使 5G 可以在智慧城市、环境监测、智能农业、森林防火等以传感和数据采集为目标的应用场景中发挥作用。而对于车联网、无人驾驶、工业控制等对时延和可靠性具有极高要求的领域，低时延高可靠的特点或许可以使 5G 应对自如。

6.3　5G 技术的定义

　　截至今天，业界对 5G 的认知仍然比较模糊，其基本诉求、技术标准、应用场景等也未达成共识，不同厂商提出了不同的概念。华为率先提出了三个 Everything 的未来趋势，它们分别为"Everything on Mobile"，即人们希望 1 天 24 小时、1 周 7 天随时随地利用各种终端设备接入网络,与不同地方的亲友分享资料、照片、影片等;"Everything Connected",即面向 2020 年及未来,智慧城市、工业控制、环境监测、车联网、电子银行、电子教学和电子医疗等核心服务的移动性普及爆发式增长;"Every Function Virtualized",即 5G 技术支持虚拟化,其结果将导致大量云端存储和计算,产生超级流量和低时延高可靠的需求。中兴提出了 pre 5G 的概念,即在深入理解 5G 技术的前提下,对于特定的场景,可将 5G 中的部分技术直接应用到 4G 中来,甚至可以不需要改变空中接口标准,直接采用 4G 终端实现。如虚拟小区技术(Virtual Cell)可有效解决 4G 无法解决的小区边缘干扰问题;多用户共享接入技术(Multi-User Shared Access,MUSA)可使网络容量得到明显提升;基于码分(Coding)的设计可大幅度提升同时接入用户数;采取非正交的 SIC 接收机,用户之间不需要同步,特别有助于延长终端侧电池的寿命。与中兴和华为相比,爱立信对 5G 标准的研究还处于初级阶段,但早在 2011 年,爱立信便发布了"网络社会"的愿景,认为实时连接将彻底改变人们持续创新、协作、生产、管理和生活的方式,机器类通信将是 5G 网络的最显著变化。2012 年 11 月欧盟成立了 METIS(Mobile and Wireless Communications Enablers for the Twenty-twenty (2020) Information Society),由 29 个成员组成,其中包括爱立信、法国电信等主要设备商和运营商,欧洲众多的学术机构以及 BMW 集团。爱立信不仅负责 METIS 的总体项目管理,还承担标准制定与发布、系统设计与性能指标这两项核心任务。METIS 的计划是:2012—2015 年,探索 5G 新架构、基本原理和系统概况;2016~2018 年进行第二阶段,主要实施系统优化、标准化和网络试验;2018~2020 年进行第三阶段,主要是进行试商用。如果一切顺利,预计全球在 2020 年可全面进行 5G 商用。

从以上趋势中可以看出 5G 网络技术所需要承担的能力和具备的指标,即实现万物互连的高速率、大容量和低时延。可以这样预测:5G 技术为 4G 技术的持续演进加上了革命性的技术创新,它既是下一代移动通信网络基础设施,更是未来数字世界的使能者,真正地变革到万物互连,服务于全连接社会的构筑。和 4G 相比,5G 能够实现单位面积移动数据流量增长 1000 倍、用户典型数据速率提升 10~100 倍、峰值传输速率可达 10Gb/s、端到端时延缩短 5 倍、可联网设备的数量增大 10~100 倍、每比特能源消耗可降至千分之一以及低功率电池续航时间增大 10 倍等。

未来网络将面临容量和用户体验提升、新型业务需求增长、产业生态变革、终端技术提升、管控和政策落后等一系列挑战。这需要产业界一方面融合各种现有的无线移动通信系统,综合利用已有频段上的各个技术,以最低的代价为用户提供最好的体验;另一方面不断优化和演进以 LTE/LTE-A 为主的现有的移动通信系统,将现有的技术和频率用好、用活,并寻求新的频率以及频率使用方法;同时,需要推动技术进步和创新,极大地提升系统的效率,降低设备和网络成本,满足未来长期发展的需求。为了寻求持续盈利能力,运营商需要调整思路适应产业生态的变革,降低网络成本,提升网络运营灵活性和业务能力。

6.4　5G 的主要技术

6.4.1　5G 可能应用的重要技术前瞻

新一代移动网络通常意味着全新的架构,考虑到流量增长的趋势,5G 势必要在网络上进行彻底的变革,如基于软件驱动的架构、极高密度的流体网络、更高频段以及更广泛的频谱范围、满足数十亿乃至上百亿的终端设备接入需求、吉比特每秒量级的容量等,这些都是无法由目前的网络提供的。当然结合现有的网络技术发展以及用户需求,考虑到 5G 技术还没有形成一个事实上统一的标准,这里只是大致讨论一下 5G 的相关技术。

1. 极致增密

网络增密不是新技术,在 3G 网络刚开始遇到拥堵问题时,移动运营商就意识到需要在系统或多个扇区引入新的蜂窝,这带动了 Small Cell 等多种类似产品的兴起,这一技术本质上是把接入点移至离用户更近的地方。5G 网络很可能是由多层连接组成,即由不同大小、类型的小区构成异构网络,对数据连接速率要求低的区域用宏站层覆盖,对传输速率要求高的区域用颗粒层覆盖,中间再穿插其他的网络层。5G 网络的部署和协调是其主要的挑战,因为运营商需要以指数级来增加网络层。

2. 多网协同

未来会有多张网络一起为用户提供连接:移动蜂窝、Wi-Fi、终端对终端连接等。5G 系统应该能紧密协调这些网络,为用户提供不中断的顺畅体验,如目前的 Hotspot 2.0。但目前协同多张网络仍然是一个难题,5G 能否让终端在几张网络间顺利完成无缝切换,还有待观察。

3. 全双工

目前所有的移动通信网络都依赖双工模式来管理上传和下载,如 LTE FDD,其上行和下行需要两个单独的信道,而 TD-LTE 无论上行还是下行都采用同一个信道,只是时隙不同而已。要想协调好上下行,双工模式是必需的,但全双工技术仍在讨论中。基于全双工的终端设备可同时发送和接收信息,这就有可能使现有的 FDD 和 TDD 系统容量翻番。当然这项技术也存在巨大的挑战:需要从根本上消除自干扰,在网络和设备层面都需要有革命性的变化。

4. 毫米波

目前,450MHz～2.6GHz 的低频段频谱几乎已全部用于移动通信,而高频段仍然有比较丰富的频谱资源可利用,甚至高达 300GHz。相比运营商熟悉的低频段频谱,应用好这些高频段频谱所面临的技术挑战也复杂很多,例如频段越高,建筑物穿透就越困难,一堵简单的墙就能成为毫米波信号的穿透障碍。毫米波可以用于室内 Small Cell,这符合网络增密的原则,为一些密集区域提供高速连接。毫米波的高频段特性意味着天线会非常的小,对设备影响的范围也相当小。然而毫米波是一项超前的技术,可能需要很多年的研发,才能使其具备成本效益并大规模投向市场。需要注意的是,毫米波技术的发展也不是最新的,2009 年成立的 WiGig 联盟旨在建立全球千兆级高速无缝传输的产业链,重点关注 60GHz 频段,这个联盟汇聚了无线领域几乎所有的行业巨头。

5. 大规模阵列天线

LTE-Advanced 网络已经采用了 MIMO 技术,相比单一天线,MIMO 能在不增加带宽的情况下成倍地提高通信系统的容量和频谱利用率。大规模阵列天线 MIMO 技术是 MIMO 技术的扩展和延伸,其基本特征就是在基站侧配置大规模的天线阵列(从几十至几千),利用空分多址(SDMA)原理,同时服务多个用户。这一技术为网络容量提升带来的益处是非常大的,当然也存在巨大的挑战。

6. 虚拟化、软件控制以及云架构

向 5G 演进的并行趋势还有软件和云,届时网络是由分布式数据中心驱动的,由后者提供敏捷性服务、集中控制以及软件升级。像软件定义网络(Software Defined Network, SDN)、网络功能虚拟化(Network Function Virtualization,NFV)、云以及开放生态系统都有可能是 5G 的基础技术,目前业界也在继续讨论如何利用这些技术和体系架构的优势。当然,考虑到现有的产业能力和需求,以上提及的所有技术都有可能应用到 5G 网络中,最后选定哪些技术可能需要一个比较漫长的比较过程,最终取决于性能、部署、成本、政策等多项因素,成本有可能是权重最大的一个。

6.4.2　5G 技术发展路线分析

融合、演进和创新是面向未来 5G 技术标准发展的三大路线。5G 时代为一个泛技术时代,多业务系统、多接入技术、多层次覆盖融合成为 5G 的重要特征,同时,随着计算能力的提升,通信、信息以及消费电子业务通过互联网融合成为趋势,这将进一步推动各种业务系统和接入技术的快速融合,并催生新的业务应用。移动通信市场用户换代是一个长期的过程,2G 经过二十多年的发展,到 2012 年全球 2G 移动用户总数仍占 58% 以上;3G 经过了十多年的发展,目前用户数目快速增长,2013 年全球 3G 用户总数超过 2G 用户;LTE 经过近五年的发展,目前全球用户数目达到一亿,预计到 2020 年,LTE 及其演进系统将成为最主流的移动通信系统。以 4G LTE/LTE-Advanced 为主的移动通信系统持续增强和演进,将在 2020 年的 5G 移动通信系统中发挥重要作用。同时,创新的无线传输技术、频率使用方式以及网络架构与组网技术也将会逐渐成熟并走向商用,以解决更长期的需求增长与频率、成本的矛盾,带来更高的通信能力和更好的业务体验。

1. 融合

面向 2020 的 5G 时代将是一个泛技术的时代,无线电波已经被各种技术挤满,各种利用频率的技术分别工作,从管理的角度是最简单的,但是并不能达到最高的效能,融合逐渐成为一种趋势。融合包括以下三个层次。

1)多领域跨界融合

通信、信息、消费电子技术融合,催生新的产品形态、商业模式以及利润增长点。跨界融合不仅是终端和应用问题,更将影响网络架构和系统设计,各种新形态的业务应用对网络带宽、速率、延迟、管理等方面都将带来新的需求。

2)多系统融合

无线业务系统的融合包括卫星移动通信与地面移动的融合(天地一体化)、蜂窝通信与数字广播的融合、移动蜂窝与宽带接入系统、短距离传输系统的融合。不同系统的融合可以在业务平台上统一,实现统一的账号和计费等;更紧密的融合可以在核心网实现多系统互操作,甚至在接入网层面,实现无缝体验或者业务承载汇聚,通过多个业务系统统一为用户提供服务。

3) 多 RAT/多层次/多连接融合

蜂窝系统内的多种接入技术(2G～5G)以及多层覆盖(Macro/Micro/Pico/Femto)、多链路之间的紧密耦合,最重要的是做到网络侧多种连接通道各司其职,发挥最大的效用;终端侧,各种技术和接入对用户透明。主要的研究方向包括多 RAT 互操作、接入层聚合、U/C 分离、无线资源管理以及异构网络统一的 SON 等。融合对终端的影响在于:系统融合技术的研究,需要芯片和射频技术的提升,以及 SDR 技术的真正实现,做到单片多模自适应配置,并且做到低功耗低成本。

2. 演进

移动通信市场用户换代需要一个长期的过程,预计到 2020 年,LTE 及其演进系统将成为最主流的通信系统,LTE 持续演进对 2020 年移动通信非常重要。截止到 2013 年,3GPP LTE 标准已经完成了从 R8 到 R11 的持续增强和演进,目前正在开展 R12 的研究和标准化。LTE 系统在用户边缘速率体验、多天线技术、对小小区和密集组网的支持、对 M2M 业务的支持等各方面有待进一步的提升和功能扩充。LTE/LTE-A 进一步演进的主要技术方向如下。

1) LTE-Hi/Small-Cell 持续增强

密集组网是满足未来流量需求增长最有效的方法。我国提出的 LTE-Hi 技术主要面向高频热点小覆盖场景提供宽带移动数据业务体验,5 R12 Workshop 提出了动态 TDD、室内热点 MIMO 增强、高阶调制等关键技术,目前成为 3GPP R12 研究的热点。未来 LTE-Hi 需要进一步的优化和增强,近期 LTE-Hi 主要研究内容包括:优化空口设计,增强小区间干扰协调,实现小小区与大覆盖小区的 U/C 分离等;进一步地可以面向小覆盖和高频段设计新系统以提升单小区能力和带宽、支持新的业务类型和更低时延、设计更扁平更灵活的网络架构等。TDD 在高频段小覆盖场景具有频谱利用效率高、设备成本低以及频率使用灵活等优点,超密集部署场景将重点考虑基于 TDD 方式的技术增强和演进。

2) 边缘性能增强和用户体验提升

LTE-A 系统边缘性能有待进一步提升和增强,多接入点联合处理技术受限于接入点之间接口的 BackHaul 能力,随着传输技术的进步以及集中式处理架构的推广,CoMP 技术可以持续提升和增强,为用户提供无边界体验。另外,随着集成电路和芯片处理能力的发展,接收机部分也可以考虑更加先进的干扰消除技术(例如最大似然干扰消除、迭代干扰消除等),从而有效降低小区间的同频干扰,提升业务质量和空口频谱效率。

3) 先进天线技术

多天线技术作为 LTE 的最主要特征,是未来演进的最重要方向。AAS 技术将射频处理单元甚至部分基带单元放到天线前端,从而为更先进的多天线技术带来了可能。基于有源天线并将垂直方向的多阵子分离出来,可以实现 3D-Beamforming 技术,从而支持水平和垂直空间的波束赋形和多用户复用,进一步提升空口频谱效率。3D 空间信道模型的研究和分析、信道估计和参考符号设计、赋形码本的设计,Massive MIMO 在未来高频段的利用也是重要的研究方向。

4) 支持更多的应用场景

移动通信网络支持广泛的覆盖,支持随时随地的无缝接入和移动性,并以规模效应,在性能和成本上具有明显优势。为了支持广泛的 M2M、D2D 以及 PDR 等各种面向公众和行业的应用,现有系统需要进行空口接入的优化设计、协议栈和流程的适应性修改、接入架构的扩展等。在进行应用场景的扩展时,需要认真分析基于 LTE 的技术扩展与其他短距离通信技术(蓝牙、ZigBee 等)、无线接入技术(WLAN 等)以及专网通信技术(LTE-R、DSRC 等)在需求和能力上的差异,避免重复设计和过度设计。

5)更灵活可靠的网络和连接

在传统蜂窝小区的基础上,LTE 需要进一步拓展连接方式和接入方式,支持更加灵活的网络架构以及连接方法,提升网络可靠性和整体性能。Mobile Relay 技术支持在类似高铁等场景下,有效解决大量呈现以簇为单位的用户整体高速移动并提供可靠服务的需求,其重点内容为高性能无线 Backhaul 链路的设计和优化、用户簇移动性管理等。为了进一步增加通信链路的灵活性和可靠性,在 LTE 中引入 D2D 特性的基础上,可以进一步设计支持 UE 辅助的 Relay 技术,通过多跳扩展网络覆盖或者提升链路性能。另外,实现通信基站内 MAC 层用户间的直通,可以降低通信 Back-haul 的开销,适合未来业务本地化和社区化的趋势,同时结合 UE Relay 等多跳技术,在 Back-haul 链路故障时也能为用户提供可靠的通信保证。

6)更智能化的网络管理和无线资源管理

未来 LTE/SAE 网络将是多业务系统、多接入技术以及多层次覆盖的复杂网络,这为网络的运营和管理,以及资源合理协调使用带来了巨大挑战。另外,还需要通过技术进步,不断地降低复杂网络的建设和运营成本。对于复杂的异构网络,设计具有环境和业务感知能力的统一自配置和自优化网络技术,实现对网络覆盖环境及其对应的业务需求和用户行为按照一定的颗粒度实时感知,并能够根据环境以及业务需求,动态地调整和配置网络策略、系统参数和资源,达到最优地利用各种网络资源为用户提供最好的业务体验。

3. 创新

2020 年以后,移动通信系统频率受限,LTE 及其演进系统在技术和网络等各方面优化空间有限。而未来社会对无线移动宽带的需求快速增长,如何满足 2020 年后更长远的需求?基础理论和科学技术不断进步,需要去追求创新的网络和空口技术,提高空口效率,以满足更长远的未来需求,适应未来产业生态。全新的技术能否在 2020 年及以后实现标准化和产业界认可,取决于多方面的因素(例如技术带来的性能增益、技术复杂度及其可实现性、业务应用需求的紧迫性等)。目前看到的一些有潜力的创新方向如下。

1)新的频率使用方式

未来需求的爆发式增长与频率受限的矛盾,加上固定频率分配和使用效率低的现状,要求探索新的频率使用方式。感知无线电技术通过动态地感知无线电环境主要业务的使用情况,实时地调整系统和用户使用的频率及系统参数,从而实现在不影响主要业务的情况下机会式使用空闲频段,提升频谱使用效率。这种动态感知频率使用方式在技术、政策等方面还存在较大的挑战,例如,如何满足适时业务的质量需求、如何快速地重配正在通信的系统、如何保证主要业务不受干扰、无线电规则上如何保障频谱的合理使用等。一些折中的灵活频率利用方式也在研究中,例如,通过建立频谱地理数据库的方式,半静态使用空闲频段。美国 FCC 通过的 TVWS 解决方案就采用这种方式,目前已有工业标准化组织开展相关标准研究和制定,最典型的例如 IEEE 802.11a/f,目前在美国开展的 Super Wi-Fi 试验系统就是基于该技术标准。另外,欧洲一些国家也正在尝试其他灵活频率使用方式,例如,瑞典分配

2.3GHz 部分频段用于多运营商共享频段(限制用于部署家庭基站等低功率覆盖)。

2)高频段利用

除去智能频谱利用外,利用高频段发展移动通信也是一个重要的方向。通常认为,移动通信系统未来要支持较好的移动性,通常需要 3GHz 及以下频段;而随着未来数据业务更多地集中在室内和热点,3～6GHz 将逐渐成为小覆盖蜂窝系统频段。更长远来看,为了满足更大带宽和流量的需求,需要考虑高频段(6GHz 及以上)的利用。目前,已经有厂商在 11GHz、28GHz 甚至更高频段上开展热点覆盖技术试验。在高频段上,具有更多的频谱空间,长远看能够满足移动宽带对容量和速率的需求。但是,覆盖半径受限、穿透能力有限、传播特性不佳等因素需要充分考虑,同时高频器件和系统设计成熟度、成本等因素也需要得到解决。

3)新的空口传输技术

LTE 技术采用了先进的多址和编译码技术,已经将链路性能逼近香农极限,进一步提升和超越的空间非常受限,业界甚至提出物理层已经死亡的说法。但是,随着技术进步和新理论的不断发现,新的空口传输技术不断提出,这些技术有待进一步研究和推动,以实现空口效率的大幅提升。

4)同频同时双工技术

这种技术也叫全双工技术,通过天线、射频以及数字部分的干扰隔离和消除,实现在同一时隙和频率上同时发送信号和接收信号。该技术理论上可以提高空口频谱效率一倍,同时能够带来频谱的更灵活分配和使用。原理上,由于发射信号为已知信号,所以干扰的消除成为可能。射频部分,接收端可以通过将发射信号进行相位和幅度的调整,与回波叠加进行干扰抵消;到基带部分,可以进一步地通过数字信号处理,对没有消除的残留干扰进一步进行干扰消除。通过射频和数字部分的干扰消除,加上在天线设计上一定的收发隔离措施,有望实现同频同时双工。根据典型蜂窝移动通信系统不同的覆盖半径,天线接头处收发信号功率差通常在 100～150dB 之间,如何简单有效地实现如此大的干扰消除需要进一步的研究。另外,由于邻区发送信号很难准确地获取,来自附近基站的邻区干扰消除在非理想 Back-haul 情况下非常困难,尤其是在大覆盖场景中这种干扰尤为严重。

5)非正交非同步多址技术

该技术打破 OFDM 系统完全正交,并严格同步(CP 范围内)的要求,通过在发送端的预处理,或/与接收机的增强设计,从而实现非正交非同步多址,提升频谱效率,目前典型的技术有非正交多址、GFDM、VFDM 等。另外,学术界也有对 OAM 用于无线电通信的测试和试验,该技术利用电磁波不同旋转率的轨道角动量之间正交的特性,结合相位和频率调制,能够实现更高频谱效率的信号调制,极大提升频谱效率。但是,将 OAM 技术用于移动通信,存在非理想传播环境下的旋转率畸变,以及如何实现轨道角动量调制的天线设计,如何实现全向覆盖等诸多问题,需要学术界和产业界共同努力,从理论和实践上不断地探索并寻求解决方案。

6)分布接入和集中计算

传统的蜂窝网络接入基站一般是分布在网络中,最后通过 IP 网络汇聚到核心网进行交换和业务处理。随着光纤和芯片技术发展,有线传输能力和计算处理能力极大提升,分布式天线和集中式基带池的网络架构被提出。将天线射频/中频或者采样的原始基带信号通过大带宽、低延迟、高性能的传输网络,集中到高运算能力的基带运算池集中处理,一方面能够实现多接入点的联合处理,提升网络性能;另一方面通过集中资源池的方式,可以减少基站站址,降低能耗,提高计算资源利用率等。该方案对传输资源以及 Back-haul 各方面性能需求较高,具体处理增益有待进一步的分析研究。

7）新型网络架构

另外,传统的核心网除去汇聚和交换功能外,最重要的功能为业务以及用户的管理控制,随着空口带宽能力提升,业务应用成为未来移动宽带产业生态的重点,未来核心网设计需要进一步适应 2020 年及其以后产业生态的新型网络架构和管控方法,以更好地支持基于移动宽带的广泛业务应用。移动宽带网络体系可以借鉴固网中的 SDN、CDN 技术,并结合无线网络多频率、多体制、移动性等特点及需求,重新设计更高效灵活的新型无线网络架构,提升业务能力,提升运营商持续盈利能力,满足移动宽带生态正常运转。

6.5　5G 发展可能面临的问题与挑战

6.5.1　5G 发展可能面临的问题

虽然众多厂商和技术创新组织陆续在 5G 上投入重兵,并纷纷在 2014 年上半年发布了 5G 技术研发成果及白皮书,国内产学研界也走过了初期的概念验证阶段,但 5G 网络要实现真正商用还有大量尚未解决的问题。

1. 标准融合

在 2G 和 3G 时代,不同的通信标准间存在较大的差异,而到了 4G 时代,TD-LTE 和 LTE FDD 在无线侧拥有 90% 的相似性,而在核心网方面则拥有 95% 的相似度,在 5G 时代,这种融合的趋势会更加明显。但标准的融合需要产业链各个环节的介入,如基站系统设备、终端芯片、仪器仪表厂商等,这也给标准的融合增加了不少难度。此外关于 5G 的技术研究,仍然处于早期的研究阶段,未来还将经过技术研究、标准化外场试验等阶段,并最终实现商用部署,因此距离标准化尚需时日。

2. 频谱使用

随着移动通信的发展,无线电频谱资源日渐稀缺,尤其是优质的低频谱资源逐渐分配完毕,剩下的都是高频段资源。这种高频段资源更适合在室内场景使用,室外覆盖的效果欠佳。高频段资源对基站的覆盖提出了挑战,如何在不影响网络性能的条件下尽量扩大 5G 网络的覆盖范围是必须解决的问题。而且 5G 对频谱的利用更加灵活,包括对称频段和非对称频段、重用频谱和新频谱、低频段和高频段、授权频段和非授权频段等,这些都为将来的频谱分配及原则制定增加了难度。

3. 网络能力

5G 网络需要具备更强的设备连接能力来应对海量的物联网接入,而传统的移动通信网络在应对未来移动互联网和物联网爆发式发展时,可能会面临一系列问题,如网络能耗、每比特综合成本、部署和维护的复杂度、多制式网络共存、精确监控网络资源和有效感知业务特性等。5G 需要解决这些问题,如强调网络架构的灵活可扩展性以适应用户和业务的多样化需求,提供多样化的网络安全解决方案以满足各类移动互联网和物联网设备及业务的需求等。更泛在、更高的难度需求也提高了 5G 的商用门槛。

4. 运营成本

运营层面阻碍 5G 商用的因素主要是流量资费和运营商成本。就前者而言,5G 要实现速率增加 10～100 倍的目标,而目前 4G 的套餐流量跟 3G 相比仅增长了 3～5 倍,其主要原因在于价格。在每用户平均收入(Average Revenue Per User,ARPU)变化不明显的前提下,用户付费的意愿会阻碍 5G 接入速率的增长。而降低流量资费,则必须降低运营商的成本。目前的状况是,除了通信设备价格逐年在下降外,运营商的其他成本,如基础设施投资、电费、工资等均在上升,因此在总体成本控制上需要做更多的努力。

6.5.2 5G 的愿景、需求与挑战

2012 年 1 月,ITU 正式发布了第 4 代移动通信技术标准 ITU-R M.2012 建议书,4G 移动通信技术标准工作告一段落。2012 年开始,业界开始了面向 5G 的愿景与需求的探讨。一系列研究报告正在开发中,ITU-R WP5D 目前正在开发 M.[IMT.Vision]建议书,我国 CCSATC5 WG6 组 2012 年立项开展"后 IMT-Advanced 愿景与需求研究",我国 2013 年 2 月成立 IMT-2020(5G)推进组,下设需求研究组,开展面向 5G 的需求研究。经过一年多的讨论,目前业界尚未针对 5G 形成统一、完整的认识,但是在一些方面已经有相对收敛的观点,例如,就时间范畴看,大多数观点认为,5G 为面向 2020 年信息社会需求的无线移动通信系统;满足未来 1000 倍及以上的流量增长需求,为 5G 发展的另一个重要目标;持续的空口能力提升,包括 10Gb/s 甚至以上的峰值速率、100Mb/s 甚至更高的用户速率体验、空口时延的进一步降低等;另外,5G 还需要持续降低网络成本和能耗,拓展业务支持能力,提高网络可靠性。

基于网络、终端、频率以及业务现状,满足 IMT2020(5G)无线移动通信系统愿景需求,将带来频率、技术和运营三大方面的巨大挑战。频率方面的挑战主要体现为分配足够的频段支持业务发展,以及更加灵活的频率使用方式;运营方面的挑战主要是网络带宽和能力提升后,运营商需要打破传统的电信运营模式,寻求新的盈利模式和运营模式以支持未来无线移动产业生态。下面重点分析技术方面的挑战。

1. 系统和技术融合带来的挑战

随着芯片技术的提升和智能终端的快速发展,各种智能设备的功能逐渐拓展并相互融合,在此前提下,如何为消费者提供最佳的业务体验、为运营商提供最强的网络能力、达到最优化的资源利用和长远的利润增长成为重要的研究方向。

2. 容量和频谱效率提升带来的挑战

1000 倍的流量需求,100 倍以上链接器件数目,任何地方任何时间达到 100Mb/s 的速率体验保证等 5G 目标的实现,需要通过采用增加频率、提升空口效率、提升系统覆盖层次和站点密度等各种技术手段。基于未来数据业务主要分布在室内和热点地区的特点,采用超密集部署成为满足未来流量需求的最主流观点。寻求空口频谱效率的有效提升并保证室外系统对室内的良好覆盖,可以有效地降低超密集部署带来的难题。例如宏区平均频谱效

率能够达到 10(b/s)/Hz/ Cell 以上,并能穿透建筑物对室内有良好的覆盖,这样的超高效率无线传输技术需要新技术突破、新型无线传输技术。

3. 物联网和业务灵活性带来的挑战

随着 IMT 向更多行业渗透以及物联网的广泛使用,IMT 系统需要支持的业务范围和业务灵活性得到提升。从信息速率来说,需要支持几十个小时甚至更长时间才突发一些小数据包的抄表业务,也需要支持 3D 全息实时会议这类大带宽业务;延迟方面,既需要支持对延迟不敏感的背景下载业务,也需要支持延迟要求 10ms 以下的即时控制类业务;从移动速度来说,一些场景终端设备基本上固定不动,而有些终端设备需要支持航空器上超高速移动通信能力。基于统一的通信协议标准设计,支持广泛的业务灵活性,对未来 IMT 系统协议设计带来挑战。另外,物联网应用还面临系统容量、设备成本、设备节电等各方面的挑战。

4. 网络能耗降低带来的挑战

未来网络在提供 1000 倍流量的情况下,需要保持网络总体能耗基本不增加,这相当于需要提升端到端比特能耗效率 1000 倍,这对网络架构、空口传输、交换路由、内容分发等各个方面的技术和协议设计带来巨大的挑战。

5. 终端方面带来的挑战

随着技术的进步,2020 年无线网络进入泛技术时代,可以预见未来的终端需要支持 5～10 个不同的无线通信技术,加上智能终端上常有的 Wi-Fi、红外、蓝牙、FM 收音机等,高端智能终端已经支持 10 个以上的无线电技术。要想实现低成本多模终端,待机时间达到现有的 4 或 5 倍,空口速率达到 1Gb/s 并能保持较长时间的使用,终端芯片和工艺、射频以及器件、电池技术等各方面面临挑战。

6. 产业生态对网络架构和管控理念带来的挑战

现有的无线移动通信网络以网络运营为主体,其网络架构、管控理念等并不一定适应未来业务应用为主的产业生态结构和潜在的新兴运营模式。固定宽带网络技术领域,虚拟运营和 SDN 理念正引起传输网络的变化,无线移动通信网络如何适应未来业务应用需要做进一步探讨和研究。

和 4G 相比,5G 的优势很明显,4G 和之前的移动网络主要侧重于原始带宽的提供,而5G 旨在提供无所不在的连接,为快速弹性的网络连接奠定基础,无论用户身处的是摩天大楼还是地铁站;5G 的设计初衷是支持多种不同的应用,例如物联网、联网可穿戴设备、增强现实和沉浸式游戏;5G 还会率先利用感知无线电技术,让网络基础设施自动决定提供频段的类型,分辨移动和固定设备,在特定时间内适配当前状况,换句话说,5G 网络可同时服务于工业网络和 Facebook 应用。

目前,5G 网络已经被视为未来物联网的基础,因为所谓的物联网将包含数十亿个传感器、应用程序、安全系统、健康监视器、智能手机、智能手表等设备。有人说,未来 10 年还将有 90% 的互联网终端需要连接,所有这些传感器、设备所产生的巨大数据流量要求运营商花费数十亿美元升级 5G 网络。

有了 5G,未来宠物身上的芯片会自动跟屋里的设备进行数据交换,你也将知道自己的孩子什么时候回的家。而在高速公路上的汽车则会实现自动驾驶,并可以在千钧一发之际快速做出反应,这个速度有多快呢? 在 4G 网络下,数据通常需要 15～25ms 才能传输给可能发生碰撞的车辆,然后车辆才会开始紧急制动,但在未来的 5G 网络下,这一数据的传输时间缩短至 1ms。

利用 5G 技术,设计师在平板电脑上涂涂画画,车间里的工业机械手就可以在操作平面上"画"出和设计师笔下几乎同款的图案,人可以通过机器达到"所想即所得"的水平,这将为工业 4.0、精密制造业创造更多可能。5G 技术也为城市管理带来方便,城市管理部门将实时监控交通堵塞、污染和停车场空位情况,并把这些信息实时传输给路上的智能汽车。

对于普通人而言,5G 则可以用于实现更多想象之外的功能。虚拟现实可以在用户视野内创造出一个完全虚拟的场景,使得正在参加实时视频会议的你感觉是在同一间屋子里对话。而游戏玩家戴上虚拟现实头盔之后,可以身临其境地冲浪、滑雪,对于很多习惯对着电视或计算机屏幕玩游戏的人,这种虚拟现实游戏显然比电影更有吸引力。

思考与讨论

1. 什么是 5G 技术?为什么在 4G 尚未完全普及时继续研究 5G 技术?
2. 5G 技术将有哪些新的特点?又有哪些优势?
3. 5G 可能应用哪些重要技术,还可能有哪些新技术被发掘?
4. 5G 的发展可能面临什么问题?有哪些挑战?

参考文献

[1] Droste H,Zimmermann G,Stamatelatos M,et al. The METIS 5G Ar-chitecture[C]//IEEE VTC Spring,2015.

[2] 窦笠,孙震强,李艳芬. 5G 愿景和需求[J]. 电信技术,2013 (12):8-11.

[3] 秦飞,康绍莉. 融合,演进与创新的 5G 技术路线[J]. 电信网技术,2013,9:003.

[4] 余莉,张治中,程方,等. 第五代移动通信网络体系架构及其关键技术[J]. 重庆邮电大学学报(自然科学版),2014,26(4):427-433.

[5] 肖清华. 蓄势待发,万物互连的 5G 技术[J]. 移动通信,2015 (1):33-36.

[6] 肖亚楠,滕颖蕾,宋梅. 从 4G 通信技术发展看 5G[J]. 互联网天地,2014,10:020.

[7] Tullberg H,Popovski P,Gozalvez-Serrano D,et al. METIS system concept:the shape of 5G to come [J]. IEEE Commun Mag,2015.

[8] 姚岳. 第五代移动通信系统关键技术展望[J]. 电信技术,2015 (1):18-21.

第7章

卫星通信技术

卫星通信技术是一种利用人造地球卫星作为中继站来转发无线电波而进行的两个或多个地球站之间的通信。自 20 世纪 90 年代以来,卫星移动通信的迅猛发展推动了天线技术的进步。卫星通信具有覆盖范围广、通信容量大、传输质量好、组网方便迅速、便于实现全球无缝连接等众多优点,被认为是建立全球个人通信网必不可少的一种重要手段。

卫星通信由通信卫星和经该卫星连通的地球站两部分组成。静止通信卫星是目前全球卫星通信系统中最常用的星体,是将通信卫星发射到赤道上空 35 860km 的高度上,使卫星运转方向与地球自转方向一致,并使卫星的运转周期正好等于地球的自转周期(24h),从而使卫星始终保持同步运行状态,故静止卫星也称为同步卫星。静止卫星天线波束最大覆盖面可以达到大于地球表面总面积的 1/3。因此,在静止轨道上,只要等间隔地放置三颗通信卫星,其天线波束就能基本上覆盖整个地球(除两极地区外),实现全球范围的通信。当前使用的国际通信卫星系统,就是按照上述原理建立起来的,三颗卫星分别位于大西洋、太平洋和印度洋上空。

7.1 卫星通信的发展历程

1. 卫星通信的理论提出和早期试验

1945 年 10 月,英国科学家阿瑟·克拉克发表文章,提出利用同步卫星进行全球无线电通信的科学设想。20 年后这一设想才变成了现实。通过不断研究和试验,1964 年 8 月,美国发射的第三颗"新康姆"卫星定位于东经 155°的赤道上空,通过它成功地进行了电话、电视和传真的传输试验,并于 1964 年秋用它向美国转播了在日本东京举行的奥林匹克运动会实况。至此,卫星通信的早期试验阶段基本结束。

2. 第一代卫星通信——模拟信号阶段

1976 年,由三颗静止卫星构成的 MARISAT 系统成为第一个提供海事移动通信服务的卫星系统(舰载地球站 40W 发射功率,天线直径 1.2m)。

1982 年,Inmarsat-A 成为第一个海事卫星移动电话系统。

20 世纪 60 年代中期,卫星通信进入实用阶段。1965 年 4 月,西方国家财团组成的"国际卫星通信组织"将第一代"国际通信卫星"(IN-TELSAT-I,简记 IS-I,原名晨鸟)射入西经 35°的大西洋上空的静止同步轨道,正式承担欧美大陆之间的商业通信和国际通信业务。两周后,前苏联也成功地发射了第一颗非同步通信卫星"闪电-1"进入倾角为 65°、远地点为 40 000km、近地点为 500km 的准同步轨道(运行周期 12h),对其北方、西伯利亚、中亚地区提供电视、广播、传真和一些电话业务。这标志着卫星通信开始了国际通信业务。20 世纪 70 年代初期,卫星通信进入国内通信。1972 年,加拿大首次发射了国内通信卫星 ANIK,率先开展了国内卫星通信业务,获得了明显的规模经济效益。地球站开始采用 21m、18m、10m 等较小口径天线,用几百瓦级行波管发射级、常温参量放大器接收机等使地球站向小型化迈进,成本也大为下降。此间还出现了海事卫星通信系统,通过大型岸上地球站转接,为海运船只提供通信服务。

3. 第二代卫星通信——数字信号阶段

1988 年,Inmarsat-C 成为第一个陆地卫星移动数据通信系统。1993 年,Inmarsat-M 和澳大利亚的 Mobilesat 成为第一个数字陆地卫星移动电话系统,支持公文包大小的终端。

1996 年,Inmarsat-3 可支持便携式的膝上型电话终端。

20 世纪 80 年代,VSAT 甚小口径终端(Very Small Aperture Terminal)卫星通信系统问世,卫星通信进入突破性的发展阶段。VSAT 是集通信、电子计算机技术为一体的固态化、智能化的小型无人值守地球站。VSAT 技术的发展,为大量专业卫星通信网的发展创造了条件,开拓了卫星通信应用发展的新局面。20 世纪 90 年代,中、低轨道移动卫星通信的出现和发展开辟了全球个人通信的新纪元,大大加速了社会信息化的进程。

4. 第三代卫星通信——手持终端

1998 年,铱(Iridium)系统成为首个支持手持终端的全球低轨卫星移动通信系统。

2003 年以后,出现集成了卫星通信子系统的全球移动通信系统(UMTS/IMT-2000)。

7.2　卫星通信的特点及分类

卫星通信就是先将信号转换成微波发射到地球同步卫星,而后通过地球同步卫星发射到转发信号,从而将信号覆盖面扩大,达到信号传输的目的。

与其他通信手段相比,卫星通信具有许多优点:一是电波覆盖面积大,通信距离远,可实现多址通信。在卫星波束覆盖区内一跳的通信距离最远为 18 000km。覆盖区内的用户都可通过通信卫星实现多址连接,进行即时通信。二是传输频带宽,通信容量大。卫星通信一般使用 1~10GHz 的微波波段,有很宽的频率范围,可在两点间提供几百、几千甚至上万条话路,提供每秒几十兆比特甚至每秒一百多兆比特的中高速数据通道,还可传输多路电视。三是通信稳定性好、质量高。卫星链路大部分是在大气层以上的宇宙空间,属恒参信道,传输损耗小,电波传播稳定,不受通信两点间的各种自然环境和人为因素的影响,即便是在发生磁爆或核爆的情况下,也能维持正常通信。

卫星传输的主要缺点是传输时延大。在打卫星电话时不能立刻听到对方回话,需要间隔一段时间才能听到。其主要原因是无线电波虽在自由空间的传播速度等于光速(每秒 30 万千米),但当它从地球站发往同步卫星,又从同步卫星发回接收地球站,这"一上一下"就需要走 8 万多千米。打电话时,一问一答无线电波就要往返近 16 万千米,需传输 0.6s 的时间。也就是说,在发话人说完 0.6s 以后才能听到对方的回音,这种现象称为"延迟效应"。由于"延迟效应"现象的存在,使得打卫星电话往往不像打地面长途电话那样自如方便。

卫星通信是现代通信技术的重要成果,它是在地面微波通信和空间技术的基础上发展起来的。与电缆通信、微波中继通信、光纤通信、移动通信等通信方式相比,卫星通信具有下列特点。

(1)卫星通信覆盖区域大,通信距离远。因为卫星距离地面很远,一颗地球同步卫星便可覆盖地球表面的三分之一,因此,利用三颗适当分布的地球同步卫星即可实现除两极以外的全球通信。卫星通信是远距离越洋电话和电视广播的主要手段。

(2)卫星通信具有多址连接功能。卫星所覆盖区域内的所有地球站都能利用同一卫星进行相互间的通信,即多址连接。

(3)卫星通信频段宽,容量大。卫星通信采用微波频段,每个卫星上可设置多个转发器,故通信容量很大。

(4)卫星通信机动灵活。地球站的建立不受地理条件的限制,可建在边远地区、岛屿、汽车、飞机和舰艇上。

(5)卫星通信质量好,可靠性高。卫星通信的电波主要在自由空间传播,噪声小,通信质量好。就可靠性而言,卫星通信的正常运转率达 99.8% 以上。

(6)卫星通信的成本与距离无关。地面微波中继系统或电缆载波系统的建设投资和维护费用都随距离的增加而增加,而卫星通信的地球站至卫星转发器之间并不需要线路投资,因此,其成本与距离无关。

但卫星通信也有不足之处,主要表现在以下几个方面。

(1)传输时延大。在地球同步卫星通信系统中,通信站到同步卫星的距离最大可达 40 000km,电磁波以光速($3 \times 10^8 \mathrm{m/s}$)传输,这样,途经地球站→卫星→地球站(称为一个单跳)的传播时间约需 0.27s。如果利用卫星通信打电话,由于两个站的用户都要经过卫星,因此,打电话者要听到对方的回答必须额外等待 0.54s。

(2)回声效应。在卫星通信中,由于电波来回传播需 0.54s,因此产生了讲话之后的"回声效应"。为了消除这一干扰,卫星电话通信系统中增加了一些设备,专门用于消除或抑制回声干扰。

(3)存在通信盲区。把地球同步卫星作为通信卫星时,由于地球两极附近区域"看不见"卫星,因此不能利用地球同步卫星实现对地球两极的通信。

(4)存在日凌中断、星蚀和雨衰现象。

卫星通信是地球上(包括陆地、水面和低层大气中)无线电通信站之间利用人造卫星作为中继站而进行的空间微波通信,卫星通信是地面微波接力通信的继承和发展。我们知道微波信号是直接传播的,因此,可以把卫星通信看作是微波中继通信的一种特例,它只是把中继站放置在空间轨道上。

卫星通信系统实际上也是一种微波通信,它以卫星作为中继站转发微波信号,在多个地面站之间通信。卫星通信的主要目的是实现对地面的"无缝隙"覆盖。由于卫星工作于几百、几千、甚至上万千米的轨道上,因此覆盖范围远大于一般的移动通信系统。但卫星通信要求地面设备具有较大的发射功率,因此不易普及使用。

1. 按照工作轨道区分

按照工作轨道区分,卫星通信系统一般分为以下三类。

1) 低轨道卫星通信系统(LEO)

卫星距地面 500~2000km,传输时延和功耗都比较小,但每颗卫星的覆盖范围也比较小,典型系统有 Motorola 的铱星系统。低轨道卫星通信系统由于卫星轨道低,信号传播时延短,所以可支持多跳通信;其链路损耗小,可以降低对卫星和用户终端的要求,可以采用微型/小型卫星和手持用户终端。但是低轨道卫星系统也为这些优势付出了较大的代价:由于轨道低,每颗卫星所能覆盖的范围比较小,要构成全球系统需要数十颗卫星,如铱星系统有 66 颗卫星、Globalstar 有 48 颗卫星、Teledisc 有 288 颗卫星。同时,由于低轨道卫星的运动速度快,对于单一用户来说,卫星从地平线升起到再次落到地平线以下的时间较短,所以卫星间或载波间切换频繁。因此,低轨系统的系统构成和控制复杂,技术风险大,建设成本也相对较高。

2) 中轨道卫星通信系统(MEO)

卫星距地面 2000~20 000km,传输时延要大于低轨道卫星,但覆盖范围也更大,典型系统是国际海事卫星系统。中轨道卫星通信系统可以说是同步卫星系统和低轨道卫星系统的折中,中轨道卫星系统兼有这两种方案的优点,同时又在一定程度上克服了这两种方案的不足之处。中轨道卫星的链路损耗和传播时延都比较小,仍然可采用简单的小型卫星。如果中轨道和低轨道卫星系统均采用星际链路,当用户进行远距离通信时,中轨道系统信息通过卫星星际链路子网的时延将比低轨道系统低。而且由于其轨道比低轨道卫星系统高许多,每颗卫星所能覆盖的范围比低轨道系统大得多,当轨道高度为 10 000km 时,每颗卫星可以覆盖地球表面的 23.5%,因而只要几颗卫星就可以覆盖全球。若有十几颗卫星就可以提供对全球大部分地区的双重覆盖,这样可以利用分集接收来提高系统的可靠性,同时系统投资要低于低轨道系统。因此,从一定意义上说,中轨道系统可能是建立全球或区域性卫星移动通信系统较为优越的方案。当然,如果需要为地面终端提供宽带业务,中轨道系统将存在一定困难,而利用低轨道卫星系统作为高速的多媒体卫星通信系统的性能要优于中轨道卫星系统。

3) 高轨道卫星通信系统(GEO)

卫星距地面 35 800km,即同步静止轨道。理论上,用三颗高轨道卫星即可实现全球覆盖。传统的同步轨道卫星通信系统的技术最为成熟,自从同步卫星被用于通信业务以来,用同步卫星来建立全球卫星通信系统已经成为建立卫星通信系统的传统模式。但是,同步卫星有一个不可克服的障碍,就是较长的传播时延和较大的链路损耗,严重影响到它在某些通信领域的应用,特别是在卫星移动通信方面的应用。首先,同步卫星轨道高,链路损耗大,对用户终端接收机性能要求较高。这种系统难以支持手持机直接通过卫星进行通信,或者需要采用 12m 以上的星载天线(L 波段),这就对卫星星载通信有效载荷提出了较高的要求,不利于小卫星技术在移动通信中的使用。其次,由于链路距离长,传播延时大,单跳的传播时延就会达到数百毫秒,加上语音编码器等的处理时间则单跳时延将进一步增加,当移动用户通过卫星进行双跳通信时,时延甚至将达到秒级,这是用户特别是话音通信用户所难以忍受的。为了避免这种双跳通信就必须采用星上处理使得卫星具有交换功能,但这必将增加卫星的复杂度,不但增加系统成本,也有一定的技术风险。

目前,同步轨道卫星通信系统主要用于 VSAT 系统、电视信号转发等,较少用于个人通信。

2. 按照通信范围区分

按照通信范围区分,卫星通信系统可以分为国际通信卫星、区域性通信卫星、国内通信卫星。

3. 按照用途区分

按照用途区分,卫星通信系统可以分为综合业务通信卫星、军事通信卫星、海事通信卫星、电视直播卫星等。

4. 按照转发能力区分

按照转发能力区分,卫星通信系统可以分为无星上处理能力卫星、有星上处理能力卫星。

7.3 卫星通信的系统组成

卫星通信系统由卫星端、地面端、用户端三部分组成。卫星端在空中起中继站的作用,即把地面站发上来的电磁波放大后再返送回另一地面站,卫星星体又包括两大子系统:星载设备和卫星母体。地面站则是卫星系统与地面公众网的接口,地面用户也可以通过地面站出入卫星系统形成链路,地面站还包括地面卫星控制中心,及其跟踪、遥测和指令站。用户端即是各种用户终端。

在微波频带,整个通信卫星的工作频带约有 500MHz 宽度,为了便于放大和发射及减少变调干扰,一般在卫星上设置若干个转发器。每个转发器被分配一定的工作频带。目前的卫星通信多采用频分多址技术,不同的地球站占用不同的频率,即采用不同的载波。比较适用于点对点大容量的通信。近年来,时分多址技术也在卫星通信中得到了较多的应用,即多个地球站占用同一频带,但占用不同的时隙。与频分多址方式相比,时分多址技术不会产生互调干扰,不需用上下变频把各地球站信号分开,适合数字通信,可根据业务量的变化按需分配传输带宽,使实际容量大幅度增加。另一种多址技术是码分多址(CDMA),即不同的地球站占用同一频率和同一时间,但利用不同的随机码对信息进行编码来区分不同的地址。CDMA 采用了扩展频谱通信技术,具有抗干扰能力强、有较好的保密通信能力、可灵活调度传输资源等优点。它比较适合于容量小、分布广、有一定保密要求的系统使用。

7.3.1 卫星组网的简介

1. 系统的组成

组网技术就是网络组建技术,简单地说就是通过各种媒介,将 PC、多媒体设备等网络设备连接起来。卫星组网技术可以理解为将手机、电话等设备,通过通信卫星连接起来,以实现设备之间相互通信的技术。

一个卫星通信系统通常是由空间分系统、通信地球站群、跟踪遥测及指令系统和监控管理分系统 4 大部分组成,其中有的直接用来进行通信,有的用来保障通信的进行。

1) 空间分系统

空间分系统即通信卫星,通信卫星内的主体是通信装置,另外还有星体的遥测指令、控制系统和能源装置等。通信卫星主要是起无线电中继站的作用,有时也在星上进行部分信号处理。一个卫星的通信装置可以包括一个或多个转发器。每个转发器能接收和转发多个地球站的信号。显然,当每个转发器所能提供的功率和带宽一定时,转发器越多,卫星的通信容量越大。

2) 地球站群

地球站群一般包括中心站和若干个普通地球站。中心站除具有普通地球站的通信功能外,还负责通信系统中的业务调度与管理,对普通地球站进行监测控制以及业务转接等。地球站具有收信、发信功能,用户通过它们接入卫星线路,进行通信。地球站有大有小,业务形式也多种多样。一般来说,地球站的天线口径越大,发射和接收能力越强,功能也越强。

3) 跟踪遥测及指令分系统

跟踪遥测及指令分系统也称为测控站,它的任务是对卫星跟踪测量,控制其准确进入静止轨道上的指定位置;待卫星正常运行后,定期对卫星进行轨道修正和位置保持。

4) 监控管理分系统

监控管理分系统也称为监控中心,它的任务是对定点的卫星在业务开通前后进行通信性能的监测和控制,例如,对卫星转发器功率、卫星天线增益以及各地球站发射的功率、射频频率和带宽、地球站天线方向图等基本通信参数进行监控,以保证正常通信。

2. 卫星通信系统网络体系结构

卫星移动通信系统网络体系结构分为两部分(如图 7-1 所示,以类铱系统为例):空间段和地面段。空间段是由在轨卫星组成的动态卫星星座(DSC),它包括卫星和星座对地面的覆盖。空间段由通信子系统,遥测、跟踪和控制子系统,自主导航和控制子系统,推进子系统,电力子系统等组成。地面段包括三部分:系统控制站(SCS)、关口站(GW)、用户终端。

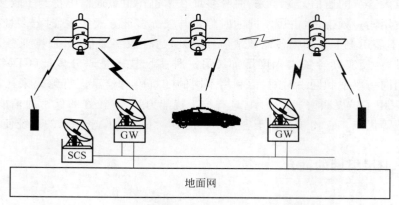

图 7-1　卫星移动通信系统的组成

SCS 管理和控制系统的各个组成部分,主要完成三方面的功能:控制卫星、监视和控制网络节点、控制卫星上的通信资源。这些功能由星座管理子系统、网络管理子系统、通信管理子系统分别完成。

GW 控制用户终端接入并提供系统与地面网间的接口。GW 分为两部分：供用户接入网络的地球终端；负责呼叫处理与地面系统互连的交换设备。GW 中存储有计费、用户位置及其他有关信息。

用户单元支持移动用户与卫星建立通信链路。用户终端有手持终端、车载终端、半固定终端等类型，可以是双模和单模。

3. 卫星组网模型

卫星组网主要参考 ISO 开放系统互连（OSI）7 层模型，在不同的层上实现卫星组网。主要有以下两种情况。

第一种情况：卫星仅作为中继站（用户间，用户与地面站间，地面站间）实现本地通信和全球通信，用户总能看见一颗卫星，在整个服务区内布置足够多的中继站以保证至少一个站在区域上空卫星覆盖下，这种结构本地业务扩大到全球范围仅通过简单增加卫星地面站实现。

第二种情况：卫星可以基于星际间链路实现本地覆盖和全球覆盖。如图 7-2 所示，相邻的星座之间可以通过星间链路通信，而星座和地面之间可以通过星地链路通信。用户总能看见一颗卫星，同卫星脚印下用户通过单个卫星联系，不同卫星脚印下用户通过星际间链路联系，在两种情形下都必须连续地精确地知道每颗卫星的位置，网络管理可以集中在地面站也可以分布在卫星上，用户可以是移动的，固定的或是与陆地网相连的地面站。

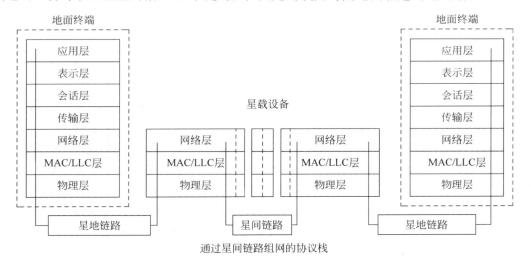

图 7-2　卫星网络的组网模型

7.3.2　链路层接入方式

1. 两种接入方式及其比较

链路层负责通信的计划，容量的分配和链路的建立等过程。卫星通信系统的链路层接入方式主要有两种候选方案：TDMA 和 CDMA 技术。而 FDMA 技术随着数字通信技术的发展早已不单独使用,经常与 TDMA 或 CDMA 技术混合使用。在第二代移动卫星通信系统中,接入技术的不同已导致了两类不同的相互竞争的移动卫星通信系统的发展:Iridium、ICO(TDMA)、Globalstar、Odyssey(CDMA)。ITU 提出的在 2000 年建设第三代移动通信系统 IMT-2000 的卫星移动通信系统部分收到的 6 个提案中,既有 TDMA 的,也有 CDMA 的,还有 TDMA 和 CDMA 以及 FDMA 综合的。

卫星通信系统两种候选方案的主要特点如下。

(1) TDMA 方案的主要特点有:传输速率高,自适应均衡;传输开销大;容易接纳新技术;共享设备的成本低等。

(2) CDMA 方案的主要特点有:容量大;多个用户可以同时接收,同时发送;抗截获的能力强;抗干扰能力强等。

2. 接入方式方案的选择

在卫星移动通信系统中,CDMA 和 TDMA 方式的采用各有其优越性,一时难以就孰优孰劣下结论,而且均发展了相应的改进形式:可变速率 CDMA,PRMA 等。事实上,到底采用哪种多址方式需要从多方面综合进行考虑,如:通信容量的要求;卫星频带和功率的有效使用;相互连接能力的要求;便于处理各种不同业务,并对业务量和网络的不断增长有灵活的自适应能力;与地面传输网接口的要求;成本和经济效益;技术的先进性和可实现性;能适应技术和政治情况的变化;保密性和抗干扰能力等。但可以肯定,大容量数字卫星移动通信技术的发展是未来卫星移动通信的发展方向。

7.3.3　网络层协议与路由

1. 卫星组网中网络层协议

IP 技术现在已成为网络互联事实上的标准,卫星组网也不例外,卫星 IP 技术就是将各种卫星业务搭载在 TCP/IP 协议栈上的技术。

实际上,TCP/IP 协议族只实现了三层协议:网络层、传输层和应用层协议,而在其下边的媒体访问控制层、数据链路层及物理层协议只是借用了已有的诸如以太网、ATM 等协议。所有上述这些协议已在地面网中得到成功的应用,但由于当初设计这些协议时并没有考虑到空间网的应用,如果将其原封不动地用于空间网会给卫星移动通信网络系统的性能带来一定的影响。因此,在进行研究和设计时应在已有的标准协议基础之上,对不适应卫星移动通信网或影响卫星移动通信网络系统的性能的部分加以必要的修改和再开发,使之成为适合在卫星移动通信网上运行的协议。

因此,卫星移动通信网的网络层、传输层、应用层考虑以 TCP/IP 为基础、底层则以无线 ATM 协议为基础。底层协议之所以选择 ATM 技术主要是因为它具有能更好地支持数据、语音、图像的综合传输能力等特点,可以支持各种多媒体业务的高效率传输和交换。

无线 ATM 是将标准的 ATM 技术扩展到无线传输介质的网络系统,并且通过在 ATM 信元头/尾上增加适当的无线信道控制信息,构成无线信道专用协议子层(物理层、介质接入控制、数据链路控制和无线网络控制),其实质是一种宽带无线技术,是一种推动未来网络多媒体发展的关键技术。无线 ATM 主要支持与固定 ATM 技术兼容的无线宽带业务和终端的移动性。其基本技术是无线接入和移动 ATM,其中,无线接入用于通过无线介质扩展 ATM 业务,而移动 ATM 的功能则是支持终端移动的能力。

无线 ATM 的参考模型与标准 ATM 协议的参考模型完全一致。其区别是将用于比特流高速发送和接收的无线物理层(PHY)、用于供多个信道共享的 MAC、用于改善无线收发信道损伤的 DLC、用于无线收发信道资源管理的资源控制和元信令协议等无线信道专用的无线接入层协议全部综合到 ATM 的协议栈。卫星通信网通信协议参考模型如图 7-3 所示。

应用层	
TCP/UDP	
IPv6 over ATM	
AAL	无线控制
ATM	
MAC	
DLC	
PHY	

图 7-3　卫星通信网络通信协议栈

2. 卫星组网中的路由问题

卫星系统的核心是以卫星为中心的信息交换。卫星与卫星、卫星与地面(或机载、舰载)基站之间处于一种相对移动的、开放的、不稳定的环境之中。在卫星网中,卫星节点高速移动,导致网络拓扑结构不断变化,而传统的 Internet 路由协议为二维的,显然不能适用于网络拓扑结构快速变化的三维网络。因此,研究一种适用于卫星组网的路由算法是当务之急。针对卫星通信网星间路由特点进行深入研究,设计一种完全适用于这种网络结构、高速变化的新型动态路由算法是当务之急。

卫星通信系统的网络拓扑结构是动态的,卫星按照其力学规则不停地运动,地球站也随着地球表面一起转动,因此网络节点不时出入相互的范围,连接是时变的,路径选择表不固定,采用自适应路径选择不可避免。

(1)集中式自适应路由选择:存储所有路径信息的中心控制台连续跟踪地面终端和卫星的位置,在中心控制台连续显示当前路由选择表,提供目标位置的信息,决定向前传输的路由。这种路由选择方法允许较简单的路由算法,但是会增加中心控制台的通信密度和计算负担,而且系统运行依靠单个中心控制台,系统易损性增加。

(2)分布式自适应路由选择:网络中每个节点(卫星和中继地球站)根据其在给定时间内与其他节点的有效链接单独更新自己的路由选择表,选择最经济路由,然后路由判断在路由的各节点的转移和传播。采取这种路由选择方法,可以让节点本地决定信息的方向,从而减少了通信密度。但是卫星节点需要额外的存储空间和处理能力来存储和计算路由。

两种类型的自适应路由算法自身各有优势与劣势。因此如何将现有的算法改进,设计一种完全适应这种网络结构高速变化,且快速、准确、高效的路由算法,是一个值得研究的问题。

卫星网络的动态路由可以借鉴开放最短路径优先路由(OSPF)算法,结合星座布置特征进行改进。该路由算法应实现快速、准确、高效和可扩展性等目标。快速是指查找路由的时间要尽量短,减小引入的额外时延。准确是指路由协议要能够适应网络拓扑结构的变化,提供准确的路由信息。高效的含义包括:一是能提供最佳路由;二是维护路由的控制消息应尽量少,以降低路由协议的开销;三是路由协议应能够根据网络的拥塞状况和业务的类型选择路由,避免拥塞并提供 QoS 保证。可扩展性则是指路由协议要能够适应网络规模增长的需要。

7.3.4　连接的建立与终止

为实现移动通信功能,所有用户单元必须随时把位置信息告诉系统。当一个用户单元开机后,它便自动地向其归属关口站送一个信息,通知该站此用户单元已开机,并告知其所在地。假如该机长时间处于备用(等待呼叫)状态,或是移动到了一个较远的地方,则向归属关口站送一个更新信息。

通话建立的过程大致如下。

(1) 用户单元先从用户那里收到被叫终端的号码。

(2) 一个包含主叫用户注册号码及被叫用户终端号码的请求服务信息,将被送至视线内的某卫星,随后又被传送到本地服务关口站,以建立呼叫。

(3) 本地服务关口站向主叫终端的归属关口站询问此主叫终端是否有权使用本系统。

(4) 本地服务关口站再向被叫终端归属关口站询问被叫终端是否有权使用本系统,以及使用的业务类型。同时,它也可询问该终端是否启用与所在位置。

(5) 如果是有权使用,则系统将给用户分配信道以链接卫星,并同时向被叫终端发出呼叫振铃。

归属地为北京、在悉尼的用户 A,与归属地在纽约、在巴黎的用户 B 之间,通话的建立的过程如图 7-4 所示:

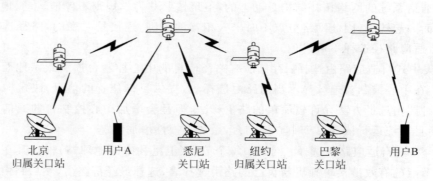

图 7-4　连接建立过程

纽约关口站是用户 B 的归属关口站,而巴黎的关口站是现时用户 B 的本地服务关口站。他们此时都不清楚对方的位置,而用户 A 现在要呼叫用户 B。用户 A、B 的终端一开机,其位置信息就分别通过卫星登记在各自的本地服务关口站(即悉尼和巴黎关口站)内,然后各服务关口站又分别与用户 A、B 的归属关口站(北京和纽约)联系,确认他们的使用权,并登录他们新的位置信息。

主叫者(用户 A)此时便可拨用户 B 的电话号码,并经卫星送至悉尼关口站,悉尼关口站首先检验用户 B 的电话号码来确定用户 B 的归属关口站是在纽约,然后向纽约关口站发出请求。纽约关口站对用户 B 的登记数据进行检查,并通知悉尼关口站请求巴黎关口站进行查找,同时对该用户终端"振铃",该呼叫即被接通。

7.4 卫星通信的发展现状和前景

1. 卫星通信产业的发展现状

卫星通信产业在规模和商业化程度等方面远远超越其他卫星产业,拥有极大的发展潜力。在军用方面,卫星通信技术能够满足现代信息化战争的需要,美国的军事卫星通信系统比较完备,其规模和技术在全球处于领先地位。俄罗斯的军事卫星数量处于全球领先,但是相较于欧美,性能相对落后。欧洲各国彼此独立发展,但是整体在轨能力有限。除此以外,其他国家发展比较分散,数量有限,在轨能力较弱。

全球在轨卫星中,通信卫星占比领先。在民用方面,全球主要的通信卫星资源集中在欧美。卫星电视直播作为传统业务占有主要市场份额(约50%),同时宽带和移动业务也在快速发展。总体来说,地面设备制造增速与卫星宽带和卫星移动业务每年10%快速的增长相吻合。目前全球拥有超过1261颗卫星,其中通信卫星的数量占53%,商业通信卫星占40%,根据美国卫星工业协会(SIA)2013年的数据,2013年全球卫星产业收入为1952亿美元。卫星产业可以划分为制造、发射、服务和地面设备制造4大领域,而其中卫星服务业占比达61%。

从全球卫星产业市场来看,美国占据着领域内龙头地位,美国市场收入占比一直维持较高水平,主要得益于美国作为科学技术领域的"超级大国",美国卫星产业公司的产品在全球市场颇具竞争力,美国强劲的消费能力更进一步刺激了本土卫星产业及相关领域企业的崛起。

我国通信卫星业务发展成绩显著。我国是国际通信卫星公司成员国。我国在北京、上海和广州设有国际通信卫星关口站,承担着我国的国际通信业务。目前,北京卫星关口站每天通过印度洋、太平洋及亚太地区上空的11颗国际和区域通信卫星,构成了覆盖世界两百多个国家和地区的卫星通信网络,成为国际卫星通信枢纽之一。

全球所有在轨运行卫星任务分布情况如图7-5所示。

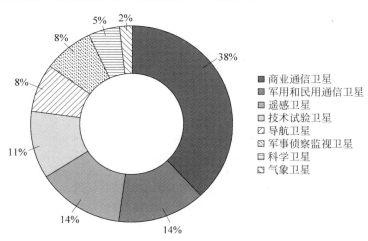

图 7-5 全球所有在轨运行卫星任务分布情况

根据卫星应用产业协会提供的数据,2013 年我国固定卫星通信用户 4.5 万,移动和便携式用户 3.5 万,未来中国市场移动性终端和宽带终端将迎来较大的增长,预计 2016 年用户规模可达 10 万,2020 年约达 50 万。预计未来 5 年,我国通信卫星地面应用系统的投入规模年均增长率为 23%;到 2020 年,投入金额至少 620 亿元人民币。

我国卫星导航产业规模增速快。2014 年,我国卫星导航与位置服务产业总体产值达到 1343 亿元,较 2013 年增长 29.1%。根据中国卫星导航定位协会的信息,2015 年我国卫星导航产业总产值超过 1900 亿元,北斗相关的贡献率超过 30%,其中在精准行业、地理信息和基础设施领域,北斗贡献率已经占到半数。2020 年,中国卫星导航定位高精度应用市场规模将达到 480 亿元。

2. 卫星通信产业的发展前景及研究方向

通信卫星经过多年的发展各项技术都已经相对成熟,GPS 导航、卫星电视等更是走进了千家万户。目前,通信卫星的发展研究主要在如下几个方面。

(1) 在通信卫星拥挤、易产生干扰的情况下,如何扩展新的频段;

(2) 如何利用有限的卫星空间,发展卫星上的信息技术;

(3) 如何延长卫星在太空定点的时间,如何延长卫星工作寿命;

(4) 如何提升通信卫星天线指向的精度。

未来,卫星通信将向深空通信发展,频率将会向光通信发展,即:带宽更宽,传输能力更强。所以,研究卫星通信是很有意义的。

卫星通信的主要发展趋势是:充分利用卫星轨道和频率资源,开辟新的工作频段,各种数字业务综合传输,发展移动卫星通信系统。卫星星体向多功能、大容量发展,卫星通信地球站日益小型化,卫星通信系统的保密性能和抗毁能力进一步提高。

思考与讨论

1. 卫星通信技术的发展经历了哪些过程?

2. 卫星通信技术有何特点? 如何分类?

3. 卫星通信系统的组成是怎样的?

4. 卫星通信技术的发展现状如何? 前景怎样?

参考文献

[1] Bhasin K,Hayden J L. Space Internet architectures and technologies for NASA enterprises[J]. International Journal of Satellite Communications,2002,20(5): 311-332.

[2] 甘仲民,张更新. 卫星通信技术的新发展[J]. 通信学报,2006,27(8): 2-9.

[3] 张乃通,李晖,张钦宇. 深空探测通信技术发展趋势及思考[J]. 宇航学报,2007,28(4).

[4] 林智慧,李磊民. 卫星通信的技术发展及应用[J]. 现代电子技术,2007,30(3): 38、39.

[5] 张乃通,汪洋. 对发展卫星通信的思考[J]. 数字通信世界,2005 (10): 17-21.

[6] 王世强,侯妍. 卫星通信系统技术研究及其未来发展[J]. 现代电子技术,2009,32(17): 63-65.

[7] 杜青,夏克文,乔延华. 卫星通信发展动态[J]. 无线通信技术,2010,3:007.

第8章

深空通信技术

　　自从 1957 年世界上第一颗人造地球卫星"斯普特尼克 1 号"从前苏联的拜科努尔发射场升空，1958 年"探险者Ⅰ号"卫星由美国随后发射，宇航事业得到了迅速发展，半个多世纪以来，人类进入了深空探测的新时代。在探索宇宙的飞行中，是否有良好的通信保障决定了航天项目成败。1971 年 5 月 28 日，前苏联发射的"火星 5 号"，装在宇航器上部密封舱内的着陆器已成功地在火星表面软着陆，但着陆 20s 后却由于通信中断而使这次任务失败。

　　随着火箭推进技术的提高，宇宙飞行从距离地球几十万千米的人造卫星发展到数亿千米的深空探测。在深空探测进程中，地面对探测器的所有指令信息、遥测遥控信息、跟踪导航信息、飞行姿态控制、轨道控制等信息及科学数据、图像、文件、声音等数据的传输，都要靠通信系统来完成和保障。从这个意义上讲，离开了深空通信，深空探测就无法进行。

　　什么是深空通信呢？按照国际电信联盟的定义，地球与宇宙飞行器之间的通信被称为"宇宙无线电通信"，简称为"宇宙通信"或"空间通信"。而依通信距离的不同，宇宙通信又分为近空通信和深空通信。近空通信，指地球上的通信实体与在离地球距离小于 2×10^6 km 的空间中的地球轨道上的飞行器之间的通信。这些飞行器包括各种人造卫星、载人飞船、航天飞机等，飞行器飞行的高度从几百千米到几万千米不等。而深空通信，则指地球上的通信实体与处于深空（离地球的距离等于或大于 2×10^6 km 的空间）的离开地球卫星轨道进入太阳系的飞行器之间的通信。深空通信最突出的特点是信号传输的距离极其遥远。例如，探测木星的"旅行者 1 号"航天探测器，从 1977 年发射，1979 年到达木星，飞行航程达 6.8×10^8 km。航天器要将采集到的信息发回地球，需要经过 37.8min 后才能到达地球。

　　进行深空通信包括三种形式的通信：其一，是地球站与航天飞行器之间的通信；其二，是飞行器之间的通信；其三，是通过飞行器的转发或反射来进行的与地球站间的通信。当飞行器距地球太远时，由于信号太弱，可采用中继的方式来延长通信距离，由最远处的飞行器将信号传到较远处的飞行器进行转接，再将信号传到地球卫星上或直接传到地球站上。

8.1　深空通信技术的系统组成

　　一个典型的深空通信系统的组成如图 8-1 所示。在航天器上的通信设备,包括飞行数据分系统、指令分系统、调制/解调、射频分系统和天线等。在地面段,则包括任务的计算和控制中心、到达深空通信站的传输线路(地面和卫星通信)、测控设备、深空通信收发设备和天线等。该通信系统包括指令、跟踪、遥测三个基本功能,其中,指令与跟踪功能执行从地球站进行对航天器的引导和控制,遥测功能负责传输通过航天器探测到的信息。

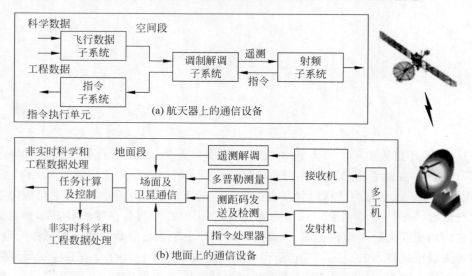

图 8-1　典型的深空通信系统组成

　　各分系统的具体功能如下。

　　指令分系统(CMD):其基本任务是将地面的控制信息发送到航天器,令其在规定的时间按规定的参数执行规定的动作,如改变飞行路线等。在指令链路中传送的是低容量的低速率数据。但传输质量要求极高,以保证到达航天器的指令准确无误。

　　跟踪分系统:深空探测的跟踪分系统有两项基本用途,一是获取有关航天器的位置和速度、无线电传播媒质以及太阳系特性的信息,以使地面能监视航天器的飞行轨迹并对其导航;二是提供射频载波和附加的参考信号,以支持指令和遥测功能。跟踪系统产生的输出有:相干载波参考信号,包括多普勒信息的接收信号频率、到航天器来回行程的时延、接收信号来回、提供自动增益控制的接收信号强度、接收信号的波形和频谱记录等。跟踪对象进一步分为相干载波跟踪、多普勒跟踪、距离跟踪和角度跟踪等。

　　遥测分系统:其基本用途是接收从航天器发回地球的信息。这些信息通常包括科学数据、工程数据和图像数据。其中,科学数据载有从航天器上安装的仪器所获取的有关探测对象的信息,这些数据为中等容量而极有价值,要求准确传送。工程数据报告航天器上仪器、仪表和系统状态的信息,容量甚低,仅要求中等质量的传送。图像数据为大容量,因信息冗余量较大,仅要求中等质量的传输。

8.2 深空通信技术的主要特点

与地面通信或一般的地球卫星通信相比,深空通信具有一些独特的特点,主要包括以下几个方面。

(1) 传输距离非常遥远,传输时延巨大。地球到太阳系内其他行星最近的通信距离也有近4000km,时延长达两分多钟,而最长的时延则长达近七个小时。如此巨大的时延对传统的通信方式提出了极大挑战。

(2) 接收信号信噪比极低。传输距离遥远引起信号的极大衰减,接收信号的信噪比极低。信号的衰减主要来自于自由空间传播损耗Ls,而Ls与传输距离d(单位是km)、信号频率f(单位是GHz)之间的关系为$[Ls]=92.45+20\log d+20\log f$(dB)。以地球到火星的最大距离为例,当使用8.4GHz的射频时,按上式求得$[Ls]=283$dB。为了弥补如此大的信号衰减,必须采取先进的技术手段。

(3) 传输时延不断变化,链路连接具有间歇性。受天体运动的影响,地球到各行星之间的距离是变化的,同时受星体的自转影响,链路的连接具有间歇性。图8-1给出了地面站和火星探测器在7天内可建立连接的时间段,其中图8-1(a)是地面站与火星着陆器之间的可见关系,图8-1(b)是地面站与轨道高度为200km的火星轨道器之间的可见关系,它们的可见时段分别只有43.72%和31.30%,如果考虑通信仰角对建立链路的影响,则可通信的时间更少。

(4) 前向和反向的链路速率不对称。传输遥测数据的下行链路的数据速率和传输遥控、跟踪指令的上行链路的数据速率严重不对称,有时可达1000∶1的比例,甚至只有单向信道。

(5) 对误码率的要求高。深空探测中的探测、跟踪等指令信息都是不容错的数据,必须采取必要的措施保障数据传输的可靠性。

(6) 各通信节点的处理能力不同。由于任务和功能的不同,航天器上通信设备的能力也有所不同,一般情况下航天器的存储容量及处理能力都非常有限。

(7) 功率、重量、尺寸和造价等因素都限制着通信设备硬件和协议的设计。

除此之外,深空通信技术在技术和手段上还有如下特点。

(1) 点对点的远距离通信。即深空通信地面站和飞行器之间通常采用无中继远距离无线电通信。在这种通信中,电波的传播损耗是与距离的平方成正比的。在进行行星探测等超远距离飞行的情况下,为了克服巨大的传播损耗,确保在有限发射功率的情况下的可靠通信,必须采用在低信噪比下也能可靠工作的通信方式。

(2) 深空通信无大气干扰。通信地面站收到的噪声包括由地面大气对电磁波的吸收而形成的等效噪声和热噪声以及宇宙噪声。其中,宇宙噪声是由射电星体、星间物质和太阳等产生的。其频率特性在1GHz以下时与频率的2.8次方成反比,1GHz以上时与频率的平方成反比。而大气中氧气和水蒸气对电波的吸收在10GHz以上时逐渐增大,即增加了等效噪声。总的外来噪声在1~10GHz之间比较小,目前,深空通信的工作频率多处于这一频率范围。深空通信中电磁波近似在真空中传播,没有大气等效噪声和热噪声,因此传播条件比地面无线通信相对较好。

(3) 传输频道的频带无严格限制。由于通信距离远、宇航飞行器发射功率受限于电源、接收信号功率微弱,对其他设备干扰小,因而深空通信传输频道的频带没有受到严格限制,可以充分地使用频带,系统具有可选码型、调制方式灵活的特点。

目前,深空通信采用了先进的调制技术、编码方案,在接收机前端采用超低噪声放大器,通过提高天线面的精度,并增大发射机功率来延长通信距离。继采用改进 PCM 之后,又引入了链接码,发射机功率达到 20W 以上,开始使用 x 波段,天线直径增大到 3.6m。深空通信的距离已经延伸到 15 亿千米。

8.3 深空通信的关键技术

为了解决深空通信中特殊的问题,如传输时延大而且时变、前向与反向链路容量不对称、射频通信信道链路误码率高、信息间歇可达、固定通信基础设施缺乏、行星之间距离影响信号强度和协议设计、功率与质量及尺寸和成本制约通信硬件和协议设计、为节约成本的后向兼容性要求等问题,有许多关键技术有待进一步的研究。

1. 阵列天线技术

单个天线的口径总会是有限的,采用多天线构成的阵列天线是实现天线高增益的有效手段,阵列天线具有性能良好、易于维护、成本较低、灵活性高的优点。为了解决深空通信中信号极大衰减的问题,早期深空通信采用了加大接收、发射天线的口径和增加发射功率的手段。当采用 70m 口径天线时相对于 10m 天线可以获得近 17dB 的增益。但是 70m 天线重达 3000t,热变形和负载变形都很严重,对天线的加工精度和调整精度要求都很高。而且现阶段某些频段还无法工作在 70m 天线上,高频段的雨衰也非常严重,这使得通信链路稳定性和可靠性变差,甚至失效。天线组阵技术是实现天线高增益的有效手段,其性能良好,易于维护,成本较低,并具有很高的灵活性和良好的应用前景。组阵天线有两个显著优点:一是可以只使用一部分天线(即组阵天线总面积中的一部分面积)支持指定的航天器,剩下的天线面积可跟踪其他航天器;二是具有"软失效"特点,当单个天线发生故障时天线阵性能减弱,但并不失效。这样当某个天线失效时,其他天线还可继续工作。例如,美国国家航空和航天局的深空通信网(DSN),建在正好是地球上相隔 120°的地方,采用了多种跟踪技术,使之在地球自转的条件下能不断地跟踪和观察航天器,从而不间断地实现地面与航天器之间的通信和控制。我国发射的天链同步轨道数据中继卫星组网后,有比美国 DSN 更强的功能。

2. 高效调制解调技术

调制是为了使发送信号特性与信道特性相匹配,因此调制方式的选择是由系统的信道特性决定的。与其他通信系统相比,深空通信中的功率受限问题更加突出。为了有效利用功率资源,飞行器通常采用非线性高功率放大器(HPA),而且为了获得最大的转换效率,放大器一般工作在饱和点,这使得深空通信具有非线性。因此,在深空通信中应采用具有恒包络或准恒包络的调制方式,以使得调制后信号波形的瞬时幅度波动尽量小,从而减小非线性的影响。有关研究结果表明,使用非线性功率放大器和(准)恒包络调制所得到的性能增益,要高于使用线性功率放大器和非恒定包络调制信号的增益。

针对深空通信的特点,空间数据系统协调咨询委员会(CCSDS)给出了可用于深空环境的恒包络或准恒包络调制方式,主要有 GMSK、FQPSK 和 SOQPSK 等。

3. 信道编码和传输层协议技术

深空通信系统设计的最重要的问题之一是提高系统的功率利用效率。在深空通信中,由于通信距离的大幅增大,通信信号从深空探测器传回地面时衰减很大,地面系统很难对这种极为微弱的信号进行处理。而且深空通信传输时延大,无法利用应答方式保证数据传输的可靠性。例如,嫦娥二号卫星正飞往距地球 150 万千米以外的深空进行探测,卫星距离地球最远将有 180 万千米,而如果要将信号从地球发往冥王星,需要 $3.98\sim6.98h$,而在这期间,两个星球的自转早将天线指向其他方向无法进行通信了,因此要想收到证实或握手信号已不可能。纠错编码是一种有效地提高功率利用效率的方法,如果通过编码技术每提高 1dB 的增益,在发送和接收设备上就能够极大地节约成本,在目前发射的所有深空探测器中,都无一例外地采用了有效的纠错编码方案。

在深空通信的信道编码技术中,典型方案是以卷积码作为内码,里德-所罗门(RS)码作为外码的级联码。随着微电子技术的发展和生产工艺的提高以及计算机计算能力的增强,对长码的译码也变得可以实现。

4. 信源编码和数据压缩技术

受信道速率的限制,探测器一般无法将探测数据实时回传地球。探测器经过探测目标时,一般采用高速取样并存储,等离开目标后,再慢速传回地球。传输的速率越慢,整个数据发送回地球需要的时间就越长,从而限制了数据、图像的采集和存储,甚至被丢弃。深空探测过程中的数据、图像非常珍贵,而探测器上存储器的容量受限,因此采用存储的方法并没有从根本上解决问题。采用高效的信源压缩技术,可以减少需要传输的数据量,则在相同的传输能力下,能够将更多的数据传回地球,缓解对数据通信的压力。

5. 通信协议

空间数据系统协调咨询委员会(CCSDS)建议的数据传输协栈可以划分为应用层、传输层、网络层、数据链路层和物理层。5 层协议栈结构如图 8-2 所示。

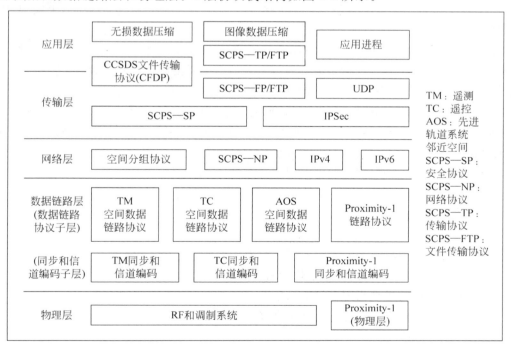

图 8-2　5 层 CCSDS 协议栈结构

　　除解决上面所提技术之外，更深入的技术还包括联合编码调制技术、图像压缩技术、喷泉编码技术、网络编码技术、自主网络技术、量子通信技术等。这些技术的提出和解决，不仅为空间探测提供了有力的保障，同时也将带动通信技术本身的不断进步，引发新的技术的出现和新兴市场的出现。

8.4　深空通信技术的前景与展望

　　深空探测需要在行星和地球之间进行大量的信息交换，分析器面临的挑战可以概括为以下几点：传输时延大而且时变；前向与反向链路容量不对称；射频通信信道链路误码率高；信息间歇可达；固定通信基础设施缺乏；行星之间距离影响信号强度和协议设计；功率、质量、尺寸和成本制约影响通信硬件和协议设计；为了节约成本的后向兼容要求等。

　　为了有效实现地球和宇宙行星之间的信息传输，需要研究和发展针对以上特点的通信信息交换网络体系。行星际因特网（InterPlaNetary，IPN）就是一种通用的空间网络架构，定义为 IPN 骨干网，IPN 外部网络以及行星网络（PN）等之间的互连互通，旨在为深空任务提供科学数据传递的通信服务及探测器和深空轨道器的导航服务。

　　（1）IPN 骨干网：是网络节点之间的一组高容量、高可用的链路，用于提供地球、外层空间的行星、月球、卫星及放置在行星拉格朗日引力稳定点的中继站之间的通信。它包括具有遥远距离通信能力的元素之间的、直接的、多跳路径的数据链路。

　　（2）IPN 外部网络：由飞行于行星间的深空飞行器组、传感器节点集群和空间站组等构成，其某些节点也具有远距离通信能力。

　　（3）PN：由行星卫星网络和行星表面网络组成，能在任何外层空间的行星上实现，用于提供卫星和行星表面元素之间的互连，并实现它们之间的协同工作。

　　由于深空通信的距离非常遥远，因此与深空通信相关的技术总是处于测控通信技术发展的最前沿，这些前沿技术也牵引着电子信息技术的不断发展。广袤浩渺的茫茫宇宙，促使测控通信技术不断出现新的概念、新的理论和新的方法，并向一个个极限挑战。

　　随着我国神舟系列和嫦娥系列航天计划的开展，对深空通信技术的研究也逐渐成为通信领域的热点。鉴于深空通信所存在的距离远、信号弱、时延大且不稳定、星载设备重量有限、电池供电有限等情况，与地面通信环境完全不同，对技术的要求更高、更复杂，如何有效地解决这些问题将是人类共同面对的问题。

思考与讨论

　　1. 什么是深空通信技术？该技术的系统架构如何？
　　2. 较之其他通信技术，深空通信技术有哪些特点？
　　3. 有哪些关键技术被应用在深空通信中？
　　4. 深空通信技术有哪些应用？在未来又有哪些应用趋势？

参考文献

［1］ Bhasin K,Hayden J L. Space Internet architectures and technologies for NASA enterprises［J］. International Journal of Satellite Communications,2002,20(5)：311-332.

［2］ 石书济. 深空探测与测控通信技术［J］. 电讯技术,2001,41(2)：1-4.

［3］ 林墨. 深空测控通信技术发展趋势分析［J］. 飞行器测控学报,2005,24(3)：6-9.

［4］ 刘嘉兴. 深空测控通信的特点和主要技术问题［J］. 飞行器测控学报,2005,24(6)：1-8.

［5］ 甘仲民. 深空通信［J］. 数字通信世界,2006 (6)：36-42.

［6］ 卢满宏,周三文,谌明,等. 深空测控通信技术专题研究［J］. 遥测遥控,2007,28(1)：11-16.

［7］ Naitong Z,Hui L,Qinyu Z. Thought and developing trend in deep space exploration and communication［J］. Journal of Astronautics,2007,28(4)：786-793.

［8］ 张更新,谢智东,沈志强. 深空通信的现状与发展［J］. 数字通信世界,2010 (4)：82-86.

［9］ 马浚洋. 浅谈深空探测通信技术的发展［J］. 西部资源,2015 (6)：81-82.

短距离移动技术篇

第9章

Wi-Fi技术

9.1　Wi-Fi 简介

　　随着网络和通信技术的飞速发展,用户对无线通信的需求日渐突出,也出现了许多无线通信协议。Wi-Fi 以其独特的优势越来越受到业界的关注,并显示出极大的应用前景。Wi-Fi,是由一个名为"无线以太网相容联盟"(Wireless Ethernet Compatibility Alliance, WECA)的组织所发布的业界术语,英文全称为 Wireless Fidelity,是一种短距离无线传输技术,中文译为"无线相容认证"。它是一种短程无线传输技术,能够在数百英尺范围内支持互联网接入的无线电信号。从应用层面来说,要使用 Wi-Fi,用户首先要有 Wi-Fi 兼容的用户端装置。Wi-Fi 是第一项得到广泛应用和部署的高速无线技术,目前已经得到了大范围的应用,包括家庭、办公室,以及越来越多的咖啡屋、酒店、机场等,而且现在的笔记本,也几乎都可以实现 Wi-Fi 接入的功能。它为用户提供了无线的宽带互联网访问。同时,它也是在家里、办公室或在旅途中上网的快速、便捷的途径。以前通过网线连接计算机,而现在则是通过无线电波来联网;常见的就是一个无线路由器,那么在这个无线路由器的电波覆盖的有效范围都可以采用 Wi-Fi 连接方式进行联网,如果无线路由器连接了一条 ADSL 线路或者别的上网线路,则又被称为"热点"。随着技术的发展,以及 IEEE 802.11g、IEEE 802.11n、IEEE 802.11ac 等标准的出现,现在 IEEE 802.11 这个标准已被统称作 Wi-Fi。

　　无线网络是 IEEE 定义的无线网技术,在 1999 年 IEEE 官方定义 802.11 标准的时候,IEEE 选择并认定了 CSIRO 发明的无线网技术是世界上最好的无线网技术,因此 CSIRO 的无线网技术标准,就成为 2010 年无线保真的核心技术标准。无线网络技术由澳洲政府的研究机构 CSIRO 在 20 世纪 90 年代发明并于 1996 年在美国成功申请了无线网技术专利(US Patent Number 5 487 069)。发明人是悉尼大学工程系毕业生 Dr. John O'Sullivan 领导的一群由悉尼大学工程系毕业生组成的研究小组。IEEE 曾请求澳洲政府放弃其无线网络专利,让世界免费使用无线保真技术,但遭到拒绝。澳洲政府随后在美国通过官司胜诉或庭外和解，收取了世界上几乎所有电气电信公司（包括苹果，英特尔，联想，戴尔，AT&T，索尼，东芝，微软，宏碁，华硕，等等）的专利使用费。2010 年，每购买一台含有无线保真技术的电子设备，所付出的价钱就包含交给澳洲政府的无线保真专利使用费。2010 年，全球每天估计会有 30 亿台电子设备使用无线网络技术，而到 2013 年年底 CSIRO 的无线网专利过期之后，这个数字增加到 50 亿。无线网络被澳洲媒体誉为澳洲有史以来最重要的科技发明，其发明人 Dr. John O'Sullivan 被澳洲媒体称为"Wi-Fi 之父"，并获得了澳洲的国家最高科学奖和全世界的众多赞誉，其中包括欧盟机构，欧洲专利局（European Patent Office，EPO）颁发的 European Inventor Award 2012，即 2012 年欧洲发明者大奖。

1990 年，IEEE 802 标准化委员会成立了 IEEE 802.11WLAN 标准工作组，其主要任务是研究工作在分配给工业科技和医疗使用的 2.4GHz 频段，传输速率为 1Mbp/s 和 2Mb/s 的无线设备和网络发展的标准，并于 1997 年 7 月公布了该标准。IEEE 802.11 标准的制定推动了无线网络的发展，但由于传输速率只有 1~2Mb/s，该标准未能得到广泛的发展与应用。

1999 年，IEEE 通过了新的 IEEE 802.11a 和 IEEE 802.11b 标准。这两个频段都是免费的，即不需要授权的。IEEE 802.11b 定义了使用直接序列扩频调制技术，在 2.4GHz 频带实现速率为 11Mb/s 的无线传输。由于 DSSS 技术的实现比 OFDM 容易，IEEE 802.11b 标准的发展比 IEEE 802.11a 快得多。在 1999 年年末首先出现了支持 IEEE 802.11b 标准的产品，随后通过互通性测试并得到广泛商用。随着用户需求的增加，又诞生了 IEEE 802.11a 标准，IEEE 802.11a 定义了采用正交频分复用调制技术，在 5G 频段实现传输速率为 54Mb/s 的无线传输。采用 OFDM 调制技术的 IEEE 802.11a 标准与 IEEE 802.11b 相比，具有两个明显的优点：提高了每个信道的最大传输速率（达到 11~54Mb/s）、增加了非重叠的信道数。因此采用 IEEE 802.11a 标准的 WLAN 可以同时支持多个相互不干扰的高速 WLAN 用户。不过这些优点是以兼容性和传输距离为代价的。IEEE 802.11a 和 IEEE 802.11b 工作在不同的频段，两个标准的产品不能兼容。由于传输距离的减小，要覆盖相同的范围就需要更多的 IEEE 802.11a 接入点。2002 年年初首次出现了支持 IEEE 802.11a 标准的产品。

2003 年，IEEE 颁布了 802.11g，IEEE 802.11g 标准既能提供与 IEEE 802.11a 相同的传输速率，又能与已有的 IEEE 802.11b 设备后向兼容。IEEE 802.11g 也工作在 ISM 2.4GHz 频段，在速率不大于 11Mb/s 时仍采用 DSSS 调制技术，当传输速率高于 11Mb/s 时则采用传输效率更高的 OFDM 调制技术。与 IEEE 802.11a 相比，IEEE 802.11g 的优点是以性能的降低为代价的。虽然 OFDM 调制技术能达到更高的速率，但 2.4GHz 频带的可用带宽是固定的，IEEE 802.11g 只能使用 2.4Hz 频段的三个信道，而 IEEE 802.11a 在 5GHz 频带室内/室外可用的信道各有 8 个。由于 IEEE 802.11a 的可用信道数比 IEEE 802.11g 多，在相同传输速率下频道重叠少干扰就小，所以 IEEE 802.11a 与 IEEE 802.11g 相比具有较强的抗干扰能力。与此同时，一种新的应用模式，即在家庭和小型办公室里可连接多个设备并在设备间进行数据共享，对无线局域网的数据传输速率提出更高要求，从而使得一个新的研究项目应运而生，这就是于 2009 年公布的 IEEE 802.11n 的由来。为了使单信道的数据速率最高可以超过 100Mb/s，在 IEEE 802.11n 标准中引入的 MIMO（即多输入-多输出，或空间数据流）技术，利用物理上完全分离的最多 4 个发射和 4 个接收天线，对不同数据进行不同的调制/解调，来达到传输较高的数据容量的目的。

IEEE 内部设立了两个项目工作组,以"极高吞吐量"为目标进行立项研究。其中一个工作组 TGac 是以 IEEE 802.11n 标准为基础并进行扩展,并制定出 IEEE 802.11a/c。对于 IEEE 802.11a/c 来说,理论上使用 160MHz 带宽,8 个空间流,MCS9 编码,256QAM 调制,最高速率能达到 6.93Gb/s。而真正可以使用的数据速率大概是 1.56Gb/s。即在 5GHz 的频段上,数据吞吐量目标为:在单通道链路上的最低速率为 500Mb/s,最高可达到 1Gb/s。另一个工作组 TGad 与无线千兆比特联盟(Wireless Gigabit Alliance)联合提出 IEEE 802.11a/d 标准,即在 60GHz 的频段上使用大约 2GHz 频谱带宽,这一尚未使用的频段可以在近距离范围内实现高达 7Gb/s 的传输速率。另外还有与现有设备的兼容性,在相同频段上与现有标准的后向兼容都是标准组织必须考虑的问题。IEEE 802.11 系列标准的目标之一就是后向兼容,对于 IEEE 802.11a/c 和 ad 来说主要考虑媒介控制层(MAC)或数据链路层与之前的标准的兼容性,而不同的只能是物理层上的特性。对于 WLAN 的设备可以支持三种无线制式:一般用途的使用在 2.4GHz 频段,但会受到同频干扰的问题;更稳定和较高速率的应用在 5GHz 频段,使用 60GHz 频段用于室内的超高速率的应用,同时还能支持在这三种制式之间的转换。这两个新的标准目前都有技术草案。IEEE 802.11a/d 的标准于 2012 年年底完成,而 IEEE 802.11a/c 于 2013 年年底完成。不管怎样,预计依照这些草案标准而设计的产品都会先于最终标准在市场上出现。

9.2 Wi-Fi 技术原理

Wi-Fi 是目前最主流的无线网络标准,虽然标准在很久以前就已经制定了,但是由于技术不成熟所导致的传输速度慢(遗失数据严重),使得市场接受程度偏低。不过自从英特尔公司向市场推出名为迅驰(Centrino)的无线整合技术后,整个无线网络市场又被重新挖掘出来。Wi-Fi 正逐渐走向成熟,下面就来介绍这种逐渐被社会认可的技术的系统原理。

9.2.1 Wi-Fi 技术性能指标和关键技术

1. Wi-Fi 的性能指标

Wi-Fi 性能指标如表 9-1 所示。

表 9-1 性能指标比较

协 议	发布年份	工作频带	最大传输速度
IEEE 802.11	1997	2.4~2.5GHz	2Mb/s
IEEE 802.11a	1999	5.15~5.35/5.47~5.725/5.725~5.875GHz	54Mb/s
IEEE 802.11b	1999	2.4~2.5GHz	11Mb/s
IEEE 802.11g	2003	2.4~2.5GHz	54Mb/s
IEEE 802.11n	2009	2.4GHz 或者 5GHz	600Mb/s(40MHz×4 MIMO)
IEEE 802.11ac	2011.2	2.4GHz 或者 5GHz	867Mb/s,1.73Gb/s,3.47Gb/s,6.93Gb/s(8MIMO,160MHz)
IEEE 802.11ad	2012.12(草案)	60GHz	7000Mb/s 以上

现在无线网通信协议主要采用的标准是 IEEE 802.11b、IEEE 802.11a 和 IEEE 802.11g。在无线局域网市场中,IEEE 802.11a 产品在国外使用广泛,在国内 IEEE 802.11b 是无线局域网的主流标准,IEEE 802.11g 由于速率高及与 IEEE 802.11a 和 IEEE 802.11b 的兼容性受到了青睐。从发展来看,今后应采用双频三模(IEEE 802.11a/IEEE 802.11b/IEEE 802.11g)的产品。双频三模无线产品不但可工作在与 IEEE 802.11a 相同的 5GHz 频段,还可与工作在 2.4GHz 的 IEEE 802.11b 和 IEEE 802.1g 产品全面兼容,支持整个 IEEE 802.11a/IEEE 802.11b/IEEE 802.11g 标准、完整互通性单一平台,实现无线标准的互连与兼容。

2. Wi-Fi 的关键技术

正如传闻所言,Wi-Fi 所遵循的 IEEE 802.11 标准是以前军方所使用的无线电通信技术。而且,至今还是美军军方通信器材对抗电子干扰的重要通信技术。因为 Wi-Fi 中所采用的展频(Spread Spectrum,SS)技术具有非常优良的抗干扰能力,并且当需要反跟踪、反窃听时同时具有很出色的效果,所以不需要担心 Wi-Fi 技术不能提供稳定的网络服务。而常用的展频技术有如下 4 种:DD-SS 直序展频,FH-SS 调频展频,TH-SS 跳时展频,C-SS 连续波调频。在上面常用的技术中,前两种展频技术,也就是 DS-SS 和 FH-SS 很常见。后两种则是根据前面的技术加以变化,也就是 TH-SS 和 C-SS 通常不会单独使用,而且整合到其他的展频技术上,组成信号更隐密、功率更低、传输更为精确的混合展频技术。综合来看展频技术有以下方面的优势:反窃听,抗干扰,有限度的保密。

1) 直序扩频技术

直序扩频技术,是指把原来功率较高,而且带宽较窄的原始功率频谱分散在很宽广的带宽上,使得整个发射信号利用很少的能量即可传送出去。

在传输过程中把单一个 0 或 1 的二进制数据使用多个片段(Chips)进行传输,然后在接收方统计 Chips 的数量来增加抵抗噪声干扰。例如,要传送一个 1 的二进制数据到远程,那么 DS-SS 会把这个 1 扩展成三个 1,也就是 111 进行传送。那么即使是在传送中因为干扰,使得原来的三个 1 成为 011、101、110、111 信号,但还是能统计 1 出现的次数来确认该数据为 1。通过这种发送多个相同的 Chips 的方式,就比较容易减少噪声对数据的干扰,提高接收方所得到数据的正确性。另外,由于所发送的展频信号会大幅降低传送时的能量,所以在军事用途上会利用该技术把信号隐藏在背景噪声中,减少敌人监听到我方通信的信号以及频道。这就是展频技术所隐藏信号的反监听功能。

2) 跳频技术

跳频技术(Frequency-Hopping Spread Spectrum,FHSS)是指把整个带宽分割成不少于 75 个频道,每个不同的频道都可以单独传送数据。当传送数据时,根据收发双方预定的协议,在一个频道传送一定时间后,就同步“跳”到另一个频道上继续通信。

FHSS 系统通常在若干不同频段之间跳转来避免相同频段内其他传输信号的干扰。在每次跳频时,FHSS 信号表现为一个窄带信号。

若在传输过程中,不断地把频道跳转到协议好的频道上,在军事用途上就可以用来作为电子反跟踪的主要技术。即使敌方能从某个频道上监听到信号,但因为我方会不断跳转到其他频道上通信,所以敌方就很难追踪到我方下一个要跳转的频道,达到反跟踪的目的。

如果把前面介绍的 DS-SS 以及 FS-SS 整合起来一起使用的话,将会成为 hybrid FH/DS-SS。这样,整个展频技术就能把原来信号展频为能量很低、不断跳频的信号,使得信号抗干扰能力更强、敌方更难发现。即使敌方在某个频道上监听到信号,但不断地跳转频道,使敌方不能获得完整的信号内容,即可完成利用展频技术隐密通信的任务。

FHSS 系统所面临的一个主要挑战便是数据传输速率。就目前情形而言,FHSS 系统使用 1MHz 窄带载波进行传输,数据率可以达到 2Mb/s,不过对于 FHSS 系统来说,要超越 10Mb/s 的传输速率并不容易,从而限制了它在网络中的使用。

3) OFDM 技术

它是一种无线环境下的高速多载波传输技术。其主要思想是:在频域内将给定信道分成许多正交子信道,在每个子信道上使用一个子载波进行调制,各子载波并行传输,从而能有效地抑制无线信道的时间弥散所带来的符号间干扰(ISI)。这样就减少了手机内均衡的复杂度,有时甚至可以不采用均衡器,仅通过插入循环前缀的方式消除 ISI 的不利影响。

OFDM 技术有非常广阔的发展前景,已成为第 4 代移动通信的核心技术。IEEE 802.11a/IEEE 802.11g 标准为了支持高速数据传输都采用了 OFDM 调制技术。目前,OFDM 结合时空编码、分集、干扰(包括符号间干扰 ISI)和邻道干扰(ICI)抑制以及智能天线技术,最大限度地提高了物理层的可靠性;如再结合自适应调制、自适应编码以及动态子载波分配和动态比特分配算法等技术,可以使其性能进一步优化。

9.2.2 Wi-Fi 协议

1. CSMA/CA 协议

1) CSMA/CA 的原理

总线型局域网在 MAC 层的标准协议是 CSMA/CD,但是由于无线产品的适配器不易检测信道是否存在冲突,因此 IEEE 802.11 定义了一种新的协议,就是 CSMA/CA。它一方面经过载波侦听,以查看介质是否空闲;另一方面通过随机的时间等待,使得信号冲突发生的概率减到最小,以避免冲突。当侦听到介质空闲时,优先发送。

不仅如此,为了让系统更加稳固,IEEE 802.11 还提供了带确认(ACK)的 CSMA/CA。一旦遭受其他噪声干扰或者在侦听失败时,就有可能发生信号冲突,而这种工作于 MAC 层的 ACK 此时能够提供快速的恢复能力。

2) CSMA/CA 协议的问题

从理论上来讲,MAC 层的 CSMA/CA 协议完全能够满足局域网级的多用户信道竞争问题,但是,对于无线环境而言,它不像有线广播媒体那样好控制,来自其他 LAN 中的用户传输会干扰 CSMA/CA 的操作。而且,在无线环境中,因为发射设备的功率通常要比接收设备的功率强得多,检测冲突是困难的,因此,不可能终止互相冲突的传输,在这种环境下,设计一个能够帮助避免冲突的系统更为有意义。无线局域网存在隐藏站点的问题,大多数无线电都是半双工的,它们不能在同一频率上发送并同时监听突发噪声,因此,IEEE 802.11采用了 CSMA/CA 技术,CA 表示冲突避免,这种协议实际上是在发送数据帧前需对信道进行预约。

2. BTMA 协议

忙音多路访问协议(BTMA)就是为解决暴露终端的问题而设计的。BTMA 把可用的频带划分成数据(报文)通道和忙音通道。例如,当一个设备在接收信息时,它把特别的数据,即一个"音"放到忙音通道上,其他要给该接收站发送数据的设备在它的忙音通道上听到忙音,知道不要发送数据。使用 BTMA,在上面的例子中,在 B 向 A 发送的同时,C 就可以向 D 发送(假定 C 已感知 B 和 D 不在同一个无线范围内),因为 C 没有在 D 的忙音通道上接收到其他站的发送而引起的忙音。另外,使用 BTMA,如果 C 在向 B 发送,A 也可以知道而不向 B 发送,因为 A 可以在 B 的忙音通道上接收到由于 C 的发送而引起的忙音。在暴露终端的情况下,在一个无线覆盖区域中的一个设备检测不到在邻接覆盖区域中的忙音通道上的忙音。

3. MAC 层 IEEE 802.11e 协议

在 IEEE 802.11e 中,每一个无线节点称为 QSTA,它可以通过增强分布式协调访问 (Enhanced Distributed Channel Access,EDCA)和混合控制信道访问(HCCA)两种方式访问信道。其中,EDCA 机制和 IEEE 802.11 DCF 相似,只是针对不同优先级的访问类别有不同的帧间隔和竞争窗口。而在 HCCA 机制中,一个控制节点可以优先访问信道,并调度其他 QSTA 可以获得一段 TXOP 发送多个数据包。

相较于 IEEE 802.11 DCF/PCF,IEEE 802.11 EDCA/HCCA 主要做了以下几个方面的扩充:第一,属于不同优先级的站点在进行二进制回退争抢信道时,需要等待不同的任意帧间隔。与 802.11 DCF 等待相同的 DIFS 时间不同,在 EDCA 中,属于优先级的站点需要等待 AIFS;第二,属于不同优先级的站点在进行二进制回退争抢信道时,所用的最大竞争窗口和最小竞争窗口范围不同。优先级越高,最大竞争窗口的数值越小。因此高优先级的站点其计数器的取值较小,可以更早地递减到 0;第三,引入了虚拟竞争,在同一个站点内部,IEEE 802.11e 把所有数据包分成 8 类,映射到 4 个接入等级,每一个接入等级都对应站点内部的一个队列,当高优先级的队列和低优先级的队列计数器同时到 0 时,站点内部的调度器会判断高优先级队列成功发送,而低优先级队列则进行二进制回退,再次争抢信道;第四,引入了 TXOP,在 IEEE 820.11e 的 HCCA 机制中,一个控制节点可以优先访问信道,并调度其他 QSTA 对信道访问。

综上所述,IEEE 802.11e 通过为具有不同优先级的 QSTA,从而实现了统计意义上的区分服务。

9.3 Wi-Fi 的组成结构

9.3.1 Wi-Fi 技术的硬件设备

1. 参考模型

无线局域网由端站(STA)、接入点(AP)、接入控制器(AC)、AAA 服务器以及网元管理单元组成,其网络参考模型如图 9-1 所示。AAA 服务器是提供 AAA 服务的实体,在参考模型中,AAA 服务器支持 RADIUS 协议。Portal 服务器适用于门户网站推送的实体,在Web 认证时辅助完成认证功能。

2. 接口定义

在该网络模型中,定义了如下接口。

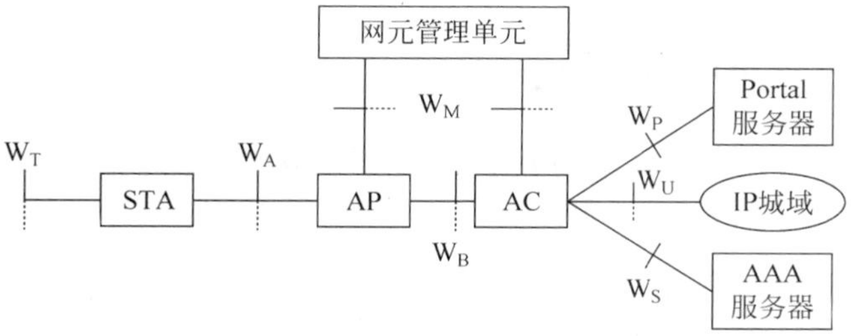

图 9-1　无线局域网网络参考模型

（1）WA 接口：STA 和接入点之间的接口，即空中接口。

（2）WB 接口：接入点和接入控制器之间该接口为逻辑接口，可以不对应具体的物理接口。

（3）WT 接口：STA 和用户终端的接口；该接口为逻辑接口，可以不对应具体的物理接口。

（4）WU 接口：公共无线局域网（PWLAN）与 Internet 之间的接口。

（5）WS 接口：AC 与 AAA 服务器之间的接口；该接口为逻辑接口，可以不对应具体的物理接口。

（6）WP 接口：AC 与 Portal 服务器之间的接口；该接口为逻辑接口，可以不对应具体的物理接口。

3. 网络单元功能

在该无线局域网络参考模型中，各个网络单元的功能如下所述。

（1）端站（STA）是无线网络中的终端，可以通过不同接口接入计算机终端，也可以是非计算机终端上的嵌入式设备；STA 通过无线链路接入 AP，STA 和 AP 之间的接口为空中接口。

（2）接入点（AP）通过无线链路和 STA 进行通信；无线链路采用标准的空中接口协议；AP 和 STA 均为可以寻址的实体；AP 上行方向通过 WB 接口采用有线方式与 AC 连接。

（3）接入控制器（AC）在无线局域网和外部网之间充当网管功能；AC 将来自不同 AP 的数据进行汇聚，与 Internet 相连；AC 支持用户安全控制、业务控制、计费信息采集及对网络的监控；AC 可以直接和 AAA 服务器相连，也可以通过 IP 城域网骨干网（支持 Radius 协议）相连；在特定的网络环境下，接入控制器 AC 和接入点 AP 对应的功能可以在物理实现上一体化。

（4）AAA 服务器具备认证、授权和计费（AAA）功能；AAA 服务器在物理上可以由具备不同功能的独立的服务器构成，即认证服务器（AS）、授权服务器和计费服务器；认证服务器保存用户的认证信息和相关属性，当接收到认证申请时，支持在数据库中对用户数据的查询；在认证完成后，授权服务器根据用户信息授权用户具有不同的属性；在本标准中，AAA 服务器即支持 RADIUS 协议的服务器。

（5）Portal 服务器负责完成 PWLAN 用户门户网站的推送，Portal 服务器为必选网络单元。

9.3.2 Wi-Fi 技术的拓扑结构

无线局域网的拓扑结构可归纳为两类，即无中心网络和有中心网络。

1. 无中心网络

无中心网络是最简单的无线局域网结构，又称为无 AP 网络，对等网络或 Ad-hoc（特别）网络，它由一组有无线接口的计算机（无线客户端）组成一个独立基本服务集（IBSS），这些无线客户端由相同的工作组名、ESSID 和密码，网络中任意两个站点之间均可直接通信。无中心网络的拓扑结构如图 9-2 所示。

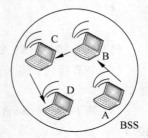

图 9-2　无中心网络
的拓扑结构

无中心网络一般使用公用广播信道，每个站点都可竞争公用信道，而信道接入控制（MAC）协议大多采用载波监测多址接入（CSMA）类型的多址接入协议。这种结构的优点是：网络抗毁性好、建网容易、成本较低。这种结构的缺点是：当网络中用户数量（站点数量）过多时，激烈的信道竞争将直接降低网络性能。此外，为了满足任意两个站点均可直接通信，网络中的站点布局受环境限制较大。因此，这种网络结构仅适应于工作站数量相对较少（一般不超过 15 台）的工作群，并且这些工作站应离得足够近。

2. 有中心网络

有中心网络也称结构化网络，它由一个或多个无线 AP 以及一系列无线客户端构成，网络拓扑结构如图 9-3 所示。在有中心网络中，一个无线 AP 以及与其关联（Associate）的无线客户端被称为一个 BSS（Basic Service Set，基本服务集），两个或多个 BSS 可构成一个扩展服务集（Extended Service Set，ESS）。

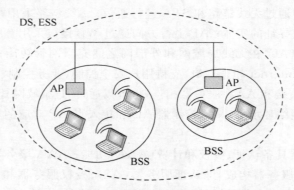

图 9-3　有中心网络的拓扑结构

有中心网络使用无线 AP 作为中心站，所有无线客户端对网络的访问均由无线 AP 控制。这样，当网络业务量增大时，网络吞吐性能以及网络时延性能的恶化并不强烈。由于每个站点只要在中心站覆盖范围内就可与其他站点通信，故网络布局受环境限制比较小。此外，中心站为接入有线主干网提供了一个逻辑访问点。而有中心网络拓扑结构的弱点是：

抗毁性差,中心站点的故障容易导致整个网络瘫痪,并且中心站点的引入增加了网络成本。

虽然在 IEEE 802.11 标准中并没有明确定义构成 ESS 的分布式系统的结构,但目前大多数指以太网。ESS 的网络结构只包含物理层和数据链路层,不包含网络层及其以上各层。因此,对于 IP 等高层协议来说,一个 ESS 就是 IP 子网。

9.4　Wi-Fi 的传输方式

Wi-Fi 信号的传输方式跟无线局域网采用的传输媒体、选择的频段及调制方式等有关。目前,无线局域网采用的传输媒体主要有两种,即微波与红外线。按照不同的调制方式,采用微波作为传输媒体的无线局域网又可分为扩展频谱方式与窄带调制方式。微波和红外线都属于电磁波。

9.4.1　局域网

1. 红外线局域网

近年来,基于红外线的传输技术有了很大发展,目前广泛使用的家电遥控器几乎都采用红外线传输技术。红外线传输技术采用波长小于 $1\mu m$ 的红外线作为传输媒体,有较强的方向性。由于它采用了低于可见光的部分频谱作为传输媒体,因此使用不受无线电管理部门的限制。红外信号要求视距(直观可见距离)传输,因此很难被窃听,对邻近区域的类似系统也不会产生干扰。

作为无线局域网的传输方式,采用红外线通信方式与微波方式比较,可以提供极高的数据传输速率,有较高的安全性,且设备相对简单、便宜。但由于红外线对障碍物的透射和绕射能力很差,使得传输距离和覆盖范围都受到很大限制,通常局域网的覆盖范围被限制在一间房屋内。另外,在实际应用中,由于红外线具有很高的背景噪声,受日光、环境照明等影响较大,一般信号源设备的发射功率要大一些。

2. 扩展频谱局域网

大多数无线局域网都使用扩展频谱技术(简称“扩频技术”)来传输数据。

在扩展频谱方式中,数据基带信号的频谱被扩展到几倍到几十倍,再被搬移到射频发射出去。这一做法虽然牺牲了频带带宽,却提高了通信系统的抗干扰能力和安全性。由于单位频带内的功率降低,对其他电子设备的干扰也就减小了。

扩频技术是一种宽带无线通信技术,最早应用于军事通信领域。在扩频通信方式下,传输信息的信号带宽远大于信息本身的带宽,信息带宽的扩展是通过编码方式实现的,与所传输数据无关。扩频通信具有抗干扰能力强、隐蔽性强、保密性好、多址通信能力强等特点,能够保证数据在无线传输中保持完整可靠,并确保在不同频段同时传输的数据不会互相干扰。

3. 窄带微波局域网

在窄带微波局域网中,数据基带信号的频谱不做任何扩展即被直接搬移到射频发射出去。与扩展频谱方式相比,窄带调制方式占用频带少,频带利用率高。采用窄带调制方式的无线局域网一般采用专用频段,需要经过国家无线电管理部门的许可方能使用。当然,也可选用 ISM 频段,这样可免去向无线电管理委员会申请。但带来的问题是,当邻近的仪器设备也在使用这一频段时,会严重影响通信质量,通信的可靠性无法得到保证。

9.4.2　数据的传输

当把数据传送到一个近距离的设备时,可以通过网络连接同步输出到远程的接收设备。而且,在传送过程中能同时传输整个字节(8 位)的数据,或是多个字节,这样就可以使整个传输速度大幅度提升。但是,对于远距离的传输则可能会因为传送信号被干扰,导致不能同时传送多个字节。

接收方必须对所收到的数据进行侦错操作(Error Checking),以确保传输数据的正确性。若发现收到的数据中又不符合侦错算法的内容,那么就会使用一定的措施来修复该错误,例如要求发送方重新发送被侦察到的错误位或字节。

对于无线局域网来说,因为其技术跟有线局域网是相似的,所以在每个接受通信前都会有三次"握手"的过程。这三次"握手"可以保证传送数据的双方能在可靠的连接下进行通信。

1. 握手

在传送数据前,发送方并不会立即把数据传送到网络上。因为发送方并不清楚接收方是否能立即处理数据。所以为了避免发送过去的数据被接收方"置之不理",会先发送一个要求同步的握手要求(Handshaking Requests)。

当接收方收到这样的要求,而且接收方也有足够的资源接收时,就会返回响应要求的包。在发送和接收双方之间经过三次"握手"操作后,就能确立一条持续通信的网络连接,如图 9-4 所示。

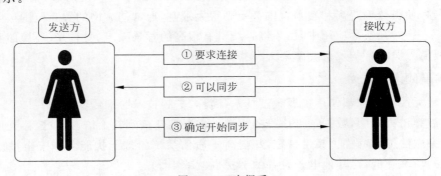

图 9-4　三次握手

2. 寻找目的地

通常一个连接需要建立时,首先要确认连接是连接好的(即使是发送/接收双方之间有路由器等设备,把双方分割的两个不同子网络之间连接也算在该范围之内)。但由于 Wi-Fi 是利用无线电波传送数据,所以在建立无线网络时并不需要有直接的设备连接。

在传输介质能连接后,设备就一直处于连接状态,直到设备被断开电源。但是该状态的连接并没有附带任何可以作为实际应用中用到的信息,例如 IP 地址、路由信息等内容。所以,需要利用操作系统为这些连接进行初次系统级别的连接操作——Handshaking。

虽然在许多连接种类中,大部分都能传送高品质的语音或者是具有简单的数据传输功能,但是,对于大规模数字数据的传输则显得有点儿力不从心。这是因为这些连接所使用的连接方式是接连不断地通信,一旦在传输数据过程中连接受到干扰,那么所传送的大规模的数据就会出错。

所以,为了传送大规模数字数据,就要把数据分成一块块的、空间占用比较小的数据,也就是所谓的数据包(Packets)。

这些 Packets 是从一个数据信息中切割出来的,并且通过系统封装而成。所谓的封装,就是把切割出来的数据整合到网络传输格式中去。所封装的 Packets 会包含许多信息,例如数据的目的地、内容的大小等。

每一个包中都会包含目的地的 IP 地址以及邻近的序列号,这样在发送过程中就会根据序列号侦测没有到达目的地的包,并且根据该号码重新组合为信息。

所以,无线网络传送包要经过切割信息、封装(把目的地的 IP 地址封装到包)、发送到目的地、解开包、重组信息的步骤,而这些传送操作,对于用户而言,却不会感觉到烦琐的操作在进行。

9.4.3 IEEE 802.11b 传输控制

由于一个网络架构必须要不同的传输设备进行相互操作,所以就需要统一相互之间的传输标准,使得传输能在相互都"了解"的情况下进行,避免不同厂商所生产的网络设备发生兼容性问题。

1. 物理层

物理层是规范网络设备如何利用电子信号进行传输,且设备之间如何协调的内容。例如设备使用的电压、发送无线电的频率,甚至是设备与设备之间连接的线材插头都要规范为统一的形状。否则,将会出现电压过高而出现烧毁设备、发射频率不同步而不能接收信号、频道与频道之间的过分接近导致干扰、线材插头不统一造成无法连接等情况。

综合来说,物理层是让不同厂商所生产的网络设备都能在统一的规范中相互传送的最基本的数据单元,也就是常说的"0"和"1",例如,所有设备都是使用大于 3.3V 的电压表示"1",而小于 0V 的电压则表示为"0"。

在 Wi-Fi 中同样需要统一的物理层进行规范。但有点儿不同的是,Wi-Fi 会在包中增加 144b 的内容。其中,128b 是让发送端设备以及接收端设备进行同步的内容。另外 166b 则是一个名为 start-of-frame 的字段,表示该 Frame 的开始点。

2. 访问控制层

MAC 层是用来控制数据如何从无线电波发送出去,以及其他无线网络产生的问题,例如,通过载波侦听多重访问/避免冲突(Carrier Sense Multiple Access with Collision Avoidance,CSMA/CA)来解决传送冲突,或者是增加安全,使得传输更加保密。

在 Wi-Fi 中,使用的两种过滤方式分别为 SSID 和 MAC。

其中,服务区域识别串(SSID)要求在 AP 的覆盖范围中的所有计算机都需要设为同一个 SSID(该 ID 必须与 AP 一致)。当客户端计算机要求进入该 AP 管辖的网络时,AP 就会检查客户端发送来的 ID 是否与自己所拥有的一致。若 ID 一致，AP 才允许计算机连接到网络。相反地，AP 将会拒绝客户端连接到网络。而 MAC 则是利用无线上 MAC 地址(独一无二的网卡卡号)判别计算机能否连接到网络中。

而 MAC 则通常在用户群比较固定的环境中使用，例如公司的办公室。因为在办公室的环境中可以比较容易获得网卡上的 MAC，而且 MAC 并不会经常变化，所以在固定用户群体的环境中，使用 MAC 方式是比较常见的。

3. 其他控制层

除了前面所描述的物理层以及访问控制层外，还有一些在这两层以上的控制层。这些层控制许多功能，例如 IP 分配、路由、检测数据完整性等。

这些高层与其他类型的网络没有什么两样，包括光纤、无线电波等连接方式。而且，在高层上完成的网络协议也可以使用相同的种类，例如 TCP/IP、Novell NetWare、Apple Talk 等。

另外，在操作系统方面也不会有很大的区别，只要操作系统能提供兼容于 IEEE 802.11b 标准的驱动程序、模块或者核心，操作系统就都能使用无线网络，例如 Windows、UNIX、Mac OS、Linux 等操作系统都能使用 Wi-Fi。

9.5 Wi-Fi 的应用领域

Wi-Fi 网络目前已经得到了比较广泛的使用，Wi-Fi 热已经让各个领域的企业毫不保留地投入其中。这里面包括电信运营商、集成商、通信设备提供商和 IT 厂商，甚至那些从前与信息技术毫无瓜葛的酒店、机场，乃至小小的咖啡屋。现在 Wi-Fi 的覆盖范围越来越广泛了，高级宾馆、豪华住宅区、飞机场以及咖啡厅之类的区域都有 Wi-Fi 接口。当我们去旅游、办公时，就可以在这些场所使用我们的掌上设备尽情在网上冲浪了。除了在热点地区建设 Wi-Fi 网络以外，企业无线局域网也是一个庞大的市场。

9.5.1 基于 Wi-Fi 网络的主要应用模式

1. 企业或者家庭内部无线接入模式

在企业内部或者家庭架设 AP，所有在覆盖范围内的 Wi-Fi 终端(包括笔记本、PDA、手机、打印机等)通过这个 AP 实现内部通信，或者通过 AP 作为宽带接入出口连接到互联网，这是目前最广泛的应用方式，此时的 Wi-Fi 提供的是家庭网络或者企业内部网络的接入功能，用户主要是通过 Wi-Fi 上网获得服务。有相当一部分的公众服务行业为了提升服务环境，为客户提供了 Wi-Fi 接入服务。在这种应用模式中因为不涉及主体(AP 的拥有者)对客户(非 AP 拥有者)提供服务而获取收入，因此不存在商业运营的问题。但是值得注意的是，这种模式随着 Wi-Fi 技术和双模终端(手机＋Wi-Fi)的出现，有提供移动 IP 电话服务的倾向。一部分企业将对 WLAN 基础架构进行升级，使之能够支持更多的传统网络应用，而基于 WLAN 架构的新型语音技术的出现，使得很多企业的内部网络能够通过 WLAN 提供融合的语音、数据和多媒体应用，成为统一通信的主要发展方向之一。另一方面，无线手持终端(包括 WLAN 和移动双模手机、内置 Wi-Fi 的 PDA 等)的普及为无线 VoIP 业务的推广起到很强的推动作用。

2. 电信运营商提供的无线宽带接入服务

在用户驻地网跑马圈地大量建设的同时,几家基础电信运营商在很多宾馆、机场等公众服务场所纷纷架设 AP,为公众用户提供 Wi-Fi 接入服务。用户可以通过购买密码卡或者手机短信申请开通业务获得服务。目前该模式的应用发展并不理想,原因主要有三个:一是运营商自身对中国市场的这个服务并不重视,在跑马圈地之后没有明确的营销方案,销售业绩考核与 ADSL 等宽带接入同等对待,员工发展的积极性也不高;二是用户认为资费过高,使用不够方便;三是覆盖孤岛问题,目前各运营商的 AP 之间是无法漫游的,于是形成了覆盖的孤岛,用户无法管理自己的使用预期。不过目前运营商对公共场所 WLAN 的重视程度正在逐渐提高。当用户的随时上网习惯逐步培养起来之后,在公众场合提供 WLAN 接入服务的商机逐步呈现。

3. "无线城市"的综合服务模式

所谓"无线城市",是指在城市内架设基本全覆盖的 Wi-Fi 网络,为公众提供随时随地的移动宽带接入服务。全世界已经有超过 600 个城市开始或计划建设"无线城市",越来越多的城市将"无线城市"作为城市的基础建设,并试图通过无线宽带网络来寻求新的经济活力。"无线城市"基本都是由市政府全部或部分投资和委托建设的,根据建设后经营主体和经营方式的不同,具体的盈利模式可分为以下几种:ISP 模式、广告模式、市政独营模式和合作社模式。例如在 ISP 模式中,ISP(包括传统运营商)通过自己建设或者与市政府共同建设"无线城市"网络并运营,再将业务批发、零售给用户、企业以及市政府,以便收回投资。广告模式则大多是采用免费或者低价方式为大众提供接入服务,通过登录界面的广告收入维持运营。

9.5.2　基于 Wi-Fi 的行业应用

1. 企业应用

网络要在企业中得到深入广泛的应用,那么必须从企业管理进入企业的各个领域,包括复杂繁忙的生产现场或是多样化的企业环境。计算机网络确实推进了企业的管理方式和生产能力,但是网络布线成为网络在企业中生长的棘手问题。企业网络化的改造受到网络布线的重大限制,甚至在一些生产场合,网络布线的代价甚高,甚至可能性很小。企业的网络必须从烦琐的网络布线中解脱,而无线网络技术和产品正帮助着渴望计算机网络迅速成长的企业。无线网络产品在企业环境中的典型应用包括:①生产环境及安全的远程监控;②远程数据采集及传送,生产数据查询;③自动化生产过程远程控制;④数控设备远程控制、机器人/机械手控制;⑤库存管理,仓库盘点;⑥大中型企业内部建筑物网络连接;⑦企业工地应用;⑧故障处理以及各种临时性连接。

2. 交通运输

交通运输行业的重要特征之一就是流动性,包括行业中的承运管理方、承运的工具、流动的货物、流动的旅客等。而迅速流动的特征及对象正是无线网络产品的主要针对市场,因为无线网络解决方案具有构建迅速、使用自由的重要特征,这些特征是任何基于线缆的网络产品无法比拟的,例如在空旷的码头、机场、货物集散中心这些场合,利用无线网络产品可以在不依赖环境的情况下构建局域网络。无线网络不仅可以用于交通运输行业的生产和管理,而且还可以为网络时代的交通运输环境提供信息增值服务。在交通运输行业,无线网络产品至少可以在以下的应用中体现出其吸引力:①计算机辅助调度;②实时远程交通报告系统;③车队指挥及控制:城市公交,学校班车,租车服务,机场车辆服务;④无线安全监控,包括码头、航道、道路、机场;⑤具有空间自由的停车管理系统;⑥航空行李及货物控制;⑦实时旅客信息发布(信息咨询站,车站,路牌等);⑧移动售票服务;⑨机场旅客Internet 访问无线接入服务。

3. 零售行业

零售行业大型化、集团化的趋势产生了对计算机管理系统的依赖性,大型的经营场地中计算机网络担任了重要的业务数据处理角色。然而经营场地的扩建、调整对计算机网络设计和建设却提出了相当高的要求,随着场地的扩充和信息点的迅速增长,网络系统的建设费用已经相当可观,况且还存在着无法预见的应用需求。无线网络产品空间自由的特征正是解决零售行业这一问题的轻松方案。如果大型商场的仓储管理、POS 结算受到网络线缆的约束,不仅会给经营者带来不便,对消费者同样也会有很大的影响。利用无线网络产品,商场的经营自由度将会得到前所未有的发展。在零售行业,无线网络产品可以方便地用于以下的应用之中:①仓储管理及盘点工作;②货品价格管理及检验;③实时销售记录访问;④利用商品数据库提供灵活多样的顾客服务;⑤货物归还处理;⑥迅速建立自由的收费点(POS)。

4. 医疗行业

无线网络产品的自由和便捷是对医疗行业最具有吸引力的特点。任何密集的网络线缆都无法满足医疗行业环境及业务特征的需求,突发、移动、清洁、便利等特性是用于医疗行业的计算机网络必须具有的性能。但是直到无线网络产品的出现,并没有一种性能价格比优秀的网络组网方案更能够满足医疗卫生行业的需求。摆脱了网络线缆束缚的无线网络产品为医疗卫生行业的应用提供了无可挑剔的行业解决方案:①病房看护监控;②生理支持系统及监控;③支持系统供给及资源管理;④急救系统监控;⑤灾情救援支持。

5. 教育行业

教育行业是多媒体网络技术展现优势的大舞台,从幼儿园到高等院校,计算机网络建设正在迅速地开展之中。校园网络已经成为大多数校园的必要设施。无论对于一个已经拥有宽带校园网络,或是一个还未建设校园网络的教育单位,无线网络技术仍然是一个可以发挥巨大优势的新事物。利用无线网络技术和产品,可以迅速建立一个校园网络,以满足学生和教师的任意联网需要。对于较为完善的校园信息系统,通过无线网络可以使得访问网上教育资源变得自由和轻松,无论在教室、宿舍、学术交流中心,甚至是充满绿意的校园草坪,无线网络将铺盖校园的任何地方。在教育行业,以下这些典型的应用都将充满巨大的诱惑力。

(1) 迅速建立小型或中型的校区网络,投资甚少;

(2) 为已建成的校园网络增加网络覆盖面,使网络覆盖整个校区;

(3) 学生宿舍网络接入系统;

（4）校园活动需要的临时性网络，如招生活动、学术交流活动；

（5）任意地点访问教育网络资源，包括教室、会议中心，甚至户外。

9.6　Wi-Fi 的发展前景

　　Wi-Fi 技术作为无线局域网家族中的重要组成部分，近年来发展迅速。伴随着 3G 的快速发展，越来越多的运营商正在推出（或考虑推出）允许 Wi-Fi 无线网络访问其 PS 域数据业务的服务，以缓解蜂窝网数据流量压力，在新的市场环境下，Wi-Fi 无线网络的应用又迸发出新的活力。本文对 Wi-Fi 的概念、特点等做了简要介绍，在此基础上，研究和探讨了利用 Wi-Fi 进行组网的室内外组网方案。对于 Wi-Fi 技术而言，漫游、切换、安全、干扰等方面都是运营商组网时需考虑的重点。随着骨干传输网容量和传输速率的提高，无论采用平面或者两层的架构都不会影响到用户的宽带快速接入；IAPP 以及 Mobile IP 技术的完善、IPv6 的发展也可以最终解决漫游和切换的问题。

9.6.1　Wi-Fi 技术存在的问题

　　随着移动互联网的快速发展，Wi-Fi 上网的需求量越来越大，对传输视频节目的需求，上网的速度要求也越来越快，国内三大运营商每年都加大了投入 Wi-Fi 网络建设的力度。分析目前运营商通过自有的室分系统进行 Wi-Fi 网络覆盖的方案，发现存在以下几个难以解决的问题。

　　（1）运营商通过自有的室分系统进行 Wi-Fi 网络覆盖致命的问题是：AP 与客户端的发射信号的功率值相差太大，出现了上下行不对称的问题。无线 AP 的输出平均功率值一般是 100mW，而客户端的发射信号，特别是像智能手机用户，在设计中由于考虑到电池的寿命及对人体健康的影响，Wi-Fi 信号远远小于 AP 的发射功率值，实际发射功率不到 AP 的 1/10，在距离 AP 比较远或有遮挡的情况下，手机发射的回传信号到达 AP 时已经非常的弱，淹没在噪声中，AP 无法有效地接收解调，也就无法完成通信任务，导致用户在使用中常常发现 Wi-Fi 信号非常好，但下载文件的时候非常慢，还常常出现延迟或掉线的现象。作者曾经针对 AP 发射功率的最佳值做过多次测试，在完全相同的试验状态下比较 AP 的发射功率与 Wi-Fi 网络的覆盖范围及测试速率之间的关系，客户端的测试设备用的是输出功率为 30MW 的内置笔记本，AP 的平均功率从 100MW 到 2000MW 进行比对试验，发现当 AP 的功率增加到 250MW 以上后，如果再增大输出功率，Wi-Fi 网络的覆盖范围及测试速率基本没有增加，也就是说并不是 AP 的发射功率越大，Wi-Fi 网络的覆盖范围及速率也越大。从目前国内外的报道中可以看到，Wi-Fi 覆盖网络建设中最关键的就是如何有效地解决客户端到 AP 的接收信噪比的问题。

　　（2）运营商通过自有的室分系统进行 Wi-Fi 网络覆盖的第二个问题是：AP 的射频信号的交互干扰的问题。由于 AP 的发射功率相对比较大，AP 之间的射频信号不可避免地大范围相互重合，常常出现在某个位置可以搜索到十多个 AP 的信号，这样互相之间同频干扰等问题就非常严重，导致通信速率大幅下降，常常出现延迟或掉线现象，对于正在看视频的客户，这种现象是很让人恼火的。

（3）运营商通过自有的室分系统进行 Wi-Fi 网络覆盖的第三个问题是：当天线分布为串型分布网络时，多用户如果同时分别接收不同天线的信号时，出现传输速率大幅下降，距离 AP 远的用户往往出现延时或连接不通的现象，以致投诉率大幅上升。当天线分布为星状分布网络时，出现这种恶化的可能性就下降很多。

（4）运营商通过自有的室分系统进行 Wi-Fi 网络覆盖的第四个问题是：随着 IEEE 802.11N 的产品的不断推出，MIMO 技术也进入到 Wi-Fi 网络覆盖中，但目前 2×2 及 3×3 的覆盖问题一直没有比较好的解决方案。只能使用 1×1 的方案进行覆盖，MIMO 技术不能发挥它的功效。

（5）运营商通过自有的室分系统进行 Wi-Fi 网络覆盖的第五个问题是：在居民小区等很难进行 AP 的架设及 Wi-Fi 网络工程的施工。

9.6.2　Wi-Fi 技术的未来发展趋势

1. Wi-Fi 技术发展

IEEE 801.11 n 在性能上的巨大提升——300Mb/s 数据传输率和接近 100～150Mb/s 的吞吐量——将使其奠定比以往范围更广的无线工作与生活的基础。你可以将其描绘成数量快速增加的、用 AP 进行无线连接的列岛版图，它会日益扩张，用网状网群集方式相连接，并通过更为智能的 Wi-Fi 客户端开展更紧密的互操作。这里，我们主要关注可能改变 Wi-Fi 未来的 8 大技术，性能会变得更好，信号质量更高，连接更可靠，带宽更优化，电池寿命更长，网络更安全。

1）更宽的宽带

虽然 IEEE 已为 802.11 标准实现千兆位级数据传输率推出了两个项目，但是尚未拟出一个初稿。不过 11n 标准已使高数据速率成为可能，并可适用于不同的功能和设备。今天，所有 11n 射频都支持两个空间数据流，可利用同样的两根或三根天线的组合实现收发功能，这些射频已出现在了移动设备中。例如，苹果最新的 Wi-Fi 功能 iPod Touch 就用了一块 Broadcom 射频芯片，可支持 11n 但未使用 11n。很快，更多的 Wi-Fi 芯片都将支持三个甚至四个数据流，分别有 450Mb/s 和 600Mb/s 两种不同的数据速率。2009 年年初，Quantenna 通信演示了它的 4×4 芯片组，可以在住宅内传输几路高清电视信号。"尽管还没有多少客户端设备能够支持 4 个空间流，但是适当设计的 AP 却可以利用 600Mb/s 物理层的数据速率使高速、无线骨干网成为可能"，Wi-Fi 设备厂商 Ruckus 的共同创始人兼 CTO William Kish 说。可以利用 IEEE 802.11s 标准以网状网连接这些高端节点，创建一个类似互联网的 Wi-Fi 网络，该网络是冗余的，而且可以绕开故障点去选择路由。

2）更健壮的射频信号

今后的射频芯片将会出现更多的 11n 可选性能，用于客户机和 AP，令射频信号更具适应性、连续性和可靠性。换句话说，就是会让无线连接更像有线连接。

"新的 11n 物理层技术会让 Wi-Fi 更健壮，在给定范围和更长距离内具有更高的数据率，"芯片厂商 Atheros 通信公司的 CTO William McFarland 说。这些性能包括：低密度奇偶校验编码，可提高纠错能力；发射波束成形，可从 Wi-Fi 客户机获得反馈从而让一个 AP 更专注于为该客户机发送射频信号；空时分组码（STBC）可利用多根天线更好地改善信号的可靠性,提高数据传输率。"今天,当你带着笔记本绕着一座楼宇转圈时会发现,数据传输率是忽高忽低的",McFarland 说,"但是有了 STBC,连接就会相当稳定。"

3) Wi-Fi 物联网

在功耗管理方面的一些创新不仅使得 Wi-Fi 智能手机的电池续航能力延长,而且还能把 Wi-Fi 嵌入到各种新的设备,甚至是传感器中,例如医疗监控设备、楼宇控制系统、实时定位标签跟踪和消费电子等。这使得人们拥有了可以连续不断地监控和收集数据的能力,利用这一能力便可基于用户的身份和位置对用户提供个性化服务。"现当代没有哪种有限距离的射频技术可以做到 Wi-Fi 所能做到的事情",无线咨询专家兼美国 Network World 博客作者 Craig Mathias 写道。"企业 WLAN 这种基础架构早已就位",Atheros 的 McFarland 说,"需要做的只是再增加一些低功耗的传感器而已。"Wi-Fi 嵌入厂商 Summit Data 通信最近宣称,有着各种组合格式的 IEEE 802.11a 射频可允许设备使用不拥挤的 5GHz 频段。新创企业 Gainspan 就提供一种有 11bg Wi-Fi 射频、带 IP 软件堆栈,用标准电池便可工作数年的低功耗无线传感器。而 Redpine Signals 公司还可提供单一数据流的嵌入式 11n 射频。

4) 安全性提高

互联网最有害的影响之一就是让网民成了各种威胁的牺牲品,这些威胁包括身份窃贼、DoS 攻击、隐私曝光、间谍软件和缺乏信任等。移动性有可能会让这种状况变得更糟,因为 Wi-Fi 连接使用户更加暴露在无法承受的风险威胁之下。Trapeze 网络的首席战略官 Matthew Gast 认为,IEEE 最近已批准了 IEEE 802.11w 标准,可以保护无线管理帧,便于更好地进行射频连接。如今,一台 Wi-Fi 客户机可以在攻击者利用 AP 进行 MAC 地址欺骗攻击时,接收并服从由此而生成的一个"离开网络"信息,这时 11w 标准便会完全断掉网络连接。Aruba 网络负责战略营销的 Michael Tenefoss 说,一般说来,Wi-Fi 借助于基于身份的安全机制,将会为用户提供越来越安全的无线自由。在 Wi-Fi 网络中,安全策略是和用户有关的,而和交换机端口无关。与此相关的好处是:用户可以在家庭、工作场所、旅店、分支机构和公共热点之间自由移动,而不会影响安全。

5) 与其他 Wi-Fi 网络联合

如果你是 T-Mobile Wi-Fi 的用户,但是却处在另一家运营商的一个 Wi-Fi 热点的覆盖范围之内,那你就不走运了。未来,你的 Wi-Fi 设备将能够查询"陌生的(即其他运营商的)"服务,检查你是否可以使用这些服务,如果可以便可安全地连入其他运营商的网络。你的手机用户的身份也可随你一起移动,保证可以享受各种 Wi-Fi 服务。

这种可以把几个网络连缀在一起、增加无线用户活动范围的能力是通过 IEEE 802.11u 标准实现的,可以和外部网络互通。未来,各家 Wi-Fi 运营商将会做广告宣传他们的各种服务,以及你连接这些服务时需遵守的服务条款。根据你的某家网络运营商用户的身份,可以访问另一家运营商的所有或部分服务。出现紧急情况时,还可以使用一组范围较窄的基础连接和服务。11u 标准估计将会在 2010 年最终获得通过。

6) 自我管理的 Wi-Fi 客户机

Wi-Fi 厂商已经研发了很多专利产品,令用户的设备变得更加智能,可以知道它们是与哪个 AP 连接的。如今,AP 通常标志着 Wi-Fi 网络管理的局限性,因为客户机的射频是处在一个相对薄弱的管理真空中的。如果借助新的标准 Wi-Fi 管理协议为客户机和 AP 增加智能性功能,那么双方之间就可以产生很多有趣的协作。想象一下,你的笔记本的无线网卡或者你的 Wi-Fi VoIP 电话可以在不收发射频信号时具有节电功能;或者在分享位置数据时,一个 AP 可以将一个 Wi-Fi 语音重定向给一个最优的邻居;或者在某个 AP 负载过重可能引发断网故障时可以转移到邻近的负载不大的 AP 上。例如,Wi-Fi 网络基础架构还可以定位客户机在室外的位置,然后根据数据禁止或者允许它连入网络。在 IEEE 802.11v 标准中有很多内容可以极大地改善 Wi-Fi 的管理。它将增加用于收集统计数据的计数器阵列,增加电源管理以延长电池使用时间,改善对定位数据的支持等。不过这一标准必须在客户机和 AP 射频两方面同时实现。Wi-Fi 联盟正在研发的 Wi-Fi 多媒体准入控制规范也将处理这种有关客户机协作的概念。这一规范将允许无线网络之间进行协商,管理流媒体会话,即便在同一个 AP 上请求高清视频服务时也不会阻断 Wi-Fi 语音用户的连接。Wi-Fi 联盟正在评估一个 Wi-Fi 网络管理规范,这是借用了几个相关的 IEEE 标准和一些附加的管理功能后制定的。

7) 借助更智能的射频管理改善移动性

缺乏协作可以说在折磨着射频管理,因为 AP 和客户机一般来说彼此很少知道对方的情况或者无线邻居的情况,因而无法了解各自的射频环境。这种单边性使得优化和管理射频变得很困难。例如,当一部 Wi-Fi 手机离开某个 AP 时,它便会进入一个无目的寻找另一个 AP 的进程。但如果该客户机可以询问自己的 AP,"你的邻居都有谁,哪个 AP 是我下一步连接的最佳选择?"那么客户机和网络便可以协作得更好。同时,Wi-Fi 接入点也将能够"看到"客户机的射频环境,确认较弱的信号或不良覆盖,然后采取措施对连接实施优化。IEEE 802.11k 射频资源管理标准是 2008 年发表的,就是为了解决这个问题,不过 Wi-Fi 厂商已经实现了解决这一问题的一系列专利产品。它们都在扩展自己对 Wi-Fi 客户机的控制,并增加其智能性,从而协同与 Wi-Fi 接入点基础架构的请求、行为和活动。Aruba 所发布的 Adaptive Radio Management 2.0 技术就是一个例子。与此同时,Wi-Fi 联盟也正在利用 11k 的某些功能,草拟一个 Voice Enterprise 的认证规范。目的就是要优化大范围、企业级 Wi-Fi 语音环境中的通话质量。

8) 个人区域 Wi-Fi

今天,"你的"Wi-Fi 就是跟一个 AP 之间的点对点连接,而在未来,Wi-Fi 可以进入任何个人设备,使其可直接与其他的客户机连接。例如,Ozmo Devices 就生产了一种低功耗芯片,可允许外部设备直接通过 Wi-Fi 与笔记本连接。前不久 Wi-Fi 联盟刚发布的 Wi-Fi Direct(WFD)项目将允许笔记本的 Wi-Fi 网卡绕过 AP,直接与无线打印机、相机、投影机、传感器或者等离子显示屏相连接。作为一种行业规范,WFD 将引入新的可由固件实现的协议,而无须对硬件做什么改变。

2. 免费 Wi-Fi 的盈利模式预测

当前不少智能手机与多数平板电脑都支持无线保真上网,无线保真是当前大部分人所希望能随时搜索到的。它不仅是无线宽带接入服务的补充,同时还是运营商创新运营的重要一环。从全球无线保真业务发展上看,只依靠提供单一的无线宽带接入实现盈利的方式,基本上都无法支撑 Wi-Fi 业务的发展。面对这种情况,迫切需要一种新的盈利模式来为无线保真的发展提供强有力的支撑,保证投入的同时能有所回报。Wi-Fi 广告模式,显然是当前比较成熟和可经营的模式,并且,Wi-Fi 广告模式的探索正呈现出以下几个新方向。

1）方向1：区域电子地图

以 Wi-Fi 登录 Portal 页面的区域电子地图为基础进行的广告模式，即基于热点的不同位置，Wi-Fi 用户会看到当前所在热点及其周围区域的电子地图，运营商可利用区域地图对热点周围商家继续进行广告宣传和标注。Wi-Fi 门户的地图上注有鼠标停留短语，用户在区域地图上移动鼠标会显示不同商家的最新信息和链接，当单击任一广告，便进入这一商户的网页界面，商家可在后台更新自己的商家信息，运营商负责页面的维护和统一管理。这一模式对于用户来说，不仅可以找到离自己最近的商家、餐馆、自动取款机、加油站、电影院、医院等周边生活信息，以及使用地图导航、查询移动黄页等业务，而且还能找到诸如"最近的电影院即将上演的影片"或"该餐馆的消费水平、饭菜口味如何"等更深层的信息。对广告主来说，Wi-Fi 电子地图广告可将广告推广和先进安全的无线网络技术合二为一，使商家广告宣传结合信息完备的地图，贴近距离最近的潜在客户，使热点上网的顾客能够就近方便地找到商家的地理位置。对运营商的好处是利用顾客喜欢就近购买、省时方便的消费行为，使 Wi-Fi 单个热点变成一个个商圈，热点越多，其广告的商业价值就越大。

2）方向2：个性化 Portal 页面

在 Wi-Fi 账号登录页面及登录后弹出页面上放置商家个性化广告或市场调研选项，也可以为每个热点的商家独立设置其个性化 Portal 页面，收取广告定制及发布费。这种模式的主要特点是，运营商拥有页面的控制权，商家可以利用其特定页面发布广告信息。广告主的好处是特定个性化广告页面直达 Wi-Fi 用户，让用户在上网第一时间接触到商家的广告或市场调研选项，既凸显商家的形象，又是进行市场调研的一种好方法。对运营商的好处是利用账号登录页面及登录后弹出页面这一特有资源，可以为 Portal 定制"VLAN＋端口＋IP地址"的个性化认证页面，同时可以在 Portal 页面上开展广告业务，内置服务选择和信息发布等内容，进行业务拓展，实现 Wi-Fi 网络的运营。

3）方向3：地理位置定位

利用 Wi-Fi 热点地理位置可定位的特点来开展广告服务，广告主通过选择特定的地域和热点来推送广告，使广告主的广告能吸引最有可能购买其产品的潜在客户。同时，广告主还可以针对不同地理区域制定相应的特价促销或优惠活动方案，使广告的投放更加精准，更有针对性，能将定制化的信息推送到 Wi-Fi 用户，进行有效的广告宣传。例如，旅游服务类的广告主可针对机场 Wi-Fi 热点目标客户群，推送它们的广告，咖啡行业的广告主可以在咖啡吧等特定的 Wi-Fi 热点通过推送选项式广告去了解和发现目标客户群的习惯。对广告主的好处：此模式能够根据商家的意愿和爱好，通过不同热点或地理位置，有意识地选择需要投放广告的客户群，从而能够精准、有效地进行广告营销。对运营商的好处：Wi-Fi 运营商能通过 IP 和 VLAN 对不同热点进行区分，可有效细分客户群，使不同热点、不同场景的客户群呈现不同的消费特征，从而满足广告主对目标客户群精确投放的要求。

4）方向4：广告换取 Wi-Fi 免费

Wi-Fi 的上网接入一般都是通过输入账号付费来实现的，而"通过观看广告可以免费上网"的运营模式将改变这单一的状况，转变成"后向付费"的运营模式，即前向用户使用 Wi-Fi 接入上网时是"零付费"。所谓"后向付费"是指由后向的广告主付费，而使用无线网络的用户则不用支付网络服务费。这一模式的典型使用场景是：上网者在登录 Wi-Fi 网络之前，需要观看登录页面上的广告，或者单击市场调查选项按钮等，用户只要选择并提交后就可免费上网。时间可由运营商设定,如 30min,用户上网 30min 后,页面又会自动回到新的一组广告页面,只要用户再去看广告或继续点选,才可以再上网免费 30min。对广告主的好处:由于浏览广告或单击按钮是用户免费上网的必经之路,所以,商家广告的浏览量就有了保证,商家的市场调查也有了广泛的基础,在 Wi-Fi 上做广告就变得有价值。例如:在人口集中的街道、广场、咖啡馆、酒吧、餐馆、地铁等区域布设热点(可以以免费帮助商户设立热点的方式进行),并对外销售广告,广告主甚至可以指定某一区域的热点显示广告。对运营商的好处:这种模式会降低 Wi-Fi 上网的门槛,增加用户数量。用户数量增加,则 Wi-Fi 使用量增加,广告的价值也就提升了。这种模式与付费模式要有一定的区隔,如付费用户会享受比免费用户更高的带宽,这样才会不影响用户体验。

由此可见,在网络迅猛发展的今天,运营商可以通过尝试 Wi-Fi 商业模式的创新来探索 Wi-Fi 发展新的经营之道;目前国内的 Wi-Fi 商业盈利模式主要是广告,根据这一模式国内领先的 Wi-Fi 服务商 WiTown 开发出了一套 Wi-Fi 营销系统,将中小企业的闲置 Wi-Fi 改造成商用营销型 Wi-Fi;不仅有企业级的路由功能,还可以通过 Wi-Fi 展示企业品牌零成本全天候推送广告等功能,相信不久会在国内的中小企业中刮起一股旋风。随着 Wi-Fi 网络建设的加速,热点会越来越多,基于无线上网的 Wi-Fi 创新应用也一定会有更大的市场空间。

3. 5G 嵌入式 Wi-Fi 模块应用车联网

物联网等信息化技术是建设智慧城市的手段和工具,是承载智慧城市建设的基础设施。在互联网技术日益发达的今天,云计算、物联网、车联网等新技术层出不穷,这些新技术也反哺互联网,让互联网技术本身获得史无前例的快速发展。而车联网的出现或许能够改变在互联网冲击下的通信产业的当前现状,如果传统运营商抓住时代所赋予的先机,对于通信业,焕发第二春不是没有可能,夺回行业话语权也将指日可待。车辆是城市的重要组成部分,中国的机动车总保有量已经达到 2.33 亿辆,仅次于美国。基于这个庞大的汽车保有量,"车联网"应运而生。如此可观的数字后面,带来的是多种问题,如交通堵塞、环境污染等。车联网是中国打造智慧城市的重要动力,而客户增多和需求上升,为车联网的发展提供了商业市场。据美国科技媒体报道,这个史无前例的项目由密歇根大学交通研究中心(UMTRI)管理,在未来 12 个月内,约三千辆车将列入计划。司机都是特别招聘的,因为他们经常在 AnnArbor 四分之一圆范围内活动。每辆车通过专用短程通信通道连接,这个技术类似于在家或是咖啡馆使用的 Wi-Fi 网络。所有的数据都将被记录,所以研究者可以确定警告的准确性,知道哪种类型的警告最能帮助司机远离危险。眼下还没有自动驾驶车辆,但是车辆被安装了更多的传感器。大部分汽车是参与者自己的,汽车制造商也提供了 64 辆车,这些车辆配备了嵌入式通信设备连接汽车的机载计算机网络,安装了汽车制造商的定制警告界面和多个摄像机。这个项目是美国交通运输部门、汽车制造商以及密歇根大学交通研究中心历经 10 年努力的成果。项目已经投入了 2500 万美元,80% 的资金由美国交通运输部门提供。8 大汽车制造商(Ford,GeneralMotors,Honda,Hyundai-Kia,Mercedes-Benz,Nissan,Toyota,Volkswagen)通过合作协议的方式对研究提供支持。来自美国国家公路交通安全管理局的数字显示,美国平均每年有 34 000 人死于交通事故,需要约 2400 亿美元维护公路交通安全。而该项目如果未来大规模推广,无疑将有效地减少交通事故,避免人员伤亡。

据不完全统计,每年全世界因交通事故死亡的人数超过100万。尽管科技日新月异,但是几十年过去了,这个世界性难题依然难以解决。

美国密歇根州运输研究所(UMTRI)联合汽车厂家和各种机构,准备推出一个基于专用短程通信(DSRC)的云平台,利用类似Wi-Fi的技术连接车载计算机和远程交通安全管理平台,在汽车有可能发生事故前发出警告信息,提醒司机注意安全驾驶,从而减少交通事故的发生。

未来一年内将有超过三千辆车参与到这个项目中,工作人员将为每辆汽车配备车载计算机、通信设备、若干传感器和多个摄像头,车载计算机会将车辆行驶时的各种实时信号传给交通安全管理平台。

每当有危险情况发生,例如汽车超速行驶或逆向行驶,安全平台就会即刻察觉并通过车载计算机发出语音或震动警告。这个平台除了提供安全警告,还有其他应用,例如可以设置提醒功能,下班记得接孩子放学等,也支持开发者为其开发各种应用。

当前已有8大汽车制造商加入了这个试验,包括福特、通用、本田、现代、奔驰、日产、丰田和大众。密歇根州这个项目眼下只是一个试点,但仍要花费25亿美元。如果在全美推广的话每年要花费240亿美元,但考虑到美国每年有3.4万人死于交通事故,生命无价,这笔投入还是可以接受的。

思考与讨论

1. 什么是Wi-Fi技术?它的工作原理是怎样的?
2. Wi-Fi的组成结构是怎样的?其硬件设备有哪些?
3. Wi-Fi有哪些传输方式?
4. Wi-Fi现在应用的领域有哪些?你还能想到哪些可能发挥其优势的应用?
5. 你能想到哪些未来Wi-Fi可能应用的领域和发展前景?

参考文献

[1] Lehr W, McKnight L W. Wireless internet access:3G vs. Wi-Fi[J]. Telecommunications Policy, 2003,27(5):351-370.

[2] 韩旭东,曹建海,张春业. IEEE 802. 116协议关键技术及性能分析[J]. 现代通信, 2003:12[J].

[3] 唐思敏. Wi-Fi技术及其应用研究[J]. 福建电脑, 2009(10):59.

[4] 李扬. Wi-Fi技术原理及应用研究[J]. 科技信息, 2010,6:200.

[5] 李晓阳. Wi-Fi技术及其应用与发展[J]. 信息技术, 2012(2):196-198.

[6] 陈文周. Wi-Fi技术研究及应用[J]. 数据通信, 2008(2):14-17.

[7] 张春飞. Wi-Fi技术的原理及未来发展趋势[J]. 数字社区&智能家居, 2008(11):30-32.

[8] 炳玺,李柏年,马金定. WLAN中IEEE 802,11n标准及关键技术研究[J]. 通信技术, 2008,8:123-125.

第10章

Bluetooth技术

Bluetooth,即蓝牙,是一种支持设备短距离通信(一般 10m 内)的无线电技术。能在包括移动电话、PDA、无线耳机、笔记本、相关外设等众多设备之间进行无线信息交换。利用"蓝牙"技术,能够有效地简化移动通信终端设备之间的通信,也能够成功地简化设备与Internet 之间的通信,从而使数据传输变得更加迅速高效,为无线通信拓宽道路。蓝牙采用分散式网络结构以及快跳频和短包技术,支持点对点及点对多点通信,工作在全球通用的2.4GHz ISM(即工业、科学、医学)频段。其数据速率为 1Mb/s,使用 IEEE 802.15 协议。同时采用时分双工传输方案实现全双工传输。如今蓝牙由蓝牙技术联盟(Bluetooth Special Interest Group,BSIG)管理。蓝牙技术联盟在全球拥有超过 25 000 家成员公司,它们分布在电信、计算机、网络和消费电子等多重领域。蓝牙技术使用 IEEE 802.15 协议,但如今已不再维持该标准。蓝牙技术联盟负责监督蓝牙规范的开发,管理认证项目,并维护商标权益。制造商的设备必须符合蓝牙技术联盟的标准才能以"蓝牙设备"的名义进入市场。蓝牙技术拥有一套专利网络,可发放给符合标准的设备。

信息时代最大的特点就是更加方便快速的信息传播,正是基于这一点,工程技术人员也在努力开发更加出色的信息数据传输方式。蓝牙,对于手机乃至整个 IT 业而言已经不仅是一项简单的技术,而是一种概念。当蓝牙联盟信誓旦旦地对未来前景做着美好的憧憬时,整个业界都为之振奋。抛开传统连线的束缚,彻底地享受无拘无束的乐趣,蓝牙给予我们的承诺足以让人精神振奋。

蓝牙技术是一种无线数据与语音通信的开放性全球规范,它以低成本的近距离无线连接为基础,为固定与移动设备通信环境建立一个特别连接。例如,如果把蓝牙技术引入到移动电话和笔记本电脑中,就可以去掉移动电话与笔记本电脑之间的令人讨厌的连接电缆而通过无线使其建立通信。打印机、PDA、台式计算机、传真机、键盘、游戏操纵杆以及所有其他的数字设备都可以成为蓝牙系统的一部分。除此之外,蓝牙无线技术还为已存在的数字网络和外设提供通用接口以组建一个远离固定网络的个人特别连接设备群。

10.1 Bluetooth 的起源

蓝牙的创始人是瑞典爱立信公司,爱立信早在 1994 年就已进行研发。1997 年,爱立信与其他设备生产商联系,并激发了他们对该项技术的浓厚兴趣。1998 年 5 月,爱立信、诺基亚、东芝、IBM 和英特尔公司 5 家著名厂商,在联合开展短程无线通信技术的标准化活动时提出了蓝牙技术,其宗旨是提供一种短距离、低成本的无线传输应用技术。这 5 家厂商还成立了一个特殊兴趣小组(SIG),以建立一个全球性的小范围无线通信技术——即现在的蓝牙——并使之能够成为未来的无线通信标准为共同目标。芯片霸主 Intel 公司负责半导体芯片和传输软件的开发,爱立信负责无线射频和移动电话软件的开发,IBM 和东芝负责笔记本接口规格的开发。1999 年下半年,著名的业界巨头微软、摩托罗拉、三星、朗讯与蓝牙特别小组的 5 家公司共同发起成立了蓝牙技术推广组织,从而在全球范围内掀起了一股"蓝牙"热潮。

蓝牙的名字来源于 10 世纪丹麦国王 Harald Blatand——英译为 Harold Bluetooth——因为他十分喜欢吃蓝莓,所以牙齿每天都带着蓝色。在行业协会筹备阶段,需要一个极具有表现力的名字来命名这项高新技术。行业组织人员,在经过一夜关于欧洲历史和未来无限技术发展的讨论后,有些人认为用 Blatand 国王的名字命名再合适不过了。Blatand 国王将现在的挪威、瑞典和丹麦统一起来;他口齿伶俐,善于交际,就如同这项即将面世的技术,该技术将被定义为允许不同工业领域之间的协调工作,保持着各个系统领域之间的良好交流,例如计算机、手机和汽车行业之间的工作。于是名字就这么定下来了。

而蓝牙这个标志的设计取自 Harald Bluetooth 名字中的 H 和 B 两个字母,用古北欧字母来表示,将这两者结合起来,就成为蓝牙的 logo(见图 10-1)。

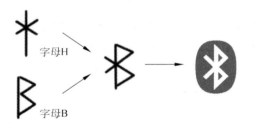

图 10-1 蓝牙的 Logo

10.2 Bluetooth 的相关研究

10.2.1 Bluetooth 的系统结构

蓝牙协议栈体系结构如图 10-2 所示,蓝牙技术的系统结构分为三大部分:底层硬件模块,中间协议层和高层应用。

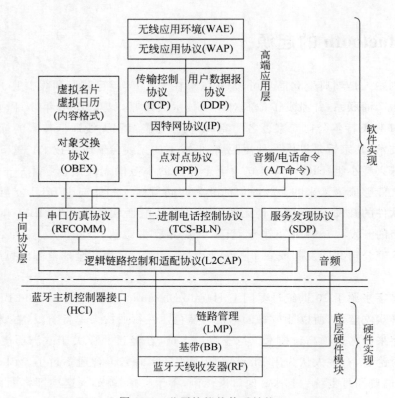

图 10-2　蓝牙协议栈体系结构

1. 底层硬件模块

底层硬件部分包括无线跳频(RF)、基带(BB)和链路管理(LM)。

2. RF 层

通过 2.4GHz 无须授权的 ISM 频段的微波,实现数据位流的过滤和传输,本层协议主要定义了蓝牙收发器在此频带正常工作所需要满足的条件。

3. 基带

负责跳频以及蓝牙数据和信息帧的传输。

4. 链路管理(LM)

负责连接、建立和拆除链路并进行安全控制。链路为 SCO 同步话音链路与 ACL 异步数据链路。

蓝牙的 SIG 规定了 4 种与硬件连接的物理总线方式:USB、RS-232、UART 和 PC 卡。

5. 中间协议层

中间协议层的一系列协议构成了蓝牙协议体系。

蓝牙协议体系中的协议按 SIG 的关注程度分为以下 4 层。

(1) 核心协议:BaseBand、LMP、L2CAP、SDP。

(2) 电缆替代协议:RFCOMM。

(3) 电话传送控制协议:TCS-Binary、AT 命令集。

（4）选用协议：PPP、UDP/TCP/IP、OBEX、WAP、vCard、vCal、IrMC、WAE。

除上述协议层外，规范还定义了主机控制器接口（HCI），位于蓝牙系统的L2CAP（逻辑链路控制与适配协议）层和LMP（链路管理协议）层之间的一层协议。

6. HCI协议

HCI协议提供了统一访问蓝牙控制器的能力。主机控制器以HCI命令的形式提供了访问蓝牙硬件的基带控制器、链路管理器、硬件状态寄存器、控制寄存器以及事件寄存器的能力，所有这些功能都要通过内置于蓝牙硬件内部的HCI Firmware来实现。主机通过HCI接口向主机控制器内的HCI Firmware发送HCI命令，HCI Firmware再通过基带命令、链路管理器命令、硬件状态寄存器、控制寄存器以及事件寄存器完成该HCI命令，从而实现对蓝牙硬件的控制。

7. 核心协议

1）基带协议（BaseBand）

（1）基带和链路控制层确保各蓝牙设备之间的物理连接。

（2）可使用各种用户模式在蓝牙设备间传送话音，面向连接的话音分组只需经过基带传输，而不到达L2CAP。话音模式在蓝牙系统内相对简单，只需开通话音连接就可传送话音。

2）服务发现协议（SDP）

服务发现在蓝牙技术框架中起着至关紧要的作用，它是所有用户模式的基础。使用SDP可以查询到设备信息和服务类型，从而在蓝牙设备间建立相应的连接。服务发现协议由服务发现代理（SDA）、服务发现服务器（SDS）、服务数据库管理器（SDM）三个模块组成。

3）连接管理协议（LMP）

该协议负责各蓝牙设备间连接的建立。它通过连接的发起、交换、核实，进行身份认证和加密，通过协商确定基带数据分组大小。它还控制无线设备的电源模式和工作周期，以及微微网内设备单元的连接状态。

4）逻辑链路控制和适配协议（L2CAP）

L2CAP是一个为高层协议屏蔽基带协议的适配协议，位于基带协议之上，属于数据链路层，为高层提供面向连接和面向无连接的数据服务，完成协议复用、分段和重组、服务质量（Quality of Service，QoS）传输以及组抽象等功能。虽然基带协议提供了SCO和ACL两种连接类型，但L2CAP只支持ACL。

8. 高层应用

高层应用层具有一套框架，它在蓝牙协议栈的最上部，其中较典型的有拨号网络、耳机、局域网访问、文件传输等，它们分别对应一种应用模式。各种应用程序可以通过各自对应的应用模式实现无线通信。

拨号网络应用可通过仿真串口访问微微网（Piconet），数据设备也可由此接入传统的局域网。

用户可以通过协议栈中的Audio（音频）层在手机和耳塞中实现音频流的无线传输。

多台PC或笔记本之间不需要任何连线，就能快速、灵活地进行文件传输和共享信息，多台设备也可由此实现同步操作。

10.2.2　Bluetooth 的工作原理

1. 蓝牙通信的主从关系

蓝牙技术规定每一对设备之间在进行蓝牙通信时,必须一个为主角色,另一个为从角色,才能进行通信,通信时,必须由主端进行查找,发起配对,建链成功后,双方即可收发数据。理论上,一个蓝牙主端设备,可同时与 7 个蓝牙从端设备进行通信。一个具备蓝牙通信功能的设备,可以在两个角色间切换,平时工作在从模式,等待其他主设备来连接,需要时,转换为主模式,向其他设备发起呼叫。一个蓝牙设备以主模式发起呼叫时,需要知道对方的蓝牙地址、配对密码等信息,配对完成后,可直接发起呼叫。

2. 蓝牙的呼叫过程

蓝牙主端设备发起呼叫,首先是查找,找出周围处于可被查找的蓝牙设备。主端设备找到从端蓝牙设备后,与从端蓝牙设备进行配对,此时需要输入从端设备的 PIN 码,也有设备不需要输入 PIN 码。配对完成后,从端蓝牙设备会记录主端设备的信任信息,此时主端即可向从端设备发起呼叫,已配对的设备在下一次呼叫时,不再需要重新配对。已配对的设备,作为从端的蓝牙耳机也可以发起建链请求,但做数据通信的蓝牙模块一般不发起呼叫。链路建立成功后,主从两端之间即可进行双向的数据或语音通信。在通信状态下,主端和从端设备都可以发起断链,断开蓝牙链路。

3. 蓝牙一对一的串口数据传输应用

蓝牙数据传输应用中,一对一串口数据通信是最常见的应用之一,蓝牙设备在出厂前即提前设好两个蓝牙设备之间的配对信息,主端预存有从端设备的 PIN 码、地址等,两端设备加电即自动建链,透明串口传输,无须外围电路干预。一对一应用中从端设备可以设为两种类型,一是静默状态,即只能与指定的主端通信,不被别的蓝牙设备查找;二是开发状态,既可被指定主端查找,也可以被别的蓝牙设备查找建链。

10.2.3　Bluetooth 协议

1. 建立连接

在微微网建立之前,所有设备都处于就绪状态。在该状态下,未连接的设备每隔 1.28s 监听一次消息,设备一旦被唤醒,就在预先设定的 32 个跳频频率上监听信息。跳频数目因地区而异,但 32 个跳频频率为绝大多数国家所采用。连接进程由主设备初始化。如果一个设备的地址已知,就采用页信息(Page Message)建立连接;如果地址未知,就采用紧随页信息的查询信息(Inquiry Message)建立连接。在微微网中,无数据传输的设备转入节能工作状态。主设备可将从设备设置为保持方式,此时,只有内部定时器工作;从设备也可以要求转入保持方式。设备由保持方式转出后,可以立即恢复数据传输。连接几个微微网或管理低功耗器件时,常使用保持方式。监听方式和休眠方式是另外两种低功耗工作方式。蓝牙基带技术支持两种连接方式:面向连接(SCO)方式,主要用于语音传输;无连接(ACL)方式,主要用于分组数据传输。

2. 差错控制

基带控制器采用三种检错纠错方式:1/3 前向纠错编码(FEC);2/3 前向纠错编码;自动请求重传(ARQ)。

3. 认证与加密

认证与加密服务由物理层提供。认证采用口令-应答方式,在连接过程中,可能需要一次或两次认证,或者无须认证。认证对任何一个蓝牙系统都是重要的组成部分,它允许用户自行添加可信任的蓝牙设备,例如,只有用户自己的笔记本才可以通过用户自己的手机进行通信。蓝牙安全机制的目的在于提供适当级别的保护,如果用户有更高级别的保密要求,可以使用有效的传输层和应用层安全机制。

4. 软件结构

蓝牙设备应具有互操作性,对于某些设备,从无线电兼容模块和空中接口,直到应用层协议和对象交换格式,都要实现互操作性;对另外一些设备(如头戴式设备等)的要求则宽松得多。蓝牙计划的目标就是要确保任何带有蓝牙标记的设备都能进行互换性操作。软件的互操作性始于链路级协议的多路传输、设备和服务的发现,以及分组的分段和重组。蓝牙设备必须能够彼此识别,并通过安装合适的软件识别出彼此支持的高层功能。互操作性要求采用相同的应用层协议栈。不同类型的蓝牙设备对兼容性有不同的要求,用户不能奢望头戴式设备内含有地址簿。蓝牙的兼容性是指它具有无线电兼容性,有语音收发能力及发现其他蓝牙设备的能力,更多的功能则要由手机、手持设备及笔记本来完成。为实现这些功能,蓝牙软件构架将利用现有的规范,如 OBEX、vCard/vCalendar、HID(人性化接口设备)及 TCP/IP 等,而不是再去开发新的规范。设备的兼容性要求能够适应蓝牙规范和现有的协议。

10.2.4　Bluetooth 版本

1. V1.1

传输速率约在 748～810kb/s,因是早期设计,容易受到同频率产品的干扰,影响通信质量。

支持 Stereo 音效的传输要求,但只能够以单工方式工作,加上音带频率响应不太足够,并不算是最好的 Stereo 传输工具。

2. V1.2

同样是只有 748～810kb/s 的传输率,但在 V1.1 的基础上加上了抗干扰跳频功能。

支持 Stereo 音效的传输要求,但只能够以单工方式工作,加上音带频率响应不太足够,并不算是最好的 Stereo 传输工具。

3. V2.0

2.0 是 1.2 的改良提升版,传输率约在 1.8～2.1Mb/s,可以有双工的工作方式。即一面语音通信,同时也可以传输档案/高质素图片。2.0 版本也支持 Stereo 运作。

应用最为广泛的是 Bluetooth 2.0＋EDR 标准，该标准在 2004 年推出，支持 Bluetooth 2.0＋EDR 标准的产品于 2006 年大量出现。虽然 Bluetooth 2.0＋EDR 标准在技术上做了大量的改进，但从 1.X 标准延续下来的配置流程复杂和设备功耗较大的问题依然存在。

EDR 即 Enhanced Data Rate，即蓝牙技术中增强速率英文的缩写，其特色是大大提高了蓝牙技术的数据传输速率。

支持多个设备的连接，EDR 提供了额外的频宽给蓝牙射频。支持高音质的音频流，同时协助降低功率的损耗。

4. V2.1＋EDR

改善装置配对流程，以自动使用数字密码代替了个人识别码来进行配对。

短距离的配对方面，也具备了在两个支持蓝牙的手机之间互相进行配对与通信传输的 NFC(Near Field Communication) 机制，以电磁波取代传统无线电。

更佳的省电效果，设定发送确认信号间隔，有效延长 5 倍，从而提高了待机时间。

5. V3.0＋HS

蓝牙核心规格 3.0＋HS 版本是蓝牙技术联盟于 2009 年 4 月 21 日推出的。蓝牙 3.0＋HS 的传输速率理论上可高达 24Mb/s，尽管这并非是通过蓝牙链接本身实现的。相反，蓝牙链接是用于协商和建立，高速的数据传输是由相同位置的 IEEE 802.11 链接完成的。

主要的新特性是 AMP(Alternative MAC/PHY)，它也是 IEEE 802.11 新增的高速传输功能。高速并非该规格的强制特性，因此只有标注了"＋HS"商标的设备才是真正通过 IEEE 802.11 高速数据传输支持蓝牙。没有标注"＋HS"后缀的蓝牙 3.0 设备仅支持核心规格 3.0 版本或之前的核心规范。

1) L2CAP 增强模式

加强版重传模式(Enhanced Retransmission Mode，ERTM)采用的是可靠的 L2CAP 通道，而流模式(Streaming Mode，SM)采用的是没有重传和流量控制的不可靠的网络通道。

2) Alternative MAC/PHY

蓝牙配置文件数据可通过备用的 MAC 和 PHYs 传输。蓝牙射频仍用于设备发现、初始连接和配置文件配置。但是当有大量数据传输需求时，高速的备选 MAC PHY 802.11 (通常与 Wi-Fi 有关)可传输数据。这意味着蓝牙在系统闲置时可使用已经验证的低功耗连接模型，在需要传输大量数据时使用更快的无线电。AMP 链接需要加强型 L2CAP 模式。

3) 单向广播无连接数据

单向广播无连接数据(Unicast Connectionless Data)无须建立明确的 L2CAP 通道即可传输服务数据。主要用于对用户操作和数据的重新连接/传输要求低延迟的应用。它仅适用于小量数据传输。

4) 增强型电源控制

增强型电源控制(Enhanced Power Control)更新了电源控制功能，移除了开环功率控制，还明确了 EDR 新增调制方式所引入的功率控制。增强型电源控制规定了期望的行为。这一特性还添加了闭环功率控制，意味着 RSSI 过滤可于收到回复的同时展开。此外，还推出了"直接开到最大功率"的请求，旨在应对耳机的链路损耗，尤其是当用户把电话放进身体对侧的口袋时。

5）超宽频

蓝牙 3.0 版本的高速（AMP）特性最初是为了 UWB（Ultra-wideband）应用，但是 WiMedia 联盟（WiMedia Alliance，负责用于蓝牙的 UWB 特点的组织）于 2009 年 3 月宣布解散，最终 UWB 也从核心规格 3.0 版本中剔除。

2009 年 3 月 16 日，WiMedia 联盟宣布他们已经进入 WiMedia 超宽频（UWB）版本技术转移协议的讨论中。WiMedia 已经向蓝牙技术联盟、无线 USB 促进联盟（Wireless USB Promoter Group）、应用者论坛（USB Implementers Forum）转移了所有当前和未来版本，包括未来的高速和功率优化等相关工作。在技术转移、市场和相关行政条款成功完成之后，WiMedia 联盟停止了运营。

2009 年 10 月，蓝牙技术联盟暂停将 UWB 作为蓝牙 3.0＋HS alternative MAC/PHY 解决方案一部分的开发。因为前 WiMedia 中少数但地位重要的成员不愿签署 IP 转移的必要协定。蓝牙技术联盟如今正在评估其他选择，以利于其长期的发展。

6. V4.0

蓝牙技术联盟于 2010 年 6 月 30 日正式推出蓝牙核心规格 4.0（称为 Bluetooth Smart）。它包括经典蓝牙、高速蓝牙和蓝牙低功耗协议。高速蓝牙基于 Wi-Fi，经典蓝牙则包括旧有蓝牙协议。

蓝牙低功耗，也就是早前的 Wibree，是蓝牙 4.0 版本的一个子集，它有着全新的协议栈，可快速建立简单的链接。作为蓝牙 1.0～3.0 版本中蓝牙标准协议的替代方案，它主要面向对功耗需求极低、用纽扣电池供电的应用。芯片设计可有两种：双模、单模和增强的早期版本。早期的 Wibree 和蓝牙 ULP（超低功耗）的名称被废除，取而代之的是后来用于一时的 BLE。2011 年晚些时候，新的商标推出，即用于主设备的"Bluetooth Smart Ready"和用于传感器的"Bluetooth Smart"。

单模情况下，只能执行低功耗的协议栈。意法半导体、笙科电子、CSR、北欧半导体和德州仪器已经发布了单模蓝牙低功耗解决方案。

双模情况下，Bluetooth Smart 功能整合入既有的经典蓝牙控制器。截至 2011 年 3 月，高通创锐讯、CSR、博通和德州仪器已宣布发布符合此标准的芯片。适用的架构共享所有经典蓝牙既有的射频和功能，相比经典蓝牙的价格上浮也几乎可以忽略不计。

单模芯片的成本降低，使设备的高度整合和兼容成为可能。它的特点之一是轻量级的链路层，可提供低功耗闲置模式操作、简易的设备发现和可靠的点对多数据传输，并拥有成本极低的高级节能和安全加密连接。

4.0 版本的一般性改进包括推进蓝牙低功耗模式所必需的改进，以及通用属性配置文件（GATT）和 AES 加密的安全管理器（SM）服务。

7. V4.1

蓝牙技术联盟于 2013 年 12 月正式宣布采用蓝牙核心规格 4.1 版本。这一规格是对蓝牙 4.2 版本的一次软件更新，而非硬件更新。这一更新包括蓝牙核心规格附录（CSA1、2、3 和 4）并添加了新的功能，提高了消费者的可用性。这些特性包括提升了对 LTE 和批量数据交换率共存的支持，以及通过允许设备同时支持多重角色帮助开发者实现创新。

4.1 版本的特性包括：移动无线服务共存信号、Train nudging 与通用接口扫描、低占空比定向广播、基于信用实现流控的 L2CAP 面向连接的专用通道、双模和拓扑、低功耗链路层拓扑、802.11n PAL、宽带语音的音频架构更新、更快的数据广告时间间隔（Fast Data Advertising Interval）、有限的发现时间。

8. V4.2

蓝牙 4.2 发布于 2014 年 12 月 2 日。它为 IOT 推出了一些关键性能，是一次硬件更新。但是一些旧有蓝牙硬件也能够获得蓝牙 4.2 的一些功能，如通过固件实现隐私保护更新。主要改进之处如下：低功耗数据包长度延展，低功耗安全连接，链路层隐私权限，链路层延展的扫描过滤策略。Bluetooth Smart 设备可通过网络协议支持配置文件（Internet Protocol Support Profile，IPSP）实现 IP 连接。IPSP 为 Bluetooth Smart 添加了一个 IPv6 连接选项，是互联家庭和物联网应用的理想选择。蓝牙 4.2 通过提高 Bluetooth Smart 的封包容量，让数据传输更快速。业界领先的隐私设置让 Bluetooth Smart 更智能，不仅功耗降低了，窃听者将难以通过蓝牙联机追踪设备。消费者可以更放心不会被 Beacon 和其他设备追踪。这一核心版本的优势如下：实现物联网，支持灵活的互联网连接选项（IPv6/6LoWPAN 或 Bluetooth Smart 网关）；让 Bluetooth Smart 更智能，业界领先的隐私权限、节能效益和堪称业界标准的安全性能；让 Bluetooth Smart 更快速，吞吐量速度和封包容量提升。

10.3　Bluetooth 的优势

1. 全球可用

Bluetooth 无线技术是在两个设备间进行无线短距离通信的最简单、最便捷的方法。它广泛应用于世界各地，可以无线连接手机、便携式计算机、汽车、立体声耳机、MP3 播放器等多种设备。由于有了"配置文件"这一独特概念，Bluetooth 产品不再需要安装驱动程序软件。此技术现已推出第 4 版规格，并在保持其固有优势的基础上继续发展——小型化无线电、低功率、低成本、内置安全性、稳固、易于使用并具有即时联网功能。其周出货量已超过五百万件，已安装基站数超过五亿个。

Bluetooth 无线技术规格供全球的成员公司免费使用。许多行业的制造商都积极地在其产品中实施此技术，以减少使用零乱的电线，实现无缝连接、流传输立体声，传输数据或进行语音通信。Bluetooth 技术在 2.4GHz 波段运行，该波段是一种无须申请许可证的工业、科技、医学（ISM）无线电波段。正因如此，使用 Bluetooth 技术不需要支付任何费用。但必须向手机提供商注册使用 GSM 或 CDMA，除了设备费用外，不需要为使用 Bluetooth 技术再支付任何费用。

Bluetooth 无线技术是当今市场上支持范围最广泛，功能最丰富且安全的无线标准。全球范围内的资格认证程序可以测试成员的产品是否符合标准。自 1999 年发布 Bluetooth 以来，总共有超过 4000 家公司成为 Bluetooth 特别兴趣小组（SIG）的成员。同时，市场上 Bluetooth 产品的数量也成倍地迅速增长。

2. 应用广泛

Bluetooth 技术得到了空前广泛的应用，集成该技术的产品从手机、汽车到医疗设备，使用该技术的用户从消费者、工业市场到企业等，不一而足。低功耗、小体积以及低成本的芯片解决方案使得 Bluetooth 技术甚至可以应用于极微小的设备中。

3. 易于使用

Bluetooth 技术是一项即时技术，它不要求固定的基础设施，且易于安装和设置，不需要电缆即可实现连接。新用户使用也不费力——只需拥有 Bluetooth 品牌产品，检查可用的配置文件，将其连接至使用同一配置文件的另一 Bluetooth 设备即可。外出时，可以随身带上个人局域网（PAN），甚至可以与其他网络连接。

4. 同时可传输语音和数据

蓝牙采用电路交换和分组交换技术，支持异步数据信道、三路语音信道以及异步数据与同步语音同时传输的信道。每个语音信道数据速率为 64kb/s，语音信号编码采用脉冲编码调制（PCM）或连续可变斜率增量调制（CVSD）方法。蓝牙有两种链路类型：异步无连接（ACL）链路和同步面向连接（SCO）链路。

5. 具有很好的抗干扰能力

工作在 ISM 频段的无线电设备有很多种，如家用微波炉、无线局域网（WLAN）Home RF 等产品，蓝牙采用跳频（Frequency Hopping）方式来扩展频谱，将 2.402～2.48GHz 频段分成 79 个频点，相邻频点间隔 1MHz，抵抗来自这些设备的干扰。

6. 低功耗

蓝牙设备在通信连接（Connection）状态下，有 4 种工作模式：激活（Active）模式、呼吸（Sniff）模式、保持（Hold）模式、休眠（Park）模式。Active 模式是正常的工作状态，另外三种模式是为了节能所规定的低功耗模式。

7. 开放的接口标准

SIG 为了推广蓝牙技术的使用，将蓝牙的技术标准全部公开，全世界范围内的任何单位和个人都可以进行蓝牙产品的开发，只要最终通过 SIG 的蓝牙产品兼容性测试，就可以推向市场。

8. 成本低、体积小、易于集成

随着市场需求的扩大，各个供应商纷纷推出自己的蓝牙芯片和模块，蓝牙产品价格飞速下降。

10.4　Bluetooth 的应用

1. 居家和工作

通过使用 Bluetooth 技术产品，人们可以免除居家办公电缆缠绕的苦恼。鼠标、键盘、打印机、耳机和扬声器等均可以在 PC 环境中无线使用，这不但增加了办公区域的美感，还为室内装饰提供了更多创意和自由（设想，将打印机放在壁橱里）。例如，通过在移动设备和家用 PC 之间同步联系人和日历信息，用户可以随时随地存取最新的信息。

2. 三合一电话

在任何地方均使用同一部电话，一机在手走遍天下。当你在办公室时，你的电话可以当作对讲机(Intercom)使用，不需支付任何电话费；在家时，你的电话可以当作无线电话(Cordless phone)使用，只须支付有线电话的费用；而当你出差旅游时，你的电话就可以当作行动电话使用，此时才需要支付行动电话的费用。由于手机有高功率的电磁波，据报道证实电磁波会对人体造成伤害，但是由于蓝牙应用的是低功率，所以不会对人体有任何伤害，蓝牙收发话器对健康也有好处。

3. 交互式会议

连接到每一位参与者做实时数据交换。在会议中，能立即和其他参与者共同分享信息，也能以无线的方式操作投影机，这就比传统的会议记录更加灵活。

4. 手表可自动对时间，无线下载 MP3

只要将来手表有内建蓝牙且有 MP3 播放功能，即可自动设定为标准时间，且很方便地随时从计算机传输歌曲。

5. 网际网络桥接

漫游网际网络时不需要考虑连接的方式。在任何地方，当使用笔记本电脑漫游 Internet 时，不需要考虑是要通过以行动电话无线的方式连接，或是以有线的方式(像是 PSTN、ISDN、LAN)连接。

6. 多媒体系统

许多汽车的车载多媒体信息系统都支持蓝牙接入功能，比如凯迪拉克 XTS 豪华轿车上所搭载的 CUE 移动互联体验系统的蓝牙接入功能，最多可支持 10 组蓝牙配对，包括智能手机、平板电脑和多媒体播放器等。车主可以通过蓝牙配对，将这些便携设备中的信息与 CUE 系统实现共享。例如，可以读取手机中的通信录，通过 CUE 系统的人声识别功能直接进行语音拨叫；可以读取手机或多媒体播放器中的音乐文件，通过 CUE 系统在车内音响中播放，并在 CUE 系统的显示屏上显示曲目名、歌词和专辑封面图像等。

蓝牙无线技术对我国的信息化建设来说，既是挑战也是机遇。衷心希望具有我国自主知识产权的蓝牙产品早日投入市场，也希望有更多的有识之士关注和支持我国蓝牙技术的成长与发展，也许在不久的将来，人们会惊奇地发现我们的工作与生活都在逐步变"蓝"。

思考与讨论

1. 什么是 Bluetooth 技术？这一技术的名字是从何而来的？
2. Bluetooth 技术的工作原理是怎样的？
3. Bluetooth 技术具有哪些独特的优势？
4. Bluetooth 技术应用的领域有哪些？你还能想到哪些发展前景？

参考文献

[1] 蓝牙官网 http://developer.bluetooth.cn/libs/Cn/Resources/.

[2] 严紫建,刘元安.蓝牙技术[M].北京：北京邮电大学出版社,2001.

[3] 卓力,沈兰荪.蓝牙技术——一种短距离的无线连接技术[J].电子技术应用,2001,27(3):6-9.

［4］ 刘书生.蓝牙技术应用［M］.沈阳：东北大学出版社，2001.

［5］ 禄林，通信，春娟，等.蓝牙协议及其实现［M］.北京：人民邮电出版社，2001.

［6］ 建仓，亚军，玉亭，等.蓝牙核心技术及应用［M］.北京：科学出版社，2003.

［7］ Miller B A，Bisdikian C. Bluetooth revealed：the insider's guide to an open specification for global wireless communication［M］. Prentice Hall PTR，2001.

［8］ 钱志鸿.蓝牙技术原理、开发与应用［M］.北京：北京航空航天大学出版社，2006.

［9］ 朱刚.蓝牙技术原理与协议［M］.北京：北方交通大学出版社，2002.

［10］ 马勒.蓝牙揭密［M］.北京：人民邮电出版社，2001.

［11］ 刘海文，石振华.蓝牙技术及其系统原理［J］.电信技术，2000（9）：6-9.

［12］ 胡新华，杨继隆，姜伟，等.蓝牙技术综述［J］.现代电子技术，2002（5）：93-96.

第11章

ZigBee技术

11.1　ZigBee 简介

蜜蜂(Bee)在发现花丛后会通过一种特殊的肢体语言来告知同伴新发现的食物源的位置等相关信息,这种肢体语言就是飞翔和嗡嗡(Zig)地抖动翅膀的"之"字形(Zig 形)"舞蹈",蜜蜂依靠这种简单的信息传递方式构成了群体中的通信网络,以此寓意人们将一种低复杂度、低功耗、低速率、低成本的双向无线通信技术命名为 ZigBee 技术,在中国 ZigBee 技术常被翻译为"紫峰技术"。ZigBee 技术主要面向传输速率不高的各种电子设备之间的数据传输以及典型的周期性数据、间断性数据和要求低时延的数据传输的应用。

ZigBee 技术可以说是一种无线通信技术的俗称,本节分别从产业联盟、标准体系和发展历史等几方面来认识 ZigBee 的概况,后续章节中将为读者详细介绍 ZigBee 网络结构和技术特点。为了帮助读者更好的理解,本章将基于 ZigBee 技术实现的通信单元称为 ZigBee 设备,由 ZigBee 设备构成的网络称为 ZigBee 网络。在有些文献中将 ZigBee 视作 ZigBee 技术的简称,本章将 ZigBee 系统、ZigBee 网络以及 ZigBee 无线网等均视作同一对象来理解。

11.1.1　ZigBee 联盟和 IEEE 标准协会

ZigBee 联盟(The ZigBee Alliance)和 IEEE 标准协会(The IEEE Standard Association)是标准与产业的联动搭档。IEEE-SA 作为以美国为主导的国际领先的标准制定机构,旗下的 IEEE 802 标准系列改变了人们的生活模式。随着物联网(Internet of Things)的兴起,以 IEEE 802.15 为物理层技术的 ZigBee 产业联盟推动了全面的物理世界感知与控制。ZigBee 联盟厂商常用 IEEE "802.15.4/ZigBee Pro"来表示 ZigBee 产品系列,诠释了 ZigBee 与 IEEE 802.15.4 之间的关联性,IEEE 802.15.4 规范成为 ZigBee、WirelessHART 和

MiWi 规范的基础。

ZigBee 联盟是一个针对无线个人区域网络(Wireless Personal Area Network,WPAN)而成立的产业联盟,该组织是一个非盈利公开的行业协会,是半导体制造商和科技供应商的领航者。它致力于近距离、低复杂度、低数据速率、低成本的无线网络技术。开发了以 ZigBee 为品牌的包括 ZigBee、ZigBeePRO、ZigBee IP 等一系列技术规范。

ZigBee 协议从下到上分别为物理层(PHY)、媒体访问控制层(MAC)、传输层(TL)、网络层(NWK)、应用层(APL)等。其中,物理层和媒体访问控制层遵循 IEEE 802.15.4 标准的规定,如图 11-1 所示。

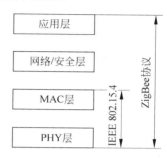

图 11-1 ZigBee 各层标准制定方案

IEEE 802.15.4 工作组成立于 1998 年,专门从事 WPAN 标准化工作,IEEE 802.15.1 主要制定蓝牙标准,IEEE 802.15.2 工作组主要研究蓝牙和 Wi-Fi 的兼容共存,IEEE 802.15.3 制定高速个域网标准(超宽带),IEEE 802.15.4 制定低速个域网标准,这些标准在传输速率、功耗和所支持的服务等方面存在较大差异。任务组 TG4 主要负责制定 IEEE 802.15.4 标准,针对低速无线个人区域网络(LowRate-Wireless Personal Area Network,LR-WPAN)制定标准。该标准把低能耗、低速率、低成本作为重点目标,旨在为个人或家庭范围内不同设备之间的低速互连提供统一标准。

IEEE 802.15.4c—2009 标准(IEEE 802.15.4c 任务组是基于中国频段制定标准)已于 2009 年 4 月 17 日正式发布,该标准涵盖了低功率无线个域网的无线媒质访问控制(MAC)和物理层(PHY)的规范。

与 IEEE 802.15 对应的中国标准系列编号是 15629.15,GB/T 15629.15—2010 标准中文全称为《信息技术-系统间远程通信和信息交换-局域网和城域网-特定要求第 15 部分:低速无线个域网媒质访问控制和物理层规范》,它规定了"低速无线个域网媒体访问控制和物理层规范。适用于固定的、便携的、移动设备,这些设备仅使用非常有限的电池电源,并主要工作在有限的个人空间"。

GB/T 15629.15 中物理层的主要功能如下。

(1) 打开和关闭收发器;

(2) 对当前工作信道进行能量检测;

(3) 对接收到的数据包进行链路质量检测并指示;

(4) 为 CSMA/CA 做信道空闲评估;

(5) 信道频率选择;

(6) 数据的发送和接收。

规范中定义的低速率无线个域网 LR-WPAN 是一个低速率的 WPAN,也是一个简单的、低成本的通信网络,这种网络支持有限功率、允许灵活应用的无线连接。LR-WPAN 的主要目标是在家电、传感器和监视器之间,实现已安装、数据传输速率、短距离工作、低成本和低功耗的无线网络。同时,支持简单和灵活的网络拓扑。

11.1.2 ZigBee 的发展历史

2001 年，ZigBee Alliance 成立，由 Honeywell、Invensys、Mitsubishi、Motorol 与 Philips 共同成立，ZigBee 联盟负责制定网络层、安全管理、应用界面规范。

2004 年，ZigBee V1.0 诞生。它是 ZigBee 的第一个规范，但由于推出仓促，存在一些错误。

2006 年，推出 ZigBee 2006，比较完善。

2007 年年底，ZigBee PRO 推出。

2009 年 3 月，ZigBee RF4CE 推出，具备更强的灵活性和远程控制能力。

2009 年开始，ZigBee 采用了 IETF 的 IPv6 6LoWPAN 标准作为新一代智能电网 Smart Energy(SEP 2.0)的标准，致力于形成全球统一的易于与互联网集成的网络，实现端到端的网络通信。随着美国及全球智能电网的建设，ZigBee 将逐渐被 IPv6/6LoWPAN 标准所取代。

2015 年，ZigBee Alliance 发布 ZigBee 3.0，新标准中纳入 ZigBee IP，统整此前的 ZigBee Pro 应用规格(Application Profile)，包含家庭自动化、建筑物自动化、LED 照明、医疗看护、零售、智慧能源等各个方面，降低了 ZigBee 开发门槛，吸引了更多业者加入 ZigBee 技术阵营。ZigBee 3.0 具有开放性、普遍性和完整性，可与现有的互联网应用程序完全互相操作。此外，ZigBee 3.0 十分安全，支持不使用电池的设备，具备网状结构、低时延以及能量收集等特点更是可以称得上无与伦比。

1. ZigBee 在国内的研究现状

国内 ZigBee 的研究起步较晚，ZigBee 模块生产厂家一般都受芯片厂家数量等限制价格，市场主要由国外仪器所占领，而国内未见成熟的自主研制的 ZigBee 产品，只有一些研究性和简单应用的文章出现于期刊杂志。到目前为止，国内目前除了成都西谷曙光数字技术有限公司，真正将 ZigBee 技术开发成产品，并成功地用于解决几个领域的实际生产问题而外，尚未见到其他报道。不过随着无线技术大趋势的发展，很多高校和研究机构都已经着手无线组网、无线技术应用方面的研究。特别是与我们日常生活息息相关的近距离无线组网技术的研究和应用，如中国科学院计算所的宁波分所就在专门从事无线技术的研究，主要侧重于无线网络化智能传感器，计算所自行开发了低功耗 CPU、多点网络动态组网拓扑协议、网络节点管理软件、无线网络化智能传感器操作系统。国内的一些大学，如浙江大学、山东大学、清华大学等也在做 ZigBee 组网和应用的研究，利用国外厂商的开发平台和芯片建立 ZigBee 网络，并应用于智能家居、无线抄表和物流管理方面。相信随着无线技术研究的深入，会有更多的国产 ZigBee 和其他无线产品投入市场。

2. ZigBee 在国内的发展阶段

从国内的研究现状和近些年的研究成果来看，可以将国内 ZigBee 粗略地划分为以下几个发展阶段。

1) 工业应用阶段：2004—2009 年

2004 年 ZigBee 进入中国，当时的技术方案有：飞思卡尔、Chipcon、Ember、JENNIC，当

时在中国做 ZigBee 技术产品的就只有很少几家公司,但这几家公司对 ZigBee 在中国的普及和应用做出了很大贡献。

2)感知中国阶段:2009—2013 年

自 2009 年 8 月温家宝总理提出"感知中国"以来,物联网被正式列为国家 5 大新兴战略性产业之一,写入政府工作报告,ZigBee 技术在中国也受到了全社会极大的关注,新兴公司大量涌现。

3)智能家居和智慧城市阶段:2013 年至今

智慧城市进入试点推广阶段,智能家居、智能单品概念火爆;飞利浦重点推广基于 ZigBee 的互联照明标准方案 ZLL,即"ZigBee Light Link",推出了一套智能照明套件,ZigBee 也因此在照明领域成为标杆。推出 ZigBee 3.0 以来,相关设备已经可以批量供货,预计可从每周生产一百万台至每天生产一百万台不等,可能已经有超过五亿台 ZigBee 设备面世。ZigBee 3.0 成为智能家居的最佳解决方案,应用范围更广,涉及照明、安全、恒温器、遥控器等。2015 年,小米发布智能家庭套装,采用的就是 ZigBee 技术。

11.2　ZigBee 的特点

可以说 ZigBee 的提出弥补了短距离无线通信技术应用研究的空白,如今该技术早已经成为研究的新热点,相信在不久的未来,基于 ZigBee 技术的产品将会形成一个新的浪潮,势不可挡地席卷全球,而它的发展前景将同计算机、互联网一样,融入人们生活的每一个角落,给人们的生活带来方便和快捷。

ZigBee 作为一种新兴的短距离无线通信技术,主要具备以下特点。

(1)低功耗。在低耗电待机模式下,两节 5 号干电池可支持一个节点工作 6～24 个月,甚至更长。这是 ZigBee 的突出优势。相比较,蓝牙能工作数周、Wi-Fi 可工作数小时。现在,TI 公司和德国的 Micropelt 公司共同推出新能源的 ZigBee 节点。该节点采用 Micropelt 公司的热电发电机给 TI 公司的 ZigBee 提供电源。

(2)低成本。通过大幅简化协议(不到蓝牙的 1/10),降低了对通信控制器的要求,按预测分析,以 8051 的 8 位微控制器测算,全功能的主节点需要 32KB 代码,子功能节点只需要 4KB 代码,而且 ZigBee 免协议专利费。每块芯片的价格大约为两美元。

(3)低速率。ZigBee 工作在 20～250kb/s 的较低速率,分别提供 250kb/s(2.4GHz)、40kb/s(915MHz)和 20kb/s(868MHz)的原始数据吞吐率,满足低速率传输数据的应用需求。

(4)近距离。传输范围一般介于 10～100m 之间,在增加 RF 发射功率后,也可增加到 1～3km。这指的是相邻节点间的距离。如果通过路由和节点间通信的接力,传输距离将可以更远。

(5)短时延。ZigBee 的响应速度较快,一般从睡眠转入工作状态只需 15ms,节点连接进入网络只需 30ms,进一步节省了电能。相比较,蓝牙需要 3～10s、Wi-Fi 需要 3s。

(6)高容量。ZigBee 可采用星状、片状和网状网络结构,由一个主节点管理若干子节点,最多一个主节点可管理 254 个子节点;同时主节点还可由上一层网络节点管理,最多可组成 65 000 个节点的大网。

（7）抗干扰能力强。由于可以工作在 2.4GHz 频段下的调频模式上，使得 ZigBee 技术成为现阶段工业控制领域抗干扰能力最强的通信技术之一。能够在十分恶劣的环境下保证通信畅通，并且能够应对现场较强辐射的电磁干扰。

（8）高安全。ZigBee 提供了三级安全模式，包括无安全设定、使用接入控制清单（ACL）防止非法获取数据以及采用高级加密标准（AES 128）的对称密码，以灵活确定其安全属性。

（9）免执照频段。采用直接序列扩频在工业科学医疗（ISM）频段，2.4GHz（全球）、915MHz（美国）、868MHz（欧洲）以及 315MHz（中国）、430MHz（中国）、780MHz（中国）。

（10）ZigBee 休眠。通常 ZigBee 节点所承载的应用数据速率都比较低，在不需要通信时，节点可以进入很低功耗的休眠状态，此时能耗可能只有正常工作状态下的千分之一。由于一般情况下，休眠时间占总运行时间的大部分，有时正常工作的时间还不到百分之一，因此达到很高的节能效果。

从 ZigBee 协议规范的研究及完善方面来看，ZigBee 协议规范从推出至今，已有大量研究者对 ZigBee 网络的时间同步、广播问题、安全机制等进行了研究，并且 ZigBee 协议正在继续改进并将提供更多的功能，但目前仍然存在一些问题，主要包括以下几个方面。

（1）网络地址。在 ZigBee 网络中分配给节点的网络地址可以改变，甚至在某些条件下会重名。这就使得网络必须解决不可靠的寻址机制，以确保将数据发送到正确的节点中。ZigBee 联盟正在考虑改变寻址机制，以提供更具鲁棒性的寻址机制。同时，包括 MaxStream 在内的一些模块提供商研发出了基于唯一性 64 位地址的解决方案，能确保可靠的数据传输。

（2）固定工作信道。由于 ZigBee 采用 IEEE 802.15.4 MAC/PHY 规范中所规定的直序扩频（DSSS）调制，因此可以工作在固定信道，在通过能量扫描筛选出具有较高能量的信道后选出工作信道。但是，一旦初始能量扫描完成后，在所选的信道质量变坏时 ZigBee 网络无法重置新的信道。因为有许多节点（包括蜂窝电话、微波和 IEEE 802.11 网络）占用 2.4GHz 频段，因此这可能是一个大问题。目前，终端节点开发商必须在其设计中解决干扰问题。ZigBee 联盟也在研究此问题的解决方案。ZigBee 规范的新版本可能会解决此问题。

（3）容量限制。ZigBee 刚开始打算用 64K Flash。但是，对于需要可靠的数据传输、网状组网、更高安全等级、低功率的终端节点等高级应用而言，这一空间将很难满足 IEEE 802.15.4 MAC/PHY、ZigBee 网络层以及其他所期望的应用功能要求。随着 ZigBee 的持续发展，先进的应用似乎需要迁移至带有更多闪存的微控制器。

从安全方面来看，由于无线自组织网络使用的共享无线信道存在着安全隐患，使得无线自组织网络很容易受到攻击并且很难对攻击进行跟踪。

从接入控制来看，对接入公平性、多种网络共存、隐藏终端、暴露终端等问题虽然已提出了很多技术和方法，但是依然没有得到完善的解决。

从能量控制来看，由于无线自组织网络的节点没有固定基础设施支持，因此如何降低网络能量消耗，提高能量效率，以及如何避免网络分割和节点过早死亡也是研究的重要问题。目前，降低网络能量消耗的主要方法包括选择性地调整节点接收器到休眠状态、使用可调输出功率的发送器、采用节能型路由器等。

下面将 ZigBee 与前面章节中介绍的 Wi-Fi 和蓝牙对各种参数进行对比，以便读者深入理解，如表 11-1 所示。

表 11-1　ZigBee 与 Wi-Fi、蓝牙属性

	ZigBee	Wi-Fi	蓝牙
电池寿命	几年	几小时	几天
复杂性	简单	非常复杂	复杂
节点/主节点	65 540	32	7
覆盖范围	70～300m	100～300m	10m
速率	250kb/s	11Mbps	1M
有效带宽	100K	5～7M	700K
安全	高	一般	高
应用	监测与控制	计算机联网	电缆取代

11.3　ZigBee 体系结构

本节将介绍 ZigBee 的各个层次及其结构。我们按照自底向上的方式,依次介绍物理层、MAC 层、网络层和应用层。

11.3.1　物理层

对于物理层(PHY),ZigBee 采用了 868/915MHz 物理层和 2.4GHz 物理层,两个物理层都基于直接序列扩频(DSSS)技术,使用相同的物理层数据包格式,区别在于工作频率、调制技术、扩频码片长度和传输速率不同。ZigBee 物理层协议数据单元(PPDU)又称物理层数据包,其格式如表 11-2 所示。

表 11-2　物理层帧结构

4 字节	1 字节	1 字节		可变
前同步码	帧定界符	帧长度(7 位)	保留位(1 位)	PSDU
同步包头		物理层包头		物理层载荷

物理层数据包由同步包头、物理层包头和物理层载荷三部分组成。下面分别对各个部分做简要介绍。

1. 同步包头

1)前同步码

接收设备根据接收的前同步码获得同步信息,识别每一位,从而进一步区分出"字符"。IEEE 802.15.4 规定前同步码由 32 个 0 组成。

2)帧定界符

帧定界符(SFD)用来指示前同步码结束和数据包的开始,由一字节组成,其值用二进制表示为 11100101。

2. 物理层包头(首部)

物理层帧首部由一字节组成,其中的 7 位用来表示帧的长度,即有效载荷的数据长度。按 PSDU 的不同,长度值有如表 11-3 所示几种情况。

表 11-3　物理层帧长度

帧长度值/字节	载荷类型
0～4	保留
5	MDPU(确认帧)
6、7	保留
8～127	MPDU 数据帧

3. 物理层荷载

PSDU 是物理层携带的有效载荷,也就是欲通过物理层发送出去的数据。PSDU 的长度为 0～127 字节。当长度值等于 5 字节或大于 7 字节时,PSDU 是 MAC 层的有效帧。

物理层通过射频固件和射频硬件提供了一个从 MAC 层到物理层无线信道的接口。ZigBee 协议的物理层主要负责以下任务。

(1) 启动和关闭 RF 收发器。

(2) 信道能量检测。

(3) 对接收到的数据报进行链路质量指示(Link Quality Indication,LQI)。

(4) 为 CSMA/CA 算法提供空闲信道评估(Clear Channel Assessment,CCA)。

(5) 对通信信道频率进行选择。

(6) 数据包的传输和接收。

IEEE 802.15.4 的物理层定义了物理信道和 MAC 子层间的接口,提供数据服务和物理层管理服务。物理层数据服务从无线物理信道上收发数据,物理层管理服务维护一个物理层相关数据组成的数据库。

11.3.2　MAC 层

对于媒体介入控制层(MAC),IEEE 802.15.4 媒体介入控制层沿用了传统无线局域网中的带冲突避免的载波多路侦听访问技术 CSMA/CA 方式,以提高系统的兼容性。这种设计,不但使多种拓扑结构网络的应用变得简单,还可以实现非常有效的功耗管理。

一个完整的 MAC 层帧由帧首部、帧载荷(即数据)和帧尾三部分构成。其中,帧首部又有若干个域按一定顺序排列,但并不是所有的帧中都包含全部的域。MAC 层的帧结构如表 11-4 所示。由表 11-4 可知,帧首部有帧控制域、序列号、地址域等,其中,地址域又包含目的 PAN(个人区域网)标识符、目的地址、源 PAN 标识符和源地址等。

表 11-4　MAC 层帧结构

2 字节	1 字节	0/2 字节	0/2/8 字节	0/2 字节	0/2/8 字节	可变	2 字节
帧控制	序列号	目的 PAN 标识符	目的地址	源 PAN 标识符	源地址	帧载荷	FCS
		地址域					
MHR(MAC 层帧首部)						MAC Payload (MAC 载荷)	MFR(帧尾)

1. MHR

1）帧控制域

帧控制域的长度为 16 位，其结构如表 11-5 所示。

表 11-5 帧控制域格式

0～2	3	4	5	6	7～9	10～11	12～13	14～15
帧类型	安全允许控制	未处理数据标记	请求确认	PAN 内部标记	保留	目的地址模式	保留	源地址模式

2）序列号子域

帧序列号子域的长度为 8 位，它是帧的唯一序列标识符。在协议栈初始化时，软件将它们设置为随机的值，在通信过程中，每生成一个帧，其相应的序列号加 1，并将其值插入到帧的序列号子域。如果需要确认，则接收方将接收到的数据帧或者命令帧中的序列号作为确认帧的序列号。如果发送方在规定的时间里没有接收到对方的确认，则发送方使用原来的序列号重新发送该帧。可见，接收方可以根据帧中的序列号来判断接收的帧是否是新的。

3）目的 PAN 标识符子域

目的 PAN 标识符子域的长度为 16 位，它是接收该帧的设备所在 PAN 的唯一标识符。当标识符的值为 0xFFFF 时，代表该帧为广播方式，即在同一信道上的所有设备都可以接收该帧。仅在帧控制子域的目的地址模式为非 00 时，本子域才存在。

4）目的地址子域

该地址是接收帧设备的地址。根据帧地址控制子域不同的情况，目的地址为 16 位或 64 位。地址 0xFFFF 是广播地址。同样，仅在帧控制子域的目的地址模式为非 00 时，本子域才存在。

5）源 PAN 标识符子域

源 PAN 标识符子域的长度为 16 位，它是发送该帧的设备所在 PAN 的唯一标识符。仅在帧控制子域的源地址模式为非 00 和内部 PAN 标记位为 0 时，本子域才存在。PAN 标识符在 PAN 建立时由 PAN 协调器确定，若与其他的 PAN 标识符冲突，协调器应能自行解决。

6）源地址子域

该地址是帧发送设备的地址。与目的地址子域相同，根据帧地址控制子域不同的情况，源地址为 16 位或 64 位。同样，仅在帧控制子域的源地址模式为非 00 时，本子域才存在。

2. MAC 载荷

帧有效载荷即帧传送的数据，其长度视具体帧而定，最长为最长物理帧长度减去 MAC 帧头长度。

3. MFR

帧校验子域包含一个 16 位的 CRC 校验码。校验码包含对帧头和载荷部分的校验。

MAC 层完成的具体任务如下。

(1) 协调器产生并发送信标帧(Beacon)。

(2) 普通设备根据协调器的信标帧与协调器同步。

（3）支持 PAN 网络的关联（Association）和取消关联（Disassociation）操作。

（4）为设备的安全性提供支持。

（5）使用 CSMA-CA 机制共享物理信道。

（6）处理和维护时隙保障 GTS（Guaranteed Time Slot）机制。

（7）在两个对等的 MAC 实体之间提供一个可靠的数据链路。

在 IEEE 802.15.4 的 MAC 层中引入了超帧结构和信标帧的概念。这两个概念的引入极大方便了网络管理，可以选用以超帧为周期组织 LR-WPAN 网络内设备间的通信。每个超帧都以网络协调器发出信标帧为始，在这个信标帧中包含超帧将持续的时间以及对这段时间的分配等信息。网络中的普通设备接收到超帧开始时的信标帧后，就可以根据其中的内容安排自己的任务，例如，进入休眠状态直到这个超帧结束。

MAC 子层提供两种服务：MAC 层数据服务和 MAC 层管理服务（MAC Sub-Layer Management Entity，MLME）。前者保证 MAC 协议数据单元在物理层数据服务中正确收发，后者维护一个存储 MAC 子层协议相关信息的数据库。

11.3.3 网络层

对于网络层（NWK），它主要采用了基于 Ad-hoc 技术的网络协议，网络层需要在功能上保证与 IEEE 802.15.4 标准兼容，同时也需要上层提供合适的功能接口。

网络帧通用结构与一般的帧结构类似，由帧首部（帧控制域和路由域）和有效载荷部分组成，如表 11-6 所示。

表 11-6　网络层帧通用结构

2 字节	2 字节	2 字节	0/1 字节	0/1 字节	可变长
帧控制域	目的地址	源地址	广播半径域	广播序列号	帧载荷
	路由域				

1. 帧控制域

帧控制域长度为 16 位，其中包含帧的类型、地址、序列号及其他一些信息。其结构如表 11-7 所示。

表 11-7　帧控制域结构

0～1	2～5	6～7	8	9	10～15
帧类型	协议版本	发现路由	保留	安全性	保留

2. 路由域

1）目的地址域

目的地址域长度为 2 字节，其值为 16 位的目的设备网络地址，它就是目的设备 MAC 层的 IEEE 802.15.4 的网络地址，或者是广播地址 0xFFFF。

2）源地址域

源地址域是发送帧的设备的地址，与目的地址域相似。

3）广播半径域

广播半径域总是存在,长度为1字节。其值规定了广播帧的传输范围。在传输时,每个设备接收一次广播帧,并将该域的值减1。

4）广播序列号域

序列号域在每一个帧中都存在,其长度为1字节。设备每发送一个新的帧,该值会加1。通常帧的序列号与它的源地址域一起用来唯一识别一个帧,以避免1字节长序列号会产生的混淆。

3. 帧载域荷

帧载荷的长度可变,是帧传送的数据。

网络层主要包含以下功能。

(1) 通用的网络层功能:建立一个新的网络、加入和离开一个已经存在的网络、配置一个新设备、寻址、同步、安全和路由;

(2) 与 IEEE 802.15.4 标准一样,非常省电;

(3) 有自组织、自维护功能,最大程度地减少消费者的开支和维护成本。

网络层基于 IEEE 802.15.4 MAC,支持扩展覆盖区域,另外的群集也能加入进来,同时也支持网络的合并和分裂。网络层通过两种服务接入点提供相应的两种服务,它们分别是网络层数据服务和网络层管理服务。网络层数据服务通过网络层数据实体服务接入点接入,网络层管理服务通过网络层管理实体服务接入点接入。这两种服务通过 MCPS-SAP 和 MLME-SAP 接口为 MAC 层提供接口。除此之外,网络层通过 NLDE-SAP 和 NLME-SAP 接口为应用层实体提供接口服务。网络层数据实体服务接入点支持对等应用实体之间的应用协议数据单元的传输。网络层数据实体服务接入点所支持的函数原语为请求、确认和指示原语。

11.3.4　应用层

对于应用层(APL),又包括应用支持子层(APS)、ZigBee 设备对象(ZDO)和由制造商定制的应用对象。

1. APS

APS 负责把不同的应用映射到 ZigBee 网络上,具体而言包括:

(1) 安全与鉴权;

(2) 多个业务数据流的汇聚;

(3) 设备发现,即发现哪个设备正在其自有空间工作;

(4) 业务发现。

2. ZDO

ZDO 是一个特殊的应用层的端点(Endpoint)。它是应用层其他端点与应用子层管理实体交互的中间件。它主要提供的功能如下。

(1) 初始化应用支持子层,网络层。

(2) 发现节点和节点功能。在无信标的网络中,加入的节点只对其父节点可见。而其他节点可以通过 ZDO 的功能来确定网络的整体拓扑结构以及节点所能提供的功能。

（3）安全加密管理：主要包括安全 Key 的建立和发送，以及安全授权。

（4）网络的维护功能。

（5）绑定管理：绑定的功能由应用支持子层提供，但是绑定功能的管理却是由 ZDO 提供，它确定了绑定表的大小，绑定的发起和绑定的解除等功能。

（6）节点管理：对于网络协调器和路由器，ZDO 提供网络监测、获取路由和绑定信息、发起脱离网络过程等一系列节点管理功能。

ZDO 实际上是介于应用层端点和应用支持子层中间的端点，其主要功能集中在网络管理和维护上。应用层的端点可以通过 ZDO 提供的功能来获取网络或者是其他节点的信息，包括网络的拓扑结构、其他节点的网络地址和状态以及其他节点的类型和提供的服务等信息。

3. 制造商定制的应用对象

厂家定义的应用对象根据 ZigBee 的应用描述来实现特定的实际应用对象。

在 ZigBee 协议栈中，任何通信数据都是采用帧的格式来组织完成的。协议的每一层都有特定的帧结构。当应用程序需要发送数据时，将通过 APS 数据实体发送数据请求到 APS，下面的每一层都会为数据附加相应的帧头，组成要发送的帧信息。

接下来，将对应用支持子层帧（APDU）结构做简要介绍。

APDU 由 APS 首部、APS 帧载荷两部分组成，其结构如表 11-8 所示。

表 11-8　APS 帧结构

1 字节	0/1	0/1	0/2	0/1	可变
帧控制域	目的端点	簇标识符	模板标识符	源端点	帧载荷
	帧地址域				
APS 首部					APS 载荷

1. 帧控制域

帧控制域的长度为 1 字节，其结构如表 11-9 所示。

表 11-9　帧控制域结构

0~1	2~3	4	5	6	7
帧类型	交付模式	间接寻址模式	安全	应答、请求	保留

2. 帧地址域

1）目的端点

目的端点子域长度为 8 位，是最终接收该帧的目的端点的地址。当该地址为 0x00 时，表示该帧是发送给 ZDO 的；地址为 0x01~0xF0 时，表示该帧是发送给应用端点的；地址为 0xFF 时，表示该帧将被所有活动的端点接收；地址 0xF1~0xFE 保留。

2）簇标识符

簇标识符长度为 8 位，它是在绑定操作中需要用到的。仅数据帧需要帧标识符，而命令帧则不需要。帧控制域的帧类型子域决定了该帧中是否需要簇标识符。

3）模板标识符

模板标识符长度为 16 位,它是在每一个设备中对接收到的帧进行过滤处理时需要用到的,仅在数据帧或应答帧中需要这个标识符,而在命令帧中不需要。

4）源端点

源端点子域长度为 8 位,它是发送帧的端点的标识符。如果标识符的值在 0x01～0xFF 之间,则该帧是一个应用端点发送的。如果该帧采用间接寻址,且帧控制域的间接寻址模式子域的值为 0,则该域不出现在帧中。

3. 帧载荷域

载荷域的长度可变,是帧传送的有效信息。

11.4　ZigBee 无线网络拓扑结构

在 ZigBee 网络中存在三种逻辑设备类型：协调器(Coordinator),路由器(Router),终端节点(EndDevice),后两种设备通常也分别为汇聚节点和终端节点,每种设备都有自己的功能要求。ZigBee 网络由一个协调器以及多个路由器和多个终端节点组成。

1. ZigBee 协调器节点

ZigBee 协调器在 IEEE 802.15.4 中也称为 PAN 协调点,它往往比网络中其他节点的功能更强大,是整个网络的主控节点。它是启动和配置网络的一种设备,具有间接寻址用的绑定表格,支持关联,同时还能设计信任中心和执行其他活动,负责网络正常工作以及保持同网络其他设备的通信。

2. ZigBee 路由器节点

ZigBee 路由器是一种支持设备关联并具有路由功能的设备,可以参与路由发现、消息转发,通过连接别的节点来扩展网络的覆盖范围等。

3. ZigBee 终端节点

ZigBee 终端设备可以接收其他需要与之通信的设备的信息,它通过 ZigBee 协调点或者 ZigBee 路由节点连接到网络,但不允许其他任何节点通过它加入网络,其存储器容量和运算量要求最少,占网络中设备最多,一般要求满足低功率成本设计。

上述三种设备根据功能完整性可分为全功能(Full-Function Device,FFD)或者精简功能设备(Reduced-Function Device,RFD)。其中,全功能设备可作为协调器、路由器和终端设备,而精简功能设备只能用于终端设备。一个全功能设备可与多个 RFD 或多个 FFD 通信,而一个精简功能设备只能与一个 FFD 通信。

ZigBee 网络支持多种网络拓扑结构,主要包括星状拓扑(Star)、树状拓扑(Cluster Tree)和网状拓扑(Mesh Network)三种网络拓扑结构,如图 11-2 所示,依次是星状网络,簇树状网络和网状网络。

星状网络是一个辐射状系统,数据和网络命令都通过中心节点传输。在这种路由拓扑中,外围节点需要直接与中心节点无线连接,某个节点的冲突或者故障将会降低系统的可靠性。星状网络拓扑结构最大的优点是结构简单,因为很少有上层协议需要执行、设备成本低、较少的上层路由管理;中心节点承担绝大多数管理工作,如发放证书和远距离网关管理

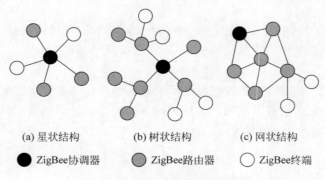

(a) 星状结构　　　　(b) 树状结构　　　　(c) 网状结构

● ZigBee协调器　　● ZigBee路由器　　○ ZigBee终端

图 11-2　ZigBee 网络拓扑结构图

等。缺点是：灵活性差，因为需要把每个终端节点放在中心节点的通信范围内，必然会限制无线网络的覆盖范围；而且，集中的信息涌向中心节点，容易造成网络阻塞、丢包、性能下降等情况。

树状网络可以简单地看成是多个星状结构的集合。由若干个星状拓扑连接到一起，可以使通信区域大幅度扩大。树状网络的实现需要几个关键网络服务：第一，树状结构必须要提供动态地址分配机制；第二，每个节点必须根据信息的发送者和接收者做出简单的路由选择，保证信息向前发送；最后，树状网络必须提供可配置的范围树，以表明网络设备有多少资源支持树状结构。该种结构的优点是成本较低、覆盖范围较大，缺点是动态环境适应性差，并且，如果任何一个节点的中断或出现故障会导致部分节点脱离网络。因此，相较而言，树状结构的稳定性较差。

网状网络是一种自由设计的拓扑结构，具有很高的环境适应能力。在这种网络中，各个节点都是平等的，都具有路由能力，能与有效通信半径内的所有节点直接通信，同时网内的所有节点都可以访问到网内其他节点，但是路由器和协调器的无线通信模块必须一直处于接收状态，因此节点功耗较大。

11.5　ZigBee 组网方案

在前面的章节中，讨论了基本网络拓扑结构，不论是从网络拓扑结构还是从路由方式来看，都可以认为星状网络和树状网络是网状网络的一个特殊子集，对网状网络的研究就包括对星状网络和树状网络的内容，所以本节对 ZigBee 网状网络进行探讨。组建一个完整的 ZigBee 网状网络包括两个步骤：网络初始化、节点加入网络。其中，节点加入网络又包括两个步骤：通过与协调器连接入网和通过已有父节点入网。

11.5.1　网络初始化

ZigBee 网络的建立是由网络协调器发起的，任何一个 ZigBee 节点要组建一个网络必须要满足以下两点要求。

（1）节点是 FFD 节点，具备 ZigBee 协调器的能力；

（2）节点还没有与其他网络连接，当节点已经与其他网络连接时，此节点只能作为该网络的子节点,因为一个 ZigBee 网络中有且只有一个网络协调器。

在 Jennie ZigBee 协议栈中,网络的初始化是由 Jennic 提供的 BOS(Basic Operating System)控制的,BOS 是一个无优先级的简单任务调度器,控制着 ZigBee 协议栈以及用户任务的执行,网络的初始化就是在 BOS 的控制下进行的。ZigBee 网络的初始化是有序的,每一个节点都有唯一的 MAC 地址,这是通过预编程设定的。其网络初始化过程如图 11-3 所示。

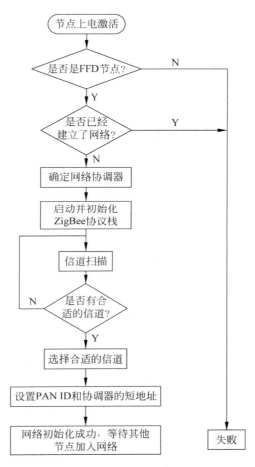

图 11-3 网络初始化过程

其详细流程如下。

(1) 确定网络协调器。首先判断节点是否是 FFD 节点,接着判断此 FFD 节点是否在其他网络里或者网络里是否已经存在协调器。通过主动扫描,发送一个信标请求命令(Beacon Request Command),然后设置一个扫描期限(T_scan_duration),如果在扫描期限内都没有检测到信标,那么就认为此 FFD 在其 POS 内没有协调器,那么此时就可以建立自己的 ZigBee 网络,并且作为这个网络的协调器不断地产生信标并广播出去。

(2) 进行信道扫描过程。包括能量扫描和主动扫描两个过程:首先对指定的信道或者默认的信道进行能量检测,以避免可能的干扰。以递增的方式对所测量的能量值进行信道排序,抛弃那些能量值超出了可允许能量水平的信道,选择可允许能量水平的信道并标注这些信道是可用信道。接着进行主动扫描,搜索节点通信半径内的网络信息。这些信息以信标帧的形式在网络中广播,节点通过主动信道扫描方式获得这些信标帧,然后根据这些信息,找到一个最好的、相对安静的信道,通过记录的结果,选择一个信道,该信道应存在最少的 ZigBee 网络,最好是没有 ZigBee 设备。在主动扫描期间,MAC 层将丢弃 PHY 层数据服务接收到的除信标以外的所有帧。

(3) 设置网络 ID。找到合适的信道后,协调器将为网络选定一个网络标识符(PAN ID,取值≤0x3FFF),这个 ID 在所使用的信道中必须唯一,也不能和其他 ZigBee 网络冲突,而且不能为广播地址 0xFFFF(此地址为保留的地址,不能使用)。PAN ID 可以通过侦听其他网络的 ID 然后选择一个不会冲突的 ID 的方式来获取,也可以人为地指定扫描的信道后来确定不和其他网络冲突的 PAN ID。在 ZigBee 网络中有两种地址模式:扩展地址(64 位)和短地址(16 位)。其中,扩展地址由 IEEE 组织分配,用于唯一的设备标识;短地址用于本地网络中的设备标识,在一个网络中,每个设备的短地址必须唯一,当节点加入网络时由其父节点分配并通过使用短地址进行通信。对于协调器节点来说,短地址通常设定为 0x0000。

上面步骤完成后,就成功初始化了 ZigBee 网状网络,之后就等待其他节点的加入。节点入网时将选择范围内信号最强的父节点(包括协调器)加入网络,成功后将得到一个网络短地址并通过这个地址进行数据的发送和接收,网络拓扑关系和地址就会保存在各自的 Flash 中。

网络初始化包括两方面的内容:确定初始化参数和将选定的参数配置到节点中。节点需要初始化的参数如下:操作信道 LogicChannel、PAN ID、节点自身短地址 macShortAddress、信标周期 BeaconOrder、超帧激活周期 SuperframeOrder 等。在确定网络的初始化参数之后,将通过调用 MAC 层的 MLNE-SAP 接口的设置原语(MLME-SET)和开始原语(MLME-START)将选定的参数配置到节点的 MAC 中。

11.5.2　节点通过协调器加入网络

当 ZigBee 协调器确定之后,节点首先需要和协调器建立连接并加入网络。考虑到网络的容量和 FFD/RFD 的特点,本文只讨论 FFD 节点情况,FFD 节点与协调器连接加入网络的流程图如图 11-4 所示。

为了建立连接,FFD 节点需要向协调器提出连接请求,协调器接收到节点的连接请求后根据情况决定是否允许其连接,然后对请求连接的节点做出响应,节点与协调器建立连接后,才能实现数据的收发。具体的流程可以分为以下几个步骤。

(1) 查找网络协调器。首先 FFD 节点会主动扫描查找周围网络的协调器,如果在扫描期限内检测到信标,那么 FFD 节点将获得协调器的有关信息,这时就向协调器发出连接请求。在选择合适的网络后,上层将请求 MAC 层对物理层和 MAC 层的 phyCurrentChannel、macPANID 等 PIB 属性进行相应的设置。如果没有检测到,间隔一段时间后,节点重新发起扫描。

(2) 发送关联请求命令(Associate Request Command)。节点将关联请求命令发给协调器,协调器收到后立即回复一个确认帧(ACK),同时向它的上层发送连接指示原语,表示

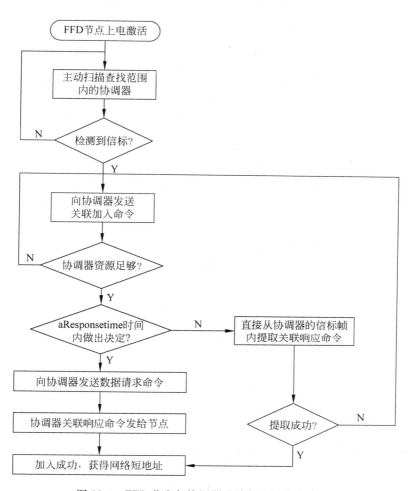

图 11-4　FFD 节点与协调器连接加入网络流程图

已经收到节点的连接请求。但这并不意味着已经建立连接,只表示协调器已经收到节点的连接请求。当协调器的 MAC 层的上层接收到连接指示原语后,将根据自己的资源情况(存储空间和能量)决定是否同意此节点的加入请求,然后给节点的 MAC 层发送响应。

(3) 等待协调器处理。当节点收到协调器加入请求命令的 ACK 后,节点的 MAC 将等待一段时间,接收协调器的连接响应。在预定的时间内,如果接收到连接响应,它将这个响应向它的上层通告。而协调器给节点的 MAC 层发送响应时会设置一个等待响应时间(T_ResponseWaitTime)来等待协调器对其加入请求命令的处理,若协调器的资源足够,协调器会给节点分配一个 16 位的短地址,并产生包含新地址和连接成功状态的连接响应命令,则此节点成功地和协调器建立连接并可以开始通信。若协调器资源不够,待加入的节点将重新发送请求信息,直到入网成功。

(4) 发送数据请求命令。如果协调器在响应时间内同意节点加入,那么将产生关联响应命令(Associate Response Command)并先存储这个命令。当响应时间过后,节点发送数据请求命令(Data Request Command)给协调器,协调器收到后立即回复 ACK,然后将存储的关联响应命令发给节点。如果在响应时间到后,协调器还没有决定是否同意节点加入,那么节点将试图从协调器的信标帧中提取关联响应命令,成功的话就可以入网成功,否则重新发送请求信息直到入网成功。

(5)回复。节点收到关联响应命令后,立即向协调器回复一个确认帧(ACK),以确认接收到连接响应命令,此时节点将保存协调器的短地址和扩展地址,并且节点的 MLME 向上层发送连接确认原语,通告关联加入成功的信息。

上述步骤完成之后,待加入网络的节点应该已经收到协调器对其加入请求的回复。如果该请求通过,该节点将成功和协调器建立连接并获得网络地址和其他节点进行通信。在上述连接的过程中,请求建立连接的节点的上层生成连接请求原语发送给节点的 MAC 层。MAC 层的 MLME 接收到这个原语后,先向物理层发送和原语更新 phyCurrentchannel 和 macPANID 的值,然后生成一个含有建立连接请求的命令帧发送给指定的协调器。节点在发送命令帧时使用 CSMA-CA 算法,首先 MLME 向物理层发送状态为 TX_ON 的收发电路状态转换原语,激活发射电路,使其工作在发射状态。收到确认原语后再向物理层发送数据请求原语来生成命令帧,等待接收的协调器发送的确认帧。如果没有收到,那么将重新发送连接请求命令。如果重新发送 aMaxFrameRetries 次后仍然没有接收到确认帧,则节点的物理层向上层发送状态为 NO ACK 的连接请求确认原语表示连接请求命令发送失败。

11.5.3　节点通过已有节点加入网络

当靠近协调器的 FFD 节点和协调器关联成功后,处于这个网络范围内的其他节点就以这些 FFD 节点作为父节点加入网络了,具体加入网络有两种方式,一种是通过关联(Association)方式,就是待加入的节点发起加入网络;另一种是直接(Direct)方式,就是待加入的节点具体加入到哪个节点下,作为该节点的子节点。其中关联方式是 ZigBee 网络中新节点加入网络的主要途径,其流程图如图 11-5 所示。

对于一个节点来说,只有未加入网络的节点才能加入网络。在这些节点中,有些是曾经加入过网络,但是却与它的父节点失去联系(这样的被称为孤儿节点),而有些则是新节点。当节点是孤儿节点时,在它的相邻表中存有原父节点的信息,于是它可以直接给原父节点发送加入网络的请求信息。如果父节点有能力同意它加入,于是直接告知它的以前被分配的网络地址,它便入网成功;如果此时它原来的父节点的网络中,子节点数已达最大值,也就是说网络地址已经分配满,父节点便无法批准它加入,它只能以新节点身份重新寻找并加入网络。

而对于新节点来说,它首先会在预先设定的一个或多个信道上通过主动或被动扫描周围的可用网络,寻找有能批准自己加入网络的父节点,并把可以找到的所有父节点的资料存入自己的相邻表。存入相邻表的父节点的资料包括 ZigBee 协议的版本、堆栈的规范、PAN ID 和可以加入的信息。在相邻表中所有的父节点中选择一个深度最小的,并对其发出请求信息,如果出现相同最小深度的、两个以上的父节点信息,那么随机选取一个发送请求。如果相邻表中没有合适的父节点信息,那么表示入网失败,终止过程。如果发出的请求被批准,那么父节点同时会分配给它一个 16 位的网络地址,此时入网成功,子节点可以开始通信。如果请求失败,那么重新查找相邻表,继续发送请求信息,直到加入网络或者相邻表中没有了合适的父节点。

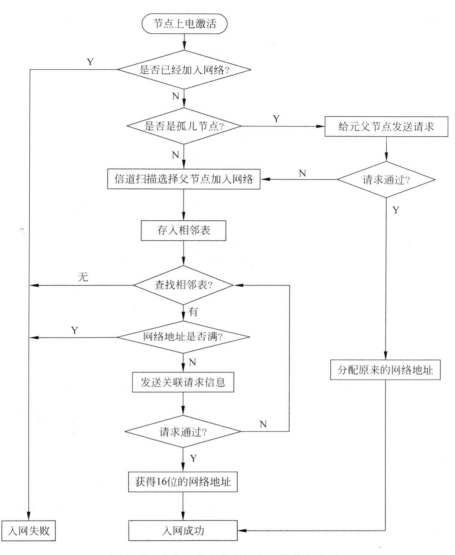

图 11-5　节点已有父节点加入网络的流程图

11.6　ZigBee 技术的应用领域

ZigBee 技术主要应用在短距离无线网络通信方面。通常符合如下条件之一的应用，就可以考虑采用 ZigBee 技术做无线传输。

（1）需要数据采集或监控的网点多；

（2）要求传输的数据量不大，而要求节点成本低：

（3）要求数据传输可靠性高，安全性高；

（4）节点体积很小，不便放置较大的充电电池或者电源模块；

（5）电池供电；

(6) 地形复杂,监测点多,需要较大的网络覆盖;

(7) 现有移动网络的覆盖盲区;

(8) 使用现存移动网络进行低数据量传输的遥测遥控系统;

(9) 使用 GPS 效果差,或成本太高的局部区域移动目标的定位应用。

随着 ZigBee 技术的迅猛发展,相关规范的逐步完善,基于 ZigBee 技术的产品在无线网络的应用无处不在。ZigBee 技术联盟 2013 年 10 月最新白皮书描述了基于 ZigBee 技术应用覆盖的主要领域,表 11-10 给出了主要应用领域分布和实例场景。

表 11-10　ZigBee 技术主要应用领域分布和实例场景

序号	应　用　领　域	实　例　场　景
1	工业领域	矿井煤炭瓦斯监测、水温水利监测、油田油井监测、电力测控、智能交通和工业机床流程控制监控等
2	商业领域	智能标签、超市采购、无线点餐、自助导游解说等
3	家庭楼宇领域	智能家居和楼宇照明设备的自动控制等
4	医疗卫生领域	老人或病人的紧急呼叫器和医疗仪器的监控等
5	农业基础设施领域	温室大棚、粮库、土壤信息和畜禽养殖舍监控等
6	大型建筑公共场所	烟雾探测、能耗监测管控、入侵监测与管控等

下面简要介绍在各领域中是如何应用 ZigBee 的。

1. 工业领域

在工业自动化领域,利用传感器和 ZigBee 网络,使得数据的自动采集、分析和处理变得更加容易,可以作为决策辅助系统的重要组成部分。例如,危险化学成分的检测、火警的早期检测和预报、高速旋转机器的检测和维护等。

2. 商业、家庭楼宇领域

通过 ZigBee 网络,可以远程控制家中的电器、门窗等;可以方便地实现水、电、气三表的远程自动抄表;通过一个 ZigBee 遥控器,控制所有的电器节点。未来的家庭将会有 50～100 个支持 ZigBee 的芯片安装在电灯开关、烟火检测器、抄表系统、无线报警、安保系统、HVAC、厨房机械中,为实现远程控制服务。商业大楼可以利用 ZigBee 完成自动控制,管理人员可以十分有效地管理空调、灯光、火灾感应系统等各项开关控制系统,由此实现减少能源费用,降低管理人力等节省目的。

3. 农业领域

传统农业主要使用孤立的、没有通信能力的机械设备,主要依靠人力监测作物的生长状况。采用了传感器和 ZigBee 网络后,农业将可以逐渐地转向以信息和软件为中心的生产模式,使用更多的自动化、网络化、智能化和远程控制的设备来耕种。传感器可以收集包括土壤湿度、氮浓度、PH 值、降水量、温湿度和气压等信息。这些信息和采集信息的地理位置经由 ZigBee 网络传递到中央控制设备供农民决策和参考,这样就能够及早而准确地发现问题,从而有助于保持并提高农作物的产量。

4. 医疗卫生领域

为了读者能够更深刻地理解 ZigBee 技术,我们再以医疗健康监控中慢性疾病的监控为例做详细介绍。当今社会大部分人都患有如糖尿病、哮喘、心脏病和睡眠障碍等慢性疾病。这些疾病需要对病人进行长期监控,以避免病情恶化或引发并发症。基于 ZigBee 技术的医疗健康监控系统可以很好地解决该问题,系统包含收集数据的传感器节点,用于数据汇集的网关节点和数据中心。该系统利用 ZigBee 无线技术为病人提供舒适和易操作的疾病管理监视,通过检测病人的生命特征(如心跳、体温等)和疾病参数指标(如血压、血糖、心率、心电图等)来确定异常情况和趋势,该过程会周期性地完成。

传感器节点先将信息收集并打上相应的时间戳,然后安全转发到网关节点,最后网关节点转发汇聚得到信息到数据中心。病人和家属就能通过数据中心的数据监控患者的病情状况。其中,该系统会根据病情需求来安排节点的监控周期,分为持续性监控、定期性监控和应急性监控。对于生命特征的常规检测可以提前诊断并发出警告。此外允许更密切的监测药物疗效和病人的生活方式,使医生可以根据相应特征制定更加适合病人的具体治疗方案。该系统包含一个病人的直接反馈,这样可以方便支持日常的治疗。一个积极配合治疗的病人可以根据系统反映的情况改善其治疗的盲从性。病人身体上的节点可以与医院信息系统可靠相连,确保能够得到最佳的个性化护理,当病人出现意外情况时,医院的数据中心会报警,在第一时间派出救援并及时通知病人家属。

由此,可以预见 ZigBee 在未来物联网中的广泛应用前景。

思考与讨论

1. ZigBee 技术的主要特点有哪些?
2. ZigBee 技术的网络拓扑结构主要有哪几种? 各有哪些优缺点?
3. ZigBee 网络中有哪三种主要设备? 其功能分别是什么?
4. ZigBee 技术能应用到哪些领域?

参考文献

[1] 瞿雷,刘盛德,胡成斌. ZigBee 技术及应用[M].北京:北京航空航天大学出版社,2007.
[2] 葛广英. ZigBee 原理.实践及综合应用[M].北京:清华大学出版社,2015.
[3] 李明亮.例说 ZigBee[M].北京:北京航空航天大学出版社,2013.
[4] 李文仲,段朝玉,等. ZigBee2006 无线网络与无线定位实战[M].北京:北京航空航天大学出版社,2008.
[5] 蔡雨楠,王福豹,严国强.基于数据服务和能量控制的 ZigBee 路由策略的研究[J].微型电脑应用,2008,16(10):91-96.
[6] 无线龙. ZigBee 无线网络原理[M].北京:冶金工业出版社,2011.
[7] 任伟.物联网安全[M].北京:清华大学出版社,2012.
[8] 周武斌.ZigBee 无线组网技术的研究[D].长沙:中南大学,2009.
[9] 莫宏貌.智能家居 DIY-OpenWrt+Arduino+ZigBee+3D 打印+手机客户端[M].北京:电子工业出版社,2015.

第12章

HART技术

12.1 HART 简介

随着科学技术的快速发展,过程控制领域在过去的两个世纪里发生了巨大的变革。在20 世纪 30～40 年代以前,工业生产过程主要是一些间歇式的、小作坊生产,工业生产中的自动化装置只是一些对过程参数的简单检测。对生产过程的操作和控制,也只是依靠一些杠杆结构的工具进行简单操作或直接由人工操作。

20 世纪 50 年代以后,工业生产逐步由手工生产向规模化、连续化方向发展,简单的现场检测、就地控制、人工操作也不能适应工业生产发展需要。在第二次世界大战之后,人们把反馈控制理论应用于工业生产中,使自动控制技术在工业中的应用有了极大的发展。自动化仪表按其功能分工出现了单元组合仪表,这个时期出现了控制室、生产现场分离的控制模式,这种模式一直被沿用至今。

20 世纪 70 年代后,随着计算机的出现,产生了"集中控制"控制系统,集中控制与之前的模拟控制系统相比,可节约大量的硬件设备。但"集中控制"系统存在着功能集中、危险集中的双重性,使之还没普及就被否定。后来在考虑运用计算机超强运算功能的同时,希望把危险分散,出现了集中分散式控制系统(DCS 控制系统)。随后的二三十年间。由于计算机可靠性的提高和微处理器在控制领域的广泛应用,智能式现场仪表便应运而生,使集散控制系统得到了广泛的应用。由多台计算机和一些智能仪表以及智能部件实现的分布式控制,使数字传输信号取代部分模拟传输信号成为一种趋势。带 HART 协议的智能仪表肩负了过程仪表由模拟式仪表过渡到数字式仪表的过渡作用。

可寻址远程传感器高速通道的开放通信协议(Highway Addressable Remote Transducer,HART),是美国 Rosemen 公司于 1985 年推出的一种用于现场智能仪表和控制室设备之间的通信协议。HART 装置提供具有相对低的带宽,适度响应时间的通信,经过这些年的发展,HART技术在国外已经十分成熟,并已成为全球智能仪表的工业标准。

HART协议采用基于Bell 202标准的FSK频移键控信号,在低频的4~20mA模拟信号上叠加幅度为0.5mA的音频数字信号进行双向数字通信,数据传输率为1.2Mb/s。由于FSK信号的平均值为0,不影响传送给控制系统模拟信号的大小,保证了与现有模拟系统的兼容性。在HART协议通信中主要的变量和控制信息由4~20mA传送,在需要的情况下,另外的测量、过程参数、设备组态、校准、诊断信息通过HART协议访问。

HART通信采用的是半双工的通信方式,其特点是在现有模拟信号传输线上实现数字信号通信,属于模拟系统向数字系统转变过程中的过渡性产品,因而在当前的过渡时期具有较强的市场竞争能力,得到了较快发展。HART规定了一系列命令,按命令方式工作。它有三类命令,第一类称为通用命令,这是所有设备都理解、都执行的命令;第二类称为一般行为命令,所提供的功能可以在许多现场设备(尽管不是全部)中实现,这类命令包括最常用的的现场设备的功能库;第三类称为特殊设备命令,以便于工作在某些设备中实现特殊功能,这类命令既可以在基金会中开放使用,又可以为开发此命令的公司所独有。在一个现场设备中通常可发现同时存在这三类命令。

HART采用统一的设备描述语言DDL。现场设备开发商采用这种标准语言来描述设备特性,由HART基金会负责登记管理这些设备描述并把它们编为设备描述字典,主设备运用DDL技术来理解这些设备的特性参数而不必为这些设备开发专用接口。但由于这种模拟数字混合信号制,导致难以开发出一种能满足各公司要求的通信接口芯片。HART能利用总线供电,可满足本质安全防爆要求,并可组成由手持编程器与管理系统主机作为主设备的双主设备系统。

12.1.1 HART发展历史

1985年美国罗斯蒙特(Rosemount)公司推出一种现场智能仪表和控制室设备之间的通信协议HART。

1993年,Rosemount将HART协议所有权和HART标志注册权转交给一个国际性的、非盈利的会员制组织HART通信基金会(HART Communication Foundation,HCF),该组织对HART通信协议标准的制定和技术的广泛使用做出了很大贡献。其成员主要包括Rosemont、瑞士艾波比集团(ABB)、Emerson、美国通用公司(GE)、美国霍尼韦尔(Honeywell)、德国西门子(Siemens)等公司。该协议对所有用户是开放、免费且没有版税的。

1994年,HART协议智能变送器占世界智能变送器市场的76%,已经成为一种事实上的工业标准。据业内人士估计,HART协议在国际上的使用寿命为15~20年,国内由于客观因素所限,使用寿命还会更长一些。

1996年,HART协议产品产量为60万台,Fisher-Rosemount公司的25万台变送器中HART协议产品约占76%。(Fisher-Rosemount系统公司是Emerson的分部)。

2007年9月,无线HART作为HART7规范的一部分正式发布,它是专门为过程测量和控制应用而设计的第一个开放的无线通信标准。无线HART协议是一种安全的基于时分多址(Time Division Multiple Access,TDMA)的无线网格网络技术,工作于2.4GHz的

ISM(Industry Science Medicine)频段,采用直接序列扩频技术(DSSS)和信道跳频技术。

2012年6月20日,为服务于亚太地区HCF会员及行业用户快速增长的需求,HART通信基金会大力拓展了其在中国的运作。基金会聘任了吴旻晖博士为中国区总经理,并乔迁至上海的办公新址。

截至2012年基金会现有超过250家全球会员。HART通信作为过程测量及控制领导技术,在全球拥有超过3200万台使用该标准的现役设备。

经过30年的发展,HART协议已经成为过程自动化领域的一个事实上的标准。现在支持HART协议的仪表制造商超过130家,其中45%在欧洲,43%在北美,12%在亚洲,是目前开放通信协议中支持厂家最多的协议。通过HART基金会认证的HART仪表,品种已经达到近五百种。其中,压力仪表61种,温度仪表48种,流量仪表91种,物位仪表84种,分析仪表99种,执行器12种,阀门定位器33种。同时,HART仪表的价格也大幅度下降,在国内已经与模拟仪表的价格十分接近。HART仪表已经不再是"奢侈品"。支持HART仪表与上位计算机通信的配套硬件和软件也十分丰富。因此,现在可以在新的形势下重新评估一下HART协议数字信号的作用。为此,HART协议基金会最近发动了一个活动,叫作"释放潜力"(Unleash the Power)。借此引起用户们对HART协议的再次重视。

12.1.2　HART 的特点

HART协议又称为混合协议,是因为它将模拟量和数字量通信相融合。它既支持4～20mA模拟信号的单变量通信,也可以将附加信息以数字信号的方式进行通信。数字信息以FSK调制方式加载在标准的4～20mA电流回路上。通过采用滤波技术,可以从模拟信号中去除数字信号,数字信号并不会影响模拟信号的传输。因此,HART协议最突出的特点是:数字通信与模拟信号4～20mA兼容,传输的信号用调制后的正弦信号叠加在4～20mA的模拟型号上。除此之外,HART还拥有以下诸多特性。

(1) 多变量设备。

(2) 实时调整量程。

(3) 实时状态报告。

(4) 在线远程故障诊断。

(5) 通信灵活。

(6) 同一个HART设备在同一根连线上可同时提供几个变量信号,这有助于减少系统I/O点数和取样的通道数。

(7) 可在系统运行中很方便地重新调整一个HART变送器的量程。

(8) 可根据来自现场的智能化数据报告的代码做出相应的状态判断。

(9) 实时检测设备和/或过程的连接问题,快速确定和验证控制回路和设备配置,使用远程诊断,以减少不必要的现场检查。

(10) HART设备的I/O接口可与串口、传统的I/O或现场总线的I/O连接,可以很好地适应现场需要。可与4～20mA信号很好地兼容。

12.2 HART 规范

HART 协议于 20 世纪 80 年代后期开发,并于 20 世纪 90 年代初移交到 HART 基金会。从那时起,它已经更新了好几次。每一次的协议更新都确保更新向后兼容以前的版本。HART 协议当前的版本是 7.3。"7"表示主修订号码,而"3"表示次修订号码。

HART 协议实现了开放系统互连(OSI)7 层协议模型的第 1、2、3、4 和 7 层,其层次划分如表 12-1 所示。

表 12-1 HART 与 OSI 层次对应表

	OSI 层次	HART 层次
第七层	应用层	HART 命令层
第六层	表示层	未使用
第五层	会话层	
第四层	传输层	
第三层	网络层	
第二层	数据链路层	HART 协议规则
第一层	物理层	Bell 202 FSK

其中,HART 协议物理层规范主要规定了连接物理媒体网络接口的机械、电气、功能和过程方面的特性。数据链路层规范规定了通信数据的结构、通信模式、用户接口以及错误检测方式等。应用层规范规定了 HART 协议通信的内容。在 HART 协议中规定了对等实体之间的通信规则,并通过上下层之间的接口服务来实现 HART 通信。通过这样的模式,可以在上位机与现场设备之间建立通信连接。HART 协议的通信模型见图 12-1。

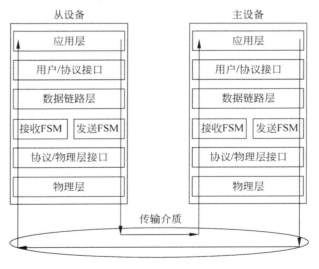

图 12-1 HART 协议的通信模型

如图 12-1 所示,HART 协议的通信模型由 5 个独立的部分组成。其中,用户/协议接口是数据链路层与应用层之间的服务,协议/物理层接口是物理层与数据链路层之间的服务。另外的三个部分：物理层、数据链路层和应用层，由它们组成了 HART 协议规范。在 HART 协议通信的过程中，需要发送的信息会由源设备的应用层产生，经由其数据链路层进行帧格式的封装，然后通过物理层发送出去。目的设备在接收到 HART 帧之后，会通过数据链路层解封装并进行差错检测，然后将帧中包含的信息通过接口送到应用层进行处理。下面将分别介绍 HART 协议物理层、数据链路层和应用层规范。

12.2.1　物理层

HART 的物理层规范提供了建立和使用 HART 网络和设备的基本信息，包括物理信号方式、传输介质特性等。这些信息被用来：①提供 HART 设备间的互操作性；②在各种条件下提供可接受的通信；③减小与 4～20mA 模拟信号之间的串扰。

HART 协议的物理层使用了 Bell202 标准的频移键控（FSK）信号，即在 4～20mA 模拟信号上叠加了 ±0.5mA 的数字信号。由于数字信号相位连续，平均值为零，所以其并不影响 4～20mA 模拟信号的传输，从而使模拟通信和数字通信可以同时进行，而互相不干扰。在 HART 协议物理层规范中规定，数字通信传输速率为 1200 波特，数字信号用两个频率表示：1200Hz 代表逻辑"1"，2200Hz 代表逻辑"0"。这种信号频率和通信速率的选择是参照了 Bell202 标准，在电话网中信号的传输也是采用这个标准，如图 12-2 所示。

图 12-3 为 HART 协议的数字和模拟信号叠加后同时传输的示意图。HART 协议通信所允许的电缆长度依电缆类型和连接的设备数量而定。通常单芯带屏蔽双绞线电缆长度可达到 3000m，多芯带屏蔽双绞线电缆长度可达到 1500m，更短的距离可使用非屏蔽电缆。

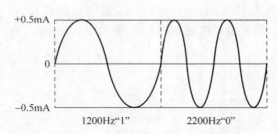

图 12-2　HART 物理层调制波信号图

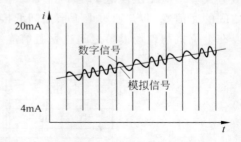

图 12-3　同步发生的模拟和数字通信

12.2.2　数据链路层

HART 协议数据链路层规定了 HART 帧的格式，设备类型，以及实现建立、维护、终结链路通信的功能。同时 HART 协议的数据链路层还提供了一种接收方错误检测，发送方超时自动重传的机制，在很大程度上消除了由于线路噪声或其他干扰引起的通信出错的情况，符合现场设备对数据传输正确性的要求。

本节主要描述和分析 HART 协议数据链路层所涉及的设备类型、通信方式、字节编码以及帧格式。

1. 设备类型

HART 协议把所有的设备分为三类：从设备、突发模式从设备和主设备。

（1）从设备是最普遍与最基本的设备类型，它接收由主设备发出的数据请求和配置帧，提供带有测量值或其他数据的返回帧。除了特别要求之外，该设备在总线主从关系中总是作为从动装置起作用，即只有在收到主设备的请求或配置帧之后才发送返回帧。从设备一般为常见的现场仪表，如压力变送器、温度变送器、执行器等。

（2）突发模式从设备以固定的时间间隔自动地发出带有测量值或其他数据的响应帧，而不用像普通的从设备一样需要提前接收到主设备发出的请求或配置帧。该类设备通常是作为一个独立广播的设备存在，并且在一条 HART 总线上任何时候都只能存在一个突发模式的从设备。

（3）主设备负责初始化、控制和中止与从设备或突发模式从设备的交互。主设备分为第一主设备和第二主设备，这是为了在 HART 通信链路上同时使用两台主设备。第一主设备和第二主设备使用相同的协议规则，它们的区别仅在于某些定时规则的不同，从而为协议提供一种机制以对（第一主设备和第二主设备对总线的访问）进行仲裁。通常一级主设备是指主要控制系统，二级主设备指手操器。

2. 通信方式

1）主从通信方式（应答方式）

这是 HART 协议中最基本的一种通信方式。当采用这种通信方式时，通信由主设备发起。从设备先"听"后"答"，在接收到主设备发来的请求帧之后，根据请求帧的内容，向主设备发送返回帧。

2）突发通信方式（广播方式）

为实现更高的通信速率，一些现场设备可以选用"突发通信"方式。当切换到这一通信方式下时，从设备会自动重复发送一种返回帧，如同这台从设备已经接收到一条使它发送这样返回帧的请求帧一样。在两条突发帧之间有短时间的间隔，以便使主设备可以发出让从设备退出突发通信模式的指令，或是发出任何其他的指令（在返回对应这样指令的返回帧后，从设备将继续发送突发帧）。在总线上任何时候都只能有一台现场设备可以使用突发通信方式。

3. 字节编码

HART 帧是以字符为单位编码进行传输的。HART 帧以串行方式传输，使用常规的 UART（通用异步接收/发送器）功能可以使每个字符串行化。每个字符由 11b 组成，包括 8b 的数据，另外增加了起始位、奇偶（校验）位和停止位。增加的 3b 辅助位使接收 UART 可以识别每个字符的起始和结束，并且在一定程度上检测出由噪声或其他干扰引起的位错误。字符编码方式见图 12-4。

0	D7	D6	D5	D4	D3	D2	D1	D0	P	1
起始位				数据位					校验位	停止位

图 12-4　HART 协议的字符编码

4. 帧格式

在 HART 协议中实体间的数据传输是以帧的形式实现的。HART 协议帧是用户数据和地址信息的封装，它由前导符、定界符、地址域、命令域、字节长度域、数据域、状态域以及校验和组成。HART 协议数据链路层对用户数据（命令域和数据域）并不做任何解释。HART 帧主要被分为请求帧和响应帧两类。请求帧是由主设备发出从设备接收，响应帧是由从设备发出主设备接收。请求帧和响应帧在帧格式上的主要差别在于响应帧中包含状态域，而请求帧没有状态域。两种帧的格式见图 12-5。

| 前导码 | 定界符 | 地址 | 命令 | 字节长度 | 响应码 | 校验字节 |

请求帧

| 前导码 | 定界符 | 地址 | 命令 | 字节长度 | 响应码 | 数据 | 校验字节 |

响应帧

图 12-5　HART 帧格式

1）前导码

HART 协议规定，所有由主设备、从设备或突发模式设备发送的帧都必须以一定数目的十六进制字符 FF 开头，这些字符称为帧的前导码。前导码在一些物理层协议实现中用于对调制解调器电路系统进行预同步。虽然前导码是物理层的要求，但在数据链路层中提供管理服务以说明和决定在一条 HART 帧中需要包含的前导码数目。在通常情况下前导码的长度在 2～20B 之间。

2）定界符

HART 帧的定界符主要有两个作用，一是通过定界符标志前导码的结束，帧内容的开始。在接收一帧时，接收设备侦听在至少两个十六进制字符 FF 之后的定界符，以作为一条HART 帧内容的开始。另一个作用是通过定界符的不同取值标明当前帧的类型，帧的格式以及是否为突发帧。HART 协议定界符格式见表 12-2。

表 12-2　HART 协议定界符格式

帧类型	短帧	长帧
请求帧	0x02	0x82
响应帧	0x06	0x86
突发帧	0x01	0x81

3）地址

在每一条 HART 帧中，都要用到源地址和目的地址。在 HART 帧中地址域分为两种格式，即：长帧格式和短帧格式。在短帧中，地址由一个字节表示；在长帧中地址由 5 个字节表示。对于短帧格式，从设备具有 0 或 1～15 范围内的轮询地址，在地址段中占半个字节。当从设备地址为 0 时，用于表示既输出模拟信号又输出数字信号的单点设备；当从设备地址为 1～15 时，用于表示只输出数字信号的多点设备（见 12.3 节）。在长帧格式中，不再采用轮询地址，取而代之的是用地址域的 5 个字节中低 38 位表示从设备的"唯一识别码"。"唯一识别码"由制造商识别码，设备类型代码和设备识别码构成。对于较庞大的网络

（如果从设备多于 15 台）而言，长帧地址增加了寻址空间。另外，在长帧格式中，从设备地址 38 位全零被用作广播地址。采用广播地址的帧可以被所有从设备接收，但是帧的数据段可以决定哪个现场设备应该做出响应。

地址域第一字节（如果是短帧格式就是地址字节）的最高位 bit 7 表示主设备地址位。当 bit 7＝1 时表示是第一主设备；当 bit 7＝0 时表示是第二主设备。第一字节的 bit 6 位被置为 1，表示这一帧是来自突发模式下的从设备。HART 帧的地址域格式见图 12-6。

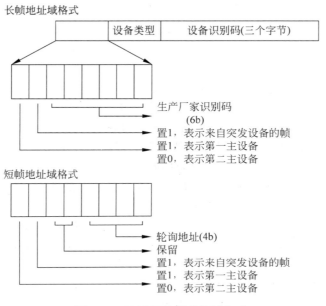

图 12-6　HART 协议地址域格式

4）命令

HART 帧命令域长度为一个字节，包括一个代表 HART 协议指令的命令号（0～255）。主设备在请求帧中填写命令号，从设备在返回帧时应保留该命令域不变。对于 HART 协议来说，所有的功能实现都是定义在命令的基础之上的。从 HART 协议的分层结构来看，命令域是属于应用层的讨论范围。

5）字节长度

字节长度指明在此字节与最后的校验字节之间（不包括此字节和校验字节），HART 协议帧包含的数据字节个数（包括状态域和数据域）。接收设备通过字节长度来识别校验和的位置并判定 HART 帧在何处结束。因为数据域被限制在 25 个字节以内，所以字节长度域的取值范围是 0～27。

6）状态

状态域仅包含在从设备发出的响应帧里。在其中通过编码的方式向上位机提供了三种不同类型的信息：通信错误，指令响应和现场设备状态。从 HART 协议的分层结构来看，状态域是属于应用层讨论的范围。

7）数据

在请求帧中，此域存放了主设备对从设备的请求数据。在应答帧中，此域存放了从设备响应主设备的请求而返回的数据。并不是所有的请求帧和响应帧都包含数据域。数据域长度不能超过 25 字节。数据可以采取无符号整数、浮点数或 ASCII 字符串形式。从 HART 协议的分层结构来看,数据域是属于应用层讨论的范围。

8) 校验和

校验和是从定界符开始的当前帧全部字节的异或值(纵向奇偶校验)。这个校验和,在字节的奇偶校验位(横向奇偶校验)之外,从整体的角度为 HART 帧传输的正确性提供了进一步的检查。两种校验方式的结合,可以确保检测出一帧中至多三个突发的出错位。

12.2.3　应用层

应用层是 HART 协议的第三层,也是最高一层。应用层主要规定了 HART 通信的内容,是 HART 协议功能实现的主体。如在 12.2.2 节帧格式中描述的,在 HART 帧中有三个域是属于应用层的范畴,它们分别是:命令域、数据域和状态域。其中,命令域是 HART 帧中的一个非常关键的域,HART 协议的所有功能都是围绕预先定义的命令来实现的。在数据域中存放了与命令执行相关的请求信息和配置信息。在状态域中存放了现场设备向上位机提供的通信错误信息,指令响应信息以及现场设备状态信息。

在应用层,协议的公共命令分为以下 4 大类。

(1) 通用命令类:对所有符合 HART 协议的现场设备都适用的命令。

(2) 常用命令类:适用于大部分符合 HART 协议的产品,但不同公司的 HART 产品可能会有少量区别,如写主变量单位,微调 DA 的零点和增益等。

(3) 设备特定命令:仅适用于某种具体的现场设备。这是各家公司的产品自己所特有的命令,不互相兼容,如特征化、微调传感头校正等。

(4) 设备系列命令:为特定测量类型的仪器提供一套标准化的功能,允许无须使用设备特定指令便能进行完全的通用性访问。

12.3　HART 工作方式

本节从通信模式、频移键控、HART 网络、HART 命令这 4 个方面介绍运行在 HART 仪表及其网络背后的基本原理。

1. 通信模式

1) 主从模式

HART 是主从方式通信协议,这意味着在正常工作时,每一个从设备(现场仪表)的通信是由其主站设备发起的。每一个 HART 回路中可以有两个主站。第一个主站是通常意义的集散系统(DCS)、可编程逻辑控制器或者个人 PC。第二个主站可以是一个手持式终端或者另一台个人 PC。从站设备包括变送器、执行机构以及响应第一主站或第二主站的控制器。

2) 阵发模式

某些 HART 设备支持可选的阵发通信模式。阵发模式支持更快的通信速度(每秒钟 3 或 4 次数据更新)。在阵发模式之下,主站通知从站连续地使用广播方式传递标准的

HART信息(例如过程测量变量值)。主站将一直以此高速方式接收信息直至它通知从站停止广播。采用阵发模式将使得不止一个被动的HART设备在HART回路上"倾听"通信。

2. 频移键控

HART通信协议是基于Bell 202电话语音通信标准,并且采用频移键控(FSK)原理。如物理层规范中提到的那样,其数字信号由两种频率组成——1200Hz和2200Hz分别表示比特"1"和"0"。此两种频率的正弦波是叠加在直流(DC)模拟量信号电缆上,从而同时提供模拟及数字通信。由于FSK信号的平均幅值为零,就不产生对4~20mA直流信号的影响。其数字通信信号的响应时间大约为每秒两三次数据更新,而且能够做到不影响模拟信号。HART通信要求最小的回路阻抗为230Ω。

3. HART网络

对于不同的应用,HART协议的主设备和从设备可以组成两种不同的网络模式:单点模式和多点模式。下面将分别分析这两种网络模式的特点。

1) 单点模式

单点模式是HART协议基本的一种网络模式。"单点"是指在HART网络中只有一台从设备存在(对于主设备的数量没有限制,可以有一台或两台主设备存在于网络中),此从设备的轮询地址被固定为0。单点模式是一种模拟信号与数字信号兼容的模式,在此模式下数字信号和模拟信号可以同时在总线上传输:传统的4~20mA模拟信号仍然被用于传输一个过程变量,而更多的过程变量、配置参数以及设备数据则是通过数字信号传输,见图12-7。

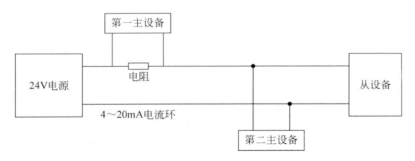

图12-7　单点工作模式图

2) 多点模式

"多点"是指在HART网络中存在多于一台从设备的情况(对于主设备的数量没有限制,可以有一台或两台主设备存在于网络中)。在多点模式中,当使用短帧格式时,网络上至多可以存在15台从设备,对应轮询地址1~15;当使用长帧格式时,网络上从设备的数量还可以增加,这时对从设备数量的限制主要来自HART网络的负载能力。在多点模式下,只能进行数字信号通信,环路上的电流值被锁定在固定值(通常为4mA),见图12-8。多点连接方式广泛应用于如输送管道、密闭输送泵站、罐区等需要监督控制系统运行的场所。

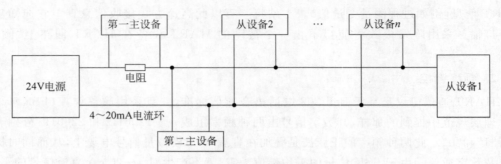

图 12-8   多点连接的工作方式图

4. HART 命令

如应用层中提到的那样，HART 命令集为所有现场设备提供统一的命令。此命令族包括 4 种类型的命令，这里不再赘述，表 12-3 中列出了前三类中的常用命令。

表 12-3   常用 HART 命令汇总表

通用命令 Universal Commands	常用命令 Common Practice Commands	设备特殊命令 Device-Specific Commands
• 读取制造商及设备类型 • 读取第一过程变量参数（PV）及工程量单位 • 读取电流输出值及百分比量程 • 读取最多 4 个预先设置的动态变量 • 读取或者写入 8 位字符长度的位号，16 位字符长度的描述符、日期 • 读取或者写入 32 位字符长度的信息 • 读取仪表的量程范围值、工程单位及仪表阻尼时间常数 • 读取或者写入仪表总装配号码 • 写入（HART 网络）轮询地址	• 读取选择最多至 4 个动态变量的值 • 写入仪表阻尼时间常数 • 写入仪表量程范围值 • 校验（标定零点、标定满量程） • 设置固定的输出电流值 • 执行自测试功能 • 执行主机设备复位 • 修整过程变量 PV 的零点 • 写入过程变量 PV 的工程单位 • 修整数/模转化器的零点及增益 • 写入信号变换函数（平方根/线性） • 写入传感器序列号 • 读取或写入动态值分配	• 读取或写入小流量切除值 • 启动、停止或者清除积算器 • 读取或者写入密度校准因子 • 选择第一过程变量 PV（质量、流量或者密度） • 读取或者写入材料或制造的信息 • 修整传感器校验信息 • PID 函数功能使能 • 写入 PID 函数的设定值 • 阀门特性 • 阀门设定值 • （阀门）行程限值 • 用户自定义工程单位 • 就地显示器信息

此外，每台 HART 仪表提供一个 38 位长度的，包含制造商 ID 号、设备类型号以及设备唯一标志符的地址。在仪表制造过程中，（生产商）将唯一的地址进行编码后写入每一台仪表。HART 主设备必须了解现场仪表的地址来顺利地与之进行通信。主设备可通过发送下面两个命令中的任意一个，从而在从设备的响应中获取其地址信息。

（1）0 号命令 Command 0，读取唯一标志符——0 号命令是通信初始化的首选方法，这是因为此命令使主设备能在没有用户介入的情况下获取每个从设备的地址。每个轮询地址（0～15）是用来获取每个设备的唯一地址。

（2）11号命令，读取位号来获取唯一标志符——如果在HART网络中有超过15个仪表、或者HART网络的设备没有配置为唯一轮询地址的情况下，命令11是非常有帮助的。（当设备是独立供电而且是隔离的情况下，超过15个设备的多点HART网络是可能的。）11号命令要求用户提供（设备）位号来获取哪个（设备）需要被查询。

12.4　HART通信优势

HART协议自1985年成为开放协议以来已经走过30年。回顾在HART协议应用之初，具备HART协议通信能力的现场仪表（以下称HART仪表）比较昂贵，使用量不大，能够与HART仪表进行通信的只有手持器。HART仪表中数字信号也只是进行远距零点、量程整定和故障诊断，没有做其他用处。如果只是用手持器与HART仪表进行短时间的通信，进行零点、量程调整，HART协议的潜力是无法发挥出来的。经过这三十年的发展，HART协议在过程自动化领域也得到广泛应用，同时HART仪表的价格也大幅度地下降，支持HART仪表与上位计算机通信的配套硬件和软件也越来越丰富，因此，HART仪表中的数字信号也不再满足远距离零点、量程整定和故障诊断。现在的HART仪表数字信号可提供35～40项信息，在它的信号中可包括仪表本身的型号、测量范围、量程上、下限值、制造厂名称、材料、工位号等。因此，具备HART协议通信能力的现场仪表和设备，利用HART协议不仅可以进行远距离组态，还可以对设备运行情况进行网络管理和对自控装置、现场仪表实施前瞻性维护。

HART协议是一项功能强大的通信技术，可应用于任何适用数字化现场仪表的场合。既可保留传统的4～20mA的模拟信号，HART协议又与现场智能仪表进行双向数字通信，这扩展了控制系统的性能。

HART协议为现场智能仪表通信提供了最佳的解决方案，而且是世界上现场仪表通信协议中最为（用户）广泛接受的。与其他的数字通信技术相比，越来越多的仪表支持HART协议。几乎所有行业应用都能找到某个生产HART仪表的厂商为其提供产品。

与其他的数字通信技术不同的是，HART协议所提供独特的通信解决方案，具备向下兼容的特性，可以兼容当今已经安装使用的仪表。这种向下兼容的特性能确保已经在运行的各种投资，包括电缆及控制策略，在将来同样是可靠的。

下面将从4方面阐述HART的通信优势。

1. 改善工厂操作

HART协议可以在以下方面改善工厂运行的性能以及提升效率。

1）安装阶段节省费用

采用HART多点连接方式可以使用一根电缆连接多台仪表，从而降低安装费用。使用多变量仪表可以在仪表的数量、布线、备件及端子接线上降低费用。某些HART现场仪表嵌入了PID调节功能，控制系统（构建）不再需要单独的控制器，从而导致布线和设备费用的极大降低。

2）调试阶段节省费用

安装及调试 HART 现场仪表所花费的时间仅为传统模拟系统所需的一部分。操作工使用 HART 数字通信器，可以方便地通过识别仪表位号确认现场设备并且检验其操作参数的准确性。也可以复制其仪表的组态达到某一类仪表调试工作的流水化操作。通过 HART 命令将现场变送器的模拟量输出设定为预定值，就可以很容易地完成回路的完整性测试。

3）改善测量质量

HART 通信仪表提供精确的信息能帮助工厂操作提高效率。在平常的操作过程中，仪表操作值可以很容易地被监控或者进行远程修改。如果这些数据被上传到软件应用程序，就能自动地被记录保存以满足各项法规方面的要求（如环保、验证、ISO 9000 及各种不同安全标准等）。

某些 HART 仪表可执行复杂的计算功能，比如像 PID 控制算法或者流量补偿计算。多变量 HART 功能仪表将测量的数据在仪表内部进行计算，这样就消除了时间偏差的影响，从而提供了比集中在主机计算的方式更为精确的结果。HART 协议为多变量仪表提供了访问所有信息的功能。除了模拟量输出（第一过程变量）外，HART 协议具备访问任何用于验证或计算工厂计量及能量结算的所有测量数据。此外，某些 HART 仪表可按照趋势日志及数据摘要的形式存放历史信息。这些日志信息及统计计算（例如，高低位数值及平均值）可以被上传至上位软件应用程序，用于进一步的数据处理或记录保存。

4）维护阶段节省费用

HART 通信现场设备具备的诊断功能能够减少停产时间，从而实质性地免除这项费用。HART 协议将诊断信息传递到控制室，从而节省了查询问题所在根源所需的时间，并且采取合理的纠正措施。这样就避免或者减少了工作人员到现场或危险区域去解决问题的情况。

当某个替换的设备投入使用的时候，HART 通信允许从中心数据库将正确的操作参数和设置快速而准确无误地上载到设备中。有效及快速的上载减少了设备非工作的时间。某些软件应用程序甚至为每个仪表提供了其组态及操作状态的历史记录。这些信息能够被应用在预见性维护、预防性维护及前瞻性维护中。

2. 操作灵活

HART 协议允许有两个主机（第一和第二）和从设备进行通信并且提供额外的操作灵活性。当使用永久性连接主站的同时，另一个手持式终端或者是 PC 控制器也能够与现场设备通信。

HART 协议采用的通用命令，使 HART 主站能够方便地对现场设备通信并访问大多数的公共参数，从而确保了各个设备之间的互操作性。在 HART 协议中，设备描述语言（DDL）所包含描述特殊设备的信息也扩充了这种互操作性。设备描述语言（DDL）使得手持式组态终端或者 PC 主机应用程序能够配置或维护任何厂商的 HART 通信设备。对不同厂商的产品应用相同的工具（来通信）可以将维护工厂所需的设备及培训的需求降低到最低程度。

HART 拓展了现场设备的性能，此功能突破了系统主机只采用单个变量 4～20mA 信号的局限性。

3. 资产投资保护

已运行的工厂及装置在接线、模拟量控制器、接线盒、安全栅、集线柜以及模拟或智能仪表上花费了相当可观的投入。人员、操作规程以及设备已经在为这些安装完毕的装置提供支持和维护。为保护这些投资，HART 现场仪表提供了具备增强型数字功能的兼容产品。这些增强型的功能将会应用得越来越广泛。也就是说 HART 通信协议能够保证先前在现有硬件及人员上的投资。

在一般水平上，HART 设备的通信是使用手持式终端来进行（设备）设置及维护的。但随着需求的增长，更为复杂的、在线方式的、基于 PC 的系统将提供连续的、设备状态监控及参数设置的功能。更为先进的方案是采用含 HART 通信功能 I/O 的控制系统。状态信息可直接被控制策略采纳来实施矫正措施，可以根据操作条件在线修正而且能直接读取多变量仪表数据。

4. 数字通信

采用微处理器的数字仪表可以提供许多好处。无论何种类型的通信方式，这种好处可以在所有的智能设备中被找到。数字化的设备提供的优势包括更高的精确性及稳定性。HART 协议通过提供仪表通信访问及网络能力提高了数字化仪表的功能（见表 12-4）。

表 12-4　数字仪表与 HART 仪表的比较

优　　点	HART 仪表	数字仪表
精确性和稳定性	√	√
可靠性	√	√
多变量	√	√
计算能力	√	√
诊断能力	√	√
多传感器测量输入	√	√
调试方便	√	
仪表位号	√	
远程组态	√	
回路测试	√	
可调的操作参数	√	
访问历史数据	√	
多点网络	√	
可多个主站系统访问	√	
扩展的通信距离 distances	√	
基于现场的控制方式	√	
互操作性	√	

12.5　HART 智能仪表的应用

本节简要介绍 HART 智能仪表在控制系统管理和维护中的应用。

1. 便于仪表和控制回路的管理和调试

由于 HART 仪表数字信号可提供 35～40 项信息,仪表工程人员可以从屏幕上知道各个工位安装仪表组态的相关信息,了解组态参数是否与 DCS 系统中相应的组态参数匹配,控制策略是否正常执行,必要时可进行参数的重新整定。调试人员还可以在回路调试时,通过 HART 通信使 HART 仪表输出模拟信号,观察控制回路的动作,以确定控制回路是否能正常工作。也可以利用这种方法来启动报警或安全连锁系统,检查确认这些系统的动作是否正确,进行离线状态下的系统调试和参数整定。

2. HART 仪表在系统运行时,能实现在线仪表的预测性维护

传统的过程仪表维护方式主要是故障维护和定期维护。故障维护是指过程仪表设备出现故障后才对其维修的方式,比较被动。而定期维护则是指每隔一段固定时间,对过程仪表进行巡检的维护方式,这种方式有一定的预防性,但由于维护周期无法得到合理确定,且巡检过程完全人工完成,因此会造成大量人力物力的浪费。同时,在系统运行中出现报警或异常时,一般可能是由工艺过程引起的或者是仪表故障引起的。而传统维护方式不能明确责任,常使仪表工程人员与工艺管理人员间责任不能明确而纷争不断。由于 HART 仪表可以提供仪表自身的状态信息,仪表维修人员对在线仪表的工作状态就十分清楚,一旦有信号报警,便能准确地判断是仪表的原因还是工艺过程的原因,避免了仪表工程人员与工艺管理人员间不必要的纷争。同时还可以根据 HART 仪表内部的统计信息预测仪表需要维修的日期,这种情况主要用于阀门等有磨损产生的仪表。HART 仪表可以对阀杆的动作次数进行统计,以便对阀门进行预测性维护。有了这样的预测,工厂可以更合理地配备维修资源,在最合适的时机购买备件,把维修计划制定得更准时、更科学。对一些随着时间会发生性能老化的传感器,也可以采用这种预测方法,进行预测性维护和管理。

3. 使用 HART 仪表可以降低自控设备的投入

通常,一台 HART 仪表可以提供多个变量的测量值,因此,它与常规模拟表相比。可以减少现场仪表的数量,也可以减少主设备上的仪表安装孔。如果采用多挂接的方式,则可以节省电缆、端子板、配电器等设备的数量,可大幅度降低自控设备的投入。

目前,工业过程控制正朝着综合化、智能化方向发展,具备 HART 协议通信能力的现场仪表和设备,利用 HART 协议不仅可以进行远距离组态,还可以对企业整个生产过程信息进行网络管理和信息共享,可以对设备运行情况进行网络管理和对自控装置、现场仪表实施前瞻性维护。

思考与讨论

1. HART 协议有哪些特点?
2. 简述 HART 协议的各层规范。
3. HART 协议的通信模式有哪两种?各有什么特点?
4. HART 网络结构有哪两种?有何特点?
5. 使用 HART 协议通信具有哪些优势?

参考文献

［1］　阳宪惠. 网络化控制系统——现场总线技术［M］. 北京：清华大学出版社，2009.

［2］　王晓霞，李丽霞. HART 仪表在工业生产中的应用［J］. 产业与科技论坛，2012(5)：84、85.

［3］　卓华，麻瑞. HART 协议和 HART 通信设备在压力现场设备中的应用［J］. 计测技术，2014，34.

［4］　邹益民. 现场总线仪表技术［M］. 北京：化学工业出版社，2009.

［5］　凌志浩. 智能仪表原理与设计［M］. 北京：人民邮电出版社，2013.

［6］　HART 通信基金会. HART 通信协议应用指南［M］. 2008.

［7］　聂磊. 基于 HART 协议的智能仪表通信系统设计［D］. 成都：电子科技大学，2008.

第13章

无源无线移动技术

近些年绿色节能环保建筑的理念越来越得到广泛的推崇,尤其是欧美地区已经出现了许多绿色节能建筑,并且对现有的传统建筑大量实施绿色节能改造工程。

据统计,全球能源消耗的41%用于建筑物,其中照明、采暖和空调占到90%以上,预计到2030年,全球的能源需求将是2003年的二倍。在我国,现有的建筑中只有4%采取了能源效率措施,而每年的新建筑中95%以上是高能耗建筑,单位建筑面积能耗为发达国家新建建筑的三倍以上。建筑物的大量开销每年带来的高额费用是国家、企业的大包袱,所产生的污染物、废弃物则是公民乃至人类的大包袱。

然而,使用智能建筑系统的建筑可以节省30%的能源,因此绿色节能建筑工程的改造实施迫在眉睫,对国家、企业以及整个社会都有着重大的意义。

纵观全球的无源无线技术,其产品种类繁多,而国内还没有成熟的产品出现,因此,本章将以德国易能森有限公司为例,阐述该技术的广泛应用。

13.1 EnOcean 简介

近年来,绿色节能环保建筑的理念受到广泛的推崇,欧美地区已经出现许多绿色节能建筑,大量现有传统建筑也正在实施节能改造工程。无源、无线是构建绿色节能建筑、实施绿色节能改造工程的重要技术手段,这项技术的运用从根本上降低了建筑的能源开销。无源无线技术的成功应用得益于不断发展成熟的能量收集技术,它使我们能够充分利用日常生活中的室内光线能量、人体活动的机械能量等为楼宇的自动控制服务,最终实现无线控制的目的。

现代楼宇自控系统多采用楼宇能量管理系统(BEMS)以求达到降低建筑能耗的目的,然而能量系统的开销不仅局限于水、电等传统能量消耗,还包括线缆铺设、电池更换等设备维护开销。这些能源开销的高额费用给企业带来沉重的负担,这也正是许多企业不断尝试并改进绿色节能建筑方案的原因。

EnOcean 技术是一种新兴的无线通信技术,是时代发展的产物。随着人们进入快节奏发展的时代,对便捷的,低碳环保的智能型家居、电器的需求与日俱增。EnOcean 技术正是在这样的背景中孕育而出,德国易能森有限公司(EnOcean GmbH)成为无线能量采集技术的开创者。于 2001 年从德国西门子公司(Siemens AG)分离,并单独成立公司,在德国及美国拥有 60 名员工。总部位于德国上哈兴,紧邻慕尼黑。德国易能森有限公司致力于生产和销售适用于建筑物和工业设施的免维护无线传感解决方案,推出了一种新型的无线传输技术,该技术与 ZigBee、Wi-Fi、Bluetooth、Z-Wave 等无线技术相比最大的优点就是功耗极低,当以 1mW 的发射功率工作时,可保证超过 300m 的传输距离。基于超低功耗的特性,该公司及其发起的 EnOcean 联盟成员开发出了一系列的无线、无电池、无限制的开关产品、传感器产品和其他与网络传输技术衔接的网关产品,能量来源于模块内部组件的“自获能”。这些产品可以免布线、免维护地运用于绿色节能智能建筑、工业数据采集、仪器仪表等众多领域。

2012 年 3 月,国际电工技术委员会(International Electro technical Commission)将 EnOcean 无线通信标准采纳为国际标准“ISO/IEC 14543-3-10”,这也是世界上唯一使用能量采集技术的无线国际标准。该标准规范了物理层、数据链路层和网络层的通信协议。易能森(EnOcean)无线能量采集模块由德国易能森有限公司(EnOcean GmbH)生产销售,并为易能森联盟(EnOcean Alliance)成员提供技术支持。基于这个平台,原始设备生产商可以轻松且快速实现定制化的基于无线能量采集技术的无线开关传感解决方案。

EnOcean 能量采集模块能够采集周围环境产生的能量,从光、热、电波、振动、人体动作等获得微弱电力。这些能量经过处理以后,用来供给 EnOcean 超低功耗的无线通信模块,实现真正的无数据线,无电源线,无电池的通信系统。

EnOcean 技术使用 315MHz、868MHz、902MHz 和 928MHz 频段,传输距离在室外是 300m,室内为 30m。

总地来说,EnOcean 技术是一种近距离、低成本、低数据速率、低功耗、低复杂度的无线通信技术。

13.2 EnOcean 关键技术

EnOcean 公司早在 1995 年就开始开发能量收集装置,并于 1997 年获得第一个能量收集专利传感器。2001 年,能量收集技术从西门子公司剥离出来,单独成立了 EnOcean 公司,并于 2003 年为客户提供第一批产品。EnOcean 独特的无线技术由于其灵活性和高效的能源利用率在楼宇自动化领域备受关注。

基于 EnOcean 技术的设备采用自供电系统,在电动过程中收集运动变换产生的能量用于实现设备功能,为传感器、开关以及 BAS 设备提供能源。例如,在按下开关时,传感器收集动能并将其转化为电能。EnOcean 公司总裁 Jim O'Callaghan 这样解释这个过程:我们的开关看起来和一般开关没什么两样,但原理却有很大差别。手指将开关按下时产生了足够多的能量,这些能量将用于“唤醒”无线设备,同时将信息通过无线方式传输给控制中心,实现无线无源控制。

因此,不同于其他无线装置,EnOcean 公司的产品无须电池。这消除了需要跟踪电池寿命和更换电池的维护工作。传统的无线控制系统设备一年左右就需要更换一次电池,虽然频率不高,但由于使用频率和具体的能源消耗,设备的电池寿命可能不同,因此需要专人跟踪这些设备,定期检查电池的寿命是否和预期相同,并安排维修。

O'Callaghan 认为能量供应始终是传感器发展的一大挑战。用于无线电或无线通信的传感器始终需要电源,或者通过有线电源,或者使用电池。而 EnOcean 公司的能量收集系统给了传感器更好的选择,并且已经证明这种方案是切实可行的。

因此 EnOcean 以绿色、节能为初衷,试图实现能量采集、无线通信、超低功耗这三个关键目标。如图 13-1 所示为 EnOcean 的 Logo。

图 13-1　EnOcean Logo

13.2.1　能量收集

随着能源议题的不断升温,业者开始构想将人们日常生活所必需的能源再生利用的绿色概念设计,因此催生了一场开发能量收集技术和标准的竞赛。从环境中提取未利用能源的能量收集技术,正日益成为各种应用领域中有力的竞争方案。

能量收集技术是指通过收集生活中身边原本会被浪费的微弱能量,包括太阳能、机械能和热能等,将这些被忽略的微量能源转换成电力,然后进行能量的存储与管理,随后将这些电力分配到系统中的网络传感器,供处理器模块、传感器模块、无线通信模块等各部件使用,实现有效供电的技术。在过去几年里,能量收集技术已经走出试验室,来到设计工程师的工作台。几十年来,在世界能源构成中,凭借风能与太阳能发电厂进行的大规模能量收集虽然所占份额较小,但一直处于增长态势。现在,能量收集更以多种方式开辟了工程领域的新前景,从振动、温差、光及其他环境能源获取毫瓦级电能的微型采集器正在走向商业应用。如用身体热量给小电器装置供电,利用海洋洋流发电等。现在,能量收集日益引起人们的关注,原因是世界各国在大力发展可再生能源,而且越来越小的电子系统可以通过越来越低的能量运行。例如,大型建筑物中用来监控房间温度的小装置可以利用建筑物自身的极微小振动来获得动力。图 13-2 是能量采集与使用原理图。

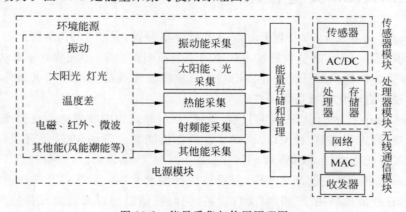

图 13-2　能量采集与使用原理图

图 13-2 中无线通信模块、处理器模块、传感器模块均需要有足够的电能量以维持整体电路的长时间持续工作，图 13-2 中的电源模块依托环境中各种信号源（振动、太阳能、热能、机械能等），将其转换为电能传输到能量存储与管理模块，能量与存储模块自动调节输入与输出能量的动态平衡，其理念兼顾了快速充、放电和能量持续供给的特点。当无线传感网络节点需要电能时，系统中的能量存储与管理模块会将存储的电能自动配给无线传感器网络节点，从而保证了整个无线网络的能量供给。

无线与低功耗电子器件的发展是引发当今能量收集技术发生基础性变革的主要因素。EnOcean 是无线无源产品的领军企业，它依托能源收集技术、传感器和射频（RF）通信来提供无线无源解决方案，取代电池驱动，解决了长期以来进行电池更换和管理所产生的巨大负担。

从环境温差收集能量是极具吸引力的技术之一。众所周知，温度的差异之间包含大量的能量。在很多应用中，环境自身可以透过温度差异来提供所需的能量。例如，一滴水冷却 1℃ 释放出来的能量将足够发送约两万个 EnOcean 无线射频信号。这些能量可以通过热能发电机传递来启动无线驱动器实现远程控制。

基于这一原理，EnOcean 基于热能量收集技术提供的无线无源解决方案可用于调节室内温度。降低室内的平均温度是节约热能源最有效的方法之一。据布雷默能量研究所的数据表明，如果系统的温度能够自动根据时间环境，以及是否有人存在而发生相应的改变，则消耗的能量可降低约 20%～30%。因此，可以在控制中心根据不同的时间和温度的预设值使用温度调节器来调节不同房间的空气温度，从而节约消耗的能量。

EnOcean 也有一系列的其他能量收集产品，转换动作、声音、震动、温度、环境光线和其他能量来源。EnOcean 的按钮每次充电可用 5 天。EnOcean 目前正在开发自己的系统级芯片，用于无线传感器网络市场。

（1）EnOcean 的无线标准：868MHz（R&TEE）、315MHz（FCC）。

（2）处理器及控制功能：精简的周边设备、可通过 API 对特定应用而编程。

（3）能量及传感器的管理：超低功耗的 WDT、电压限高器、预设感应器和内存等。

（4）支持表面焊接生产流程。

13.2.2　无线通信

EnOcean 公司依托能源收集技术、传感器和射频（RF）通信的生产和销售，为建筑和家庭自动化、照明、工业和环境应用提供世界领先的无线无源解决方案。

EnOcean 公司是能量收集无线传感器网络的首创者，制造能量收集和无线模块，帮助 OEM 厂商开发无线传感器以及楼宇自动化系统（BAS）开关。在无源无线模块将可用的太阳能、热能、动能转化为建筑能源管理系统可用的能量，这种"peel-n-stick"装置减少了节能改造时间，有效节约成本，减少设备停机次数，并为建筑设计提供最大的灵活性。

EnOcean 公司的无线无源解决方案拥有耗电少、无线传输等特点，因此可以与外部电源分离，独立运作。传感器收集和储存来自动能、光能和温度差中获得的微量能量，收集的能量足以支持无线信号传输、照明智能控制、供暖与空调系统等。通常情况下，这种方案可以节省 20%～30% 的建筑设施安装成本，以及 80% 的方案改造成本，同时维修、布线要求和安装时间也大大减少。

其技术标准如下。

1. 高可靠性

(1) 频率为 868MHz 及 315MHz、只占用 1% 工作周期。

(2) 特别设计,免被杂信干扰。

(3) 带核对功能的多重电信发射能有效增强信号的可靠性。

(4) 超短速的电信发射能有效地降低因不同信号的碰撞而产生的互干扰。

2. 完全覆盖

(1) 室内的覆盖范围最高可达 30m,户外直线覆盖范围可达 300m。

(2) 重复器能有效地扩展覆盖范围。

(3) 产品适合于无线网络的构建。

3. 互操作性

(1) 每个 EnOcean 的元件或模块都包含 EnOcean 独有的无线电传输核心技术。

(2) EnOcean 的设备特性都是公开的。

4. 与其他无线电系统共存

(1) 对 DECT、WLAN、PMR 等系统不会造成干扰。

(2) 有成功案例证明 EnOcean 产品也适用于工业上的应用。

13.2.3 超低功耗

EnOcean 技术将微能量转换器与超低功耗电子产品和可靠的无线通信技术相结合,帮助 EnOcean 客户创造自供电无线传感器解决方案,为有效地管理建筑和工业应用的能源奠定了基础。

这项创新技术基于一个非常简单的原理:在传感器采集测量值时,能量状态总是持续变换。当开关按下时,温度改变或亮度水平参差不齐,所有这些操作可以产生足够的能量来发射无线信号。与电源不同,EnOcean 公司采用微型能量转换器供电,包括:直线运动转换器、太阳能电池和热转换器,支持在各种环境下都能使用的无线传输。智能软件将 EnOcean 的各种用户应用集成,以简洁明了的方式提供给用户使用。

EnOcean 公司的目标是优化能源收集技术,以达到最好的能源利用率,同时最大程度地减少产品本身的能源需求。O'Callaghan 说:"我们的产品不仅要降低能源消耗,还必须满足用户的需求,也就是说在消耗更少能源的同时不能减小控制范围。因此我们需要低能源消耗,但不会降低功率。这意味着必须减少发送时间。因此,我们的设备发送速度非常快,很短时间即可被唤醒。因为消耗时间短,所以累计能源需求较小。"

除了运动供电设备外,EnOcean 公司还开发了太阳能供电设备。太阳能通常位于室外,而设备需要运作在光水平低的室内,此外,这些设备需要瞬间存储能量以应付设备运转在无光的情况下的耗能。所以 EnOcean 公司开发的太阳能供电设备是一种小型太阳能电池,即使在弱光下也能产生足够的能源供应设备运作。这个产品的关键技术之一是降低能源消耗,开发的新技术可以将睡眠时间延长,并定期唤醒检测温度(针对温度传感器)。

EnOcean 公司创新性地将微型能源收集模块与超低功耗无线技术结合，以此作为无线传感器的基础。自供电开关、传感器和无线技术产品等为楼宇自动化控制减少了安装成本和时间，保证了最低的投资和运营成本，同时提高了能源的使用效率。

在绿色建筑中，用户可以根据室内布置情况，自由地摆置 EnOcean 产品，以达到最好的空间利用率和用户体验。例如，安装占用传感器后，可自动关闭空置房间的照明设备，节省高达 40％的能源和运营成本。这种新型的环保电源方案可以在保护环境的同时应用于减轻企业的商业成本。

超低功耗要求：

（1）OFF Mode：$\sim$20nA。

（2）Deep Sleep Timer Mode：$\sim$220nA。

（3）Flywheel Sleep Mode：$\sim$720nA。

（4）Short Term Sleep Mode：$\sim$10μA。

（5）Standby Mode：$\sim$1.4mA。

（6）CPU Mode：$\sim$4mA。

（7）TX(868MHz, 6dBm)：$\sim$24mA。

（8）RX(868MHz)：$\sim$33mA。

13.3 EnOcean 应用

通过前面的章节，对 EnOcean 的技术和特点有了一定的了解，下面进一步介绍 EnOcean 的应用场景和优势。

13.3.1 EnOcean 的宏观应用

无论你在哪个行业、哪个领域或者具体到哪个部门工作，总会希望用一种创造性的解决方案或者革命性的新型产品在你的同行或者同事中间抢尽风头。那么拥有了 EnOcean 能量收集无线模块的帮助，这将变成一件再简单不过的事情。弹性元件（组件）能够让自供电的无线电技术很好地集成到你的应用中去，并且能够根据特定的需求量身定制，从而为产品从理念上的成熟到最终的产品上市，这样一个快速发展过程而服务。

EnOcean 不仅为具有前瞻性的解决方案提供了正确的、有意义的无线电模块，而且为客户在模块集成的所有事项中都提供了具有建设性的意见和建议。甚至可以这么说，一旦选择了 EnOcean 作为创新合作伙伴，那么便拥有了一个良好的开端。至于 EnOcean 的应用理念也非常简洁，即所谓的"3 Nos"：No Batteries，No Wires，No Limits。

1. 制造行业中的应用

由于 EnOcean 是一种革命性的通过无线、自供电的方式即可支撑系统的传感器，因此在投入到实际使用以后，不需要任何人为的维护工作。EnOcean 技术在工业应用中具备很大的应用价值，尤其是制造业，它在技术上具备了以下几点优势。

（1）创造了无限可能。几乎能够植入到产品生产链的各个环节中去，有效实现对生产线的全面控制和监视。

（2）降低成本。无线的自供电技术，免去了布线、发电等一系列的额外开销，绝对是一个不错的选择。

（3）增加了灵活性。既能实现对产品制造过程进行全程的监控，也能够直接集成到产品内部，作为一个集成模块使用。

2. 物流行业中的应用

EnOcean 无线传感器能够让恒定的环境监测包成为可能。正如射频识别标签技术革命性地实现了追踪的功能，EnOcean 技术同样在监控领域实现了革命性的功能突破。每一个对环境具备相应敏感度的物流包，在其物流传输过程中的每一个阶段都会从以下几方面受益于 EnOcean 技术。

（1）减少了物品的腐败变质。尤其作为食品物流，这一点至关重要，EnOcean 能够有效加强这一方面的物流监测。

（2）保证原有的质量。既然能够做到有效的监控，那么保证质量自然是情理之中的事。

（3）优化物流的过程。对 EnOcean 技术进行模块化的集成，优化整个物流管理过程的各个环节。

3. 汽车行业中的应用

EnOcean 无线传感器技术能够让车辆增加一些额外的吸引用户的新功能，而不必增加车辆本身的生产成本。由于不必考虑传感器的布线问题以及传感器的电源更换问题，因此在汽车制造领域，EnOcean 带来了以下几点十分显而易见的优势。

（1）提升了车辆空间的舒适度、安全度以及多功能性。利用多功能的传感器节点，实现一些以前用户难以想象的人性化服务。

（2）节约了生产成本。EnOcean 的特性决定了不会增加额外的汽车生产成品。

（3）为汽车制造商提供了十分可观的竞争优势。集成了 EnOcean 模块以后的汽车品牌，对用户而言绝对具有极大的吸引力。

4. 在医疗行业中的应用

EnOcean 微型无线传感器自供电、无须人为维护的特性，在医患和设备监视方面也创造了无限多的可能性。对于病患的监控可以说是医疗工作的核心问题。EnOcean 技术能够让整个监控过程更全面完整，同时不再那么具有侵入性。试想一下，一间手术室因为移除了大量的医疗设备的电缆线从而成功地为手术小组腾出了更多用于自由活动的空间，这样一来，主刀医师得以更专注于手术本身而不是那些冗余的电缆线。再试想一下，一名心脏病患者在接受常规恒定的心率监测的同时，还能够自由活动，像正常人一样生活，而不必终日躺在病床上。事实上，这些都是 EnOcean 技术在医疗领域能够发挥的地方，总结为以下几点。

（1）可持续的病患监控。EnOcean 技术自身的特性决定了这样一种监控方式是有可能实现的。

（2）不需要担心电源维护的问题。让病患监控本身更具备可靠性和安全性。

（3）实现更好的病患护理。通过微型芯片、传感器植入病人体内，减少病人痛苦的同时，有效提高了病患医疗的准确性。

5. 未来的应用前景

基于 EnOcean 技术的传感器节点,不需要有线连接、电源供电和人为维护,可以毫不夸张地说,它把过去人们认为不可能的事情变为可能。当今世界,任何行业领域中涉及的智能设备,都可以有 EnOcean 施展拳脚的空间。EnOcean 在未来的应用前景可以有如下几个方面。

(1) 消费类的电子产品。很容易想到电子产品领域,在结合了 EnOcean 技术以后,更加智能化的产品一定指日可待。

(2) 玩具。针对儿童这一特殊群体的消费品,也可以是 EnOcean 下一步可以考虑进军的市场。

(3) 面向国防部的军事应用。军用监测、跟踪、定位等方面,都可以有广泛的应用前景。

(4) 国土安全。可主要用于国土安全方面的环境监测,免去过去烦琐的人为维护工作。

13.3.2 绿色节能建筑的应用实例

近些年,以 EnOcean 为代表的一系列绿色节能环保建筑的理念越来越得到广泛的推崇,尤其是欧美地区已经出现了许多绿色节能建筑,并且对现有的传统建筑大量实施绿色节能改造工程。

现代楼宇自控领域多采用楼宇能源管理系统(BEMS)达到降低建筑能耗的目的,然而建筑的开销不仅局限于水、电、热等传统能源的消耗,还包括线缆的铺设、电池更换等设备维护带来的开销,当然还包括发电供热等过程中所产生的硫、二氧化碳等污染物,废弃电池产生的有害化学物质,而这些污染物、废弃物的排放、处理仍然会产生开销。

无源、无线是构建绿色节能建筑,实施绿色节能改造工程的重要技术手段,这项技术的运用从根本上降低了建筑开销,而不仅是采用 BEMS 系统带来的能耗控制,无源无线楼控系统的使用将大量减少线缆布设、金属使用、电池更换、污染物排放所带来的建筑开销。

无源无线传感器是无源无线楼控产品的基本构成单元,它的成功运用得益于不断发展并成熟的能量收集技术,使人们能够充分利用日常生活中室内的光线能量,人体活动的机械能量等为我们的楼宇自控服务,实现无线控制的目的。

采用无源无线传感器后,以往需要耗费许多时间的繁杂工作,如布线设计、铺设线缆等将变得多余,可以节省大量的安装材料和安装时间,从而使系统安装的费用大大降低。

如图 13-3 所示为传统机械式双联开关与无源无线开关对比图。

基于无源无线传感器的楼宇控制产品种类繁多,目前国内这方面的成熟产品还没有出现,以下就只简要阐述无源无线传感技术在绿色节能建筑中的应用。

1. 信号发射器

信号发射器包含各种无源无线开关面板、温湿度传感器、光照度传感器、人体活动传感器、门窗传感器,这些设备的能量来源于各种机械能以及光能,在它们的内部安置了可以将微弱光线、微弱机械动力转换为电力并存储起来的器件,不需要电池、电线供电便可以工作。

当信号发射器(开关面板等)感知到外部事件时,如按动、温湿度变化(可设定临界值)、光照度变化、物体移动、门窗开关等,便会将事件消息组织成信号,并通过无线的方式送至接

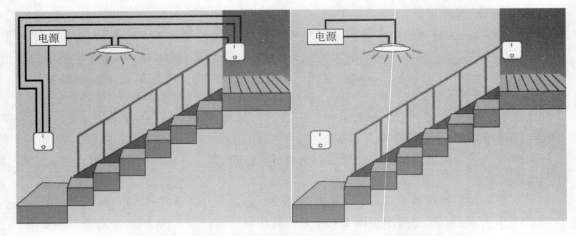

图 13-3　传统机械式双联开关与无源无线开关对比图

收设备,使处于待命状态的信号接收器做出相关决策(如关闭/开启照明设备、供暖设备、门窗、通风等)或应答(如返回控制信号)。因此无源无线信号发射器在楼控系统中的作用便是感知外部事件,生成标准信号并传出。

　　如图 13-4 所示为使用无源无线技术的酒店。

德国NH酒店连锁-25家酒店(5000个房间)

▫ 在酒店正常运行的同时,进行改装
▫ 用于冷暖空调的能源消耗减少20%
▫ 节省安装时间,保持整洁
▫ 两年内通过节省能源费用收回改造投资

图 13-4　使用无源无线技术的酒店

2. 信号网关

　　在大型节能建筑中,跨界传输是不可避免的,如不同办公区域、楼层,甚至不同厂家的设备,当要进行跨界通信时就需要有一个可信赖的中间设备来处理这些跨界通信事务,此时基于无源、无线传感技术,且支持多种楼宇自控标准协议的信号网关便显得尤其重要,它接收来自无源无线发射器传出的无线信号,并通过如 KNX、Modbus(一种协议)、以太网、RS-485/RS-422 等总线及传输介质,将信号传递到更远的楼控节点。因此无源无线信号网关在绿色节能建筑中起着处理跨界通信事务的角色。

　　如图 13-5 所示为使用无源无线技术的办公楼。

上海世博村政府集中办公楼

▣ 将公寓酒店改造成政府办公楼
▣ 所有7栋20层办公楼的公共区域全部使用
　EnOcean的人体红外传感器，节省30%照明成本
▣ 满足政府要求的节能指标

图 13-5　使用无源无线技术的办公楼

3. 带有总线通信功能的室内控制器

前面提到过，大型建筑中不可避免地要进行跨界通信，尤其是不同厂家设备间的通信，因此带有多种总线通信功能的设备就显得尤其重要，在智能楼宇自控系统中，经常用到各种室内控制器，对环境温度、湿度、光照度、通风进行有效控制、调节，而支持多种总线通信标准的室内控制器在楼宇自控系统中可以发挥巨大的作用，当不同厂家的控制器都遵循某一种或几种通信标准时，便可以进行无缝的通信，完美地配合在一起协同工作。

另外值得一提的是，在一些古建筑的改造过程中，传统的布线安装将会对其造成历史价值以及视觉上的破坏，因此全无线的传感器将为历史建筑的改造提供一种完美的解决方案。

如图 13-6 所示为使用无源无线技术的古建筑。

加拿大圣安德鲁斯大教堂

▣ 照明系统改造
▣ 植入DMX无线系统
▣ 安装费用节省65%
▣ 无须钻孔凿墙
▣ 灵活安装开关、区域控制和传感器

图 13-6　使用无源无线技术的古建筑

13.4　EnOcean 面临的问题

1. 系统稳定性

系统稳定性问题，即要保证系统在 EnOcean 模块植入以后的工作稳定性。由于 EnOcean 无线传感器在实际运作中的可移植接入的特性，因此，如何保障系统在集成了 EnOcean 模块以后能够在大多数时间处于稳定的运转工作状态，是未来一个不得不面临的技术问题。

2. 系统可靠性

系统可靠性问题，即要保证 EnOcean 模块的工作可靠性，尤其是在自供电情况下。由于 EnOcean 的设计理念之一就是无源自供电，因此，如何保证在不提供任何外接电源的情况下，为系统提供长期可靠的传感器接入节点的功能服务，是一个十分具有挑战性的问题。

3. 系统安全性

系统安全性问题，即 EnOcean 传感器节点在数据传输过程中的数据传输安全问题。众所周知，由海量的 EnOcean 无线传感器节点所构成的无线传感器网络中，节点之间互相通信以及数据传输时所面临的数据安全问题，在未来很长一段时期内，都将会是一个值得思考的问题。因为，需要在保障原有无线传感器网络的网络传输性能的前提下，对数据传输进行一定规模级别上的安全性处理，这是一个需要不断尝试且不断折中的解决方案。

4. 系统容错能力

系统容错问题，即 EnOcean 传感器节点在通信过程中的纠错问题和容错能力。类似于上文提及的数据传输安全性问题，在由 EnOcean 节点组成的无线传感器网络中，需要进一步解决的问题之一，就是在节点通信和数据传输过程中的纠错以及容错问题，同时又必须以不过多地牺牲当前系统的运转性能为前提。

5. 系统响应时延

系统响应时延问题，即在包含海量的 EnOcean 节点的系统中，需要考虑系统的平均响应时间和最坏响应时间。这也很大程度上决定了系统在实际投入使用以后用户体验效果的好坏，因此也是一个不得不考虑优化改善的问题。

思考与讨论

1. EnOcean 技术的主要意图是什么？
2. EnOcean 技术与其他几种无线技术相比具有哪些特点或不同之处？
3. EnOcean 包含哪几种关键技术？分别是如何实现的？
4. EnOcean 技术可以应用在哪些行业？

参考文献

[1]　李莎. 物联网技术及智能家居应用研究[J]. 现代电子技术，2012，35(21)：18-21.

［2］ 管琪琳.智能家居发展现状及问题［J］.城市住宅，2016，23(3).

［3］ 卢建伟，崔璨.论智能家居现状与发展前景［J］.电子世界，2014(10)：334.

［4］ 苏波，李艳秋，于红云，等.基于无线传感器节点的能量管理系统［J］.太阳能学报，2009，30(8)：1069-1072.

［5］ 陈广，李晓卉，赵兵，等.基于 EnOcean 技术的智能照明控制系统设计［J］.电气应用，2015(2)：26-29.

［6］ 朱俊杰，李美成.无线传感器微能源自供电技术研究［J］.可再生能源，2012，30(11)：55-60.

［7］ 申斌，张桂青，汪明，等.基于物联网的智能家居设计与实现［J］.自动化与仪表，2013，28(2)：6-10.

应 用 篇

第14章

骨干网技术

骨干网(Backbone Network,BN)是用来连接多个区域或地区的高速网络。每个骨干网中至少有一个和其他骨干网进行互连互通的连接点。不同的网络供应商都拥有自己的骨干网,用以连接其位于不同区域的网络。

14.1 Internet

14.1.1 Internet 简介

计算机技术和通信技术的结合形成了现代信息技术,信息技术的发展和广泛应用,使信息时代正在飞速地转成一个"以网络为中心的计算"时代,人们的生活及工作方式发生了根本性的变化。在一个快速宽带的信息传输的网络中,用户端的计算机将由网络中心的高性能计算机服务器支持,实现在线服务,以使人们获得更多的外部资源,实现电子商务,完成异地网络的协同工作。当前,最具代表性的网络就是国际计算机互联网络Internet。

因特网(Interconnect Networks,Internet)是一个计算机交互网络,它把全球不同地区而且规模大小不一的网络连接起来,所有用户通过网络来共享和使用 Internet 中的各种信息资源。Internet 是全世界最大的计算机网络,它是一个通过电信网络,把分布于各地的大、小计算机系统连在一起的"网中有网"的网络结构。Internet 的研究开始于 1969 年,起源于美国国防部远景规划总署的计算机网 ARPAnet。起初 ARPAnet 仅有 4 台计算机,出于战争和军事上的需要,网络被要求设计成能够在计算机之间提供很多路由,保证系统受到外来袭击时,仍能正常工作。Internet 是冷战时期的产物。但是谁也没有想到,它会在冷战结束后具有这么大的影响力,成为举世瞩目的对象。

14.1.2　Internet 的发展历程及现状

Internet 始于 20 世纪 60 年代末到 20 世纪 70 年代初的美国国防部（DOD）。当时美国国防部只是出于在国家受到战争袭击时能保持良好的通信能力这一简单目的而建立了高级研究计划局（Advanced　Research　Projects　Agency，ARPA），并建立起相应的网络（ARPAnet），这便是 Internet 的雏形。

1969 年 1 月 2 日，BBN 公司（Bolt Beranek and Newman）赢得了构造 Internet 初始部件的合同。负责为这个刚刚起步的网络（ARPAnet）开发建立首批接口信息处理器。1969 年 9 月，首批提交的 4 个 IMP 送到了 4 个 ARPAnet 第一批网点机构。从此这 4 个 IMP 正式开通并开始在各个网点间交换信息。可以说从这一天起，ARPAnet 诞生了。

为抵御袭击而建立的 ARPAnet，最初是被用于连接美国重要的军事基地和研究场所，其中包括 AT&T 的贝尔实验室。由于这些地方拥有的计算机的类型不同，ARPA 便开发了一种通用语言，或称为协议，从而使这些军事基础和研究场所之间实现了通信。同时，他们还使用一种确保安全的路由方法，用其替代了易发现和跟踪的固定路由的传输方法。ARPAnet 上的数据是以密码群的形式经可变换的路由分组传输的。ARPAnet 采用的通信协议是 TCP/IP。该协议曾叫作 DOD（国防部）协议。到现在 Internet 仍使用 TCP/IP。1980 年 ARPA 投资把 TCP/IP 装入 UNIX 内核，因此，TCP/IP 成为 UNIX 的标准通信模块，广泛用于计算机网络。1983 年 ARPAnet 分裂出军用的 MILnet 后，节点数仍约有 100 个。

这一时期，各种局域网（Local Area Networks，LAN）在不断发展，到了 20 世纪初、中期迅速成熟。由于大多数 LAN 是含有 IP 网络软件的 UNIX 服务器与工作站一起出版的，所以 UNIX 服务器与工作站的用户很容易与 ARPAnet 相连，从而与研究机构和学术团体进行通信。

随着连入 ARPAnet 的计算机网络和计算机数量的迅速增加，ARPAnet 逐渐已不能满足快速信息处理和交换需要，因此在 20 世纪 80 年代中期美国科学基金会 NSF 决定投资建设新的 Internet 主干——NSFnet，以成为 Internet 对等主干结构。NSFnet 经历了三次结构和性能调整，目前其主干线路采用光纤。

到了 20 世纪 80 年代后期，Internet 开始从纯科研、教育应用进入商业应用，因此进入快速增长期。1987 年连接的主机数突破一万台。1989 年达 10 万台。1992 年超过 100 万台。1995 年达 400 万台，拥有用户 320 万个。

商业应用的急剧增长与在 1991 年商业网络交换协会的创立有关。CIX 是 1991 年由三个公用网络共同形成的，其目的在于提供商业性高速网络服务，其成员在世界范围内迅速增长，到 1991 年后期，由另外三家公司组成的一家合资企业开创了 CO＋RE（商业与研究）的 Internet 商业服务，该项服务使各公司能在 Internet 上获取商务信息。

从 ARPA 诞生的那一天起，网络技术就在不断地发展演化着。与此同时，从早期只有寥寥可数的一些用户的几个研究和教育性网点，直至今天拥有全球范围内数不胜数用户的巨大群落，社区也在发展演化着。Internet 为研究人员提供了针对某些资源（如功能强大的超级计算机）的唯一访问途径。与此同时，电子邮件为天各一方的同事之间搭起了一条交换信息的桥梁。长期以来,Internet 一直被限制于研究和教育网点。但近年来,商业性网点的快速增长刺激了 Internet 上商业性服务的增加。对于这些商业服务,势必随着 Internet 的增加而增加。

我国自 1986 年起开始研究和探讨加入 Internet 的可能性和技术方案,直到 1994 年 4 月,中国科学院利用世行贷款和中国政府配套资金实现了将其计算机网络与 Internet 的互联,才使我国成为 Internet 的正式会员。1994 年,国家计委和国家教委决定投资建设"中国教育和科研计算机网络"CERnet 并通过卫星线路实现与 Internet 互联。按地域划分,CERnet 在全国拥有 8 个地区网络节点,主干采用邮电部 DDN 专线,网络中心在清华大学。CERnet 主干网络和网络中心的建设已于 1995 年年底通过了国家验收。

14.1.3　Internet 的关键技术

1. Internet 结构

Internet 不是一种新的物理网络,而是将多个物理网络互联起来的一种方法和使用网络的一套规则。Internet 实际上是一个"网络的网络",它将位于不同地区、不同环境的网络互联成为一个整体。物理上,两个网络只能通过一个分别连在两个网络上的主机连接起来。但仅物理连接并不能提供所需要的网络互联,因为这样的连接并不能保证这台主机与其他需要进行通信的主机能够协调工作。为了能容纳不同的网络环境,需要一台能够将报文分组从一个网络转变到另一个网络上的主机,我们将这种连接两个网络并将报文分组从一个网络传到另一个网络的主机叫作路由器(Router)。Internet 实际上就是由路由器将多个网络连接起来的一个虚拟网络。Internet 使用分组交换技术。

2. IP 地址

IP 协议要求 Internet 中的每个网节点要有一个统一规定格式的地址,它在 Internet 上是唯一的、全球通用的通信地址,该地址简称为 IP 地址。IP 地址是 32 位地址,每个地址都由两部分即网络号和主机号组成,其中网络号标识一个网络,主机号标识这个网络中的一台计算机。Internet 地址有三种基本形式。A 类 32 位地址的最高位为 0,从高到低数第 2~8 位表示网络号,第 9~32 位为主机号。A 类地址适用于网络数较少的大型网络情况,可以有 126 个网络地址,每个网络主机数不多于 16 777 216。B 类 32 位地址的最高两位为 10,从高到低数第 3~16 位表示网络号,第 17~32 位为主机号。B 类地址适用于中等规模网络数量的情况(如 CERNET 的各地区网管中心),一个 B 类 IP 地址可以有 16 834 个 C 类 IP 地址,每个网络中的主机数不大于 65 536。C 类 32 位地址的最高两位为 11,从高到低数第 3~24 位表示网络号,第 25~32 位为主机号。C 类地址适用于网络规模较小的情况,每个 C 类地址网络主机数不大于 256。C 类地址间只有通过路由器才能工作。

通常情况下 Internet 地址写成十个十进制数,并用小数点分开,每个整数表示 Internet 地址的一个 8 位位组的值,如 32 位地址 10100011111000100011110000000001 写成 159.226.60.1,它代表中国(159)科学院(226)声学研究所(60)的一台主机。

所有 Internet 地址都由 Internet 的网络信息中心分配,其中 NIC 负责 A 类 IP 地址的分配、授权负责分配 B 类 IP 地址的自治区系统有:Inter-NIC 负责美国及其他地区,RIPE-

NCC 负责欧洲地区,APNIC 负责亚太地区。网络信息中心只分配 Internet 地址的网络号,主机号的分配由申请的组织负责。我国属 APNIC,中国的管理自治区号 AS＝4134,APNIC 给中国 CENTER 网分配了 10 个 B 类 IP 地址。

3. 域名系统

在 Internet 上,主机地址是一个 32 位的数字,范围从 0 到四十多亿,不便于人们的记忆。相反,记住一个有规律的人性化的名字对我们较为容易,域名系统正是为此而设计的。USC 的信息科学研究所的 Paul Mockapectris(1984 年)设计了域名系统(Domain Name System,DNS)的结构,第一个实际使用的域名系统是 JEEVES,而现在广为使用的是 Kevin Dunlay 写的 BIND 系统。

域名系统执行的是从我们人类容易记忆的主机名到计算机容易处理的 IP 地址之间的映射(地址变换)工作。同时域名系统是一种能咨询主机各种信息的标准工作,域名系统几乎被所有的计算机软件所使用,包括电子邮件程序、文件传输程序、远程终端程序等。域名系统的一个重要特征是,使主机信息在全 Internet 上都可得到。

域名系统是一个分布式的主机信息数据库,采用客户/服务器机制,服务器中包含整个数据库的某部分信息,供客户查询。域名服务器负责存储域名空间信息,处理客户查询。域名服务器有几种类型:主服务器、Caching Only 服务器、转发服务器。域名系统允许局部控制整个数据库的某些部分,但数据库的每一部分可通过全网查询得到。域名系统数据库类似于 UNIX 文件系统的层次结构,整个数据库是一个倒立的树状结构。树中的每一个节点代表整个数据库的一个部分,也就是域名系统的域,域可以进一步划分成几个子域。每个域都有一个域名,定义它在数据库中的位置。每个域可以由不同的组织管理,每个组织又可将其划分成一系列子域,并将这些子域交给其他组织管理。域名系统采用层次结构,使得各个组织在它们的内部可以自由地选择域名,只要保证组织内部的唯一性即可。

网络上的每台主机都有域名,指向主机的相关信息,如 IP 地址、Mail 路由等。一台主机可以有一个或多个域名别名。在域名系统中,域名全称是从该域名向上直到根的所有标志组成的串,标志之间由“.”分隔开。

4. Internet 中的路由选择

“路由选择”指为发送报文分组选择一条路径的过程,而路由器是指完成这种选择的任意一台机器。路由选择可能很难,在机器有多条物理网络连接的情况下,路由器必须选出数据报要发送到的一个网络。从概念上讲,路由选择软件应该考虑一系列因素,如网络负荷、数据报长度、数据报报头中规定的服务类型等,从而选择出最佳路由。但是,目前大多数路由选择软件都没有这么先进,通常以最短路由为前提进行路由选择,也有一些软件以政策规定为基础进行路由选择。

路由选择可以分为两种形式:直接路由选择和间接路由选择。直接路由选择一个数据报从一台计算机直接发送到另一台计算机,它是支撑 Internet 所有通信的基础,这种路由选择是用一种基本物理传输系统完成的。间接路由选择是指报宿不在报源直接连接的网络上,发送者必须把数据传给一个路由器进行报送。数据报在路由器之间进行传输,直到可以通过一个物理网络直接递交给报宿为止。

Internet 的路由选择算法通常使用一种路由选择表,Internet 表中的每项是一对地址

(N, R)，其中，N 是报宿网络地址，R 是下一个路由器的地址。计算机使用的路由选择表中列出的所有路由器，都必须在该计算机直接连接的各个网络上，这样该计算机就可以直接到达这些路由器。尽管路由选择表是针对报宿网络号的，但为了保持选择表的效率，有时也使用默认路由和主机专用路由。

为了保持路由选择表的正确性和高效性，路由器之间、路由器与主机之间通常都使用某种路由协议定时交换信息，使用的路由协议可以是静态的，也可以是动态的。

5. Internet 安全性

一般认为，Internet 的安全性不够。其实随着技术的发展，Internet 中已有多种安全性措施。现在通常使用的是一种叫作防火墙的技术，它在部门网络与整个网络之间装上一个"防火层"，组织非法"闯入者"，从而提高网络的安全性。

在 Internet 中，大量的信息和文件，尤其是一些正式文件，正在不断生成、传递和存储。然而，使用者不免会有些疑问：这些文件是真的还是假的？有没有被修改过？如何鉴别？这种需求直接导致 Internet 保密增强 PEM 的产生。

PEM 提供以下 4 种安全服务。

（1）**数据隐蔽**：使数据免遭非授权的泄漏，防止有人半路截取和窃听。

（2）**数据完整性**：提供通信期间数据的完整性可用于侦查和防止数据的伪造和篡改。

（3）**对发送方的鉴别**：用来证明发送方的身份以防有人冒名顶替。

（4）**防止发送方否认**：结合上述功能，防止发送方事后不承认发送过此文件。

PEM 安全功能中使用了多种密码工具，包括非对称加密算法（采用 RSA 算法）、对称加密算法以及报文完整性检验算法等。

6. Internet 中的协议

Internet 中有众多的网络协议，例如 TCP/IP、FTP、HTTP、SMTP 等。其中广为人知也广为使用的便是 TCP/IP。

TCP/IP 实际上是一个协议族，包括一组允许在 Internet 上进行数据传输的协议族，但其中最重要的是两个协议：IP 和 TCP。TCP/IP 规范了网络上所有通信设备，尤其是主机与主机之间的数据往来格式及传输的方法。IP（Internet Protocol）定义了计算机之间应该遵循的规则，它精确定义了分组的组成方法、路由器怎么样传递分组等；而 TCP 提供了应用软件所需要的其他设施。TCP/IP 提供了一种低成本、高效的方法来组建网络。

数据以数据包（包也称为分组：Packet，正式称为数据报）形式传输，IP 是最基本的软件，所有的 Internet 服务使用 IP 来发送或者接收分组，Internet 中的这些分组称为 IP 数据包。IP 数据包为 Internet 的所有分组定义了一种标准格式，它不依赖于任何一种特定的网络技术。TCP 使 Internet 可靠，它提供计算机程序之间的连接，恢复丢失的分组并进行自动重传。

IP 提供了一种将分组从源传送到目的地的方法，但没有解决诸如数据包丢失或者乱序递交的问题，而 TCP 解决了 IP 没有解决的问题。IP 协议提供了适应各种各样的底层网络硬件所要的灵活性，它使 Internet 可以包括几乎所有类型的计算机通信技术；TCP 向应用程序提供可靠的通信连接；TCP 对这些数据包在到达目的地的路途中进行监视，如果这些数据包传输顺序乱了，TCP 将它们重新排好。如果这些数据丢失或者受损失，TCP 将处理重新发送。

FTP 是一种用于在 Internet 上系统之间下载和上传文本文件和二进制文件的通用协议。

14.1.4　Internet 的应用

Internet 提供了各种各样的信息服务手段,诸如电子邮件(E-mail)、远程登录(Telnet)、文件传输(FTP)、网络浏览(WWW)、网络新闻(Netnews)、菜单查询(Gopher)、网络信息查询(Archie)、电子论坛(Listserv)等。现仅对上述 4 项主要功能介绍如下。

(1) 电子邮件。这是一种利用网络文字信息的非交互式服务。用户只要知道另一用户的 E-mail 地址,就可以通过网络传输任何转换成 ASCII 码的信息。用户可方便地在全球范围内收、发、转发信件,也可以同时向多个用户发送信件。这种新建几乎没有时间上的延迟。基于电子邮件的服务有:电子公告板(BBS),电子新闻(USENETNews),新闻群组(NewsGroup)。

(2) 文字传输。采用这种方式可以直接进行文字和非文字信息的双向传输。非文字信息包括计算机程序、静止图像、照片、音乐、动画信息(电影、录像片)等。用户可以从 Internet 上获取内容丰富、方式多样的信息。其中较为突出的是数以万计的计算机程序软件。

(3) 远程登录。用户利用这一功能可把自己的一台终端机变成远离本地的另一台主机的远程终端,从而可以就地使用该主机的任何资源,进行信息处理、科学计算,从而扩大了自己的可用资源(硬件、软件、信息文件等)。Telnet 经常用于公共或商业目的,允许远程用户检索大型、复杂的数据库,也可用于访问世界上众多图书馆目录及其他信息服务。

(4) 网络浏览。即 WWW,又称 3W 或者 Web,是一个基于超文本方式的信息检索工具,所谓超文本,即指文档不仅可以交叉地通过关键字进行搜索,在一个文档中,只需要选取一个关键字,就可以进入与之关联的另一个文档,这个文档既可以在同一台机器上,也可能是在其他的 Internet 服务器上。WWW 除了浏览传统的文本信息外,还可以显示与文本相关的图像、动画、声音等信息,其应用有电子广告、虚拟购物、有偿特殊服务等。

计算机局域、广域网络技术的发展使 Internet 不断壮大,应用日益深入,人们利用 Internet 可以办到一些在过去办不到的事情。

14.1.5　Internet 存在的问题

当前广泛使用的 TCP/IP 参考模型将网络协议分成硬件层、网络接口层、IP 层、传输层、应用层 5 个层次。当前 IP 层采用 IPv4 协议,传输层采用 TCP 或 UDP。其所面临的问题如下。

(1) 带宽(Bandwidth)问题。越来越多的 Internet 用户需要高速接入,对骨干网的带宽要求不断增加。目前的 Internet 由多层传统路由器构成,传统路由器的处理能力由于本身技术限制,处理速度慢且吞吐量低。对于通信量大的新兴网络应用来说是一个巨大的瓶颈。

(2) 地址空间(Addressing)问题。Internet 的规模近年来增长幅度很大,IP 地址空间日趋饱和,而随着无线上网应用的日益增多,未来 IP 地址需求量必然剧增。

（3）安全（Security）问题。现有通信协议在保护信息方面未能提供完整的保护机制，若通信双方的应用层协议未提供欲传输信息的加密机制，那么所传送的信息极易在网络上被他人窃听、盗取甚至变更造假。

（4）服务质量（QoS）保证问题。网络服务无类别等级之分，网络无法保证不同形态的信息（如一般的数据信息与即时的语音视频信息）获得不同的资源使用等级和服务质量。

由于 Internet 存在以上的一些问题，为了更好地利用网络资源，使得服务质量进一步提升，Internet2 技术被提出并得到广泛使用。

14.2　Internet 技术的演进——Internet2

Internet2 是一个成立于 1996 年，由美国教育和科研团体组成的先进网络技术联盟，这个组织的主要目的是开发先进的网络应用，并且研究和开发未来的网络创新技术。

14.2.1　Internet2 的起源

近年来，Internet 迅速推广，日益普及。随着越来越多的公用网络和私人网络进入互联网，人们的生活方式正在悄悄地发生着变化。因特网在人类社会中的地位也将日趋重要。就国际范围而言，网络技术特别是 Internet 技术正在飞速发展，它所产生的影响难以估量。据 1998 年 7 月 22 日美国因特网协会年会报告称，世界上 250 个国家、地区中有 240 个提供因特网上的网络服务。到下一个 10 年的中期，因特网的规模将超过电话系统。

从简单的文本信息到丰富多彩的 WWW 世界，Internet 在需求增加、功能强大的同时，信息的传输量也在以几何级数的速率增长。因此，因特网的拥挤状况会随着应用量的急剧增长而愈演愈烈。尽管目前宽频主干网的速度达到 C-12（622Mb/s），但公共因特网的端对端通信吞吐率却只有 56kb/s，而在某些测定中只有 40kb/s，比 Internet 的前身 ARPAnet 还要慢。这对于目前引人注目的多方视频会议、网络教学、电子商务等对带宽要求甚高的新兴网络应用而言，无疑形成巨大的反差和矛盾。传统的 Internet 面临挑战。

为了满足应用和发展的需要，必须在园区网和 GigaPOP 之间提供先进网络服务。在 GigaPOP 之间，大范围的互联服务必须在支持高可靠性、大容量传输的同时，提供不同的服务质量。由于这些能力在现有的 Internet 主干上是无法得到的，因此必须建立一种特殊目的的 GigaPOP 互联网络，这种互联最初由 NFS（国家基金委员会）建立的 vBNS（超高性能主干网络）提供，然而随着时间的推移，我们将会用其他互联方式扩充 vBNS 的联通性，以便提供一套具有冗余的、广泛的互联网络。

14.2.2　Internet2 发展现状

尽管 Internet2 计划将采用新一代 Internet 技术，但是，它并不是要取代现有的 Internet，也不是为普通用户新建另一个网络。它的目的是对现在的 Internet 大学进行改进和继续加大对现存 Internet 链接的利用。因此，Internet2 的各项技术研究的成果同样有益于目前的 Internet 应用。大学对 Internet2 的投资，以及业界和政府在这个问题上的努力，都有助于 IPv6、多点广播和服务质量等技术的开发，为 Internet 应用赋予新的性能，从而为全社会带来益处。

　　Internet2 的应用将贯穿高等院校的各个方面，如项目协作、数字化图书馆，有些将促进研究，有些能用于远程学习。Internet2 也为各种不同服务政策提供了试验场所，例如怎样对预留带宽进行收费等。同时也是衡量各种技术对 GigaPOP 效能的场所，例如本地超高速缓存和复制服务器，以及卫星上行链路和下行链路对提高网络性能的作用。除上述试验外，合作环境还将用于实时音频、视频、文本和白板讨论，以及支持新的协作方式的 3D 虚拟共享环境。远程医疗，包括远程诊断和监视也是 Internet2 努力实现的目标。大量的交互式图形/多媒体应用也将是主要候选项目，其中包括科学研究可视化、合作型虚拟现实（VR）和 3D 虚拟环境等应用。

　　如图 14-1 所示是美国 Internet2 网络基础设施拓扑图。

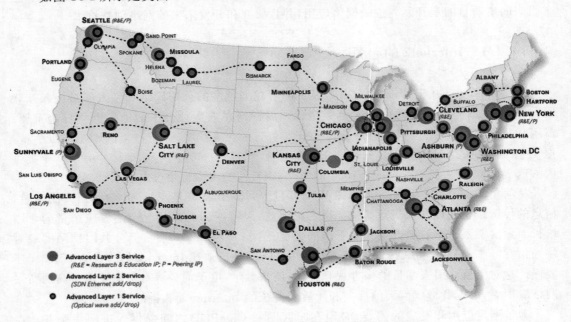

图 14-1　美国 Internet2 网络基础设施拓扑图

　　Internet2 的实体由先进的应用程序、升级的校园网络基础设施、地区性的互联校园与会员站点的 GigaPOP（Gigabit Points of Presence）和国际化的 GigaPOP 构成。为了能达到 Internet2 的所需扩展带宽，大学校园必须升级他们的主干网，使速度达到至少 500Mb/s，每个桌面至少要有专用的 10Mb/s 通道。校园和地区 GigaPOP 的速率至少要达到 150Mb/s。

　　早期 Internet2 的主干网是 Qwest 通信公司资助的 Abilene。2006 年开始 Internet2 的主干网由 Level 3 公司提供。新的主干网被简称为 Internet2 Network。2011 年 Internet2 得到了美国国家电信和信息管理局的 BTOP 计划的 62.5 万美元的支持，启动美国联合社区锚网计划（U. S. UCAN）。U. S. UCAN 项目的目标是利用升级的 Internet2、NLR 等主干网，建立一个覆盖全美国的高容量网络，为超过 20 万家重要的小区组织提供先进的网络基础设施。项目连接的单位包括学校、图书馆、小区学院、健康中心及公众安全机构等小区机构;并支持商业互联网未能支持的先进应用,例如远程监控和远程医疗应用等。这个项目将促进宽带应用的转型,由此可以从根本上改善教育、医疗保健、公共安全,并创造就业机会等经济创新方法。新网络还将支持其正在服务的研究和高等教育对带宽能力要求的指数式增长。

目前 Internet2 主干网连接了 60 000 多个科研机构,并且和超过 50 个国家的学术网互联。在 BTOP 的支持下,Internet2 将全面升级主干网带宽至 100Gb/s,主干网总带宽可扩展到 8.8Tb/s,升级后将拥有 15 000 多英里的光纤,网络通达以往没有到达的区域,扩大联网范围,以提供连接全美范围的超过 20 万个社区锚网所需要的带宽能力和范围。

14.2.3　Internet2 技术解析

1. 体系结构

由于 Internet2 是由多所高校发起,整体布局基于现有网络,因而为了满足 Internet2 的要求(标准),首先成员组织需对现有的网络进行升级,达到 Internet2 对局域网的要求,然后再通过 GigaPOP(千兆节点)用于网络互联的、速度大于 1Gb/s 的路由器(或交换机)连接起来。其整体结构大致可分为两部分:①终端到校园 GigaPOP;②GigaPOP 与 GigaPOP 之间。其中,第①部分由学校负责满足 Internet2 的要求;第②部分由 UCAID(组建高级因特网的高校联合机构)来统一管理,要求满足一定的带宽、QoS 及选路规范。从当前发展状况来看,为满足 Internet2 的要求,GigaPOP 与 GigaPOP 之间技术上很可能采用 SONET/SDH(同步光纤传网)上 ATM(异步转移模式)信令机制来实现。

2. 网址空间扩展

Internet 是由 4 个字节(32 位)表示一个唯一的网络地址,地址总数只有 2 的 28 次方个,今天已经显得不够用了。

Internet2 在高速网络基础设施之上,用 16 个字节(128 位)表示一个唯一的网络地址,地址总数达到 2 的 132 次方个。能够为地球表面每平方米分配 655×10^{24} 个地址,从而提供了充足的地址空间,能够为每个节点分配足够的地址。

IPv6 是一种新型的更强大的 Internet 协议,它能够确保新一代网络服务和应用的高速传输,它不但可以增加有效的 Internet 地址,还能提供更强的安全性、多任务、自动排列、可动性以及服务质量选择。

3. GigaPOP

GigaPOP 又称 I2 服务中心,简记为 I2SC。GigaPOP 的主要任务是帮助具有特定带宽和其他 QoS 属性的 I2 成员进行业务交换,每一个 GigaPOP 可连接 5~10 个 I2 成员。

GigaPOP 除可在 I2 成员的各校园网之间建立互连之外,还可以将校园网连接到所在地区的其他城域网。例如,进行地区性远程教学,可将校园网连接到其他特定的高性能的广域网,使得研究伙伴和其他机构可以和 I2 成员进行交流,又可将 I2 校园网连接到商用 Internet,以获得其他网络服务。但 GigaPOP 之间的连接只传送 I2 成员的业务信息。GigaPOP 通过适当的路由管理为终端用户服务,通过收集网络使用情况数据,与其他 GigaPOP 和校园网运营者共享有关 I2 网络服务的必要信息,共同管理 I2 的运行。

　　Internet2 的大部分服务都要求网络有较高的服务质量,而这正是当前网络的薄弱之处,为此,Internet2 利用一切可用技术来改善网络的服务质量,保证 Internet2 中业务的顺利进行。

　　在当前 Internet 上是基于 IP(网络层协议)的传输,其 QoS 无法保证,尽管 IP 包头中的字段能够指明选取路径、包处理的服务优先级及类型,然而路由器对此并不加以任何处理。当前唯一的既能支持一般数据传输又能支持实时/多媒体数据传输的技术是 ATM。利用 ATM,意味着或者为实时数据处理重建 ATM 网,或者用 ATM 替代基于 IP 的网络。然而采用 ATM 技术花费较大,因此很有必要在当前的 TCP/IP(传输控制协议/网络层协议)网络上实现这一功能。当前制定出许多协议,如 IPv6、RSVP(资源预留协议)、RTP(实时传送协议)等,都是为了实现这一目的。然而不管如何,最根本的还是给路由器增添新的功能,让路由器处理来自 Internet、基于 QoS 的请求。IETF(Internet 工程任务小组)正制定一些满足这一要求的标准,如 IEEE 802.11p、区分服务 DiffServ。

　　在 Internet2 中为了保证其服务质量应用了上述协议。除此之外,由于 Internet2 要求既支持 IPv4,又支持 IPv6,因而还需要其他协议。当前支持 IPv4、能保证 QoS 的路由协议几乎没有,而支持 QoS 的 OSPF(开放式最短路径优先协议)仍在制定,正在制定的 I-PNNI(集成的专用网络接点接口协议)有望能支持保证 QoS 的 IP 传输。I-PNNI 是由 PNNI 发展而来,目的是为了提供既能基于 ATM 又能基于 IP 的 QoS 保证。IPv6 的路由协议仍在开发,制定的 I-PNNI 能够支持 IPv6;IDRP(域间路由协议)理论上支持 IPv6,但几乎不能保证服务质量,因而必将被新的版本所替代。BGP4＋、IPv6 上的 OSPF 和 RIP(路由信息协议)已经规范,但保证服务质量的 OSPF 协议仍在开发。那些使用 IPv6 的 Internet2 用户,在新的路由协议使用之前,可能采用 RIPv6 或静态路由。由于未来几年 IPv6 发展不会太快,Internet2 结构整体上能保持平衡。而 PNNI 作为 ATM 域内协议,由于支持 QoS,因而被以 ATM 为主干网的成员组织所采用。Internet2 不仅利用最新的协议来保证网络的服务质量,而且也采用最新技术来实现这些协议。当前 Internet2 中主要采用 Middleware(中间件)、Agent(代理)这两种技术来实现网络资源和带宽的管理,保证 Internet2 有较好的服务质量。

　　以上从协议方面考虑,下面再从技术角度来看 Internet2 是如何保证 QoS 实现的。由于 Internet2 中校园网建设主要由学校自己来管理,因而从结构上来讲,UCAID 主要管理两个部分:一个是 GigaPOPs 之间的连接;另一个是 GigaPOPs 与校园网之间的连接,下面分别对其进行简述。

　　(1) GigaPOPs 之间。当前 NSF(美国国家科学基金会)的 vBNS(超高速主干业务网),由于有较好的性能,自然成为 Internet2 主干网主要的一部分。vBNS 把 Internet 协议与有较好服务质量的 ATM 技术和 SONET 光纤传输结合起来,即用 IP 作数据交换协议,ATM 交换机建立 PVC(永久虚通路)、PVP(永久虚通道),SONET 作物理层,实现端到端的高速数据传输。当前改进后的 vBNS,即 vBNS＋速率达到 622Mb/s,预计不久会达到 2Gb/s。当前 SONET 光规范为 OC-1～256;其中 OC-1 带宽为 51.8Mb/s,OC-256 的带宽为 13Gb/s,已能满足 Internet2 的带宽要求。

　　vBNS 为超高性能主干网,其建网的目的就是为了保证科研机构之间的信息传输高可靠性,也正是 Internet2 的要求。由于 vBNS 能够提供较高的带宽和保证较好的性能,因而很自然地成为 Internet2 主干网的雏形。而为了满足 Internet2 的要求,GigaPOP 之间同样会采用 vBNS 中所用技术,即利用 SONET 上 ATM 信令技术来实现。

(2) GigaPOP 与校园网之间。由于 Internet2 各成员机构所用的网络技术不一样,因而GigaPOP 与其互连所用的技术也就不同。由于考虑到 ATM 技术能够在不改变现有网络结构的基础上实现多种网络结构连接,即利用 ATM 技术来实现 GigaPOP 与不同校园网的连接。

14.2.4　Internet2 技术优势

1. 安全性

Internet2 所采用的新 IP 协议将包含两个提供高级通信安全的功能:即文电鉴别首部与安全性封装首部。文电鉴别首部将为出自于熟悉和可信赖的消息提供保证,保证一旦上网能追踪到信息源。换言之,文电鉴别首部将识别消息的来源和识别出消息是熟人或可信赖的人发过来的;安全性封装首部是一种保证消息从源头到终点完整无缺的手段,同时保证消息的内容不被黑客看到。该首部的定义支持多种可能的格式与算法。

2. 多点群播

Internet2 是具有多播能力的网络,允许路由器一次将数据包复制到多个通道上,多播发送方只要发送一个信息包而不是很多个,所有目的地就可以同时收到同一信息包,更及时地把信息发送到任意不知名目的地,减少网络上传输的信息包的总量,使单台服务器能够对几十万台桌面计算机同时发送连续数据流而无延时,大大降低了带宽要求,减轻了服务器的负荷,并且改善了传送数据的质量,达到了从未有过的传送能力。

3. 高速数据传输能力

Internet2 的高速数据传输能力和多点群播功能为大量多媒体信息输送提供了保证,网络教学、网上购物、视频点播都可以方便地实现。

14.2.5　Internet2 未来发展

1. 应用于科研领域

Internet2 的主要用途显然是要保证美国在科研和高等教育方面保持世界领先地位,其应用范围几乎涵盖了所有的学术研究领域。有些将会成为合作环境,而其他的将会成为数字图书馆;有些领域将有助于研究,而其他的将能够使用远距离教学。

2. 应用于多媒体

由于解决了多媒体的实时通信问题,所以 Internet2 能够实现可与现代通信广播系统抗衡的网络语言电话、可视电话、会议电视、实时音频/视频广播、影视点播等商业服务项目。因而,从这个角度来讲 Internet2 具有重要的商业价值。

3. 应用于商业

Internet2 需要发展新的中间件来为远程认证和记账提供支持,这种中间件在将来会有广泛的应用。例如,在科学研究过程中,很多的科学家需要连接和使用远程设备,在这种情况下,需要能提供可靠的连接、能进行用户认证并计算设备使用时间的中间件。这种中间件功能对于有限资源的合理利用是非常重要的。虽然当前的 Internet 中没有使用 Internet2 的服务和设备,但 Internet2 对于 Internet 相关的企业的影响越来越大。Cisco 生产的路由器已经应用于 Internet2 的试验台。边缘计算和分布存储设备及服务也因受到 Internet2 的影响而得到了很大的发展。另外,服务提供商也从 Internet2 的发展中得到了好处,它们从中看到了 Internet2 的发展方向。Internet2 提供的高级商业应用功能将在未来的几年内实现,它会将现有的技术创新转化为现实的商业应用,并使其应用功能逐渐进入到商业市场中。

4. 应用于日常生活

就像在电视上所看到的,所有家用电器都可以被操纵于股掌之中。所有家用电器都可以接入 Internet2,实现智能化运行。也许 Internet2 在短期内不会进入家庭,但随着 Internet2 技术的日趋成熟和广泛应用,必定有一天,这一切都会在普通百姓的家庭中成为现实。

14.3　SDN

14.3.1　SDN 起源

软件定义网络(Software Defined Network,SDN)是由美国斯坦福大学 Cleanslate 研究组提出的一种新型网络创新架构。其核心技术 OpenFlow 通过将网络设备控制面与数据面分离开来,从而实现了网络流量的灵活控制,为核心网络及应用的创新提供了良好的平台。2012 年 7 月,SDN 代表厂商 Nicira 被 VMware 以 12.6 亿美元收购。随后 Google 宣布成功在其全球 10 个 IDC 网络中部署 SDN,这促使 SDN 引起业界的强烈关注。由于传统的网络设备交换机、路由器的固件是由设备制造商锁定和控制,所以 SDN 希望将网络控制与物理网络拓扑分离从而摆脱硬件对网络架构的限制。这样企业便可以像升级、安装软件一样对网络架构进行修改以满足企业对整个网站架构进行调整、扩容或升级。而底层的交换机、路由器等硬件则无须替换,节省大量的成本的同时网络架构迭代周期将大大缩短。

从路由器的设计上看,它由软件控制和硬件数据通道组成。软件控制包括管理(CLI,SNMP)以及路由协议(OSPF,ISIS,BGP)等。数据通道包括针对每个包的查询、交换和缓存。如果将网络中所有的网络设备视为被管理的资源,那么参考操作系统的原理,可以抽象出一个网络操作系统(Network OS)的概念——这个网络操作系统一方面抽象了底层网络设备的具体细节,同时还为上层应用提供了统一的管理视图和编程接口。这样,基于网络操作系统这个平台,用户可以开发各种应用程序,通过软件来定义逻辑上的网络拓扑,以满足对网络资源的不同需求,而无须关心底层网络的物理拓扑结构。

14.3.2　SDN 发展现状

自 SDN 技术出现以来,科研院校、设备厂商、互联网企业、IT 服务商以及电信运营商等都在积极研究,不断探索和尝试,推进其商用进程。目前 SDN 主要应用于企业内部组网或数据中心组网。

以谷歌、亚马逊、雅虎、微软、Facebook 为代表的国际互联网公司和百度、腾讯、新浪、阿里巴巴为代表的国内互联网企业都在进行 SDN 技术应用的积极探索。

谷歌构建的 B4 网络无疑是当前最著名、最有影响力的 SDN 技术应用案例。谷歌基于 OpenFlow 理念搭建的数据中心 WAN 可通过编程实现自动创建和重新配置其遍布全球的数据中心之间的连接,通过周密的流量工程和优先次序的工作方式(即根据网络状况动态改变流量路径,保护高优先级流量),使其资源利用率从 30% 提升到了 90% 以上,极大地节省了成本。谷歌 B4 网络的成功使神秘且充满学院派气质的 SDN 技术走上了商用的道路。

腾讯在第二届中国 SDN/NFV 大会上提出了构建边缘智能网络的概念,该网络基于 Overlay 的 SDN 实现方式,将虚拟网络与物理网络解耦,虚拟机通过开源 OF 交换机 OVS 接入网络,OVS 根据上层的分布式控制器(Apollo)下发的流表转发流量,虚拟网络之间使用 VXLAN 标签实现用户隔离。这种使用 OVS＋VXLAN＋SDN 构建的虚拟二层网络可实现虚机跨网迁移、虚拟二层网络弹性伸缩、多租户安全隔离、业务灵活扩展、流量智能调度等,能有效提高数据中心间的带宽利用率,减小故障收敛时间,从而提升用户体验。

许多国内外电信运营商对 SDN 技术的研究非常积极,一些全球领先的电信运营企业已经走在项目测试和试商用的道路上。

日本 NTT 是较早进行 SDN 技术研究的运营商之一,研发了一款虚拟网络控制器,用于多个数据中心的统一服务和按需配置,已部署到其位于欧洲、美国和日本的数据中心。

国内三大运营商中国移动、中国电信和中国联通也开展了 SDN 的研究。中国移动已经在国内、北美两地开展了两次大规模的测试,针对 7 个厂家的控制器、10 个厂家的 OpenFlow 交换机搭建测试环境,进行 OpenFlow 标准、功能、性能、SDN 应用等测试,验证标准及产品成熟度并联合芯片厂家(盛科)研发了 SuperPTN 芯片,成功演示了基于 OpenFlow 的 SDN 化 PTN 原型系统。中国电信在 SDN 的标准立项和商用部署方面都做出了一些贡献。在标准立项方面,在 ITU-T 的 SG13 组的 Y.FNsdn 项目和 Y.FNsdn-fm 等项目中,中国电信主导就现有网络中引入 SDN 的需求和架构进行研究,在国内牵头完成了基于 SDN 的 IPRAN 网络技术行业标准。中国联通也基于"沃云"开展了小规模的 SDN 应用试点工作,试点着重在功能验证、设备测试方面。

目前主流设备厂商都可以提供 SDN 交换机,部分 IT 厂家也已宣称有 SDN 交换机产品和解决方案。Bigswitch 等新兴公司不仅推出了支持 OpenFlow 的交换机,还提供了运行在标准硬件(白牌交换机)上的开源软件(SwitchLight),用户可以自行搭建和管理 SDN 虚拟交换机。

目前的 OF 交换机仍然主要使用 ASIC 芯片,通过 ACL 实现,但对 OF 协议的支持程度有限,主要表现在流表宽度受限、流表容量小、不支持某些字段的修改行动等。少数厂家推出了基于 FPGA(现场可编程门阵列,如 NEC)或者 NPU(网络处理器,如华为)的 OF 交换机,但价格非常昂贵。ONF 的转发抽象工作组(Forwarding Abstraction WorkGroup, FAWG)提出了 NDM/TTP 方案,期望可以解决上述问题。由于需求量不足,芯片厂家在开发新的 OF 专用芯片上持观望态度,作为折中方案,broadcom 开发了一套工具支持对通用 ASIC 芯片进行编程,使其支持 OpenFlow 协议。

控制器的发展相对比较迅速,NEC、华为、IBM、Bigswitch、华三、中兴等多个厂家已发布了商用版本的控制器。Opendaylight、floodlight、ryu 等控制器开源项目进展较快,在一定程度上推动了商用控制器的发展。

但是,由于各厂商对 SDN 标准的不同理解,其控制器和交换机产品对 SDN 标准的支持程度也各不相同,可能会出现部分交换机只能和固定的控制器互通的现象。因此,需要促进 SDN 协议的更新和完善,推动 SDN 产业的发展。

14.3.3　SDN 技术优势

从路由器的设计上看,它由软件控制和硬件数据通道组成。软件控制包括管理(CLI,SNMP)以及路由协议(OSPF,ISIS,BGP)等。数据通道包括针对每个包的查询、交换和缓存。这方面有大量论文在研究引出三个开放性的话题,即"提速两倍"确定性的(而不是概率性的)交换机设计以及让路由器简单。事实上在路由器设计方面我们已经迷失了方向。因为有太多的复杂功能加入到体系结构中,例如 OSPF、BGP、组播、区分服务、流量工程、NAT、防火墙、MPLS、冗余层等。作者个人认为我们在 20 世纪 60 年代定义的"哑的最小的"数据通路已经臃肿不堪。

SDN 提出控制层面的抽象,MAC 层和 IP 层能做到很好的抽象,但是对于控制接口来说并没有作用。为了让网络正常工作,我们加入了太多复杂的功能到体系结构当中,例如 OSPF、BGP、组播、区分服务、流量工程、NAT、防火墙、MPLS、冗余层等网络拓扑、协议、算法和控制。因此我们完全可以对控制层进行简单、正确的抽象以处理高复杂度。SDN 给网络设计规划与管理提供了极大的灵活性:可以选择集中式或是分布式的控制对微量流,如校园网的流或是聚合流,如主干网的流进行转发时的流表项匹配;可以选择虚拟实现或是物理实现。包括 HP、IBM、Cisco、NEC 以及国内的华为和中兴等传统网络设备制造商都已纷纷加入到 OpenFlow 的阵营。同时有一些支持 OpenFlow 的网络硬件设备已经面世。2011 年,开放网络基金会(Open Networking Foundation)在 Nick 等人的推动下成立,专门负责 OpenFlow 标准和规范的维护和发展。同年,第一届开放网络峰会(Open Networking Summit)召开。为 OpenFlow 和 SDN 在学术界和工业界都做了很好的介绍和推广。

由于传统的网络设备交换机、路由器的固件是由设备制造商锁定和控制,所以 SDN 希望将网络控制与物理网络拓扑分离,从而摆脱硬件对网络架构的限制。这样企业便可以像升级、安装软件一样对网络架构进行修改,满足企业对整个网站架构进行调整、扩容或升级。而底层的交换机、路由器等硬件则无须替换,在节省大量成本的同时,网络架构迭代周期将大大缩短。举个不恰当的例子,SDN 技术就相当于把每人家里路由器的管理设置系统和路由器剥离开。以前每台路由器都有自己的管理系统。而有了 SDN 之后一个管理系统可用在所有品牌的路由器上。如果说网络系统是功能机,系统和硬件出厂时就被绑定在一起,那么 SDN 就是 Android 系统,可以在很多智能手机上安装、升级,同时还能安装更多更强大的手机 App、SDN 应用层部署。

14.3.4　未来发展

目前 SDN 还处于发展的初期。拥有强大 IT 资源和顶尖人才的企业(谷歌和 Facebook

等)正在利用 SDN 的优势。主流 IT 企业应该稍等一段时间，SDN 应用程序(管理脚本等)和最佳做法将需要几年才会出现。SDN 技术正在迅速发展，并且需要学习曲线，而大多数网络管理者和 VAR/SI 通道是不具备的。

SDN 将会改变网络架构、编程和管理的方式。网络将会变得更具敏捷、灵活和节约成本。然而，像很多 IT 创新技术一样，SDN 需要一些时间来发展。SDN 在 2012 年的下半年成为炙手可热的话题。特别是主流网络设备厂商对 SDN 技术开发公司的收购，又在年底为SDN 掀起了新的高潮。

SDN 是引领新一轮网络变革的关键技术。全球权威咨询公司 Infonetics Research 对SDN 商用进程做出了预判：2016 年 SDN 开始全球广泛商用部署；2017—2020 年，SDN 开始成为网络基础架构，并将经历一个长期的演进和转型过程。SDN 架构对于运营商无疑是极具诱惑力的，特别是其显著降低了总体拥有成本的能力。因此，SDN 不乏快速市场化的原动力。

从近两年 SDN 的发展情况来看，Infonetics 的预判基本准确。目前 SDN 的应用尝试和商用部署主要集中于数据中心领域。网络配置周期长、管理复杂、业务迁移困难、业务质量和可靠性难以保障等因素成为推动数据中心从传统方式向 SDN 部署的动力。国内运营商的主流观点是 SDN 技术将首选在小范围、相对独立的网络内应用，如园区网、企业网数据中心内、运营商网络的业务边缘等。

14.4 CDN

Internet 的高速发展，给人们的工作和生活带来了极大的便利，对 Internet 的服务品质和访问速度要求越来越高，虽然带宽不断增加，用户数量也在不断增加，受 Web 服务器的负荷和传输距离等因数的影响，响应速度慢还是经常被抱怨和困扰人们的。解决方案就是在网络传输上利用缓存技术使得 Web 服务数据流能就近访问，是优化网络数据传输非常有效的技术，从而获得高速的体验和品质保证。

内容分发网络(Content Delivery Network，CDN)的基本思路是尽可能避开互联网上有可能影响数据传输速度和稳定性的瓶颈和环节，使内容传输得更快、更稳定。通过在网络各处放置节点服务器所构成的在现有的互联网基础之上的一层智能虚拟网络，CDN 系统能够实时地根据网络流量和各节点的连接、负载状况以及到用户的距离和响应时间等综合信息将用户的请求重新导向离用户最近的服务节点上。其目的是使用户可就近取得所需内容，解决 Internet 拥挤的状况，提高用户访问网站的响应速度。

网络缓存技术，其目的就是减少网络中冗余数据的重复传输，使之最小化，将广域传输转为本地或就近访问。互联网上传递的内容，大部分为重复的 Web/FTP 数据，Cache 服务器及应用 Caching 技术的网络设备，可大大优化数据链路性能，消除数据峰值访问造成的节点设备阻塞。Cache 服务器具有缓存功能，所以大部分网页对象，如 HTML、HTM、PHP 等页面文件，GIF、TIF、PNG、BMP 等图片文件，以及其他格式的文件，在有效期(TTL)内，对于重复的访问，不必从原始网站重新传送文件实体，只需通过简单的认证(Freshness Validation)传送几十字节的 Header，即可将本地的副本直接传送给访问者。由于缓存服务器通常部署在靠近用户端，所以能获得近似局域网的响应速度，并有效减少广域带宽的消耗。据统计，

Internet 上超过 80％的用户重复访问 20％的信息资源,给缓存技术的应用提供了先决的条件。缓存服务器的体系结构与 Web 服务器不同,缓存服务器能比 Web 服务器获得更高的性能,缓存服务器不仅能提高响应速度,节约带宽,对于加速 Web 服务器,有效减轻源服务器的负荷是非常有效的。

高速缓存服务器(Cache Server)是软硬件高度集成的专业功能服务器,主要做高速缓存加速服务,一般部署在网络边缘。根据加速对象不同,分为客户端加速和服务器加速,客户端加速 Cache 部署在网络出口处,把常访问的内容缓存在本地,提高响应速度和节约带宽;服务器加速,Cache 部署在服务器前端,作为 Web 服务器的前置机,提高 Web 服务器的性能,加速访问速度。如果多台 Cache 加速服务器且分布在不同地域,需要通过有效的机制管理 Cache 网络,引导用户就近访问,全局负载均衡流量,这就是 CDN 内容传输网络的基本思想。

14.4.1 CDN 技术的提出

1991 年之后的近十年间,公众主要以拨号方式接入互联网,带宽低而且网民数量少,此时主要的瓶颈在最后一千米——用户接入带宽,而没有给提供内容的服务器和骨干传输网络带来太大的压力。随着互联技术的发展和网民数量的增加,给内容源服务器和传输骨干网络带来越来越大的压力,互联网瓶颈从接入段逐渐向骨干传输网络和服务器端转移。

1995 年,麻省理工学院教授,互联网发明者之一 Tim Berners-Lee 发起的一项技术挑战造就了后来鼎鼎大名的 CDN 服务公司 Akamai。Akamai 是全球第一家 CDN 网络运营商,从诞生之日起,就一直是全世界顶级的 CDN 服务商和 CDN 服务的领跑者。Akamai 的成功表明互联网内容分发业务有着巨大的市场前景。

1999—2001 年是全球互联网发展的高潮期,HTTP 网页内容的加速需求非常大,CDN 成为产业关注的热点。

在中国,互联网的高速发展同样始于 20 世纪 90 年代末。以新浪、搜狐、网易三大门户为代表,众多资本、科技人才投入其中,网站和互联网服务如雨后春笋般蓬勃生长,启动了国内第一次互联网发展高潮。互联网内容的丰富和功能的拓展吸引了越来越多的用户,网上冲浪成为当时最时髦的娱乐形式。网民数量的剧增给网络带来巨大的压力,导致网络服务质量和用户体验下降,同时限制了流媒体等新业务的发展。在这样的背景下,中国的 CDN 产业应运而生。

2001 年,第一次互联网泡沫破碎,互联网泡沫破裂对整个行业产生了巨大的冲击,但互联网复兴的种子已播下,第一次泡沫期间大量投资建设的基础设施,为日后产业的再次发展奠定了良好的物质基础。

从 2002 年开始,DSL 等宽带技术在全球逐渐普及,用户接入带宽提高到 Mb 级别,为网络流媒体服务提供了基础条件。从 2004 年起,伴随着互联网的回暖和发展,流媒体服务的发展和 Web 2.0 的兴起对 CDN 提出了新的技术要求,CDN 的需求开始回升并持续增加,CDN 又变得热门起来。

14.4.2 CDN 技术的应用现状

目前的 CDN 服务主要应用于证券、金融保险、ISP、ICP、网上交易、门户网站、大中型公司、网络教学等领域。另外在行业专网、互联网中都可以用到，甚至可以对局域网进行网络优化。利用 CDN，这些网站无须投资昂贵的各类服务器、设立分站点，特别是流媒体信息的广泛应用、远程教学课件等消耗带宽资源多的媒体信息，应用 CDN 网络，把内容复制到网络的最边缘，使内容请求点和交付点之间的距离缩至最小，从而促进 Web 站点性能的提高，具有重要的意义。CDN 网络的建设主要有企业建设的 CDN 网络，为企业服务；IDC 的 CDN 网络，主要服务于 IDC 和增值服务；网络运营上主建的 CDN 网络，主要提供内容推送服务；CDN 网络服务商，专门建设的 CDN 用于做服务，用户通过与 CDN 机构进行合作，CDN 负责信息传递工作，保证信息正常传输，维护传送网络，而网站只需要内容维护，不再需要考虑流量问题。CDN 能够为网络的快速、安全、稳定、可扩展等方面提供保障。

IDC 建立 CDN 网络，IDC 运营商一般需要有分布各地的多个 IDC 中心，服务对象是托管在 IDC 中心的客户，利用现有的网络资源，投资较少，容易建设。例如，某 IDC 在全国有 10 个机房，加入 IDC 的 CDN 网络，托管在一个节点的 Web 服务器，相当于有了 10 个镜像服务器，就近供客户访问。宽带城域网，域内网络速度很快，出城带宽一般就会瓶颈，为了体现城域网的高速体验，解决方案就是将 Internet 上的内容高速缓存到本地，将 Cache 部署在城域网各 POP 点上，这样形成高效有序的网络，用户仅一跳就能访问大部分的内容，这也是一种加速所有网站 CDN 的应用。

14.4.3 CDN 体系结构

CDN 技术自诞生以来，伴随着互联网的高速发展，其技术一直在持续演进和完善，但基本的 CDN 功能架构在 2003 年左右就已基本形成和稳定下来。从功能上划分，典型的 CDN 系统架构由分发服务系统、负载均衡系统和运营管理系统三大部分组成。

首先，介绍一下分发服务系统。该系统的主要作用是实现将内容从内容源中心向边缘的推送和存储，承担实际的内容数据流的全网分发工作和面向最终用户的数据请求服务。分发服务系统最基本的工作单元就是许多的 Cache 设备（缓存服务器），Cache 负责直接响应最终用户的访问请求，把缓存在本地的内容快速地提供给用户。同时 Cache 还负责与源站点进行内容同步，把更新的内容以及本地没有的内容从源站点获取并保存在本地。

一般来说，根据承载内容类型和服务种类的不同，分发服务系统会分为多个子服务系统，如网页加速子系统、流媒体加速子系统、应用加速子系统等。每个子服务系统都是一个分布式服务集群，由一群功能近似的、在地理位置上分布部署的 Cache 或 Cache 集群组成，彼此间相互独立。每个子服务系统设备集群的数量根据业务发展和市场需要的不同，少则几十台，多则可达上万台，对外形成一个整体，共同承担分发服务工作。Cache 设备的数量、规模、总服务能力是衡量一个 CDN 系统服务能力的最基本的指标。

对于分发服务系统，在承担内容的更新、同步和响应用户需求的同时，还需要向上层的调度控制系统提供每个 Cache 设备的健康状况信息、响应情况，有时还需要提供内容分布信息,以便调度控制系统根据设定的策略决定由哪个 Cache(组)来响应用户的请求最优。

负载均衡系统是一个 CDN 系统的神经中枢,主要功能是负责对所有发起服务请求的用户进行访问调度,确定提供给用户的最终实际访问地址。大多数 CDN 系统的负载均衡系统是分级实现的,这里以最基本的两级调度体系进行简要说明。一般而言,两级调度体系分为全局负载均衡(GSLB)和本地负载均衡(SLB)。其中,全局负载均衡(GSLB)主要根据用户就近性原则,通过对每个服务节点进行"最优"判断,确定向用户提供服务的 Cache 的物理位置。最通用的 GSLB 实现方法是基于 DNS 解析的方式实现,也有一些系统采用了应用层重定向等方式来解决,关于 GSLB 的原理和实现方法将在本书第 5 章进行讲解。本地负载均衡(SLB)主要负责节点内部的设备负载均衡,当用户请求从 GSLB 调度到 SLB 时,SLB会根据节点内各 Cache 设备的实际能力或内容分布等因素对用户进行重定向,常用的本地负载均衡方法有基于 4 层调度、基于 7 层调度、链路负载调度等。

14.4.4　CDN 存在的问题

虽然 CDN 为全球用户改善了网络的可用性和节省了带宽,但 CDN 解决的主要问题还是延迟。延迟就是托管服务器从接收到对页面资源(图像、CSS 文件等)的访问请求到处理完这一请求并最终将网页及相关资源传送给访问者所需要的时间。

通常延迟时间在 75～140ms 的范围内,但是也可能会变得更高,尤其是对通过 3G 网络访问网站的移动用户而言,页面的加载时间一般会增加到两三秒钟,想想这只是导致页面加载变慢的因素之一,就会理解 Web 性能优化的重要性。

CDN 通过在跨区域或全球范围的分布式服务器上进行内容缓存,使网页资源向用户靠近,缩短用户与服务器之间的往返时间,进而解决延迟问题。对多数网站来说,CDN 必不可少,但并不是每个网站都需要 CDN。例如,如果你的资源托管在本地,用户也是本地用户,那么 CDN 对 Web 性能的提升就不会有太多的帮助。与一些网站运营商的观点相反,CDN不是独立的性能解决方案。在电子商务和 SaaS 领域,两个最常见的性能难题就是对第三方内容和服务器端的处理,CDN 对这些要求是无能为力的。

14.4.5　CDN 技术未来发展

随着网络技术的发展,现有的各种网络,如数据网、电信网、移动网以及广播电视网都将融入下一代网络。但是,网络上的应用将更加丰富,同时也只有将用户需要访问的内容尽可能分布到离用户最近的地方才能有效地提高网络的利用率,为用户提供更高品质的服务,而这些都为 CDN 提供了无限的发展空间。

根据目前互联网的发展需求,网站的用户体验、速度、可靠性三个指标已成为吸引用户访问的基本要素。CDN 服务商的网络加速服务因此受到了很大的关注。尤其是近些年随着移动互联网的发展壮大,对这方面的需求比重更大,CDN 服务商通过技术创新改善对移动网络环境下的响应速度及稳定性有了较大提升,移动互联网将成为新的市场。

此外,各种国际标准化组织也不断推出新的技术和协议标准来保证 CDN 技术支持的应用服务的发展。

思考与讨论

1. Internet 的关键技术有哪些？它们的作用分别是什么？

2. Internet2 是如何产生的？它和 Internet 有哪些区别？

3. 怎么去理解 SDN？它具有哪些技术优势？

4. 简述 CDN 技术提出的原因和其体系结构。

5. MobileIP 的难点有哪些？你认为是否可以解决，请简要阐述。

参考文献

[1] 谢希仁.计算机网络[M].北京：北京电子工业出版社，2013.

[2] 熊刚，敖小玲.计算机文化基础[M].南昌：江西高校出版社，2007.

[3] 杨艳松，夏俊杰，华一强. SDN 产业进展研究[J].邮电设计技术，2014(3)：6-10.

[4] 钟学俊，张红元，武卿. CDN 技术研究[J].科技信息，2011(5)：87.

[5] 孙利民，阚志刚，郑健平，等.移动 IP 技术[M].北京：电子工业出版社，2003.

第15章

广泛应用的移动技术

15.1 社交网络

社交网络服务(Social Network Service,SNS),是指人和人之间通过朋友、血缘、交易、网络联接、疾病传播、理想、兴趣爱好等关系建立起来的社会网络结构。

15.1.1 社交网络起源

社交网络起源于网络社交,随着网络交友的迅速发展,社交网络也在其中慢慢形成、演化、发展,为人们的生活提供更便捷的信息交流。社交网络一直朝着"节约社交时间和物质成本,同时获取高速、有效的信息"这一方向发展。

近年来,随着 Web 2.0 等互联网新概念日益付诸实践,社交网络作为其中一种新兴的、实用的交友模式,依赖其真实性、稳定性等特点得到了用户的青睐,在网络活动中发挥着越来越重要的作用。可以看到,很多社交网站在最近几年取得了巨大的成就。

社交网站在全球范围内的轰动效应起源于美国网站 Facebook,创建于 2004 年,仅仅经过几年时间,其业务便成为用户覆盖面最广、传播影响最大、商业价值最高的 Web 2.0 业务。

社交网络起源于互联网中各类提供"社交"的应用,电子邮件被看作是早期互联网环境下应用最为广泛的社交工具;论坛的出现,将电子邮件"点对点"的信息交流升级至"点对面";博客、微博等应用的不断推进,除了提升了信息传递与交流的效率之外,更加突出了"人"的特点与个性。从计算机按照通信协议连接在一起而形成的互联网,到基于人际关系而形成的社交网络,"网络"的参与主体发生了根本性变化。从早先突出强调底层的、冷冰冰的"硬件",到现在一个个鲜活生动的"人",社交网络是一种全新的互联网应用,也是一种革命性的信息交流方式,还是一种颠覆性的商业模式,然而它更是将网络虚拟世界与人类现实世界相融合的强有力的助推器。

15.1.2 社交网络发展现状

在目前的移动 SNS 市场中,日本得益于移动互联网的高普及率,其移动 SNS 市场走在世界前列。2008 年,日本 1100 万的移动 SNS 用户所产生的流量比整个北美以及西欧所有用户产生的流量还要高,三家移动 SNS(Mobage-town、GREE 和 MIX)企业更是入围了日本 5 大网络公司。

西欧移动 SNS 用户数量正在高速增长,2008 年英国移动 SNS 用户的数量更是以9.2%的增长速度远超其他西欧国家。英国运营商正积极与 Google、Yahoo 等展开合作,积极尝试广告支持的免费模式,并与移动 SNS 服务提供商进行收入分成。美国的 Facebook、MySpace 等传统 SNS 的市场领先者随着移动版本的陆续推出,市场规模进一步扩大,截至2011 年 12 月,已经有超过 4.25 亿用户使用 Facebook 的移动产品,而且更有 Twitter、Google+等后起之秀不断爆炸性地吸引新用户,市场前景也非常乐观。

对中国运营商来说,移动 SNS 已成为运营商必须重点发展的业务。中国的移动 SNS 尚处于发展初期,传统的 SNS 网站如新浪微博、人人等都已经开通了移动版本,目前正在进一步完善中。互联网社区在中国的迅速成长让运营商看到了进军移动互联网的一个重要突破口。

在这个 Web 2.0 时代,要开发受欢迎的移动 SNS 应用,仅靠运营商采用传统方式来开发建设应用,是难以跟上时代发展潮流的,因为运营商本身的资源及能力对于各种应用的开发已经到了极限。必须使移动 SNS 应用的开发也变成社会化的大开发,通过开放 API,发挥第三方创意,从而在节省开发成本的同时获得更多意想不到的创意应用,实现双赢。这也意味着 SNS 从单一的应用网站变成了一个真正意义上的平台。在这方面,Facebook 无疑走在了前面。

中国以人人网、开心网和朋友网为典型代表。随着信息通信技术的不断进步,互联网的快速发展使得社交网络的建立成为可能,再加上信息时代人们对于快速变化的各项知识与应用的要求不断增多,驱动着社交网络的产生,社交网络可以不断满足人们对于社会人际交往的需求。另一方面,社交网络通过利用各种固定终端和移动终端,在同一个虚拟空间或区域里落户,人们可以随时、随地、随心地同任何人交往,为人们的现实社会交往节约了大量的时间与空间,这就更好地促进了社交网络的发展。

通过社交服务网站我们与朋友保持了更加直接的联系,创建了更大的交际圈。相对于网络上其他广告而言,商家在社交服务网站上打广告将更有针对性。但同时,社交网站也存在着同化现象严重,缺乏创新,市场运营不成熟,缺乏有力的投资,无法打造适合中国市场的社交网络系统等问题,更为严重的是社交网站的安全问题。

据来自安全软件公司 Webroot 的一份最新调查显示,社交网站用户更容易遭遇财务信息丢失、身份信息被盗和恶意软件感染等安全威胁,而且其严重性可能超乎用户自己的想象。例如,为方便现实世界的好友迅速搜索到自己,用户在注册账号时往往需要提供真实的个人信息,如姓名、年龄和电话甚至是居住地点,且每个用户可能有多个社交服务应用,这意味着用户信息将存储在多个服务器上,潜在地增加了用户信息被窃取的风险。该调查发现,三分之二的受访者并没有对自己的社交网站个人信息采取严密的保护措施,其他人可以通过 Google、Baidu 等搜索引擎查看这些敏感信息；另外有半数以上受访者不知道谁能查看他们的个人资料。大约三分之一受访者表示，其社交网站个人资料中至少包含三种个人身份识别信息，而且超过三分之一的人在多个网站上使用同一个密码；另外，三分之一的人接受来自陌生人的好友请求。因此，社交网络不仅要研究如何充分、准确地提取用户信息并进行有效的移动推荐，还应进一步完善移动社交网的安全机制。

15.1.3　移动社交网络的发展

中国移动社交网络起源于 2000 年左右，它主要以在手机中预装软件为主，SNS 用户主要通过文字和语言与他人进行聊天，维持人际交往关系。此阶段的移动互联网受国内外环境的影响，发展较为缓慢，商业模式更是无从谈起。在 2004 年左右，随着 Web 2.0 的初步应用与试水，移动社交网络具备了搜索与图片等应用功能。由此，移动社交网络得到了进一步的发展。2006 年左右是各大社交网络异军突起、快速发展的时期，以人人网和开心网为代表的社交网站发展迅速，分别以大学生和白领为主要市场，形成了初步的商业模式。这一阶段社交网络的应用更加广泛，用户体验更加丰富，基于用户体验的 Web 2.0 也得到了初步的应用与发展，社交网站开始超越传统互联网服务模式得到飞快发展，但现有的信息传播与应用模式已经无法满足人们日益增长的社交网络需求。2009 年开始结合现代移动通信技术，各大社交网站在大力推进移动社交网络的同时，不断开发新的应用模式，实现了多人游戏与视频，应用服务模式不断创新，商业模式不断完善。2012 年，随着智能手机的不断普及，移动互联网的创业高潮到来了。

移动社交网络连接了物理和虚拟两个社会空间，融合人们的线上和线下体验。与传统的基于 Web 的社交网络不同，移动社交网络具有一些特殊的优势：首先是感知具有实时连续性，即人们携带的移动设备总是在不停地自然移动，这就可以获取用户实时连续的现场数据，为进一步进行情景感知奠定基础。其次是用户主体的真实性更强，传统的基于 Web 的在线行为往往是虚拟的人，而移动社交网络更多的是虚拟个体与真实世界的绑定，通过移动社交网络获取的数据更能体现人类行为和社会交互的时空特性。

因此，移动情景感知在移动社交网络中显得尤为重要。移动情景感知特征包括时间、地点、用户操作等基本信息，还包括各种丰富的传感器信息，如基站、蓝牙、麦克风、3D 加速度传感器等。通过综合分析这些特征，可以尽可能真实地还原移动用户的行为模式和实时场景，并可借此分析、预测其行为目标，从而为社交关系的确立和维护提供更全面、可靠的依据。例如，可以通过对人们出行数据和出租车移动轨迹的挖掘，为出租车司机如何更快寻找到乘客提供帮助。

由此可见，移动互联网的发展是随着时代的进步和人们对于新技术的需求而产生并不断发展的，移动互联网络深刻地改变了人们的生活。与此同时，人们对于移动社交网络的需求也促进了移动互联网络在技术与应用等各个方面的发展。

15.1.4　技术难点

社交网络服务的黏性给新的社交服务设置了门槛，原因就是从一个现有社交网络到一个新的社交网络的迁移成本太高。除去已经做大做强的社交服务,抛开政策的影响,新兴的社交服务大多采用了与现有社交网络平台合作的姿态,同时强调与现有服务特征的差异化以求得生存。有两个特例值得一提。Google＋通过 Google 庞大的用户群体,利用其既有的多种服务,很快地转化了大量用户,从而形成与 Facebook 竞争的态势,这一点恐怕是其他对手很难匹敌的。同样的例子也发生在我们身边,微信的发展,同样得益于腾讯庞大的用户群体。而微信通过手机电话簿进行朋友推荐的方式进行病毒式营销,很大程度上加快了其发展壮大的步伐。从这里可以看到,一个看似简单的用户体验设计的改进,可以对一个社交类产品起到举足轻重的作用。

借助复杂网络理论,将网络中的主体抽象成节点,将主体间的关系抽象为连接。在社会网络图中大部分的节点不与彼此邻接,但大部分节点可以从任一其他点经少数几步就可到达。社会网络有一些有趣的特性,其中一个最重要的特征就是长尾分布,即 Power-Law,也把具有这样特征的网络称为 Scale-free Network。除了关心社会网络的静态属性,即人与人之间的朋友关系,我们通常还关心社会网络的各种动态属性,即社交参与特征,例如谁发表了评论,谁又评论了别人的评论等;同时我们还对社会网络随时间推移的演化以及演化的原因感兴趣。一个有趣的发现是,两个人互相成为朋友的概率,与这两个人之间交互活动(例如互相评论,互享照片等)的频度正相关。这个现象引发了人们对更普遍意义上的社交选择(Social Selection)与社交影响(Social Influence)的兴趣。社交选择即人们在建立社交关系的过程中更依赖于哪些特征和因素,而社交影响就是在与他人交往的过程中,会对其个人的哪些行为特征产生影响。了解社交选择和社交影响的内在规律,可以直接指导人们设计出更有效的推荐算法,从而显著增加社会网络服务的可用性。

15.2 未来的新星——物联网

15.2.1 走进物联网

物联网这个概念,在中国早在 1999 年就提出来了。当时叫传感网。其定义是:通过射频识别(RFID)、红外感应器、全球定位系统、激光扫描器等信息传感设备,按约定的协议,把任何物品与互联网相连接,进行信息交换和通信,以实现智能化识别、定位、跟踪、监控和管理的一种网络概念。"物联网概念"是在"互联网概念"的基础上,将其用户端延伸和扩展到任何物品与物品之间,进行信息交换和通信的一种网络概念。

物联网(Internet of Things,IOT),国际电信联盟在 2005 年将其定义为:将各种信息传感设备,如射频识别(RFID)装置、红外感应器、传感器、全球定位系统、激光扫描器等,与互联网结合起来而形成的一个巨大网络,实现智能化识别和管理。目前,已经有许多局部的物联网应用网络,处于物联网发展的初级阶段。物联网与人们生活密切相关,并将推动人类生活方式的变革。

15.2.2 物联网发展过程

1999 年,MIT Auto-ID Center 提出物联网概念,即把所有物品通过射频识别等信息传感设备与互联网连接起来,实现智能化识别和管理。

2004年,日本总务省提出的u-Japan构想中,希望在2010年将日本建设成一个"Anytime, Anywhere,Anything,Anyone"都可以上网的环境。同年,韩国政府制定了u-Korea战略,韩国信通部发布《数字时代的人本主义:IT839战略》以具体呼应u-Korea。

2005年11月在突尼斯举行的信息社会世界峰会(WSIS)上,国际电信联盟(ITU)发布了《ITU互联网报告2005:物联网》,报告指出,无所不在的"物联网"通信时代即将来临,世界上所有的物体,从轮胎到牙刷、从房屋到纸巾都可以通过因特网主动进行交换。射频识别技术(RFID)、传感器技术、纳米技术、智能嵌入技术将到更加广泛的应用。

2008年11月,IBM提出"智慧的地球"概念,即"互联网+物联网=智慧地球",以此作为经济振兴战略。如果在基础建设的执行中,植入"智慧"的理念,不仅能够在短期内有力地刺激经济、促进就业,而且能够在短时间内为中国打造一个成熟的智慧基础设施平台。

2009年6月,欧盟委员会提出针对物联网行动方案,方案明确表示在技术层面将给予大量资金支持,在政府管理层面将提出与现有法规相适应的网络监管方案。

2009年8月,温家宝总理在无锡考察传感网产业发展时明确指示要早一点儿谋划未来,早一点儿攻破核心技术,并且明确要求尽快建立中国的传感信息中心,或者叫"感知中国"中心。

15.2.3　物联网关键技术

1. 传感器技术

传感技术同计算机技术与通信技术一起被称为信息技术的三大技术。从仿生学观点,如果把计算机看成处理和识别信息的"大脑",把通信系统看成传递信息的"神经系统"的话,那么传感器就是"感觉器官"。微型无线传感技术以及以此组件的传感网是物联网感知层的重要技术手段。

2. 射频识别(RFID)技术

射频识别(Radio Frequency Identification,RFID)是通过无线电信号识别特定目标并读写相关数据的无线通信技术。在国内,RFID已经在身份证、电子收费系统和物流管理等领域有了广泛应用。

RFID技术市场应用成熟,标签成本低廉,但RFID一般不具备数据采集功能,多用来进行物品的甄别和属性的存储,且在金属和液体环境下应用受限,RFID技术属于物联网的信息采集层技术。

3. 二维码技术

二维码能够在横向和纵向两个方位同时表达信息,因此能在很小的面积内表达大量的信息,通过图像输入设备或光电扫描设备自动识读以实现信息自动处理。

4. 微机电系统

微机电系统(MEMS)是指利用大规模集成电路制造工艺,经过微米级加工,得到的集微型传感器、执行器以及信号处理和控制电路、接口电路、通信和电源于一体的微型机电系统。MEMS技术属于物联网的信息采集层技术。

5. GPS 技术

GPS 技术又称为全球定位系统,是具有海、陆、空全方位实时三维导航与定位能力的新一代卫星导航与定位系统。GPS 作为移动感知技术,是物联网延伸到移动物体采集移动物体信息的重要技术,更是智能物流和智能交通的重要技术。

6. 无线传感线网络技术

无线传感器网络(Wireless Sensor Network,WSN)的基本功能是将一系列空间分散的传感器单元通过自组织的无线网络进行连接,从而将各自采集的数据通过无线网络进行传输汇总,以实现对空间分散范围内的物理或环境状况的协作监控,并根据这些信息进行相应的分析和处理。

15.2.4 物联网技术的应用

物联网用途广泛,遍及智能交通、环境保护、政府工作、公共安全、平安家居、智能消防、工业监测、环境监测、老人护理、个人健康、花卉栽培、水系监测、食品溯源、敌情侦查和情报搜集等多个领域,如图 15-1 所示。

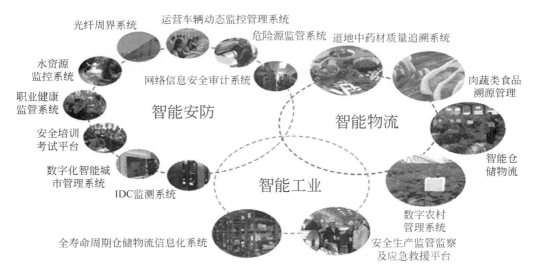

图 15-1 物联网技术应用

1. 物联网在工业中的应用

(1)制造业供应链管理。物联网应用于原材料采购、销售和库存领域,通过完善并优化供应链的管理体系,从而提高效率,降低成本。

(2)生产过程工艺优化。物联网技术能提高工业生产线上的过程检测、生产设备监控、材料消耗监测、实时参数采集的能力和水平,有助于生产过程智能监控、智能诊断、智能控制、智能维护、智能决策,从而改进生产过程,优化生产工艺,提高产品质量。

(3)安全生产管理。把感应器或感知设备安装在矿工设备、矿山设备、油气管道等危险设备中,可以感知在危险环境中的设备机器、工作人员等方面的安全信息,将现有单一、分散、独立的网络监管平台提升为多元、系统、开放的综合监管平台,以实现快捷响应、实时感知、准确辨识和有效控制等。

（4）环保检测及能源管理。环保设备融入物联网可以对工业生产过程产生的各类污染源及污染治理关键指标进行实时监控。

2. 物联网在农业中的应用

（1）食品安全溯源系统。加强农副产品从生产到销售到最终消费者整个流程的监管,降低食品安全隐患。通过安装电子芯片,物联网技术可以追溯芯片的编码查询产地、生产日期以及检验检疫情况。

（2）信息传送。现代农业的发展需要多种因子的支持。除去天气预报这个首要条件以外,农业信息还应该包括种子遴选、肥料选择、病虫害防治、幼苗培养以及存储管理等。这些农业信息的传递不仅可以通过手机来实现,也可以使用物联网技术来实现。

（3）智能化培育控制。现代农业的核心特征之一便是智能化培育。通过物联网技术对生态环境进行检测,及时掌握环境的动态参数,适时调控智能生产系统,如保温、灌溉等,从而使农作物有良好的外部生长环境,既提高了产量又保证了质量。

3. 物联网在教育行业中的应用

（1）一卡通。目前校园中普及率较高的物联网应用就是一卡通,主要是银行一卡通和手机一卡通,由银行或电信运营商主导。

（2）校园安全管理。通过监控系统、地理信息系统和物联网技术将校园中重点位置的实时图像呈现在指挥中心的屏幕上。通过视频的内容进行车辆和人员的及时调整和调度,促进校园安全管理水平提升。

（3）图书管理。由物联网技术主导的图书馆可以无须人工服务,并极大提高图书分类、文献归档、文献分拣和文献上架的工作效率。

（4）教学管理。物联网技术便于建立完善的教学管理体系,从而对教学质量进行有效的评价和考核。对于学生来说,物联网技术可以促进自主学习,拓展学习空间。

4. 物联网在生活中的应用

（1）智能交通。利用先进的通信技术、信息技术和传感技术等,集成运用到交通运输管理系统,实现交通智能化;实时采集动态的交通信息,建立高效且准确的综合运输管理系统。

（2）智能路灯。利用物联网和云计算等先进的信息技术,对于城市的公共照明系统进行集中管控、智能照明和信息化维护。

（3）远程医疗。当病人与医务人员、病人与专家身处异地时,物联网和其他的信息技术可以实现"面对面"的诊疗或会诊,节省了大量的时间和金钱。

15.2.5 我国物联网发展现状及前景

我国在"物联网"的启动和发展上与国际相比并不落后,我国早在 1999 年就启动了物联网核心传感网技术研究,研发水平处于世界前列。我国中长期规划《新一代宽带移动无线通信网》中重点专项研究开发"传感器及其网络",国内不少城市和省份已大量采用传感网来解决电力、交通、公安、农渔业中存在的问题。

我国已形成基本齐全的物联网产业体系,部分领域已形成一定市场规模,网络通信相关技术和产业支持能力与国外差距相对较小,传感器、RFID 等感知端制造产业、高端软件和集成服务与国外差距相对较大。仪器仪表、嵌入式系统、软件与集成服务等产业虽已有较大规模,但真正与物联网相关的设备和服务尚在起步阶段。

在物联网网络通信服务业领域,我国物联网 M2M 网络服务保持高速增长势头,目前M2M 终端数已超过 1000 万,年均增长率超过 80%,应用领域覆盖公共安全、城市管理、能源环保、交通运输、公共事业、农业服务、医疗卫生、教育文化、旅游等多个领域,未来几年仍将保持快速发展。三大电信企业在资源配置方面积极筹备,加紧建设 M2M 管理平台并推出终端通信协议标准,以推进 M2M 业务发展。国内通信模块厂商发展较为成熟,正依托现有优势向物联网领域扩展。国内 M2M 终端传感器及芯片厂商规模相对较小,处于起步阶段。尽管我国在物联网相关通信服务领域取得了不错的进展,但应在 M2M 通信网络技术、认知无线电和环境感知技术、传感器与通信集成终端、RFID 与通信集成终端、物联网网关等方面提升服务能力和服务水平。

在物联网应用服务业领域,整体上我国物联网应用服务业尚未成形,已有物联网应用大多是各行业或企业的内部化服务,未形成社会化、商业化的服务业,外部化的物联网应用服务业还需一个较长时期的市场培育,并需突破成本、安全、行业壁垒等一系列制约。

综上所述,我国尚未形成真正意义的物联网产业形态和爆发点,物联网有形成巨大市场的潜力,但潜在空间转化为现实市场还需要较长时间培育,关键点是通过技术和应用创新形成新兴业态和新增市场。

国际电信联盟于 2005 年的一份报告曾描绘"物联网"时代的图景:当司机出现操作失误时汽车会自动报警;公文包会提醒主人忘带了什么东西;衣服会"告诉"洗衣机对颜色和水温的要求等。

随着人们生活水平的提高,人们对卫生、医疗、食品、安全等方面提出了更高的要求,这需要我们通过技术手段来解决人们的这些需求,物联网将是解决上述问题的最佳手段。物联网指的是将无处不在的末端设备和设施,包括具备"内在智能"的传感器、移动终端、工业系统、楼控系统、家庭智能设施、视频监控系统等,如贴上 RFID 的各种资产、携带无线终端的个人与车辆等"智能化物件或动物"或"智能尘埃",通过各种无线或有线的长距离或短距离通信网络实现互连互通、应用大集成,以及基于云计算的 SaaS 营运等模式,在内网、专网或互联网环境下,采用适当的信息安全保障机制,提供安全可控乃至个性化的实时在线监测、定位追溯、报警联动、调度指挥、预案管理、远程控制、安全防范、远程维保、在线升级、统计报表、决策支持、领导桌面等管理和服务功能,实现对"万物"的"高效、节能、安全、环保"的"管、控、营"一体化。

物联网把新一代 IT 技术充分运用在各行各业之中,具体地说,就是把感应器嵌入和装备到电网、铁路、桥梁、隧道、公路、建筑、供水系统、大坝、油气管道等各种物体中,然后将"物联网"与现有的互联网整合起来,实现人类社会与物理系统的整合,在这个整合的网络当中,存在能力超级强大的中心计算机群,能够对整合网络内的人员、机器、设备和基础设施实施实时的管理和控制,在此基础上,人类可以以更加精细和动态的方式管理生产和生活,达到

"智慧"状态,提高资源利用率和生产力水平,改善人与自然间的关系。

毫无疑问,如果"物联网"时代来临,人们的日常生活将发生翻天覆地的变化。然而,不谈什么隐私权和辐射问题,单把所有物品都植入识别芯片这一点现在看来还不太现实。人们正走向"物联网"时代,但这个过程可能需要很长的时间。

15.3 车联网

车联网是由车辆位置、速度和路线等信息构成的巨大交互网络。通过 GPS、RFID、传感器、摄像头图像处理等装置,车辆可以完成自身环境和状态信息的采集;通过互联网技术,所有的车辆可以将自身的各种信息传输汇聚到中央处理器;通过计算机技术,这些大量车辆的信息可以被分析和处理,从而计算出不同车辆的最佳路线、及时汇报路况和安排信号灯周期。如图 15-2 所示为车联网示意图。

图 15-2　车联网示意图

15.3.1　车联网的历史

早在 20 世纪 50 年代,部分美国私营公司开始为汽车研发自动控制系统。20 世纪 60 年代,美国政府交通部门开始研究电子路径引导系统。20 世纪 70～80 年代,美国对智能交通系统的研究处于停滞阶段。

2006 年,为解决迫在眉睫的安全问题,美国交通运输部(DOT)联手部分汽车制造商,对 V2V 安全应用程序原型进行开发和测试,提出车载安全系统在自适应性控制方面的性能。开发和测试成果对美国高速公路安全管理局(NHTSA)未来的决策起到非常重要的参考作用。同年,提出车辆基础设施一体化(VII)概念。

2009 年 5 月,启动商用车基础设施一体化工程。同年 12 月,DOT 发布了《智能交通系统战略研究计划:2010—2014》,目标是利用无线通信建立一个全国性多模式的地面交通系统,形成车辆、道路基础设施、乘客便携式设备之间互连的交通环境,为期 5 年,每年投入一亿美元,核心项目为 IntelliDrive(智能驾驶)。

2011 年 8 月到 2012 年年初,针对车联网技术,美国在 6 个不同地区进行了现实环境下驾驶员安全驾驶测试,用以评估用户对新的车联网技术(Vehicle to Vehicle,V2V)的接受程度。2012—2013 年,继续开展对安全驾驶模型的研究工作,以测试车联网安全技术的有效性。

2012 年 12 月,DOT 发布了《2015—2019 年 ITS 战略计划》,就有关美国下一代 ITS 战略研究计划草案进行了对话与讨论,该报告显示美国在保持以往研究项目连续性的同时,已经开始制定 2015—2019 年 ITS 研究计划,确立研究和发展的重点和主题,以满足新兴的研究需求,进一步提高车联网的安全性和流畅性。

日本 ITS 的研究始于 20 世纪 70 年代。20 世纪 80 年代中期至 20 世纪 90 年代中期,相继完成了路-车通信系统(RACS),交通信息通信系统(TLCS)、超智能车辆系统(SSVS)、安全车辆系统(ASV)等方面的研究。

2000 年 4 月,日本 ETC 国家行动计划开始正式实施,目标是 2003 年 3 月前在全国范围内建设至少 900 个收费站,实现高速公路联网不停车收费和服务系统。2003 年 7 月,智能交通系统战略委员会发布了《日本智能交通系统战略规划》,对智能交通系统的短期和中长期的发展构想提出了战略规划。2011 年,日本全国高速公路系统引进"ITS 站点智能交通系统",它能够及时向车载导航系统快速提供海量交通信息和图像,有效地缓解了交通拥堵,改善了驾驶环境。

15.3.2 车联网的发展状况

近几年来,中国机动化程度不断提高,交通需求不断增长,保有量增长速度大大高于道路等交通基础设施建设速度,给道路交通带来了极大压力,城市道路交通面临交通拥堵、运输效率低下、环境污染、交通安全形势严峻等挑战。

此外,随着自组织网络的不断发展和成功应用,人们提出了更高的车辆安全要求和服务要求。例如,当在不良驾驶条件下行驶,如果能获得邻近车辆的实时信息,包括车速、行驶方向、位置等,车主就能在第一时间内做出相应的操作以避免交通事故的发生。传统的适合静态网络的网络管理体系结构存在很多局限性(如可扩展性、灵活性、可维护性和可靠性等方面的局限),已不再适用于现时的需要,必须提出新型的适用于动态自组织网络的管理体系。如何通过信息技术,使得汽车具备电子智能能力,对车辆和交通状况进行有效的监控,以缓解交通拥堵,为用户提供安全、舒适的驾驶环境,已成为交通行业研究的热点。

面对这些问题,智能交通系统无疑是最理想的解决方案。ITS 通过先进的信息、通信、传感、控制以及计算机技术等的有机高效融合,实现人、车、路的密切配合,从而提高交通运输效率,缓解交通拥堵,降低能源消耗,减少交通事故与环境污染。

智能交通的发展正在向以热点区域为主、以车为对象的管理模式转变。早期的智能交通主要是围绕高速公路而展开的,其中最主要的一项就是建立全面的高速公路收费系统,对全国的高速公路收费进行信息化管理。目前交通问题的重点和主要压力来自于城市道路拥堵。在道路建设跟不上汽车增长的情况下,解决拥堵问题,主要靠对车辆进行管理和调配。因此,智能交通亟待建立以车为节点的信息系统——车联网。车联网综合现有的电子信息技术,将每辆汽车作为一个信息源,通过无线通信手段连接到网络中,进而实现对全国范围内车辆的统一管理。它借助传感技术感知车辆、道路和环境的信息,对多源信息进行加工、计算、共享和安全发布,根据需求对车辆进行有效的引导与监管,同时提供多样的多媒体与移动互联网应用。可见,车联网是物联网技术在智能交通领域中的典型应用,是智能交通系统的核心基础。

中国作为全球最大的汽车市场以及全球最大的移动互联网市场,车联网领域的巨大市场及商机已吸引了包括汽车企业、经销商集团、电信运营商、互联网公司等多个行业大量企业的积极涉足。近年来,车联网相关技术及产品在中国乘用车及商用车领域均得到一定应用。车联网乘用车市场主要包括以车厂为主导的前装车联网及以车载终端厂家为主导的后装车联网市场。前装车联网服务是指整车厂在车辆中安装车载终端等产品,在销售车辆的同时向车主捆绑销售车联网产品及服务。目前,主要前装产品包括上海通用汽车各主力车型安装的安吉星、丰田公司的 G-book、日产的 Carwings、荣威的 iVoka 以及长安的 Incall等。前装车载产品主要基于电信运营商的网络提供语音、数据通信以及基于 GPS 卫星提供定位和导航等服务。前装车联网市场和整车厂通常采取免费试用与收费相结合的服务模式,即向购车新用户提供一段时间的免费试用期,服务到期后,用户可缴费续订相关业务。尽管车辆标配捆绑销售的模式帮助整车厂迅速积累了一些用户,但由于目前的服务内容及商业模式等问题,用户的黏性不高,续费率较低,通常低于 30%。后装车联网服务是指车载终端产品设备商等通过在已售卖的车辆中加装车载终端产品,实现车辆信息实时获取、一键导航、车辆安防、紧急救援等车联网功能。

中国各大互联网巨头也已意识到车联网行业的巨大商机,纷纷开展研发并已推出相应产品。2014 年 5 月腾讯公司发布路宝盒子,通过将路宝盒子插入汽车相应接口,可实现汽车与腾讯云服务互联,提供车辆诊断、油耗分析等服务。百度公司也于 2014 年上半年发布CarNet,该产品通过将用户的智能手机与车载系统无缝结合,实现"人、车、手机"之间的互联互通,可提供路线规划、导航、移动语音搜索、地图位置搜索及周边信息服务等应用。2015年 1 月 27 日,百度推出车联网解决方案 CarLife,借此全面布局车联网领域。

15.3.3　车联网系统结构

作为物联网的一个重要分支,车联网遵循物联网的体系结构,同样也分为感知层、传送层、应用层三层和安全能力、管理能力两种能力。

1. 车联网感知层

承担车辆自身与道路交通信息的全面感知和采集,是车联网的神经末梢,也是车联网"一枝独秀"于物联网的最显著部分。通过传感器、RFID、车辆定位等技术,实时感知车况及控制系统、道路环境、车辆与车辆、车辆与人、车辆与道路基础设施、车辆当前位置等信息,为车联网应用提供全面、原始的终端信息服务。

2. 车联网传送层

通过制定专用的能够协同异构网络通信需要的网络架构和协议模型,整合感知层的数据;通过向应用层屏蔽通信网络的类型,为应用程序提供透明的信息传输服务。通过对云计算、虚拟化等技术的综合应用,充分利用现有网络资源,为上层应用提供强大的应用支撑。

3. 车联网应用层

车联网的各项应用必须在现有网络体系和协议的基础上,兼容未来可能的网络拓展功能。应用需求是推动车联网技术发展的源动力,车联网在实现智能交通管理、车辆安全控制、交通事件预警等高端功能的同时,还应为车联网用户提供车辆信息查询、信息订阅、事件告知等各类服务功能。

4. 安全能力

车联网的通信特点制约着车联网信息的安全性和通信能力。安全能力为车联网提供密钥管理和身份鉴别能力,确保入网车辆信息的真实性;提供信息的安全保护功能,保证数据在传输过程中不被破坏、篡改和丢弃;提供准确的位置信息,实现对车辆的定位和路径回溯;提供精确的时钟信息,保证车联网实时业务尤其是安全应用在时间上的同步。

5. 管理能力

作为车联网的控制中心,管理能力提供对入网车辆信息和路况信息的管理能力。实现车辆之间、车辆与道路基础设施之间以及网络之间的自由、无缝切换;实现车联网通信的QoS 管理,根据不同的入网车辆信息及业务类型,提供不同的网络优先级服务。

15.3.4　技术难点

近年来,车联网相关概念已引起行业上下游企业及用户的广泛关注,部分技术及产品也处在积极推广应用阶段。然而,整体而言,目前中国车联网发展仍较为缓慢,车联网行业及车载终端与服务等方面的技术产品仍面临着严峻挑战。

1. 车联网信息的统一标识问题

为实现物体的互连互通,首先要解决的问题是统一编码问题。车联网的发展需要有一个统一的物品编码体系,尤其是国家物品编码标准体系。这个统一的物品编码体系是车联网系统实现信息互连互通的关键。但目前由于车联网概念刚刚兴起,相关的统一编码规范还未出台,各个示范原型系统根据各自需求,建立起独立的编码识别体系。这为后续行业内不同系统乃至不同行业之间的互连互通带来了障碍。

2. 网络接入时的 IP 地址问题

车联网中的每个物品都需要在网络中被寻址,就需要一个地址。由于 IPv4 资源即将耗尽,而过渡到 IPv6 又是一个漫长的过程,包括设备、软件、网络、运营商等都存在兼容问题。

3. 采集设备的信息化程度低

目前道路、桥梁等交通基础设施并没有实现电子化管理,其智能程度较低。传统的设备通过传感器、采集设备等信息化处理才能具备联网能力。这些交通基础设施的信息化改造覆盖面广,投资额大,建设周期长,都是目前车联网实现终端信息化改造所面临的问题。

4. 车联网信息安全问题和隐私问题

一方面,车主需要了解可靠的交通路况信息以保证驾驶的安全。其挑战关键在于如何对广播消息的车辆进行认证。另一方面,车主不希望车辆信息被非法泄漏,以防止未被授权的跟踪,保持其隐私性。这样就很有必要在安全问题和隐私问题上寻求一个平衡度。

5. 相关技术兼容度

车联网是一个相关技术的集成体,包括传感器技术、识别技术、计算技术、软件技术、纳米技术、嵌入式智能技术等。任何一个技术的不兼容或者基础薄弱,都会提升整个车联网系统的推广难度。

6. 车联网关键技术及核心产品研发困难

车联网中涉及信息传感、无线通信、移动计算、网络控制、信息安全多项关键技术,关键技术功能性能受限将严重影响车联网产品及应用的用户体验,而车联网中车辆快速运动、信道特性迅速变化、网络拓扑结构灵活多变等特性以及各类应用严格的 QoS 需求均对车联网各项关键技术,如车载终端语音识别、车载移动互联网无线接入、车际网动态组网、紧急消息可靠低时延传输以及车联网信息传输安全、用户隐私保护等提出严峻挑战。

15.3.5　车联网的未来

继互联网、物联网之后,"车联网"又成为未来智能城市的另一个标志。到上海世博会园区里的热门场馆——"上汽－通用汽车馆",看一部科幻大片《2030》,就可以超前体验到 20 年后的汽车生活。在片中,2030 年的上海拥有 5 层立体交通网络。人们驾驶着 EN-V、叶子和海贝这三种未来车型出行,任何人都可以开车,车速飞快,而且在"车联网"的保护下实现了零交通事故率,堪称绝对安全。通过"车联网",汽车具备了高度智能的车载信息系统,并且可以与城市交通信息网络、智能电网以及社区信息网络全部连接,从而可以随时随地获得即时资讯,并且做出与交通出行有关的明智决定。外形小巧时尚的 EN-V 将可以实现智能停泊,通过建筑外墙的轨道直接停在自家阳台上,或者进入高速火车的车厢中。由于每辆车都采用了自动驾驶技术,盲人也可以开车穿行于城市中。智能的"车联网",甚至可以以"一键通"的形式接通呼叫中心的形式帮助司机获取周边信息、寻找停车场,以及自己找到充电站完成充电。

在企业眼中,车联网市场或许只意味着滚滚而来的商机。但从更宏观的层面来讲,车联网更大的意义在于打造智能交通,造福社会民众。

车联网的具体应用主要包括通过碰撞预警、电子路牌、红绿灯警告、网上车辆诊断、道路湿滑检测为司机提供即时警告,提高驾驶的安全性,为民众的人身安全多添一重保障;通过城市交通管理、交通拥塞检测、路径规划、公路收费、公共交通管理,改善人们的出行效率,为缓解交通拥堵出一份力;为人们提供餐厅、拼车、社交网络等娱乐与生活信息,提高民众生活的便捷性和娱乐性。

15.4　体域网

15.4.1　体域网简介

近些年来,随着移动通信的飞速发展和便携式无线设备的大量涌现,以人体为中心的无线网络逐渐成为人们关注的焦点,构成第四代移动通信(4G)的一个重要组成部分,无线体域网(Wireless Body Area Network,WBAN)技术应运而生,其便携性和实用性使得它在医疗、消费电子产品、娱乐等领域具有广阔的应用前景。

体域网是以人体为中心,由和人体相关的网络元素(包括个人终端,分布在人身体上、衣物上、人体周围一定距离范围如 2m 内,甚至人身体内部的传感器、组网设备)等组成的通信网络。

BAN 的原型系统是由 T. G. Zimmerman 在 1996 年开发的,它提出了以人体皮肤为信息通道的数据传送方法(最大速率为 400kb/s),将身体上部署的各种设备连接起来。除了通过有线、皮肤进行通信外,用短程无线射频(RF)通信技术进行 BAN 的信息交互日趋成为研究的重点。

通过 BAN,人可以和其身上携带的个人电子设备如 PDA、手机等进行通信、数据同步等。通过 BAN 和其他数据通信网络例如其他人的 BAN、无线/有线接入网络、移动通信网络等成为整个通信网络的一部分,和网络上的任何终端如 PC、手机、电话机、媒体播放设备、数码相机、游戏机等进行通信。BAN 把人体变成通信网络的一部分,从而真正实现网络的泛化,可穿戴的计算(Wearable Computing)、无所不在的计算(Ubiquitous Computing)也将随着 BAN 的广泛应用成为人们日常生活的基本特征。BAN 其实是一个交叉技术领域,和无线通信中的很多现有领域有着密切的关系。技术发展中也存在一些需要深入研究的问题。同时一项技术的成功应用和标准的制定也有着密不可分的关系。

以典型的远程健康监护应用为例,体域网的网络系统组成如图 15-3 所示,从图 15-3 中可以看出,在该场景下,基于无线体域网的网络系统由配置在人身体上的各医疗传感器节点、中心节点以及远程控制节点组成。身体上的各个医疗传感器节点和中心节点通过分布式的方式构成无线体域网,其中,中心节点是体域网的核心节点,它是体域网与互联网等外部网络连接的枢纽;传感器节点实时采集用户感兴趣的生理数据信息,并将采集到的信息通过中心节点传输到远程控制节点。远程控制节点分析处理来自中心节点的数据,并在必要的时候通过中心节点向各传感器节点发布反馈数据以及监测任务。综上所述,医护人员可以实时监测位于任何地点、正常生活状态下患者的各项生理指标及健康状况,并对出现异常情况的患者进行远程指导和及时救助。此外,通过与本地数据库相连接,医院还可以完成对患者数据的保存和管理,以供后续的诊断治疗所用。

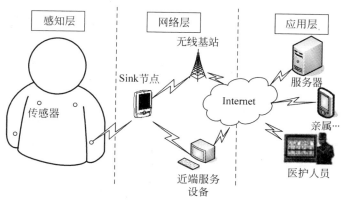

图 15-3　无线体域网的网络系统组成

15.4.2 体域网体系结构

目前多采用先分布式采集或感知、再集中式处理的方式。考虑到网络规模较小，并且每对传感器节点之间的通信也不是必需的，因此分布式采集部分通常采用星状拓扑结构。为了更好地概括和总结各种已有的 WBAN 的体系结构，通过兼容性地整合这些结构，给出一种全面的架构形式。如图 15-4 所示，WBAN 的体系结构包括以下三个层次。

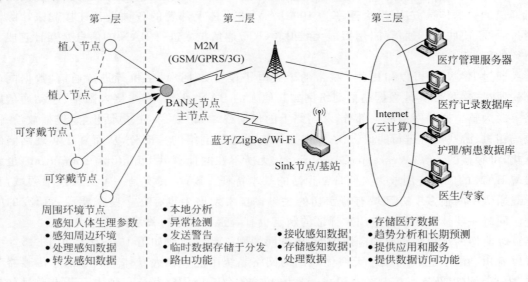

图 15-4　WBAN 体系结构图

第一层包含一组具有检测功能的传感器节点或设备。在医疗领域，传感器能够测量和处理人体的生理信号或所在环境信息，然后将这些信息传送给外部控制节点或头节点（Head），还可以接收外部命令以触发相应动作。在非医疗领域，可穿戴的设备（如耳机、MP3 播放器和游戏控制器等）都可以包含进来。

根据相对于人体所在位置可将传感器节点分为以下三类。

（1）可植入体内的传感器节点，包括可植入的生物传感器和可吞入的传感器（如摄像药丸等）。

（2）可穿戴在身体上的传感器节点，如血压传感器、血氧饱和度传感器和温度传感器等。

（3）在身体周围并距离身体很近的用于识别人体活动或行为的周围环境节点。

第二层是 WBAN 头节点或主节点（Master Nodes），可能还包括汇聚（Sink）节点、基站（Base Station）、网关。它负责和外部网络进行通信，并临时存储从第一层收集上来的数据。它以低能耗的方式管理各个传感器节点或设备，接收和分析感知数据及执行规定的用户程序。基站可以是资源相对丰富的智能手机，或能够上网的手持设备。一般情况下，当 WBAN 节点个数不多时，H 节点（即头节点）可以与汇聚节点合二为一，只有在 WBAN 节点较多的情况下会存在多个头节点（即进一步分层的头节点，也称为簇头节点，Cluster Head），此时就需要一个汇聚节点或基站来负责收集由这些头节点发送的信息，并作为网关与外部网络进行连接。

第三层是包括提供各种应用服务的远程服务器的外部网络,例如,医疗服务器保留注册用户的电子医疗记录,并向这些用户、医护人员和护理人员提供相应服务。我们认为,第三层和云计算结合起来,是比较有前途的,它可以满足大量 WBAN 感知数据的保存问题,便于多用户多地点访问保存的数据。

15.4.3　体域网关键技术

体域网具有广阔的发展和应用前景,但在技术上也面临巨大挑战。其关键技术主要包括物理层的频带选择、信道模型,MAC 层的能量有效性、可扩展性、安全性等。具体分析这些关键技术的要求有助于研究并实现无线体域网。

1. 体域网物理层关键技术

物理层是位于开放系统互连参考模型的最底层,直接面向实际承担数据传输的物理信道。它为数据链路实体提供必要的物理连接,进行数据传输和差错检验,为数据传输提供可靠的环境。针对人体周围特殊的传输环境,无线体域网的物理层主要涉及其工作频段、信道模型等技术的研究,因此本节主要从这两方面来讨论无线体域网物理层的相关内容。

1) 工作频段

根据目前的研究分析,无线个人通信系统可以操作在一些无须牌照的频谱上,并得到全球普遍的认可。未来无线体域网可用的工作频段主要有 4 个,分别是:医疗可植入通信系统(Medical Implant Communications Service, MICS)频段,无线医疗遥测服务(Wireless Medical Telemetry Service, WMTS)频段,工业科学医疗(Industrial Scientific Medical, ISM)频段和超宽带(Ultra Wideband, UWB)频段。

(1) MICS 频段。

MICS 的频段范围为 402~405MHz,是个超低功率、无须牌照、移动无线服务,因此医疗护理提供者就能在一个植入设备与一个基站之间建立高速、短程无线连接。该频段主要用于支持植入医疗器件进行诊断和治疗。虽然此频段可用带宽有限,但已被美国、日本、欧洲等国家和地区广泛接受。

(2) WMTS 频段。

WMTS 频段一般用于通过无线电技术来远程监控病人的健康状况(如脉搏、心电图等),这样就无须把患者限制在病房中或病床上,给予了病人很大的移动性,提高患者的舒适度,并且允许同时远程监控多位患者,减少医疗监护的费用。目前 WMTS 技术主要在欧洲、美国、日本、澳大利亚等国家和地区使用,主要频段分布在 420~429MHz、434.05~434.79MHz、440~449MHz、608~614MHz、868~870MHz、1395~1400MHz、1427~1429.5MHz。这个频带十分适合 WBAN,首先它是一个低频带,可提供大量通信带宽,如在 608~614MHz 中允许有 4 个 1.5MHz 带宽的信道;其次,WMTS 带宽只用于医疗通信,这样就比 ISM 频带的干扰少很多。

(3) ISM 频段。

ISM 频段是由国际电信联盟无线电通信部门(International Telecommunication Union Radio-Communication Sector, ITU-R)定义的一种频带范围较广的无线电规范,ISM 无须

牌照,可以为 WBAN 方便使用,因此已经被多个标准使用,例如,使用 2.4～2.4835GHz ISM 频段的已有标准包括 IEEE 802.15.1(蓝牙)、IEEE 802.15.4(ZigBee)、IEEE 802.11 b/g(无线局域网)等,因此无线体域网在使用 ISM 频段时需要特别注意与其他网络的共存问题。

(4) UWB 频段。

UWB 是一种短距离的无线通信方式,其传输距离通常在 10m 以内。UWB 频段的工作频段分布在 3.1～10.6GHz,具有非常宽的工作频段。支持高速数据传输、低成本、低功耗、抗多径衰落、干扰小以及保密性好等特点,目前 UWB 技术已成为无线体域网的一种可选物理层传输技术。

2) 信道模型

在 WBAN 开发中比较重要的一点就是人体附近或者在人体内部的设备的电磁波传播特性。信道模型是评价无线网络系统性能的基础,特别是对于物理层传输技术的研究、设计和性能评价尤为重要。由于人体组织结构和体型相对复杂,人体组织对不同工作频段的电磁波辐射呈现出不同的损耗,因此人体本身不是电磁波传输的理想介质。所以 WBAN 的信道特征对比于其他无线通信系统的信道特征具有明显区别,精确构建无线体域网的信道富有挑战。

与传统的自由空间无线传输不同,无线信号在人体周围的传输一般有三种不同的传输方式:以人体为传输媒质进行传输;在空间中的视距直接传输;通过周围物体的反射和衍射进行传输。

在构建无线体域网信道模型时需要考虑的因素有以下几个。

(1) 人体组织结构和当前身体姿势。

(2) 传感器节点位置(体内、体表以及体外):传感器节点部署在人体内部或人体表面的不同位置,对应的传输方式不同。

(3) 通信频段:无线体域网传输数据时,可能会使用上文所述 4 种频段,不同频段对应的传输链路特性是不同的。例如,MICS 频段主要用于支持植入式通信,不同人体部位组织对传输链路的影响不能忽略,所以构建信道模型时也需要对不同的频段进行研究。

由于无线体域网的人体信道模型的特殊性,研究小组定义了 4 种人体信道模型:体内到体内传输信道模型、体内到体表传输信道模型、体表到体表传输信道模型、体表到体外传输信道模型。这 4 种信道模型的传输路径和工作频段各不相同,对应的特征也不同。区别于传统无线通信信道模型,WBAN 的路径损耗是由距离和人体组织的频率依赖性共同决定的。常用的距离路径损耗模型(以 dB 为单位)可描述为

$$PL(d) = PL_0 + 10n \log_{10}\left(\frac{d}{d_0}\right) \tag{15-1}$$

其中,PL_0 是以 d_0 为参考距离的参考路径损耗,n 为路径损耗指数。考虑人体的运动或人体所处环境的影响造成的阴影效应后,WBAN 路径损耗的修正模型为

$$PL = PL(d) + S \tag{15-2}$$

其中,$PL(d)$ 为式(15-1)中的 $PL(d)$,S 为人体阴影效应带来的路径损耗,不同的频段下 4 种信道模型的路径损耗参数 PL_0、n 和 S 不同。

这 4 种人体信道模型分析都是基于实际测量的结果,但人体组织结构的不同和身体姿

态的改变会造成信号不同程度上的路径损耗,不同频段下信道模型的路径损耗也会发生变化,难以得到无线体域网信道模型的全部路径损耗的实际测量数值,因此用实测方法为植入式、穿戴式设备间的通信构建信道模型比较困难。所以需要综合考虑影响信道特性的各个主要因素而构建具有普适性的人体信道模型。

2. 体域网 MAC 层关键技术

MAC 层的主要任务是将有限的资源分配给多个用户,并且使得多用户之间实现公平、有效的资源共享,进而实现各用户之间良好的连通性,获得更好的网络性能,如较高的系统吞吐量和较低的分组传输时延。本节将介绍 MAC 层几种关键技术的要求。

1) 能量有效性

考虑 WBAN 的短距离传输特性,特别是对人体健康安全的顾虑,无线体域网中传感器节点的主要特点就是低功耗。因此,有必要设计一种有效的、灵活的 MAC 协议来最小化分组碰撞、空闲侦听、串音和控制开销,特别是对于低周期循环、零星传输的设备来说更需要一种有效的能量节省(睡眠)模式,从而最大化无线体域网节点的能量利用率。

2) 可扩展性

可扩展性是 MAC 层设计的关键指标。在 WBAN 中,不同节点由于业务量不同其占空比(Duty Cycle)大小可能从 0.001% 变化到 100% ,所以要求 MAC 协议对大范围占空比变化的不同节点能够予以有效支持。

3) 移动性

当人体在移动的时候,节点必须保证可靠的通信。这种应用需要考虑到一些人体动作(如转身、回头、走路、挥手、跑步、坐下等)导致的信道衰弱和阴影效果。当个别节点与其他节点之间相对移动时,可以搬移整个 WBAN 的绝对位置。这种绝对的动作也导致了干扰和共存环境的变化。

4) QoS 支持

QoS 是无线体域网 MAC 层设计时需要考虑的主要因素,主要指数据投递率和分组传输时延。QoS 支持在 WBAN 的医疗应用中显得尤为重要,因为患者的医疗数据只有及时可靠地被医护人员成功接收才能达到紧急救护的目的。

5) 可靠性

医疗 WBAN 是由大量医疗数据信息构成的。因此必须保证通信的可靠性,确保监测到的医疗数据能够被医护人员准确接收。可靠性可以认为是端到端的或者是一条链路上的,它除了可以保障数据的有序的传输外,还可以在合理的时间内传输消息。

6) 安全性

作为无线网络的一种,常见的无线网络中的安全威胁如窃听、篡改、伪造数据注入等都普遍存在,而医疗 WBAN 应用涉及大量的隐私、人体安全性,甚至关联到财产问题。安全和隐私是病人、医生和医疗服务提供者主要考虑的因素,因此提高 WBAN 的安全性很有必要。

必须要考虑的安全功能如下。

(1) 设备认证;

(2) 数据完整性;

(3) 数据保密性。

由于安全性和隐私性保护机制需要大量重要的计算资源和存储资源,所以这个机制必须是能量有效的、轻便的。此外,必须要考虑到保证设备的配对。配对的过程是一个创建信任的过程。它包含设备的认证和密钥交换。用一个例子来说,安全密钥可以安全地预先安装,可通过安全带外信道或者带内信道来交换,相互认证能够阻止其他人在中间袭击。

15.4.4　体域网现状及面临的挑战

通过前面的介绍,已经了解了体域网的概况,包括体系结构、关键技术等,下面介绍 BAN 的现状和未来发展趋势,以及在发展的过程中面临怎样的挑战。

1. 体域网现状与发展前景

虽然目前无线体域网仍处在发展早期阶段,但是已经成为短距离传输通信领域中的研究热点,且被认为是未来重要的公众应用网络技术之一,其发展前景体现在以下几个方面。

(1) 随着全球人口数量的不断增长及世界老龄化现象的持续加重,人们对各种医疗保健和健康预测的需求越来越高。然而现有的医疗资源,如预算支出、医护人员、病床及仪器设备等,无法与人们日益提升的健康意识保持同步增长,因此发展医疗保健系统成为当今世界各国的共同需求。在这样的背景下,WBAN 的研究及应用为满足这种需求提供了一种技术上的解决方案。

(2) 传统的医疗方法多为病后治疗,而医疗保健体系实际上是一个从预防到诊断、治疗、再到康复和家庭护理的完整过程,要想有效地分配医疗资源,预防和治疗必须并重。WBAN 技术可以做到对患者发病前的提前预防和病发时的实时治疗。因此,发展 WBAN 技术在医疗领域优势突出。

(3) 在互联网飞速发展的今天,人们已经不再满足简单的网页浏览、收发电子邮件等基本网络服务,他们不断追求个性化的、智能化的、便捷的网络生活,用户的这些需求必然推动无线体域网的快速发展。

而在中国,由于人口老龄化日益严重且人口众多,医疗监测、护理、治疗的巨大需求与有限的医疗资源之间的矛盾愈发明显,因此有效解决这对迫在眉睫的矛盾发展,WBAN 技术就显得尤为重要。

总而言之,WBAN 在人们今后的生活中将扮演越来越重要的角色,研究 WBAN 具有十分突出的现实意义。

2. 体域网面临的挑战

1) 节能技术

由于现实状况,很多节点在植入人体内后便无法轻易取出,因此对节点的长期持续正常工作便成为 BAN 设计时所要考虑的最重要问题之一。低功率低电压,高集成度是节点的设计目标。另外,考虑到节点与数据终端的数据传输,一个好的无线电接口及其优化策略的设计也能很好地促进传感器节点操作上低能耗的性能。

2) 传感器及终端的安全问题

无线体域网的传感器及终端分布于人体体内或体表,因此不伤害人体组织是产品研发的先决条件。除了材料本身的安全,通信过程中所产生的各种辐射对人体的影响也要考虑在内,因此该类产品的生产会受到严格的约束。

3)数据的整合

持续而全面的数据采集将产生大量的数据,如何筛选整合有用的数据,剔除冗余信息,将是无线体域网发展中的一大难题。

4)信息的安全

信息安全是各个领域所面临的共同问题。体域网收集并传递大量人体生理数据,一旦这些数据泄露,将带来严重的后果。尤其是在体域网已应用于军事领域的今天,信息安全的问题更加凸显出来。其中比较重要的安全威胁包括以下两方面。

(1)来自节点妥协的威胁:无线体域网中的节点容易被俘获,所以节点中的加密数据和密钥不能存放在一起,否则一旦节点被捕获,数据就会暴露。

(2)来自网络变化的威胁:无线体域网的网络是高度变化的,节点可能加入或离开网络,也可能因缺点而失效,攻击方甚至可以伪造虚假节点。

15.5　网络大数据

15.5.1　网络大数据定义

大数据指的是一种规模在获取、存储、管理、分析方面大大超出了传统数据库软件工具能力范围的数据集合,具有海量的数据规模、快速的数据流转、多样的数据类型和价值密度低4大特征。网络大数据是指人、机、物三元世界在网络空间中彼此交互与融合所产生并在互联网上可获得的大数据。

15.5.2　网络大数据问题的产生

当前,网络大数据在规模与复杂度上的快速增长对现有 IT 架构的处理和计算能力提出了挑战,据著名咨询公司 IDC 发布的研究报告,2011 年网络大数据总量为 1.8ZB,预计到 2020 年,总量将达到 35ZB。

网络大数据的复杂性使其诸多环节操作运行难度增加,包括数据存储、数据分析处理以及数据深度挖掘等。大数据的复杂性又包括其类型的复杂,如社交网络与传统文本数据的相互发展,使其类型更加丰富;数据结构复杂,包括移动技术以及社交技术发展下形成的结构化数据流以及非结构化数据流,具体形式包括文本、图像等,这给网络大数据管理与分析带来了难度。大数据的不确定性包括自身以及模型的不确定,这给大数据建模带来较大困难,使用户不能充分利用其自身价值,既是对数据资源的浪费,同时也无法全面满足用户需求。另外,网络大数据还面临着涌现性带来的挑战。这主要是指网络大数据与其他数据之间存在的本质上的区别,也是网络大数据的关键性特点。大数据的涌现性直接给用户以及相关研究人员增加了数据驾驭难度,使之无法准确实现对大数据的数据结构、功能进行测量和预测。

15.5.3　网络大数据处理方式

网络大数据的处理方式有很多,普遍使用的处理方式可以概括为 4 步,分别是采集、导入和预处理、统计和分析,以及挖掘。

1. 采集

大数据的采集是指利用多个数据库来接收发自客户端(Web、App 或者传感器形式等)的数据,并且用户可以通过这些数据库来进行简单的查询和处理工作。例如,电商会使用传统的关系型数据库 MySQL 和 Oracle 等来存储每一笔事务数据,除此之外,Redis 和 MongoDB 这样的 NoSQL 数据库也常用于数据的采集。

在大数据的采集过程中,其主要特点和挑战是并发数高,因为同时有可能会有成千上万的用户来进行访问和操作,例如火车票售票网站和淘宝,它们并发的访问量在峰值时达到上百万,所以需要在采集端部署大量数据库才能支撑,并且如何在这些数据库之间进行负载均衡和分片需要深入的思考和设计。

2. 导入/预处理

虽然采集端本身会有很多数据库,但是如果要对这些海量数据进行有效的分析,还是应该将这些来自前端的数据导入到一个集中的大型分布式数据库,或者分布式存储集群,并且可以在导入基础上做一些简单的清洗和预处理工作。也有一些用户会在导入时使用来自 Twitter 的 Storm 来对数据进行流式计算,来满足部分业务的实时计算需求。导入与预处理过程的特点和挑战主要是导入的数据量大,每秒钟的导入量经常会达到百兆,甚至千兆级别。

3. 统计/分析

统计与分析主要利用分布式数据库,或者分布式计算集群来对存储于其内的海量数据进行普通的分析和分类汇总等,以满足大多数常见的分析需求,在这方面,一些实时性需求会用到 EMC 的 GreenPlum、Oracle 的 Exadata,以及基于 MySQL 的列式存储 Infobright 等,而一些批处理,或者基于半结构化数据的需求可以使用 Hadoop。统计与分析这部分的主要特点和挑战是分析涉及的数据量大,其对系统资源,特别是 I/O 会有极大的占用。

4. 挖掘

与前面统计和分析过程不同的是,数据挖掘一般没有什么预先设定好的主题,主要是在现有数据上面进行基于各种算法的计算,从而起到预测(Predict)的效果,从而实现一些高级别数据分析的需求。比较典型的算法有用于聚类的 Kmeans、用于统计学习的 SVM 和用于分类的 Naive Bayes,主要使用的工具有 Hadoop 的 Mahout 等。该过程的特点和挑战主要是用于挖掘的算法很复杂,并且计算涉及的数据量和计算量都很大。常用数据挖掘算法都以单线程为主。

就目前网络大数据处理规模以及存储形式来看,已实现从 TB 级到 PB、EB 级的转变。在实现等级上升后,为更好地实现对数据存储成本的控制,实现计算资源优化利用,以及提高系统整体的并发吞吐率,要积极探究出更加有效的存储模式,实现目前网络大数据分布式存储。Google 公司提出的 GFS、MapReduce、BigTable 等技术是分布式数据处理技术的具体实现,是 Google 搜索引擎系统的三大核心技术。此后,Apache 软件基金会推出开放源码的 Hadoop 和 HBase 系统,实现了 MapReduce 编程模型、分布式文件系统和分布式数据库。Hadoop 系统在 Yahoo、IBM、百度、Facebook 等公司得到了大量应用和快速发展,但作为新兴的技术体系,分布式数据处理技术在支持大规模网络信息处理及应用等大数据计算应用能力方面还存在很多不足。

分布式数据存储是网络大数据应用的一个重要环节,但之前的研究工作仍存在一些局限性。针对海量数据存储和处理所面临的数据总量超大规模、处理速度要求高和数据类型异质多样等难题,需要开发支持扩展度高、深度处理的 PB 级以上分布式数据存储框架,同时需要研究适应数据布局分布的存储结构优化方法,以提高网络大数据存储和处理效率,降低系统建设成本,从而实现高效、高可用的网络大数据分布式存储。

15.5.4 未来发展

就目前网络大数据时代发展来看,发展速度快、结构复杂程度大,原有的 Hadoop 技术无法满足当下大数据时代的发展需求。在信息化、数字化发展潮流下,大数据规模将进一步扩大,且数据类型和复杂程度将进一步加大。为适应该发展趋势,要不断加强创新研究,在今后的大数据研究应用中,要以分布式数据库为基础,加强存储模式的开发利用,并结合 SQL 语法,实现数据高效操作。

网络大数据包括各类型的数据信息,信息量超大,且蕴涵了不可估量的价值。换句话说,准确把握网络大数据,即掌握了丰富的信息资源。网络大数据存在着丰富的价值链,无论从哪个角度出发,网络大数据都发挥着不可替代的资源优势。大数据中的价值链来自数据本身,也包括大数据技术等,但离开技术以及其他因素的数据资源则是其核心价值优势。另外,将不同的大数据信息整合,即实现资源整合,将创造出不同的价值。

网络大数据不仅促进了云计算、物联网、计算中心、移动网络等技术的充分融合,还催生了许多学科的交叉融合。大数据的发展,要立足于信息科学,探索大数据的获取、存储、处理、挖掘和信息安全等创新技术和方法,也需要从管理的角度探讨大数据对现代企业生产管理和商务运营决策等方面带来的变革和冲击。

在许多人机交互场景中,都遵循所见即所得的原则,例如文本和图像等。在大数据应用中,繁杂的数据本身是难以辅助决策的,只有将分析后的结果以友好的形式展现,才会被用户接受并加以利用。报表、直方图、饼状图、回归曲线等经常被用于表现数据分析的结果,以后肯定会出现更多新颖的表现形式。

在大数据时代,通过挖掘和分析处理,大数据可以为人的决策带来参考答案,但是并不能取代人的思考。正是人的思维,才促使产生众多利用大数据的应用,而大数据的应用更像是人的大脑功能的延伸和扩展,而不是大脑的替代品,随着物联网的兴起,移动感知技术的发展,数据采集技术的进步,人不仅是大数据的使用者和消费者,还是生产者和参与者。基于大数据的社会关系感知、众包、社交网络大数据分析等与人的活动密切相关的应用,在未来会受到越来越多的关注,也必将引起社会活动的巨大变革。

15.6 移动云计算中的大数据

15.6.1 云计算

近年互联网迅猛发展,给人们的工作、生活带来极大的便利。但互联网带来的新服务远远赶不上人们对它的需求。我们现在处于数据爆炸的年代,数据量每 18 个月就会翻一倍。存储、处理这些增加的数据,离不开高性能计算环境的支持,而个人计算机已经远远满足不了数据处理的要求。对互联网企业而言,高性能计算环境面临高成本的瓶颈。这些成本包括人力成本、资金成本、时间成本、使用成本、环境成本等。对上述难题,要求有一个新的平台来协调和调度当前有限的资源。在这种背景下,云计算(Cloud Computing)商业模式应运而生。

到底什么是云计算? 对于这个问题没有一个标准统一的说法,下面列出一些比较权威的机构的云计算定义。

维基百科:云计算是一种以服务方式提供给用户的计算机能力,允许用户在不了解提供服务的技术、没有相关知识以及设备管理能力的情况下,通过因特网获取需要的服务。

百度百科:云计算,分布式计算技术的一种,其最基本的概念,是透过网络将庞大的计算处理程序自动分拆成无数个较小的子程序,再交由多部服务器所组成的庞大系统经搜寻、计算分析之后将处理结果回传给用户。透过这项技术,网络服务提供者可以在数秒之内,达成处理数以千万计甚至亿计的信息,达到和“超级计算机”同样强大效能的网络服务。

IBM 在它的蓝云计划中的定义:云计算是一种计算模式,把 IT 资源、数据、应用作为服务通过网络提供给用户。云计算是一种基础架构管理方法论:把大量的高度虚拟化的资源管理起来,组成一个大的资源池,用来统一提供服务。

比较传统的说法:云计算是分布式处理(Distributed Computing)、并行处理(Parallel Computing)和网格计算(Grid Computing)的发展,或者说是这些计算机科学概念的商业实现。它是指基于互联网的超级计算模式——即把存储于个人计算机、移动电话和其他设备上的大量信息和处理器资源集中在一起协同工作,在极大规模上可扩展的信息技术能力向外部客户作为服务来提供的一种计算方式。

国务院政府工作报告中政府官方的解释:是基于互联网的服务的增加、使用和交付模式,通常涉及通过互联网来提供动态易扩展且经常是虚拟化的资源。它是传统计算机和网络技术发展融合的产物,意味着计算能力也可作为一种商品通过互联网进行流通。

15.6.2 云计算的方法

云计算是分布式处理、并行处理和网格计算的发展,或者说是这些计算机科学概念的商业实现。云计算的基本原理是,通过使计算分散在大量的分布式计算机上,而非本地计算机或远程服务器中,企业数据中心的运行将更与互联网相似。这使得企业能够将资源切换到需要的应用上,根据需求访问计算机和存储系统。这是一种革命性的举措,打个比方,这就好比是从古老的单台发电机模式转向了电厂集中供电的模式。它意味着计算能力也可以作为一种商品进行流通,就像煤气、水电一样,取用方便,费用低廉。最大的不同在于,它是通过互联网进行传输的。云计算的蓝图已经呼之欲出:在未来,只需要一台笔记本或者一个手机,就可以通过网络服务来实现人们需要的一切,甚至包括超级计算这样的任务。从这个角度而言,最终用户才是云计算的真正拥有者。

云计算的关键技术有以下三点。

1. 虚拟化技术

云计算的虚拟化技术不同于传统的单一虚拟化,它是涵盖整个 IT 架构的,包括资源、网络、应用和桌面在内的全系统虚拟化,它的优势在于能够把所有硬件设备、软件应用和数据隔离开来,打破硬件配置、软件部署和数据分布的界限,实现 IT 架构的动态化,实现资源集中管理,使应用能够动态地使用虚拟资源和物理资源,提高系统适应需求和环境的能力。

对于信息系统仿真,云计算虚拟化技术的应用意义并不仅在于提高资源利用率并降低成本,更大的意义是提供强大的计算能力。众所周知,信息系统的仿真系统是一种具有超大计算量的复杂系统,计算能力对于系统运行效率、精度和可靠性影响很大,而虚拟化技术可以将大量分散的、没有得到充分利用的计算能力,整合到计算负荷高的计算机或服务器上,实现全网资源统一调度使用,从而在存储、传输、运算等多个计算方面达到高效。

2. 分布式资源管理技术

信息系统仿真系统在大多数情况下会处在多节点并发执行环境中,要保证系统状态的正确性,必须保证分布数据的一致性。为了分布的一致性问题,计算机界的很多公司和研究人员提出了各种各样的协议,这些协议即是一些需要遵循的规则,也就是说,在云计算出现之前,解决分布的一致性问题是靠众多协议的。但对于大规模,甚至超大规模的分布式系统来说,无法保证各个分系统、子系统都使用同样的协议,也就无法保证分布的一致性问题得到解决。云计算中的分布式资源管理技术圆满解决了这一问题。Google 公司的 Chubby 是最著名的分布式资源管理系统,该系统实现了 Chubby 服务锁机制,使得解决分布一致性问题的不再仅依赖一个协议或者是一个算法,而是有了一个统一的服务(Service)。

3. 并行编程技术

云计算采用并行编程模式。在并行编程模式下,并发处理、容错、数据分布、负载均衡等细节都被抽象到一个函数库中,通过统一接口,用户大尺度的计算任务被自动并发和分布执行,即将一个任务自动分成多个子任务,并行地处理海量数据。

对于信息系统仿真这种复杂系统的编程来说,并行编程模式是一种颠覆性的革命,它是在网络计算等一系列优秀成果上发展而来的,所以更加淋漓尽致地体现了面向服务的体系架构(SOA)技术。可以预见,如果将这一并行编程模式引入信息系统仿真领域,一定会带来信息系统仿真软件建设的跨越式进步。

15.6.3 移动云计算

基于云计算的定义,移动云计算是指通过移动网络以按需、易扩展的方式获得所需的基础设施、平台、软件(或应用)等的一种 IT 资源或(信息)服务的交付与使用模式。移动云计算,并非仅仅是在云计算之前加个"移动"二字这么简单,实际上是指利用互联网技术,在能够通过对基础平台信息资源或者服务等进行获取,并且能够交付使用的一种模式。简单地说,移动云计算就是指云计算在移动互联网的应用,尤其是现如今智能手机的不断发展,结合了互联网和通信的前提下,能够发挥出云计算的巨大优势,并且能够借助终端进行服务的传递,因此具有比较大的商机。

移动的云计算借助于移动的互联网,充分发挥了后台计算的价值,把复杂的计算和存储资源放置到后端,形成强大的云。与此同时利用后台的云,可以对终端设备进行快速的试配,如果终端的系统比较强,可以把部分的计算和处理过程,放在终端进行。充分发挥终端的优势,如果终端的性能比较弱,可以直接将后台计算好的结果和资源直接推送到终端上,这样就实现了一个小巧轻便的终端,也能够运行更加复杂的应用。

随着智能终端的日益普及和无线宽带的快速发展,"端"和"管"的能力与需求都在不断提高,这促使移动云计算向形式更加丰富、应用更加广泛、功能更加强大的方向演进,给移动互联网带来了巨大的发展空间。尽管由于存在种种障碍,移动云计算目前尚未成为移动互联网的主流服务,但是以上这些实例已经展现出云计算与移动互联网相结合后产生的广阔应用前景。云计算将能够更好地满足基于移动宽带的应用开发与业务定制需求,提升移动信息服务的内在价值,有助于移动运营商完成向综合信息服务提供商的转型。

移动云计算也有它存在的问题,其中一个显著问题是移动设备的资源缺乏。与台式计算机相比,它们具有较少的屏幕实际使用面积、较少资金、较少计算能力且有电池容量限制。由于资源缺乏,移动云计算通常被视为是一个 SaaS 云,表示计算和数据处理通常在云端执行。智能手机通常通过 Web 浏览器和瘦客户端访问云。

延迟和带宽也影响移动云计算。Wi-Fi 减少了延迟,但可能在有多个移动设备存在时降低带宽。用于 3G 手机的带宽可能会进一步受到某些区域手机发射塔带宽的限制。在手机供应商扩建其网络时,情况会有所改进,但盲点不会完全消失。

15.6.4　移动技术中的云计算和大数据

目前,云计算已经普及并成为 IT 行业主流技术,其实质是在计算量越来越大、数据越来越多、追求动态性和实时性需求背景下被催生出来的一种基础架构和商业模式。个人用户将文档、照片、视频、游戏存档记录上传至"云"中永久保存,企业客户根据自身需求,可以搭建自己的"私有云",或托管、或租用"公有云"上的 IT 资源与服务,这些都已不是新鲜事。可以说,云是一棵挂满了大数据的苹果树。大数据的出现,正在引发全球范围内深刻的技术与商业变革。在技术上,大数据使从数据当中提取信息的常规方式发生了变化。在搜索引擎和在线广告中发挥重要作用的机器学习,被认为是大数据发挥真正价值的领域。在海量的数据中统计分析出人的行为、习惯等方式,计算机可以更好地学习模拟人类智能。随着包括语音、视觉、手势和多点触控等在内的自然用户界面越来越普及,计算系统正在具备与人类相仿的感知能力,其看见、听懂和理解人类用户的能力不断提高。这种计算系统不断增强的感知能力,与大数据以及机器学习领域的进展相结合,已使得目前的计算系统开始能够理解人类用户的意图和语境。

本质上,云计算与大数据的关系是动与静的关系;云计算强调的是计算,这是动的概念;而数据则是计算的对象,是静的概念。如果结合实际的应用,前者强调的是计算能力,后者看重的是存储能力。但是这样说，并不意味着两个概念就如此泾渭分明。首先，大数据需要强大的计算能力，如数据的获取、清洁、转换和统计等能力；另一方面，云计算的动也是相对而言，例如基础设施即服务中的存储设备提供的主要是数据存储能力，所以可谓是动中有静。

大数据技术是云计算技术的延伸。大数据技术涵盖了从数据的海量存储、处理到应用多方面的技术，包括海量分布式文件系统、并行计算框架、NoSQL 数据库、实时流数据处理以及智能分析技术如模式识别、自然语言理解、应用知识库等。

对电信运营商而言，在当前智能手机、智能设备快速增长、移动互联网流量迅猛增加的情况下，大数据技术可以为运营商带来新的机会。大数据在运营商中的应用可以涵盖多个方面，包括企业管理分析如战略分析、竞争分析，运营分析如用户分析、业务分析、流量经营分析，网络管理维护优化如网络信令监测、网络运行质量分析，营销分析如精准营销、个性化推荐等。

当今越来越流行的云计算、虚拟化和云存储等新 IT 模式的出现，又再一次说明了过去那种孤立、缺乏有机整合的数据中心资源并没有得到有效利用，并不能满足当前多样、高效和海量的业务应用需求。

在云计算时代背景下，数据中心需要向集中大规模共享平台推进，并且，数据中心要能实现实时动态扩容，实现自助和自动部署服务。从中长期来看，数据中心需要逐渐过渡到"云基础架构为主流企业所采用，专有架构为关键应用所采用"阶段，并最终实现"强壮的云架构为所有负载所采用"，无论大型机还是 x86 都融入到云端，实现软硬件资源的高度整合。数据中心逐步过渡到"云"，这既包括私有云又包括公有云。私有云，就是对企业现有的数据中心进行改造和架构调整，通过云计算对资源进行自动调度和分配，实现一个自动部署、自动管理和自动运维的数据中心架构。而公有云则是由服务商建立 IT 基础架构，并向外部用户提供商业服务，而用户可以在不拥有云计算资源的条件下通过网络访问这些服务。与私有云相比，公有云的所有应用程序、服务和数据都存放在云端，用户数据也并不存放在企业内部数据中心。

同时，云计算与移动技术的有机结合，也给数据存储和计算带来了很多优势，具体如下。

不受终端硬件的限制：现阶段，市场上所销售的主流智能手机，已经达到 8 核 CPU，其主频能够达到 2G，然而和传统的 PC 相比较而言，还是有不少的差距。仅依靠手机终端对大量信息数据进行处理时，需要突破的限制中最大的障碍就是终端硬件。云计算的出现解决了终端硬件限制的问题，由于云计算进行运算和数据存储都是基于移动网络，因此忽略了移动设备自身的运算能力，仅依靠云计算就可以有效解决手机终端硬件的瓶颈问题。

数据存储方便：移动云计算中对于数据的存储都是在移动互联网中进行，不仅方便用户进行数据存储，而且提供给用户一定的数据存储空间。甚至在一定情况下，用户访问云端数据，基本可以达到本地访问速度。移动云计算也便于不同用户之间进行数据共享。

智能均衡负载：云计算在移动互联网的应用方面，可能会遇到负载变化较大的情况，用户通过移动云计算对资源进行利用是弹性方式，不仅对多个应用之间周期变化进行利用，而且能够实现均衡负载，以此促进资源利用效率的提高，确保每一个应用的服务质量。

管理成本低：如果需要管理的数据信息比较多，那么成本也会随之增加，通过移动云计算对流程进行自动化管理，可以有效降低管理成本。

按需服务：可以得知，互联网用户的需求是不尽相同的，互联网中的应用一方面通过个性化定制服务，以此满足用户多种多样的需求；另一方面也由此造成服务荷载变大。而云计算技术在互联网中的应用可以确保不同用户之间进行资源共享，大大降低了服务成本。

尽管在云计算与互联网结合下的移动云计算能带来大量的优势，但它的发展仍然受着诸多方面的制约。云计算模型的基础是网络，网络的稳定性与数据传输速度都是制约云服务的因素，过分依赖于网络是一个重要制约。另外，网络信息安全也是随之而来的重点问题。尽管很多机构认为云计算提供了可靠的数据存储中心，但仍然不容乐观。虽然每一种云计算解决方案都强调使用加密技术来保护用户数据，但即使采用了如 SSL 技术进行加密，也仅仅是指数据在网络上是加密传输的，数据在处理和存储时的保护并没有解决。尤其是在数据处理的时候，很难保证数据的安全性。

15.6.5　解决方案

针对移动云计算存在的特点，构建适合于移动互联网的云计算平台。具体主要分为以下几个部分。

1. 分布式存储模型的构建

在移动应用中更多的是数目庞大但单个数据量较小的文件，文件格式多样，而且对文件的读写将更加频繁。所以，移动云计算对文件进行了分布式存储并实现了读写操作。

2. 分布式计算模型的构建

Google 为了避免大量数据在网络上的传递，利用 MapReduce 实现了计算向存储的迁移，这种方式在处理 TB 级的海量数据上有很大的优势。但在移动互联网中，会面对许多不同的需求，有数据密集性的也有计算密集性的，还有计算和数据同时密集的，在利用 MapReduce 计算模型时会受到很大限制，构建适合移动互联网的分布式计算模型将是一个研究重点。

3. 高弹性计算的实现

由于在移动互联网中，访问量会呈现较大起伏，而在 GAE 中实际是利用的应用虚拟化技术对各个应用进行有效隔离。传统弹性计算的实现是借助于系统虚拟机实现的，需要在应用虚拟化中实现对应用的弹性分配。

4. 大规模节点的管理

在移动云计算平台中的节点规模是十分巨大的，而且单个节点的失效概率比较大，这就要求系统能对所有节点进行有效监控和协调，及时对节点失效故障做出迅速的报警，并将故障的详细情况向管理节点汇报，做出相应的数据和计算迁移操作，保证系统的连续运行。

15.6.6　发展趋势

移动云计算是云计算发展最快的一个分支，它被广泛接受并快速增长。移动云计算的目标是移动设备利用云计算技术来存储和处理数据，将为移动设备用户和应用程序的企业提供便利。毫无疑问，在未来的科技发展中，移动技术、云计算和大数据的融合必定是不可阻挡的科技潮流,下一代的系统架构必定是构建在开放式的云架构之上。随着现在人们越来越依赖移动设备,未来整个社会的商业流程也必定会重塑,而重塑的4大中坚力量必定是移动、社交、云和大数据。

　　移动互联网行业与云计算技术的结合产生了移动云计算,4G网络等的出现也在积极推动移动云计算快速地发展,随着智能手机等手持设备的普及,全球将有越来越多的人受益于移动云计算提供的各项服务。但是,移动云计算还存在着诸多问题,虽然目前针对相应的问题提出了部分解决方案,但都还不完善,并且有些方案仍处于理论层面的研究,尚未付诸于实践之中。因此,针对无线移动网络的特点、移动终端的限制、移动互联网的特殊应用等方面的移动云计算解决方案,还有待进行更为深入的研究;此外,如何对那些将影响应用程序的性能和交互性的参数进行建模,如何抽象复杂的异构底层技术,如何在整合计算和存储能力的同时保护隐私和安全等也是下一步的研究重点。

思考与讨论

1. 物联网的关键技术有哪些? 请简要说明。
2. 物联网有哪些应用领域?
3. 体域网产生的原因是什么? 它的关键技术有哪些?
4. 车联网的系统结构由哪些部分构成? 每一部分的功能是什么?
5. 大数据的处理有哪些步骤? 请简要说明。
6. 什么是云计算? 它的关键技术有哪些?
7. 思考体域网在生活中有哪些应用,未来可能发展成什么样子。

参考文献

[1] 工业与信息化部电信研究院通信信息研究所.社交网络(SNS)发展现状与趋势[J].世界电信,2009 (11):80.
[2] 邝宇锋,蔡求喜.移动SNS的关键技术及架构[J].中兴通信技术,2012,18(2):51-56.
[3] 李杨.物联网环境下的信息查询机制研究[D].中南民族大学,2013.
[4] 刘艳丽.基于人体环境的无线体域网网络结构研究[D].上海:上海交通大学,2008.
[5] 王群,钱焕延.车联网体系结构及感知层关键技术研究[J].电信科学,2012,28(12):1-9.
[6] 王元卓,靳小龙,程学旗.网络大数据:现状与展望[J].计算机学报,2013,36(6):1125-1138.
[7] 吴德本,姚健,邓志武.云计算综述[J].有线电视技术.2012.
[8] 陈鹏宇.云计算与移动互联网[J].科技资讯,2011(29):7.

第16章

移动技术走进生活

移动技术已经渗透到人们生活的方方面面,如何使移动技术更加智能化,从而更加方便人们的生活,是当前需要进一步研究的问题。下面列举了智能移动技术在人们日常生活中的一些典型应用场景,包括数字家庭、智慧社区、智慧城市、智慧医疗和智能交通。

16.1 数字家庭

16.1.1 数字家庭简介

数字家庭是物联网技术在智能家居领域内的具体表现。数字家庭概念的起源很早,最早是由 IT 和家电行业提出的,这一概念的提出是为了打破各种"信息孤岛",实现各种信息终端之间的资源共享和协同工作。数字家庭一般是指以计算机技术和网络技术为基础,各种智能化电子设备通过一定的互连方式为家庭用户提供通信、娱乐、信息及媒体共享、生活应用等业务,使人们足不出户就可以方便快捷地获取信息享受服务,从而极大地提高人们的沟通效率、提升生活品质。

在家庭范围内实现信息设备、通信设备、娱乐设备、家用电器、自动化设备、照明设备、保安(监控)装置及水电气热表设备、家庭求助报警等设备互连和管理,以及数据和多媒体信息共享。家庭网络系统构成了智能化家庭设备系统,提高了家庭生活、学习、工作、娱乐的品质,是数字化家庭的发展方向。

数字家庭是未来生活的愿景,其包括 4 大功能:信息、通信、娱乐和生活。计算机、电视、手机实现三屏合一,三个屏幕的内容充分共享。互联网数据中心(IDC)将数字家庭定义为,可以实现家庭内部所有设施控制并可得到反馈信息;声音、文字、图像信息可以在不同家用设备上共享,并随时随地实现控制与信息分享。交互式网络电视(IPTV)、有线数字电视、机顶盒、计算机娱乐中心、网络电话、网络家电、信息家电以及智能家居等,都是数字家庭的体现。图 16-1 展示了数字家庭的一个例子,数字家庭将生活智慧化。

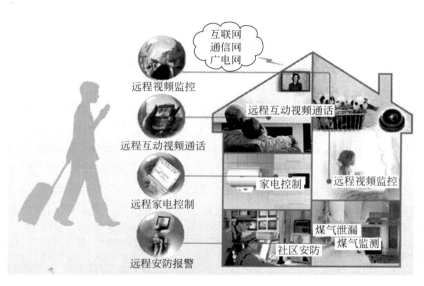

图 16-1　数字家庭示意图

　　中国市场是数字家庭产业最具发展的市场之一。我国数字家庭产业取得了较快发展。

　　技术研发与应用：以数字电视应用为中心、面向三网融合的数字家庭产业初步形成，"闪联""e 家佳"等各具特色的数字家庭标准组织相继组建，自主技术标准的国际化及推广应用取得重大进展。

　　产业结构：构建了包括数字家庭网络运营、数字家庭智能终端、数字化家用电子产品制造、面向三网融合的数字家庭内容服务在内的技术链，产品涵盖消费电子、通信、安防、建筑、网络运营、内容服务等众多行业。

　　建设数字家庭应用示范产业基地：数字家庭产业是国家"十二五"时期重点发展的战略性新兴产业，市场潜力巨大。工业和信息化部将统筹规划好产业布局，已经建设了多个应用特色鲜明、持续创新能力强、引领带动作用显著的国家级数字家庭应用示范产业基地。

16.1.2　数字家庭中的主要技术

　　数字家庭的基础就是组建一个可管理可控制的家庭网络。家庭网络为各种电子设备提供了一个物理的通信桥梁，将原来独立的家庭单元紧密地结合在一起，为各种多媒体业务的开展、多媒体信息的共享和分发提供了强大的基础保障。

　　数字家庭网络涉及的技术体系非常复杂，涉及的主要技术问题包括联网技术、编址技术、自动发现技术、远程维护管理技术及媒体技术等。

1. 联网技术

　　联网技术包括两部分：家庭网络的接入和家庭内部网络的组网。首先需要解决家庭网络的接入方式，即家庭网络如何接入外部网络，以实现家庭网络与外部网络的交互。目前家庭网络的接入方式多种多样，包括以太网、光纤到家（FTTH）、电力线、无线等。

　　联网技术另外还需要解决家庭内部网络的接入，即家庭内部的电子设备如何接入家庭网络。家庭网络的联网可以充分利用家庭内部的有线和无线物理媒介，包括以太网、电话线

（HomePAN）、有线电视电缆（Cable）、电力线（PLC）以及蓝牙、Wi-Fi 等。

2. 编址技术

在未来家庭网络中，IP 地址不仅会分配给传统的互联网接入设备、通信设备，还会分配给各种家电设备，因此对于 IPv4 和 IPv6 的选择是编址技术的研究重点。IPv6 从技术上来说，具有几乎无限的地址空间、很好的 QoS 机制，天然地内嵌了安全机制和对移动 IP 的支持，是理想的家庭设备地址方案。除了 IP 域的编址问题，非 IP 域的编址也是家庭网络领域中必须面对的问题。现实中不可能各种联网的设备都具备 TCP/IP 协议栈，可以无缝地联入 IP 网络，对于没有 IP 地址的设备，例如各种简单电气设备和监控设备等如何寻址也是尚未解决的问题。虽然目前各种低速总线技术一般会规定自己的地址编码空间，但如何在这些技术中选择，是否需要统一这个编址空间或如何定义这些地址到代理设备中的 IP 地址的映射，都是没有解决的问题。

3. 自动发现技术

自动发现技术也称即插即用（Plug&Play）技术，是家庭网络发展的基础。正是由于该技术的逐渐成熟，带动了目前家庭网络的整体发展。而根据其服务对象和实现手段的不同，可以分为以下两类。

一是在 PC 及其外设领域广泛得到应用的 UPnP 技术，这是最早成熟和目前被广泛接受的技术。UPnP 和 IGRS 等技术要求设备必须具备 IP 的协议栈。

二是在家用电器和家庭控制领域中的即插即用技术，包括 HomePNP、LonWorks 等。

4. 远程维护管理技术

远程维护管理技术是实现远程监控管理的一个重要技术手段，目前只有 DSL 论坛和 CCSA 在 ADSL Modem 的自动配置和远程管理方面做了一些有益的工作，但远没有达到一个通用的业务配置功能平台的要求，因此对自动配置和远程管理维护技术仍需进行大量的研究。未来需要解决的家庭网络的远程维护管理包括两个方面：一方面是对家庭网关的远程维护管理，另一方面是通过家庭网关对家庭内部的终端进行管理。

5. 媒体技术

媒体技术是实现不同媒体设备/格式之间互通的基础。目前，音频和视频编码技术很多，但是出于性能、成本和代表不同利益集团等各种因素的考虑，家庭网络中的不同设备往往会选用不同的编码方式，这给设备之间的互通带来了很大的困难。因此，标准组织开始着手进行格式互通的规则制定工作。以 DLNA 的工作为例，它规定了设备对媒体的支持能力。DLNA 规定了几种必选格式，也定义了可选格式和相互之间的转换规则。

16.1.3 发展方向

数字家庭设备与创新型传感器的融合发展是潜力增长点：数字家庭设备与创新型传感器的融合发展营造了数字家庭创新应用产业生态，为数字家庭创新服务的拓展提供了更多维度的选择和可能，是未来数字家庭服务的潜力增长点。微软 Xbox 与 Kinect 的组合开创了体感控制技术在数字家庭中应用的潮流。

数字家庭应用商店将缔造数字家庭运作新模式：随着智能电视等数字家庭终端设备的

加速普及,用户随心所欲地下载各种应用的需求日益旺盛,数字家庭应用商店将会应运而生,成为用户获取应用软件的最佳途径。企业可以借助应用商店了解用户真实需求,为用户提供丰富的应用和差异化服务,通过应用增加终端价值。

产业生态体系是未来竞争制高点:数字家庭服务创新将从影视内容开始,逐渐向增值服务、电子商务、网络游戏等领域拓展,未来在融合各类新型传感器和硬件设备的基础上将逐步向安防、健康医疗等领域拓展,并根据需求定制硬件及配套的软件服务,将信息技术全面应用到数字家庭中,形成"丰富应用社会"。

16.2　智慧社区

16.2.1　智慧社区简介

智慧社区是社区管理的一种新理念,是新形势下社会管理创新的一种新模式,如图 16-2 所示。智慧社区是指充分利用物联网、云计算、移动互联网等新一代信息技术的集成应用,为社区居民提供一个安全、舒适、便利的现代化、智慧化生活环境,从而形成基于信息化、智能化社会管理与服务的一种新的管理形态的社区。智慧社区涉及智能楼宇、智能家居、路网监控、智能医院、城市生命线管理、食品药品管理、票证管理、家庭护理、个人健康与数字生活等诸多领域,通过建设 ICT 基础设施、认证、安全等平台和示范工程,加快产业关键技术攻关,构建城区(社区)发展的智慧环境,形成基于海量信息和智能过滤

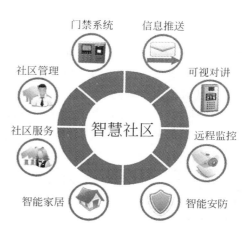

图 16-2　智慧社区应用

处理的新的生活、产业发展、社会管理等模式,面向未来构建全新的城区(社区)形态。智慧社区从功能上讲,是以社区居民为服务核心,为居民提供安全、高效、便捷的智慧化服务,全面满足居民的生存和发展需要。智慧社区由高度发达的"邻里中心"服务、高级别的安防保障以及智能的社区控制构成。

16.2.2　智慧社区的主要技术

1. SOA 架构技术

SOA(Service-Oriented Architecture,面向服务的架构)是为了适应需求的多变而提出的一个系统架构理念,是一种构造分布式系统的方法,它将 IT 系统的功能以服务的形式提供给用户或其他服务,以适应不断变化的需求。SOA 旨在将单个应用程序功能彼此分开,以便这些功能可以单独用作单个的应用程序功能或"组件"。

在智慧社区的架构体系中的数据资源层,涉及政务、社保、教育、交通、公安等多个行业的数据资源,在数据资源层与服务交换体系这个层面上,可以利用 SOA 的相关技术,将各

个领域的人口库、法人库、地理信息库及其他专题数据库做一些应用打通,形成互连互通,实现数据共享。

在应用服务层面,面对居民应用、面向城市的管理和运营,可以综合应用 SOA 到云计算技术,解决应用间的松耦合、服务的问题。SOA 在 SaaS 应用层面与智慧社区的结合是最紧密的,它在此层发挥的是基础支撑的作用,可以提供服务封装的标准。

2. 物联网技术

物联网是利用局部网络或互联网等通信技术把传感器、控制器、机器、人员和物等通过新的方式连在一起,形成人与物、物与物相连,实现信息化、远程管理控制和智能化的网络。使用物联网的智慧社区是以电信高速光网络为基础,采用互联网、计算机、通信、人工智能等信息化技术,实现对小区范围的基础设施与功能设施的全部数字化、网络化、信息化和智慧化,进而提升社区的信息化和服务管理水平,为社区提供一个信息畅通、舒适安全、生活便捷、管理高效的居住环境。

3. 定位技术

Wi-Fi 定位技术除具有良好的精度和可用性外,其独特优势在于 Wi-Fi 芯片已经在各类用户智能终端(智能手机、平板电脑等)中得到广泛应用,并且随着"无线城市"的发展,国内各大城市电信运营商、公司与家庭均已安装了大量的 Wi-Fi 热点与网关,通过利用现有的这些 Wi-Fi 设施,能够显著降低建设与长期运营成本,快速实现项目预定目标。这些都是构建智慧社区的最佳基础条件与保证。

4. RFID 技术

RFID 是通过无线电信号识别特定目标并读写相关数据的无线通信技术,利用有源RFID 标签和读取设备之间的可靠通信,以及低频感应技术对有效感应范围的控制,使进入感应区域的标签的 ID 自动上传至读卡设备,无须掏卡或刷卡,便可以实现标签被有效识别后的动作,如车辆自动门禁、行人通道、自动单元门禁,自动梯控等一系列场景的应用。

16.2.3　发展方向

社区的主要构成对象就是住宅与家庭,因此社区信息化应用始终主要围绕着居民日常生活展开,在智慧社区,智慧应用将渗透到居民生活的各个方面。智慧家居将智慧应用延伸到家庭内部,各种电子信息设备、通信设备、娱乐设备、家用电器、自动化设备、照明设备、保安(监控)装置及水电气热表(或概称的三表三防设备)等连成网络,通过多功能智能控制器、互联网和物联网络可以实现远程控制,各种设备可以与传感器结合,根据环境变化自动变换状态。居民出行也因智慧停车场的出现变得更加快捷,智慧停车场系统统一管理社区辖区内的车辆停放,保持社区辖区内的道路、过道、电梯及扶梯等平面及垂直交通的畅通。居民生活环境也可得到智慧管理,在社区内部安装的环境监测设备,不仅可实时显示社区环境状况,便于业主在社区内安排活动时间,同时可向市环保部门环境监测系统提供数据。可以和市交管信息互通,对一些违章、被盗车辆进行及时处理。通过智能垃圾回收系统,清洁人员定时定点或接到智能垃圾箱报警后及时收集和清运垃圾,保持社区及周围环境的干净、整洁。电子商务、远程医疗与救助服务、一站式政务服务等智慧化服务将不断丰富与完善,使社区居民生活方式更加智慧、更加便捷。

从技术方面,智慧社区可以在以下方面得以发展。

1. 网络泛在化

随着物联网技术和我国新一代互联网技术的发展,未来社区内网络将无处不在,并将有更高的带宽,必将加强社区的网络功能的发展。通过完备的社区局域网络和物联网络可以实现社区机电设备和家庭住宅的自动化、智能化,可以实现网络数字化远程智能化监控。

2. 系统集成化

社区内信息孤岛将通过平台建设走向集成,这是智慧社区建设的目标和要求。智慧社区将大大提高社区系统的集成程度,信息和资源得到更充分的共享,提高了系统的服务能力。

3. 设备智能化

通过各种信息化特别是自动化技术、物联网技术、云计算技术的应用,不但使居民的信息得到集中的数字化管理,基础设施与家用电器自身的各种基础及状态信息将可通过互联网获取,并可通过互联网对这些设备进行控制,设备间也可通过一定的规则协同工作。通过对各种人、物、事的信息的综合处理,更多的智能化、自动化和个性化服务将出现在社区居民身边。

4. 设计生态化

近几年随着新兴的环保生态学、生物工程学、生物电子学、仿生学、生物气候学、新材料学等新技术的飞速发展,生态化理念与技术正在深入渗透到建筑智能化领域中,以实现舒适的居住环境和可持续发展。

16.3　智慧城市

智慧城市是把新一代信息技术充分运用在城市的各行各业之中的基于知识社会下一代创新(创新 2.0)的城市信息化高级形态。智慧城市基于物联网、云计算等新一代信息技术以及维基、社交网络、FabLab、LivingLab、综合集成法等工具和方法的应用,营造有利于创新涌现的生态,实现全面透彻的感知、宽带泛在的互联、智能融合的应用以及以用户创新、开放创新、大众创新、协同创新为特征的可持续创新。

16.3.1　智慧城市的发展

智慧城市经常与数字城市、感知城市、无线城市、智能城市、生态城市、低碳城市等区域发展概念相交叉,甚至与电子政务、智能交通、智能电网等行业信息化概念发生混杂。对智慧城市概念的解读也经常各有侧重,有的观点认为关键在于技术应用,有的观点认为关键在于网络建设,有的观点认为关键在人的参与,有的观点认为关键在于智慧效果,一些城市信息化建设的先行城市则强调以人为本和可持续创新。总之,智慧不仅是智能,智慧城市绝不仅是智能城市的另外一个说法,或者说是信息技术的智能化应用,还包括人的智慧参与、以人为本、可持续发展等内涵。综合这一理念的发展源流以及对世界范围内区域信息化实践的总结,《创新 2.0 视野下的智慧城市》一文从技术发展和经济社会发展两个层面的创新对智慧城市进行了解析,强调智慧城市不仅是物联网、云计算等新一代信息技术的应用,更重要的是通过面向知识社会创新 2.0 的方法论。

智慧城市通过物联网基础设施、云计算基础设施、地理空间基础设施等新一代信息技术以及维基、社交网络、FabLab、LivingLab、综合集成法、网动全媒体融合通信终端等工具和方法的应用,实现全面透彻的感知、宽带泛在的互联、智能融合的应用以及以用户创新、开放创新、大众创新、协同创新为特征的可持续创新。伴随网络帝国的崛起、移动技术的融合发展以及创新的民主化进程,知识社会环境下的智慧城市是继数字城市之后信息化城市发展的高级形态。

从技术发展的视角,智慧城市建设要求通过以移动技术为代表的物联网、云计算等新一代信息技术应用实现全面感知、泛在互联、普适计算与融合应用。从社会发展的视角,智慧城市还要求通过维基、社交网络、FabLab、LivingLab、综合集成法等工具和方法的应用,实现以用户创新、开放创新、大众创新、协同创新为特征的知识社会环境下的可持续创新,强调通过价值创造,以人为本实现经济、社会、环境的全面可持续发展。

2010 年,IBM 正式提出了"智慧的城市"愿景,希望为世界和中国的城市发展贡献自己的力量。IBM 经过研究认为,城市由关系到城市主要功能的不同类型的网络、基础设施和环境 6 个核心系统组成:组织(人)、业务/政务、交通、通信、水和能源。这些系统不是零散的,而是以一种协作的方式相互衔接。而城市本身,则是由这些系统所组成的宏观系统。

与此同时,国内不少公司也在"智慧地球"启示下提出架构体系,如"智慧城市 4+1 体系",已在智能化项目中得到应用。

21 世纪的"智慧城市",能够充分运用信息和通信技术手段感测、分析、整合城市运行核心系统的各项关键信息,从而对于包括民生、环保、公共安全、城市服务、工商业活动在内的各种需求做出智能的响应,为人类创造更美好的城市生活。

目前,国内外智慧城市的建设主要集中分布在美国、欧洲的瑞典、爱尔兰、德国、法国,以及亚洲的中国、新加坡、日本、韩国,大部分国家的智慧城市建设都处于有限规模、小范围探索阶段。韩国作为全球第 4 大电子产品制造国,物联网国际标准制定主导国之一,通过智慧城市建设培育新产业。美国将智慧城市建设上升到国家战略的高度,并在基础设施、智能电网等方面进行重点投资与建设。新加坡被公认为政府服务最好的国家,信息通信技术促进经济增长与社会进步方面都处于世界领先地位。

我国的智慧城市建设刚刚起步,城市信息化建设正处于重要的结构转型期,即从信息技术推广应用阶段转向了信息资源的开发利用阶段。中国正在通过"两化融合""五化并举""三网融合"等战略部署,积极利用物联网、云计算等最新技术,推进智慧城市建设。目前,我国智慧城市建设主要有三种建设模式,分别是:以物联网产业发展为驱动的建设模式,如无锡等;以信息基础设施建设为先导的建设模式,如武汉等;以社会服务与管理应用为突破口的建设模式,如北京、重庆等。

2013 年 1 月 29 日,由住建部组织召开的国家智慧城市试点创建工作会议在北京召开,会议公布了首批国家智慧城市试点名单;住建部与第一批试点城市(区、县、镇)代表及其上级人民政府签订了共同推进智慧城市创建协议。经过地方城市申报、省级住房城乡建设主管部门初审、专家综合评审等程序,首批国家智慧城市试点共 90 个,其中地级市 37 个,区

（县）50 个，镇 3 个。国内外的经济形势要求尽可能地扩大投资和启动内需，但经历前几轮的大规模投资刺激后，传统项目的边际效益正在迅速下降，走新型城镇化道路是党中央、国务院加快新经济模式形成、促进我国经济持续健康发展的重要战略部署，将集约、低碳、生态、智慧等先进理念融合到城镇化的具体过程中是当前新型城镇化建设的最紧迫的课题之一。通过智慧城市（区、镇）的实践，从政府和市长角度，促使城市"不得病""少得病"和"快治病"，保障城市健康和谐发展；从企业角度，利用智慧城市技术手段，提升企业自身运营效力、降低运营成本、提升竞争力；从百姓角度，让百姓感受到智慧城市带来的"便民""利民"和"惠民"，给百姓生活方式带来更好的变化。十二五期间，我国已经有超过 40 个大中型城市把"智慧城市"作为重点建设项目。智慧城市的内容见图 16-3。

图 16-3　智慧城市内容

16.3.2　体系结构

智慧城市的体系架构的重要性在于，它是编制智慧城市标准体系的基础，它反映了智慧城市的总体构成，清晰地表示了标准系列的纵横结构；它是一个精缩的、易于理解的模型，该模型描述了智慧城市的构成、各智慧行业和专项应用的划分和相互关系；它对智慧城市具体规划和实施起着指导作用。在智慧城市顶层规划设计确定后，体系架构是具体指导实践行为的指针。

架构的主体部分由 5 层组成，另加两个辅助模块。

感知控制层自下而上包括城市基础设施、传感器、执行器、短距离通信网与网关 4 个子层，该层的主要功能是自下而上的数据采集和自上而下的控制，并通过网关与网络传输层连接。智慧城市的感知范围从公共事务管理、公众社会服务和经济发展建设三大应用领域入手,重点围绕交通、能源、物流、工农业、金融、智能建筑、医疗、环保、市政管理、城市安全等重点行业的应用和难点,分别采用移动终端、RFID、智能卡、GPS定位等不同技术进行基础数据采集。

网络传输层主要功能是实现数据的传输,是城市信息基础设施的核心。随着各种通信技术逐步走向融合,如移动通信技术与IP网络的融合,电信网、电视网、计算机网、卫星通信网走向融合,智慧城市传输层形成天地一体化的基础网络、服务化的信息系统、聚合化的运营平台和多样化的业务体系。

数据层包括数据存储与管理、公共资源数据库两个子层,后者包括城市基础数据库和各个行业数据库,构成智慧城市的数据平台。在统一信息资源模型体系、统一信息编码体系和数据仓库的基础上,通过信息系统数据库和文件库为日常的业务管理与查询提供支撑,数据仓库体系为决策支持应用提供支撑,信息资源访问渠道为各种信息资源应该提供访问接口。

服务支撑层包括服务支撑技术、云计算服务两个子层,该层的主要功能是构成云计算服务平台,支撑上面的应用服务层。

应用服务层包括智慧城市应用系统,本层主要功能是基于下层云计算服务平台实现智慧城市的各类应用,并由城市运营管理中心统一管理。应用层包括智慧的产业发展体系、智慧的环境和资源体系、智慧的城市运行体系、智能的城市交通体系、智能的民生保障体系以及智慧的幸福生活体系。

政策法规和信息安全两个模块保障了主体部分功能的实现和正常运行。智慧城市安全体系建设需准确建立在业务流程整合和业务数据规范交互基础之上,从信息系统等级保护角度提出安全体系的设计思路与安全防护策略。

16.3.3　智慧城市核心技术

1. 物联网

物联网对于未来城市,有4个方面作用。一是安全和有序的城市,二是高效、透明的政府,三是绿色和智慧的工业,四是健康、幸福和健康的生活。所以这4个方面,把政府、一般的居民以及工业,以及整个环境有机地结合起来,这样构成了未来的城市。实际上城市人口将占到全世界地球人口的半数以上。由此这些技术再扩展过去,就变成了一个智慧的中国,智慧的世界,这个是未来发展的方向。

对中国来说,温总理在2009年的时候连续4年发表物联网重要的讲话,他认为物联网是信息技术里面的第三次的浪潮,而且中国应该不失时机地抓住这个机会,来改造目前的状态,推动物联网和智慧城市、感知中国的工作。

2. 云计算基础平台

云计算作为一种基于互联网的新型服务模式和计算模式,具有虚拟化、伸缩性、多租户等特点,为解决智慧城市建设中大规模分布式数据管理、面向服务应用集成、快速资源部署等问题提供了有力的支撑手段,可以助力智慧城市的建设和发展。云计算成为未来信息化发展的重要领域,云计算正加速信息技术和服务创新、孕育信息产业发展格局的重大变革,将对提升国家信息化水平、提高公共服务能力、促进节能减排、转变发展方式发挥重要作用,对经济社会发展产生深远影响。

3. 大数据挖掘

具有数据体量巨大、数据类型繁多、价值密度低、处理速度快等特征的大数据资源，将为未来智慧城市的发展提供巨大的潜力价值需求。大数据将在民生领域、市场监管、政府服务、基础设施4大类别中发挥巨大作用。未来智慧城市的建设一定离不开对大数据的研究与利用，充分分析互联网所产生的大量数据资源，并应用于智慧交通、智慧旅游、智慧物流、智慧政务、智慧商业等领域，实现城市运转高效化，这是未来建设的主流。

4. 移动互联网

移动互联网是一种通过智能移动终端，采用移动无线通信方式获取业务和服务的新兴业务，包含终端、软件和应用三个层面。终端层包括智能手机、平板电脑、电子书、MID等；软件包括操作系统、中间件、数据库和安全软件等。应用层包括休闲娱乐类、工具媒体类、商务财经类等不同应用与服务。随着技术和产业的发展，未来，LTE（长期演进，4G通信技术标准之一）和NFC（近场通信，移动支付的支撑技术）等网络传输层关键技术也将被纳入移动互联网的范畴之内。

在最近几年里，移动通信和互联网成为当今世界发展最快、市场潜力最大、前景最诱人的两大业务。它们的增长速度都是任何预测家都未曾预料到的。迄今，全球移动用户已超过15亿，互联网用户也已逾7亿。中国移动通信用户总数超过3.6亿，互联网用户总数则超过1亿。这一历史上从来没有过的高速增长现象反映了随着时代与技术的进步，人类对移动性和信息的需求急剧上升。越来越多的人希望在移动的过程中高速地接入互联网，获取急需的信息，完成想做的事情。所以，出现的移动与互联网相结合的趋势是历史的必然。移动互联网正逐渐渗透到人们生活、工作的各个领域，短信、铃声下载、移动音乐、手机游戏、视频应用、手机支付、位置服务等丰富多彩的移动互联网应用迅猛发展，正在深刻改变信息时代的社会生活。移动互联网经过几年的曲折前行，终于迎来了新的发展高潮。

16.3.4　技术难点

在智慧城市快速发展的同时，也涌现出了很多的问题。

一些城市没有进行科学的统筹规划，缺乏长远的制度保障和可持续性。目前，我国现有规划主要对物联网、云计算等相关智慧技术的发展和应用方向做出了原则性和纲领性指导，关于智慧城市建设的专门性规划尚未出台。

“信息孤岛”现象存在，信息开放程度亟待提高。城市各部门在长期的信息化应用中虽积累了海量的数据和信息，但因为各系统独立建设、条块分割、缺乏开放和共享机制，导致“信息孤岛”现象普遍存在，信息难以产生价值。

我国信息安全的规范和标准明显滞后。推进智慧城市建设既需要顶层设计，提前规划布局，制定标准，也需要从各城市的探索中总结经验，根据城市发展的战略需求，在一些领域实现重点突破，提升城市功能品质。

核心技术不够成熟。云计算、物联网、大数据、移动互联网等新一代信息技术仍在高速发展中。

16.3.5　未来发展

近些年,各类新兴技术快速发展,并被越来越多地应用到智慧社区的建设当中。智慧社区作为智慧城市的重要组成部分,是城市智慧落地的触点,是城市管理、政务服务和市场服务的载体,其中,数字社区、智能家居、社区养老和智能生态社区等各类智慧社区项目层出不穷。随着智慧城市的推广以及新一代技术的普及,智慧社区的项目必将迎来新一轮的快速发展。

在智慧城市的建设过程中,基础设施和信息资源是智慧城市的重要组成部分,其建设的成效将会直接影响智慧城市的体现。而信息安全作为辅助支撑体系,是智慧城市建设的重中之重。如何建设信息安全综合监控平台,如何强化信息安全风险评估体系,将成为智慧城市建设的战略重点。在未来几年,智慧城市的建设将更加关注信息安全。政府方面应该着力将基础设施分级分类,继续深化在网络基础设施及信息资源方面的安全防护;企业方面应该加强产业合作,形成合力,推动中国安全信息产业的发展。

针对当下城市交通拥堵、看病难、安全系数低、突发灾难多等"病症",以物联网和云计算等为支撑的智慧城市技术或许是解决问题的出路。按照发展规律,城市必定要向数字化、智能化的方向发展。智能城市建设不可能一蹴而就,可从当前城市建设当中最紧迫的、关切到老百姓安全的一些问题着手。智能城市建设要有远景、总体规划和实施步骤,而且要结合当地的环境和条件来实施。

智慧城市建设将改变我们的生存环境,改变人与物之间、物与物之间的联系方式,也必将深刻地影响人们的生活、娱乐、工作、社交等几乎一切行为方式。通过智慧医疗系统使得居民身心健康得到及时有效护理,同时有效破解当前医疗资源有限、分配不平衡的难题;通过智能交通使得出行更为顺畅,高效率运用城市道路资源;通过智慧食品供应链使得居民能够买得放心,吃得安心;智能家居给居民营造一个安全、智能、舒心惬意的家庭环境;通过智慧城市平安应急体系可以有效监控城市治安状况,从而及时有效处理城市犯罪和突发事件,营造平安城市环境。智慧城市将通过一系列智慧工程,构建和谐稳定、经济良性发展、安全、环保、宜居的城市,营造更加美好的城市生活。

16.4　智慧医疗

16.4.1　智慧医疗简介

智慧医疗是智慧城市的一个重要组成部分,是综合应用医疗物联网、数据融合传输交换、云计算、城域网等技术,通过信息技术将医疗基础设施与 IT 基础设施进行融合,以"医疗云数据中心"为核心,跨越原有医疗系统的时空限制,并在此基础上进行智能决策,实现医疗服务最优化的医疗体系。

16.4.2　智慧医疗主要特点

通过无线网络,使用移动设备便捷地连通各种诊疗仪器,使医务人员随时掌握每个病人的病案信息和最新诊疗报告,随时随地地快速制定诊疗方案;在医院任何一个地方,医护人员都可以登录距自己最近的系统查询医学影像资料和医嘱;患者的转诊信息及病历可以在任意一家医院通过医疗联网方式调阅等。随着医疗信息化的快速发展,这样的场景在不久的将来将日渐普及,智慧的医疗正日渐走入人们的生活。医疗信息系统为例,智慧医疗具有以下特点。

（1）互连性。经授权的医生能够随时查阅病人的病历、患史、治疗措施和保险细则,患者也可以自主选择更换医生或医院。

（2）协作性。把信息仓库变成可分享的记录,整合并共享医疗信息和记录,以期构建一个综合的专业的医疗网络。

（3）预防性。实时感知、处理和分析重大的医疗事件,从而快速、有效地做出响应。

（4）普及性。支持乡镇医院和社区医院无缝地连接到中心医院,以便可以实时地获取专家建议、安排转诊和接受培训。

（5）创新性。提升知识和过程处理能力,进一步推动临床创新和研究。

（6）可靠性。使从业医生能够搜索、分析和引用大量科学证据来支持他们的诊断。

16.4.3　主要技术

在智慧医疗相关技术领域涉及感知层、网络层、平台层的关键技术,针对以上介绍的几类业务场景所相关的技术包括以下几方面。

智能感知类技术,如频射标识(RFID)技术、定位技术、体征感知技术、视频识别技术等。智慧医疗中的相关数据主要从医院和用户家中各系统传出信息的传感器获取,实现被检测对象准确的数据采集、检测、识别、控制和定位。

信息互通类技术,如上下文感知中间件技术、电磁干扰技术、高能效传输技术等。实现用户与医疗机构、服务机构之间健康信息网络协作的数字沟通渠道,为整个医疗系统海量信息的分析挖掘提供通道基础。

信息处理技术,如分布式计算技术、网络计算技术等,完成对各类传感器原始测报或经过预处理的综合和分析,更高层次的信息融合实现对原始信息进行特征提取,再进行综合分析和处理。

抗电磁干扰技术,针对智慧医院场景下环境复杂、多种终端共存、医用设备防干扰要求高等特点,医疗健康环境电磁干扰技术要求成为智慧医院场景下一个重点要求。包括临床场景下多径环境下多个移动用户及射频干扰源时对医疗设备的电磁干扰影响。

无线定位技术是第三代移动通信的重要技术之一,根据医院、家庭、野战环境下实时监护需求,提出三维空间的精确定位的要求。目前业内已提出了许多室内定位技术解决方案,如 ZigBee 定位技术、超声波定位技术、蓝牙技术、红外线技术、射频识别技术、超宽带技术、光跟踪定位技术,以及图像分析、信标定位、计算机视觉定位技术等,以实现医护人员、病人、医疗设备等目标移动条件下的精确定位。

高效传输技术是指充分利用不同信道的传输能力构成一个完整的传输系统,使信息得以可靠传输的技术。针对医疗健康信息传输的需要,针对医学信号处理技术,研究能够有效压缩医疗传感器数据流、医疗影像数据的新的压缩算法;针对无线传感器网络的高能效传输技术研究,涵盖传感器网络分布式协作分集传输算法,从而提高传感器节点及整个无线传感器网络的能效。

16.4.4　发展趋势

通过对全球智慧医疗技术特点分析及业务现状梳理,可见智慧医疗将成为健康管理最有效的适宜技术。智慧医疗将覆盖影响个人及人群的健康因素全生命周期的过程,实现有效地利用以用户为中心的健康信息及各类医疗资源来达到最大健康效果。中国的智慧医疗产业是在中国特定的制度环境下新兴的医疗服务形态,目前仍没有形成成熟的模式可供比较和参考,在近年的发展过程中展现出政府参与度加强、应用范围广、物联健康终端需求猛增、互连互通更加全面等特点。

随着应用系统和终端产品的逐渐成熟完善,智慧医疗的应用范围也将逐渐拓广。智慧医疗的应用范围逐渐覆盖用户全生命周期,从新生儿出生、新生儿家庭访视、儿童健康检查、预防接种、健康体检、高血压患者随访、糖尿病患者随访、重性精神疾病患者随访、老年人健康管理、健康教育等。物联健康终端产品,将在未来成为广大市民主要健康业务必不可少的一部分。以便捷化、低成本化、移动化为特征的物联网健康终端也将随着智慧医疗应用范围拓广急剧增加。

随着医疗服务平台分阶段开始部署、搭建,未来的智慧医疗将真正实现医疗信息的互连互通。而且,预计智慧医疗将成为一个多级、多层面的数据处理平台,完成多个信息源的数据进行关联、估计和组合,实现各系统及物联网多元数据相关信息的全面加工和协同利用,最终实现医疗信息的融合。

16.5　智能交通

16.5.1　交通问题现状

随着我国高速公路的不断发展,目前已形成了规模庞大、结构复杂的高速公路交通网。随着高速公路路网快速形成的同时,机动车数量也在迅猛增加,人和物的流动也非常频繁,人们对公路交通的需求与日俱增,因此时常会发生道路拥挤、交通事故、救援不及时和人、车和路之间的不和谐等现象。随着上述矛盾越来越突出,单靠道路建设不能从根本上解决问题。而高速公路有高速、安全和舒适等特点,因此高速公路得到了人们的广泛认可,而这些特点离不开高速公路信息管理系统的建设。高速公路信息管理系统以高速公路运营管理为核心,以计算机信息网络与通信系统为基础,是高速公路及交通基础设施重要的支持系统,是交通信息化发展、提高管理水平和运营效益的重要手段。高速公路信息管理系统通过运用先进设备和现代化管理技术,实现高速公路的舒适、安全、高效、畅通。因此,高速公路信息管理系统在交通运输安全方面有着非常重要的作用。当前道路交通存在的主要问题:交通事故频发,对人类生命安全造成极大威胁;交通拥堵严重,导致出行时间增加;能源消耗加大,空气污染和噪声污染程度日益加深。

智能交通可以有效地利用现有交通设施、减少交通负荷和环境污染、保证交通安全、提高运输效率,因而日益受到各国的重视。在我国,交通发展中存在着诸多问题,例如,基础设施短缺与其利用的低效率并存；道路交通设施不能适应经济发展需要,绝大部分交通设施严重超负荷运作；交通阻塞严重,导致运输效率下降,出行时间大量浪费；机动车尾气排放已成为城市大气污染的主要来源,加重了城市空气污染等。智能交通是应运而生的产物,必然需要解决其交通问题。

16.5.2　智能交通发展现状

智能交通系统(Intelligent Transport System,ITS)是将先进的信息技术、数据通信传输技术、电子传感技术、电子控制技术以及计算机处理技术等有效地集成运用于整个交通运输管理体系,而建立起的一种在大范围内、全方位发挥作用的,实时、准确、高效的综合运输和管理系统。

21 世纪将是公路交通智能化的世纪,人们将要采用的智能交通系统,是一种先进的一体化交通综合管理系统。在该系统中,车辆靠自己的智能在道路上自由行驶,公路靠自身的智能将交通流量调整至最佳状态,管理人员能明确掌握车辆的行踪。智能交通是一个基于现代电子信息技术,面向交通运输的服务系统,它可以有效地利用现有交通设施、减少交通负荷和环境污染、保证交通安全、提高运输效率。它的突出特点是以信息的收集、处理、发布、交换、分析、利用为主线,为交通参与者提供多样性的服务。

智能交通是当今世界交通运输发展的热点和前沿,它依托交通基础设施和运载工具,通过对现代信息、通信、控制等技术的集成应用,以构建安全、便捷、高效、绿色的交通运输体系为目标,充分满足公众出行和货物运输多样化需求,是现代交通运输业的重要标志。

自 20 世纪 90 年代中期开始,中国就组织开展了智能交通发展战略和体系框架的研究,为智能交通的发展奠定了基础。在进入到 21 世纪以来,在国家科技技术的引领和推动下,智能交通取得了多项创新的技术和产品,例如国家物联网示范,交通信息化示范,这样一些工程项目,促进了智能交通技术的推广和应用。近年来,随着移动互联网的普及和跨界交叉融合,智能交通服务,已经融入到社会生产和人民生活的方方面面,有力地支撑了中国规模庞大的交通运输基础设施网络运行,人口出行和节日的迁徙大,规模的贸易运输和货物的流转,已经成为推动中国运输行业转型升级和新兴产业发展一个重要的推动力。中国智能交通发展的建设,总体上取得了积极的成果,我们形成了智能交通科技创新体系,在城市交通、道路交通、轨道交通、水运交通等领域里边,都成功实施了一系列具有广泛影响的示范性工程,智能交通在许多城市和交通运输的各个行业都得到了成功应用。

城市的交通管理,智能化集成应用成效显著,公众出行的智能化服务水平得到了有效的改善。北京、上海、广州、深圳等城市相继建成了现代化的智能交通管理系统。城市交通运行的智能分析系统,有效地缓解了这些城市严重的交通拥堵。同时,在奥运、世博会、亚运会等一系列大型活动的交通服务中发挥了重要的作用。目前中国许多城市已经建成或者正在建设智能化的道路交通管理系统,全国机动车驾驶人信息管理系统已经实现了全国范围内机动车违法联网处置,以公共交通出行为核心城市智能交通,公交与客运服务体系,也已经初步形成了。公交都市的建设推动了城市的地铁、地面公交的建设,公共自行车和步行等慢行系统领域里的应用服务创新,公交一卡通在珠三角、江苏等区域初步实现了跨城市的互连互通。如图 16-4 所示为深圳市智慧交通规划图。

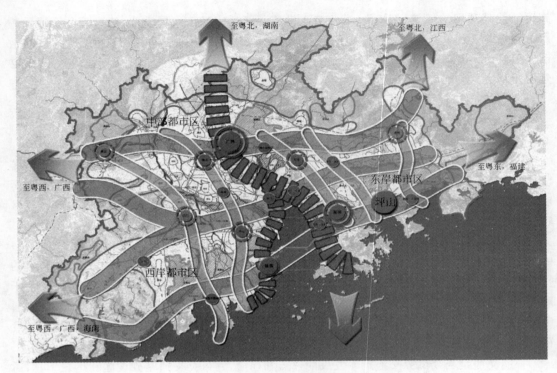

图 16-4　深圳市智慧交通规划图

　　近年来,中国政府通过国家科技计划,对智能交通发展持续给予了支持。例如针对车路协同、交通状态的感知和交互、车联网、环境友好型的智能交通、多模式的交通协同、道路安全的智能化管控等这样一些智能交通的核心关键技术,进行了持续的深入研究和应用推动,总体的进展良好,也促进了新一代信息技术其交通领域的融合应用,为推动中国智能交通技术水平的提升和持续发展奠定了良好的技术基础。

　　基于移动互联网的出行的服务模式和产业在不断地创新发展。移动互联网的广泛应用正在深刻地改变人们的生活方式,也带来了交通运营和服务模式的巨大的变革,促进了交通共享这样一个新业态的产生。基于移动互联的大数据分析系统形成的大范围的交通迁徙图等信息很有社会价值,为交通决策的智能化提供了支撑。

16.5.3　技术难点

　　在感知层,交通车辆检测方面,地埋式线圈之前有比较广泛的应用,但由于对路面有破坏、布放需断路施工,并且后期维护不易,也无法提供全面的综合数据。随着微波、雷达等技术由军用转民用,也被应用于交通车辆检测,其优点是环境适应性强、易安装、能检测多条车道,其主要问题同样是无法提供全面的综合数据。目前主要应用的是视频检测,视频检测提供交通管理所需的多种交通流量参数,直接提供实时监控图像,适合单机多车道甚至多方向检测。视频检测面临的主要问题是光线、雨雪、积水反光等环境因素造成的成像质量低,因此其技术发展主要是依靠先进的图像处理技术,排除干扰,增强环境适应性。而在对道路状态感知的传感器方面,比较受关注的是用于监测桥梁、隧道以及路基灾害状况的光纤传感器,以及用于气象状态、道路温度和状态、道路湿滑程度检测的道路气象站。

在网络层,各种通信技术在电信行业已经有了广泛而成熟的应用,目前需要进一步研究和发展的是以专用短程通信(Dedicated Short Range Communication,DSRC),CALM(Communications,Air-interface,Longand Medium Range)为代表的车车通信(Vehicle to Vehicle,V2V),车路通信(Vehicle to Infrastructure,V2I)技术。DSRC 技术现在较多地应用于电子不停车收费(ETC),欧洲、日本和我国都有相当规模的应用,但用于 V2V 和 V2I 还处于研究中。DSRC 技术主要使用 5.8~5.9GHz 频段,日本、美国、欧洲等不同地区的频段划分也不完全相同。ISO,IEEE,CEN 和日本的 ARIB 都在做 DSRC 相关标准化工作,还包括用于中长距离通信的 CALM。目前相关的应用部署还比较少,有待在实践中进一步发现问题和改进。

在应用层需要解决的主要问题是,通过各种车载的、路侧的传感器获得的原始数据,通过网络传输到数据中心后,如何对其进行处理和加工,形成各种应用所需的二次数据。将物联网引入交通运输领域后,能够获取到比以前丰富得多的海量数据,此时提升交通运输信息资源的深度开发与综合利用水平才能实现物联网带给交通运输的真正价值。目前我国在海量交通数据处理分析方面取得初步进展,但行业通信信息网络资源还未有效整合利用,为后台分析提供基础支撑的行业数据中心,特别是部级层面的行业数据中心尚未真正建立。省级数据中心数据质量问题突出,基础业务信息的数字化和标准化水平低。近几年云计算技术的发展,为海量交通数据的存储与处理提供了技术上的支持,如何对数据进行处理,形成完善的行业信息数据库,并向公众应用开放接口,提升行业基础信息共享和服务能力,是在交通运输领域内需要特别规划和考虑的。利用各种已处理或无须处理(如 V2V 交互的信息)的数据,能够实现什么样的应用;或是为了实现某种应用,需要哪些数据的支持,则是在提供智能交通服务方面进行应用模式创新研究的重点。

思考与讨论

1. 数字家庭涉及的主要技术有哪些?
2. 智慧社区的未来发展方向有哪些?
3. 智慧城市的体系结构由哪几部分构成? 涉及哪些技术?
4. 智慧医疗的特点有哪些? 请简要阐述。
5. 什么是智能交通? 它的发展难点有哪些?

参考文献

[1] 刘长虹,苏瑞波,吴爱新.数字家庭及其标准综述[J].广东科技,2010(7):30-33.
[2] 吴剑波.智慧社区解决方案[J].烽火科技,2014(2).
[3] 李贤毅.智慧城市开启未来生活[M].北京:人民邮电出版社,2011.
[4] 宋刚,邬伦.创新 2.0 视野下的智慧城市[J].北京邮电大学学报:社会科学版,2012,19(9):53-60.
[5] 郦月飞.智慧城市建设的关键技术研究[J].企业技术开发月刊,2013,32(1):82、83.
[6] 李建功,唐雄燕.智慧医疗应用技术特点及发展趋势[J].中兴通信技术,2013,18(6):1-7.
[7] 夏劲,郭红卫.国内外城市智能交通系统的发展概况与趋势及其启示[J].科技进步与对策,2003,20(1):176-179.

第17章

 移动技术中的安全与隐私

17.1 安全问题的产生

互联网在全球迅猛发展,为人们提供了极大的方便、自由和无限的财富,国家的政治、军事、经济、科技、教育、文化等各个方面都越来越网络化,人们的生活、娱乐、交流方式也受其影响。可以说,信息时代已经到来,信息已成为物质和能量以外的维持人类社会的第三资源,而且它是未来生活的介质。然而,信息化在给人们带来种种物质和文化享受的同时,也带来了一些负面影响。"信息垃圾""邮件炸弹""计算机病毒""网上犯罪""网上黑客"等越来越威胁到网络的安全和个人隐私。

安全问题已经成为阻碍移动网络发展的主要问题之一,主要从以下几个方面产生。

1. 系统漏洞

所谓系统漏洞,用专业术语可以这样解释,是指应用软件或操作系统软件在逻辑设计上的缺陷或在编写时产生的错误,这个缺陷或错误一旦被不法者或者计算机黑客利用,通过植入木马、病毒等方式可以攻击或控制整个计算机,从而窃取计算机中的数据,信息资料,甚至破坏系统。而每一个系统都并不是完美无缺的,没有任何一个系统可以避免系统漏洞的存在,事实上,要修补系统漏洞也是十分困难的事情。漏洞会影响到的范围很大,它会影响到包括系统本身及其支撑软件,网络客户和服务器软件,网络路由器和安全防火墙等。也就是说在这些不同的软硬件设备中都会存在不同的安全漏洞。

2. 网络黑客入侵

在计算机领域,网络黑客以优异的编写程序以及调式程序能力来强制性地破解他人的计算机安全密码,从而入侵他人的计算机系统。例如,黑客可以使用一种称为 IPspoofing 的技术,假冒用户的 IP 地址,从而进入内部 IP 网络,对网页及内部数据库进行破坏性修改或进行反复的大量的查询操作,使服务器不堪重负直至瘫痪,也能轻易盗取他人的机密信息。黑客能轻易地获得口令与密码,进而入侵他人的计算机系统,传播网络病毒。黑客要入侵他人的计算机系统,首先要跨过网络防火墙,获得系统访问权,进而破坏系统程序,干扰系统的正常运作。黑客入侵的途径有两种,一种是破坏性入侵,另一种是非破坏性入侵。非破坏性入侵并不会进入他人的系统,但会损坏他人的运作程序,所以无法窃取到系统内的相关资料。相反地,破坏性入侵不仅会入侵他人系统,同时还能窃取到他人系统里的资料,并能篡改这些资料。

3. 个人信息收集不合理

收集个人信息也是现在移动互联网存在的主要信息安全风险之一,这种情况主要是指一些应用程序在未经过用户授权或者超出了软件应用功能所需用户信息而有意扩大用户信息搜集范围,然而这些信息并非这些应用软件运行所必需的。由于网络运营上要了解并满足用户的需求,就需要了解客户的真实信息。因此,用户无论是上网购物还是浏览下载信息时,总需要填写一些个人信息来确定身份,例如性别、年龄、姓名以及身份证号码等。但许多运营商均不能说明收集此种信息的原因,以及最终怎样处理这些信息,给用户的信息安全造成了一定的威胁。手机应用程序在安装过程中存在一些涉及搜集用户信息的霸王条款,例如安装程序会默认获取各项个人信息,用户只能选择接受或者不安装,而且有的程序在安装前并不会很清晰地告知用户需要获取用户的哪些权限,也没有明确阐述获取用户的这些信息数据的用途以及如何对这些个人隐私信息进行保密。

4. 交易信息泄漏

交易数据通常有两种形式,其一是商家与商家之间相互交换自己掌握的个人信息;其二是商家将自己已经掌握的用户信息出售给需要信息的商家。个人信息交换属于目前最为严重的侵权行为,交换个人信息被商家称为"合作伙伴之间的信息共享",通常情况下,商家的合作伙伴不止一个,假如在共享的范围内得不到有效的控制,个人信息将会被很多商家掌握,严重影响用户的日常生活。

17.2　现有解决方案

对用户访问网络进行有效控制。访问控制是维护网络安全的重要措施,也是防止网络资源被非法盗用的主要机制,是维护网络系统安全、保护网络资源的重要手段。只有对各方面的安全防护策略进行有效的整合和实施才能保证网络真正意义上的安全,而访问控制则是其中非常关键的一环。

防火墙和防护软件。大多数用户通过使用防火墙或者防护软件解决日常的安全需求,实际上网络安全问题远远不是防毒软件和防火墙能够解决的,也不是大量标准安全产品简单堆砌就能解决的。近年来,国外的一些互联网安全产品厂商及时应变,由防病毒软件供应商转变为企业安全解决方案的提供者,他们相继在我国推出多种全面的企业安全解决方案,包括风险评估和漏洞检测、入侵检测、防火墙和虚拟专用网、防病毒和内容过滤解决方案,以及企业管理解决方案等一整套综合性安全管理解决方案。

对重要信息进行加密。对信息进行加密是保证网内信息、文件、资源的安全和有效共享的必备机制。最常用的信息加密方式主要是链路加密、端点加密和节点加密三种。链路加密是为了保证一个服务器内的用户相互传输信息的安全性；端点加密是为了维护从源服务器到端节点的信息的安全；节点加密则为各节点之间的信息流通提供了保护。具体采取怎样的加密方式取决于用户的网络环境。控制信息加密的是各种各样的算法程序，它以微小的投入有效地对网络信息提供了强力的保障。很多情况下，对信息进行加密是防护网络安全的最高效的方法。

17.3　面临的挑战

目前，在网络安全问题上还存在不少认知盲区和制约因素。网络是新生事物，许多人一接触就忙着用于学习、工作和娱乐等，对网络信息的安全性无暇顾及，安全意识相当淡薄，对网络信息不安全的事实认识不足。与此同时，网络经营者和机构用户注重的是网络效应，对安全领域的投入和管理远远不能满足安全防范的要求。从总体上看，网络信息安全处于被动的封堵漏洞状态，从上到下普遍存在侥幸心理，没有形成主动防范、积极应对的全民意识，更无法从根本上提高网络监测、防护、响应、恢复和抗击能力。近年来，国家和各级职能部门在信息安全方面已做了大量努力，但就范围、影响和效果来讲，迄今所采取的信息安全保护措施和有关计划还不能从根本上解决目前的被动局面，整个信息安全系统在迅速反应、快速行动和预警防范等主要方面，缺少方向感、敏感度和应对能力。

相关的法律体系还不健全。对个人信息保护的法律法规相对零散、不具体、不成体系，无明确的执行机构，导致发生侵害个人信息的违法行为时往往难以执行。在移动互联网环境下，由于新技术的广泛应用给个人信息的保护带来前所未有的挑战。诸如垃圾短信、骚扰电话、隐私泄漏、账号被盗、随意贩卖、过度收集个人信息的违法行为时有发生。网络的匿名性、技术的隐蔽性、取证的困难、违法成本低使得犯罪分子游走在道德与法律的边缘，甚而在利益驱使下铤而走险直接侵害个人信息，使得人身财产安全受损。

不少单位没有从管理制度上建立相应的安全防范机制，在整个运行过程中，缺乏行之有效的安全检查和应对保护制度。不完善的制度滋长了网络管理者和内部人士自身的违法行为。许多网络犯罪行为都是因为内部联网计算机和系统管理制度疏于管理而得逞的。同时，政策法规难以适应网络发展的需要，信息立法还存在相当多的空白。个人隐私保护法、数据库保护法、数字媒体法、数字签名认证法、计算机犯罪法以及计算机安全监管法等信息空间正常运作所需的配套法规尚不健全。由于网络作案手段新、时间短、不留痕迹等特点，给侦破和审理网上犯罪案件带来极大困难。

提高研发网络安全产品的水平。网络世界是一个变化多端的世界，技术的更新换代十分频繁，若缺乏自主研发的网络安全产品就难以真正营造安全的网络环境。我们要树立全局观，要清楚地认识到网络安全建设的艰巨性和迫切性，放眼于国内市场，不断改良自主研发、生产与网络安全相关的产品和软件。国家对于部分领域，应该给予高度重视和支持，突出网络信息相关技术的自主研发，迅速建立起一支管理网络信息安全的队伍。

网络环境的复杂性、多变性，以及信息系统的脆弱性，决定了网络安全威胁的客观存在。我国日益开放并融入世界，但加强安全监管和建立保护屏障不可或缺。信息安全是涉及我国经济发展、社会发展和国家安全的重大问题。近年来，随着国际政治形势的发展，以及经济全球化过程的加快，人们越来越清楚，信息时代所引发的信息安全问题不仅涉及国家的经济安全、金融安全,同时也涉及国家的国防安全、政治安全和文化安全。因此,可以说,在信息化社会里,没有信息安全的保障,国家就没有安全的屏障。

思考与讨论

　　1. 安全问题产生的原因有哪些?
　　2. 针对一系列的安全问题,有哪些可供使用的解决方案?

参考文献

[1]　封莎,闵栋.移动互联网安全问题分析[J].现代电信科技,2010(4):5-8.
[2]　冯登国,张敏,李昊.大数据安全与隐私保护[J].计算机学报,2014,37(1):246-258.
[3]　颜祥林.网络环境下个人信息安全与隐私问题的探析[J].情报科学,2002,20(9):37-940.

附录

缩　略　词

3GPP	3rd Generation Partnership Project	第三代合作伙伴计划
A/D	Analog/Digital	模拟/数字
AAA	Authentication，Authorization and Accounting	鉴权，认证和计费
AAL	ATM Adaptation Layer	ATM 适配层
AAS	Adaptive Antenna System	自使用天线系统
AB	Access Burst	接入突发脉冲序列
AC	Access Channel	接入信道
ACK	Acknowledgement	确认
ACL	Asynchronous Connectionless Link	异步无连接
ADSL	Asymmetric Digital Subscriber Line	非对称数字用户线
AES	Advanced Encryption Standard	高级加密标准
AG	Access Gateway	接入网关
AGCH	Access Grant Channel	接入许可信道
AICH	Acquisition Indication Channel	捕获指示信道
AMC	Adaptive Modulation and Coding	自适应调制编码
AMP	Alternative MAC/PHY	备选的 MAC/PHY
AMPS	Advanced Mobile Phone System	先进移动电话系统
AMR	Adaptive Multi-Rate	自适应多速率
AP	Access Point	接入点
APDU	Application Protocol Data Unit	应用协议数据单元
API	Application Program Interface	应用编程接口
APL	Application Layer	应用层
APNIC	Asian-Pacific Network Information Center	亚太网络信息中心
APS	Application Support Sublayer	应用支持子层
ARIB	Association Of Radio Industry Businesses	（日）无线行业企业协会
ARPA	Advanced Research Projects Agency	（美）高级研究计划署
ARPANET	Advanced Research Projects Agency Network	（美）高级研究计划署网络，阿帕网

ARPU	Average Revenue Per User	每用户平均收入
ARQ	Automatic Repeat Request	自动重发请求
AS	Application Server	应用服务器
ASCII	American Standard Code for Information	美国信息交换标准码
ASIC	Application Specific Integrated Circuit	专用集成电路
ASN	Access Service Network	接入网
AT&T	American Telephone & Telegraph	美国电话电报公司
ATM	Asynchronous Transfer Mode	异步传输模式
AUC	Authentication Center	鉴权中心
B3G	Beyond Third Generation in Mobile Communication	超三代移动通信系统
BAN	Body Area Networks	体域网
BAS	Building Automation System	楼宇自动化系统
BB	Baseband	基带
BBS	Bulletin Board System	电子公告板
BCCH	Broadcast Control Channel	广播控制信道
BCH	Broadcast Channel	广播信道
BE	Best-Effort	尽力而为
BEMS	Building Energy Management System	建筑物能源管理系统
BG	Border Gateway	边界网关
BGP	Border Gateway Protocol	边界网关协议
BICC	Bearer Independent Call Control	与承载无关的呼叫控制
BIE	Base station Interface Equipment	基站接口设备
BLE	Bluetooth Low Energy	蓝牙低能耗技术
BMC	Broadcast/Multicast Control	广播/组播控制
BNS	Broadband Network Services	带宽网络服务
BOS	Basic Operating System	基本操作系统
BPSK	Binary Phase-shift Keying	二相移相键控
BS	Base Station	基站
BSC	Base Station Controller	基站控制器
BSIC	Base Station Identity Code	基站识别码
BSIG	Bluetooth Special Interest Group	蓝牙技术联盟
BSS	Base Station Sub-system	基站子系统
BTMA	Busy Tone Multiple Access	忙音多路访问协议
BTS	Base Transceiver Station	基站收发信机
C/D	Coder/Decoder	编码器/译码器
C/I	Carrier-to-Interference Ratio	载干比
CAMEL	Customized Applications for Mobile Enhanced Logic	用于移动增强逻辑的用户应用
CATV	Cable Television	有线电视
CBR	Constents Bit Rate	固定的比特率
CCA	Clear Channel Assessment	空闲信道评估
CCCH	Common Control Channel	公共控制信道
CCH	Control Channel	控制信道
CCITT	International Telegraph and Telephone Consultative Committee	国际电报电话咨询委员会

CCPCH	Common Control Physical Channel	公共控制物理信道
CCSA	China Communications Standards Association	中国通信标准化协会
CCSDS	Consultative Committee for Space Data Systems	空间数据系统协调咨询委员会
CDMA	Code Division Multiple Access	码分多址接入
CDN	Content Delivery Network	内容分发网络
CELP	Code Excited Linear Predictor	码激励线性预测编码器
CEN	European Committee for Standardization	欧洲标准化委员会
CEPT	Conference Of European Post And Telecommunication Administrations	欧洲邮电行政会议
CERNET	China Education and Research Network	中国教育与科研计算机网
CG	Charging Gateway	计费网关
CIR	Committed Information Rate	承诺信息速率
CIX	Commercial Internet Exchange	商业因特网交换中心
CLI	Computer Led Instruction	计算机指令
CN	Core Network	核心网
CPC	Continuous Packet Connectivity	连续性分组连接
CPCH	Common Packet Channel	公共分组信道
CPICH	Common Pilot Channel	公共导频信道
CPU	Central Processing Unit	中央处理器
CQI	Channel Quanlity Indicator	信道质量指示
CRC	Cyclic Redundancy Code	循环冗余校验码
CS	Circuit Switch	电路交换（域）
CSIRO	Commonwealth Scientific And Industrial Research Organisation	（澳大利亚）联邦科学与工业研究组织
CSMA	Carrier Sense Multiple Access	载波侦听多路访问协议
CSMA/CA	Carrier Sense Multiple Access with Collision Avoidance	载波侦听多路访问/冲突避免
CSMA/CD	Carrier Sense Multiple Access with Collision Detection	带冲突检测的载波监听多路访问
CSN	Connectivity Service Network	连接业务网
CSPDN	Circuit Switched Public Data Network	电路交换公共数据网
CSS	Cascading Style Sheet	层叠样式表文档
CTCH	Common Traffic Channel	公共业务信道
CVSD	Continuous Variable Slope Delta Modulation	连续可变斜率增量调制
D/A	Digital/Analog	数字/模拟
D2D	Device-to-Device	设备-设备通信
DAB	Digital Audio Broadcasting	数据音频广播
DB	Database	数据库
DC	Direct Current	直流电
DCA	Dynamic Channel Allocation	动态信道分配
DCCH	Dedicated Control Channel	专用控制信道
DCF	Distributed Coordination Function	分布式协调功能
DCH	Dedicated Channel	专用信道
DCS	Digital Communication System	数字通信系统

DDL	Data Definition Language	数据定义语言
DDN	Digital Data Network	数字数据网
DECT	Digital European Cordless Telephone	欧洲数字无绳电话
DES	Data Encryption Standard	数据加密标准
DFT	Discrete Fourier Transform	离散傅里叶变换
DIFS	DCF InterFrame Spacing	DCF 帧间间隔
DL	Downlink(Forward link)	下行链路（前向链路）
DLC	Digital Loop Carrier	数字用户线路倍增器
DLNA	Digital Living Network Alliance	数字生活网络联盟
DNS	Domain Name Server	域名服务器
DPCCH	Dedicated Physical Control Channel	专用物理控制信道
DPCH	Dedicated Physical Channel	专用物理信道
DPDCH	Dedicated Physical Data Channel	专用物理数据信道
DRX	Discontinuous Reception	非连续接收
DSCH	Downlink Shared Channel	下行共享信道
DSL	Digital Subscriber Line	数字用户环路
DSP	Data Signal Processor	数字信号处理器
DSRC	Dedicated Short Range Communication	专用短程通信
DSSS	Direct Sequence Spread Spectrum	直接序列扩频
DTCH	Dedicated Traffic Channel	专用业务信道
DTX	Discontinuous Transmission	非连续发射
EAP	Extensible Authentication Protocol	可扩展认证协议
EB	Error Block	误块
EB	Exabyte	艾字节(1EB＝1024PB)
EDCA	Enhanced Distributed Channel Access	增强分布式协调访问
EDGE	Enhanced Data Rates For GSM Evolution	改进型 GSM 数据传输率演进
EDR	Enhanced Data Rate	增强速率
EIR	Equipment Identity Register	设备识别寄存器
EPO	European Patent Office	欧洲专利局
ERTM	Enhanced Retransmission Mode	加强版重传模式
ESS	Extended Service Set	扩展服务集
ETC	Electronic Toll Collection	电子自动收费站
ETSI	European Telecommunication Standard Institute	欧洲电信标准协会
FACH	Forward Access Channel	前向接入信道
FAWG	Forwarding Abstraction WorkGroup	转发抽象工作组
FB	Frequency Correction Burst	频率校正突发脉冲序列
FBSS	Fast Base Station Switching	快速基站交换
FBTD	Feedback Transmit Diversity	反馈发射分集
FCC	Federal Communication Committee	联邦通信委员会
FCCH	Frequency Correction Channel	频率校正信道
FDD	Frequency Division Duplex	频分双工
FDM	Frequency Division Multiplexing	频分复用
FDMA	Frequency Division Multiple Access	频分多址
FE	Fast Ethernet	快速以太网

FEC	Forward Error Correction	前向纠错
FER	Frame Error Rate	（前向）误帧率
FFD	Full-Function Device	全功能设备
FFT	Fast Fourier Transform	快速傅里叶变换
FHSS	Frequency Hopping Spread Spectrum	跳频扩频
FI	Format Identifier	格式标识符
FM	Frequency Modulation	频率调制（调频）
FN	Fiber Node	光纤节点
FPACH	Fast Physical Access Channel	快速物理接入信道
FPGA	Field Programmable Gate Array	现场可编程门阵列
FPLMTS	Future Public Land Mobile Tele System	未来公共陆地移动通信系统
FQPSK	Feher Patented Quadrature Phase Shift Keying	费赫尔正交移相键控
FSK	Frequency Shift Keying	频移键控
FTP	File Transfer Protocol	文件传输协议
FTTH	Fiber To The Home	光纤到户
GAE	Google App Engine	谷歌应用服务引擎
GATT	Generic Attribute Profile	通用属性配置文件
GB	GigaByte	吉字节（1GB＝1024MB）
GEO	Geostationary Earth Orbit	地球同步轨道
GFDM	Generalized Frequency Division Multi-plex	广义频分复用技术
GFS	Google File System	谷歌文件系统
GGSN	Gateway GPRS Support Node	网关 GPRS 支持节点
GMSC	Gateway MSC	网关移动交换中心
GMSK	Gaussian Minimum Shift Keying	高斯最小频移键控
GP	Guard Period	保护间隔（周期）
GPRS	General Packet Radio Service	通用分组无线业务
GPS	Global Positioning System	全球定位系统
GSA	Global Mobile Suppliers Association	全球移动设备供应商协会
GSLB	Global Server Load Balance	全局负载均衡
GSM	Global System for Mobile Communication	全球移动通信系统
GSM	Group Special Mobile	移动通信特别小组
GSMK	Gaussian Filtered Minimum Shift Keying	高斯最小频移键控
GSN	GPRS Support Node	GPRS 支持节点
GTI	Global TD-LTE Initiative	LTE 全球发展倡议组织
GTS	General Traffic Shaping	通用业务整形
GW	Gate Way	网关
HA	Hybrid Access	混合接入
HARQ	Hybrid Auto Repeat Request	混合自动重传请求
HART	Highway Addressable Remote Transducer	可寻址远程传感器高速通道的开放通信协议
HB	Home Banking	家庭银行
HCCA	Hybrid Coordination Function Controlled Channel Access	混合协调功能控制信道访问
HCF	HART Communication Foundation	HART 通信基金会

HCI	Host Controler Interface	主控制器接口
HDR	High Data Rate	高数据率
HHO	Hard Handover	硬切换
HID	Human Interface Device	人机接口设备
HLR	Home Location Register	归属位置寄存器
HP	Hewlett-Packard	(美国)惠普公司
HPA	High-Power Amplifier	高阶通道适配
HS	High Speed	(调制解调器的)高速率传输
HSCSD	High Speed Circuit Switched Data	高速电路交换数据
HSDPA	High Speed Downlink Packet Access	高功率放大器
HSPA	High Speed Packet Access	高速分组接入
HSPDA	High Speed Downlink Packet Access	高速下行分组接入
HSUPA	High Speed Uplink Packet Access	高速上行分组接入
HTTP	Hyper Text Transfer Protocol	超文本传输协议
HVAC	Heating，Ventilation and Air Conditioning	供热通风与空气调节
I/O	Input/Output	输入/输出
IAM	Initial Address Message	初试地址消息
IAPP	Inter-Access Point Protocol	接入点内部协议
IBM	International Business Machines	国际商用机器公司
IBSS	Independent Basic Service Set	独立基本服务集
IC	Integrated Circuit	集成电路
ICI	Inter-Carrier Interference	子载波间的干扰
ICO	ICO Global Communications	国际移动通信卫星系统
ICP	Internet Content Provider	因特网内容提供商
ICT	Information Communications Technology	信息通信技术
ID	Identifier	识别码
IDC	Internet Data Center	互联网数据中心
IDRP	Inter-Domain Router Protocol	域间路由协议
IEEE	Institute of Electrical and Electronics Engineers	电气和电子工程师协会
IETF	Internet Engineering Task Force	因特网工程任务组
IFFT	Inverse Fast Fourier Transform	逆快速傅里叶变换
IGRS	Intelligent Grouping and Resource Sharing	信息设备资源共享协同服务
IMEI	International Mobile Equipment Identity	国际移动终端设备标识
IMP	Interface Message Processor	接口信息处理机
IMSI	International Mobile Subscriber Identity	国际移动用户标识
IMT-2000	International Mobile Telecommunication 2000	国际通信系统 2000
IMT-2020	International Mobile Telecommunication 2001	国际通信系统 2020
IMTS	Emproved Mobile Telephone System	改进型移动电话系统
IOT	Internet of Things	物联网
IP	Internet Protocol	因特网协议
IPN	InterPlaNetary	行星际因特网
I-PNNI	Integrated Private Network-to-Network Interface	集成的专用网络接点接口协议
IPRAN	IP-Radio Access Network	无线接入网 IP 化
IPSP	Internet Protocol Support Profile	网络协议支持配置文件

IPTv	Internet Protocol Television	网络电视
IPV4	Internet Protocol version 4	网际协议第 4 版
IPV6	Internet Protocol version 6	网际协议第 6 版
IR	Incremental Redundancy	增量冗余
ISDN	Integrated Services Digital Network	综合业务数字网
ISI	Inter-Symbol Interference	符号(码)间干扰
ISIS	Intermediate System-to-Intermediate System	中间系统到中间系统
ISM	Industrial Scientific and Medical	工业、科学、医疗(频段)
ISO	International Standards Organization	国际标准化组织
ISP	Internet Service Provider	因特网服务提供商
ISUP	ISDN User Part(of Signaling System No. 7)	(七号信令之)ISDN 用户部分
IT	Information Technology	信息技术
ITS	Intelligent Transport System	智能交通系统
ITU	International Telecommunications Union	国际电信联盟(国际电联)
ITU-R	International Telecommunication Union-Radio Communication Sector	国际电联—无线电通信部门
ITU-T	International Telecommunication Union-Telecommunication standardization sector	国际电联—电信标准化部门
JTAGS	Joint Test Action Group	联合测试行为组织
KB	KiloByte	千字节(1KB＝1024B)
L1	Layer1 (Physical layer)	第一层(物理层)
L2	Layer2 (data link layer)	第二层(数据链路层)
L2CAP	Logical Link Control and Adaptation Protocol	逻辑链路控制和适配协议
L3	Layer3 (network layer)	第三层(网络层)
LAC	Link Access Control	链路接入控制
LAI	Location Areas Identity	位置区识别码
LAN	Local Area Network	局域网
LDPC	Low Density Parity Check Code	低密度奇偶校验码
LED	Light Emitting Diode	发光二极管
LEO	Low-Earth Orbit	低地球轨道
LM	Link Manager	链路管理器
LMP	Link Manage Protocol	链路管理协议
LQI	Link Quality Indication	链路质量指示
LTE	Long Term Evolution	长期演进
M2M	Machine to Machine	机器与机器(通信)
MAC	Medium Access Control	媒体接入控制(层)
MAI	Multiple Access Interference	多址干扰
MAP	Media Access Protocol	媒体接入协议
MARISAT	MARItime SATellite	海事卫星(通信)
MB	MegaByte	兆字节(1MB＝1024KB)
MBMS	Multimedia Broadcast Multicast Service	多媒体广播和组播业务
MBS	Mobile Broadband System	移动宽带系统
MC	Mutiple Carrier	多载波
MCM	Multi-Carrier Modulation	多载波调制

MD	Mobile Devices	移动设备
MDHO	Macro Diversity Handover	宏分集切换
ME	Mobile Equipment	移动设备
MEMS	Micro Electronic Mechanical System	微电-机系统
MEO	Medium-Earth Orbit	中间轨道
MGW	Media Gateway	媒体网关
MICS	Medical Implant Communications Service	医疗可植入通信系统
MIL	Military Specification（USA）	美国军用规格
MIMO	Multiple Input Multiple Output	多输入多输出
MLME	MAC sub-Layer Management Entity	MAC 子层管理实体
MMAC	MultiMedia Access Center	多媒体访问中心
MP3	MPEG Audio Layer 3	MPEG 音频标准第三版
MPEG-4	Moving Picture Experts Group	MP4（一种文件格式）
MPLS	Multi Protocol Label Switching	多协议标签交换
MS	Mobile Station	移动台
MSC	Mobile Switching Center	移动交换中心
MSISDN	Mobile Station International ISDN Number	移动台国际 ISDN 号码
MSRN	Mobile Station Roaming Number	移动台漫游号
MT	Mobile Terminal	移动终端
MTS	Mobile Telephone System	移动电话系统
MTSO	Mobile Telephone Switching Office	移动电话交换局
MUD	Multi-User Detection	多用户检测
MUSA	Multi-User Shared Access	用户共享接入技术
NACK	Negative Acknowledge	否定确认
NASA	National Aeronautics and Space Administration	美国国家航空航天局
NAT	Net Address Translation	网络地址转换
NB	Normal Burst	常规突发脉冲序列
N-CDMA	Narrow-band Code Division Multiple Access	窄带码分多址
NFC	Near Field Communication	无线射频识别机制
NFS	Network File System	网络文件系统
NFV	Network Function Virtualization	网络功能虚拟化
NHTSA	National Highway Traffic Safety Administration	美国高速公路安全管理局
NIC	Network Interface Card	网卡
NMT	Nordic Mobile Telephone	北欧移动电话
NPU	Network Processing Unit	网络处理单元
NSF	National Scientific Foundation	美国国家科学基金会
NSS	Network and Switching Subsystem	网络和交换子系统
NTT	Nippon Telephone and Telegraph	日本电话电报公司
NWK	Network	网络层
OA	Office Automation	办公自动化
OAM	Operation，Administration and Maintenance	操作、维护和管理
OBEX	Object Exchange Protocol	对象交换协议
OEM	Original Equipment Manufacturer	原设备制造商
OF	Optical Fiber	光纤（光导纤维）

OFDM	Orthogonal Frequency Division Multiplexing	正交频分复用
OFDMA	Orthogonal Frequency Division Multiple Access	正交频分多址接入
OFF	Optical Fiber Facing	光纤端面
OMC	Operation Maintenance Center	操作维护中心
ONF	Open Networking Foundation	开放网络基金会
OS	Operating System	操作系统
OSA	Open Service Architecture	开放业务体系结构
OSI	Open System Interconnect	开放系统互连
OSPF	Open Shortest Path First	开放最短路径优先路由协议
OTD	Orthogonal Transmit Diversity	正发射分集
OVS	Open VSwitch	多层虚拟交换机(网络分层的层)
OVSF	Orthogonal Variable Spread Factor	正交可变扩频因子
PAL	Programmable Array Logic	可编程阵列逻辑
PAN	Personal Area Network	个域网
PANID	Personal Area Network ID	个人局域网标识
PAPR	Peak to Average Power Ratio	功率峰值与均值比
PB	PetaByte	拍字节(1PB＝1024TB)
PC	personal Computer	个人计算机
PCCH	Paging Control Channel	寻呼控制信道
P-CCPCH	Primary Common Control Physical Channel	主公共控制物理信道
PCF	Packet Control Function	分组控制功能
PCH	Paging Channel	寻呼信道
PCM	Pulse Code Modulation	脉冲编码调制
PCPCH	Physical Common Packet Channel	物理公共分组信道
PCS	Personal Communication System	个人通信系统
PCU	Packet Control Unit	分组控制单元
PDA	Personal Digital Assistant	个人数字助理
PDCP	Packet Data Convergence Protocol	分组数据汇聚协议
PDSCH	Physical Downlink Shared Channel	物理下行共享信道
PDSN	Packet Data Serving Node	分组数据服务节点
PDU	Protocol Data Unit	协议数据单元
PEM	Privacy Enhanced Mail	保密邮件
PHS	Personal Handset System	个人便捷电话系统
PHY	Physical layer	物理层
PIB	Personal Information Bubble	个人信息泡
PICH	Page Indication Channel	寻呼指示信道
PID	Process Identification	进程标识
PIN	Personal Identification Number	个人识别码
PL	Private Line	专用线路
PLC	Planar Lightwave Circuit	平面波导线路
PLMN	Public Land Mobile Network	公共陆地移动网络
PMD	Physical-Medium Dependent	物理媒介依赖
PMR	Private Mobile Radio	专用移动无线电
PNNI	Private Network-to-Network Interface	专用网间接口

PNP	Plug And Play	即插即用
POP	Point Of Presence	访问点
POS	Point Of Sells	电子收款机系统
PPDU	Presentation Protocol Data Unit	表示层协议数据单元
PPP	Point-to-Point Protocol	点到点协议
PRACH	Physical Random Access Channel	物理随即接入信道
PRMA	Packet Reservation Multiple Access	分组预留多址
PS	Packer-Switched domain	分组交换(域)
PSDN	Packet Switched Data Network	包交换数据网
PSDU	Presentation Service Data Unit	表示层服务数据单元
PSK	Phase Shift Keying	移相键控编码调制
PSPDN	Packet Switched Public Data Network	分组交换公用数据网
PSTN	Public Switched Telephone Network	公共交换电话网
PTN	Personal Telecommunication Number	个人通信号码
PTR	Principle Traffic Route	主要业务路由
PUSCH	Physical Uplink Shared Channel	物理上行共享信道
PV	Parameter Value	参数值
PVC	Permanent Virtual Channel	永久虚通道
PVP	Permanent Virtual Path	永久虚通路
PWLAN	Public Wireless Local Area Network	公共无线局域网
QAM	Quadruture Amplitude Modulation	正交振幅调制
QCELP	Qualcomm Code Excited Linear Predictive	Qualcomm 码激励线性预测编码器
QoS	Quality of Service	服务质量
QPSK	Quadrature Phase Shift Keying	正交相移键控
RACH	Random Access Channel	随机接入信道
RADIUS	Remote Authentication Dial In User Service	远程拨号用户鉴权服务
RAN	Radio Access Network	无线接入网
RAND	Random Number (Used For Authentication)	随机数(用于鉴权)
RAT	Radio Access Technology	无线接入技术
RC	Radio Channel	无线电信道
RF	Radio Frequency	无线电射频
RF4CE	Radio Frequency for Consumer Electronics	消费电子类天线电射频
RFCOMM	Radio Frequency Communication	串行线性仿真协议
RFD	Reduced-Function Device	精简功能设备
RFID	Radio Frequency Identification	无线射频识别技术
RG	Residential Gateway	本地(住宅)网关
RGCH	Relative Grant Channel	相对授权信道
RIP	Routing Information Protocol	路由信息协议
RIPE-NCC	Reseau IP Europeans-Network Information Center	欧洲地区网络信息中心
RLC	Radio Link Control	无线链路控制
RLP	Radio Link Protocol	无线链路协议
RNC	Radio Network Controller	无线网络控制器
RNS	Radio Network Subsystem	无线网络子系统
RRC	Radio Resource Control	无线资源控制

RS	Relay Station	接力站
RSA	Rivest Shamir Adleman	一种由这三个人创立的算法
RSSI	Radio Signal Strength Indication	接收信号强度指示
RSVP	Resource Reservation Protocol	资源预留协议
RTP	Real-time Transport Protocol	实时传输协议
RTT	Radio Transmission Technology	无线传输技术
RTT	Round Trip Time	往返时延
RX	Receiver	接收机
SACCH	Slow-Associated Control Channel	慢辅助控制信道
SAW	Stop & Wait	停止等待协议
SB	Synchronization Burst	同步突发脉冲序列
S-CCPCH	Secondary Common Control Physical Channel	辅助公共控制物理信道
SCH	Synchronization Channel	同步信道
SCO	Synchronous Connection Oriented	面向连接的同步链路
SCP	Service Control Point	业务控制点
SCS	System Control Station	系统控制站
SDCCH	Standalone Dedicated Control Channel	独立专用控制信道
SDM	Space Division Multiplexing	空分复用
SDMA	Space Division Multiple Access	空分复用接入(空分多址)
SDN	Software Defined Network	软件定义网络
SDP	Service Discovery Protocol	服务发现协议
SDR	Software Defined Radio	软件无线技术
SDS	Space Division Switch	空分交换
SDU	Service Data Unit	业务数据单元
SEP	Signaling End Point	信令终结点
SF	Spreading Factor	扩频因子
SFD	Start-of-Frame Delimiter	帧首定界符
SFN	System Frame Number	系统帧号
SGSN	Service GPRS Support Node	服务 GPRS 支持节点
SGW	Signaling Gateway	信令网关
SHCCH	Shared Channel Control Channel	共享信道控制信道
SIC	Simple Interference Cancellation	简单干扰消除
SIM	Subscriber Identity Module	用户识别模块
SINR	Signal to Interference Plus Noise Ratio	信号与干扰加噪声比
SIP	Session Initiation Protocol	会话初始化协议
SIR	Signal-to-Interference Ratio	信号干扰比
SISO	Simple Input Simple Output	单输入单输出
SLB	Server Load Balancing	服务器负载均衡
SM	Streaming Mode	流模式
SMG	Special Mobile Group	特别移动组
SMS	Short Message Service	短消息服务
SMTP	Simple Message Transfer Protocol	简单邮件传输协议
SNMP	Simple Network Management Protocol	简单网管协议
SNR	Signal-to-Noise Ratio	信噪比

SNS	Social Network Service	社交网络服务
SOA	Service-Oriented Architecture	面向服务的体系结构
SOHO	Small Office/Home Office	小型办公室/家庭办公室
SON	Self-Organized Network	自组织网络
SOQPSK	Offset QPSK	偏置四相相移键控
SQL	Structured Query Language	结构化查询语言
SRES	Signed Response	符号响应
SRNC	Serving Radio Network Controller	服务无线网络控制器
SRNS	Serving Radio Network Subsystem	服务无线网络子系统
SS	Spread Spectrum	展频
SSID	Service Set Identifier	服务集标志符
SSL	Secure Socket Layer	安全套接字协议层
SSVS	Super Smart Vehicle System	超智能车辆系统
STA	Station	端站
STBC	Space Time Block Code	空时块编码
STC	Space-Time Coding	空时编码
STTD	Space Time Transmit Diversity	时空编码发射分集
SVM	Support Vector Machine	支持向量机
TACS	Total Access Communication System	全接入通信系统
TB	TrillionByte	太字节(1TB=1024GB)
TC	Transmission Convergence	传输汇聚
TCH	Traffic Channel	业务信道
TCP	Transmission Control Protocol	传输控制协议
TCP/IP	Transport Control Protocol/Internet Protocol	传输控制协议/网际协议
TCS	Telephony Control Specification	电话控制协议
TDD	Time Division Duplex	时分双工
TDM	Time Division Multiple	时分复用
TDMA	Time Division Multiple Access	时分多址
TD-SCDMA	Time Division Synchronous Code Multiple-Access	时分同步码分多址
TE	Terminal Equipment	终端设备
TFCI	Transmit Format Combination Indicator	传输格式组合指示
TFCI	Transport Format Combination Indicat	传输格式联合指示
TG	Tandem Gateway	中继网关
TIA	Telecommunication Industry Association	(美)电信工业协会
TICS	Traffic information communication system	交通信息通信系统
TKIP	Temporal Key Integrity Protocol	暂时密钥完整性协议
TL	Transport Layer	传送层
TMSI	Temperate Mobile Station Identity	临时移动识别码
TPC	Transmit Power Control	发送功率控制
TRX	Transceiver	收发信机
TSTD	Time Switched Transmit Diversity	时间切换发射分集
TTI	Transmission Time Interval	传输时间间隔
TTL	Time To Live	生存时间
TX	Transmit	发送

TXOP	Transmission Opportunity	传输机会
UART	Universal Asychronous Receiver Transmitter	通用异步收发器
UCAID	University Corporation for Advanced Internet Development	推进 Internet 发展的大学团体
UDP	User Datagram Protocol	用户数据报协议
UE	User Equipment	用户设备
UHF	Ultra High Frequency	超高频
UL	Up-Link	上行链路
ULP	Untra Low Power	超低功耗（蓝牙）
UMB	Ultra Mobile Broadband	超移动宽带系统
UMTRI	University of Michigan Transportation Research Center	密歇根大学交通研究中心
UMTS	Universal Mobile Telecommunication System	全球移动通信系统
UPnP	Universal Plug and Play	通用即插即用（设备）
USB	Universal Serial Bus	通用串行总线
USC	Universal Service Circuit	通用业务电路
USCH	Uplink Shared Channel	上行共享信道
USIM	UMTS Subscriber Module	针对 UMTS 网络的 SIM 卡
UTMS	Universal Mobile Telecommunications System	通用移动通信系统
UTRA	UMTS Terrestrial Radio Access	UMTS 地面无线接入
UTRAN	UMTS Terrestrial Radio Access Network	UMTS 陆地无线接入网
UWB	Ultra Wide Band	超宽带
V2V	Vehicle to Vehicle	车车通信
VAD	Voice Activity Detection	语音激活检测
VFDM	Vandermonde-subspace Frequency Division Multiplexing	范德蒙德子空间频分复用
VLAN	Virtual LAN	虚拟局域网
VLR	Visiting Location Register	访问位置寄存器
VLSI	Very-Large-Scale Integration	超大规模集成电路
VMSC	Visited MSC	拜访 MSC
VoIP	Voice over IP	IP 语音
VPN	Virtual Private Network	虚拟专用网
VR	Virtual Reality	虚拟现实
VSAT	Very Small Aperture Terminal	甚小口径地终端
VTC	Videotex Terminal Control	可视图文终端控制
VXLAN	Virtual eXtensible Local Area Network	虚拟可扩展局域网
WA	Wireless Access	无线接入
WAE	Wireless Application Environment	无线应用环境
WAN	Wide Area Network	广域网
WAP	Wireless Application Protocol	无线应用协议
WARC	World Administrative Radio Committee	世界无线电管理委员会
WB	WideBand	宽带
WBAN	Wireless Body Area Network	无线体域网
WCDMA	Wideband CDMA	宽带码分多址
WDT	Weight Data Transmitter	加权数据发送器

WECA	Wireless Ethernet Compatibility Alliance	无线以太网相容联盟
WEP	Wired Equivalent Privacy	有线等效保密
Wi-Fi	Wireless Fidelity	无线保真
WiMAX	Worldwide Interoperability for Microwave Access	全球微波互联接入
WLAN	Wireless Local Area Network	无线局域网
WLL	Wireless Local Loop	无线本地环路
WMAN	Wireless Metropolitan Area Network	无线城域网
WMTS	Wireless Medical Telemetry Service	无线医疗遥测服务
WP5D	Working Party 5D	第5研究组国际移动通信组
WPA	Wi-Fi Protected Access	Wi-Fi 网络保护访问
WPA2	Wi-Fi Protected Access 2	Wi-Fi 保护访问 2
WPAN	Wireless Personal Area Network	无线个域网
WSIS	World Summit on the Information Society	信息社会世界峰会
WSN	Wireless Sensor Networks	无线传感器网络
WWW	World Wide Web	万维网
ZB	Zettabyte	泽字节(1ZB＝1024EB)
ZDO	ZigBee Device Objects	ZigBee 设备对象
ZLL	ZigBee Light Link	Zigbee 照明方案

图书资源支持

感谢您一直以来对清华版图书的支持和爱护。为了配合本书的使用，本书提供配套的素材，有需求的用户请到清华大学出版社主页（http://www.tup.com.cn）上查询和下载，也可以拨打电话或发送电子邮件咨询。

如果您在使用本书的过程中遇到了什么问题，或者有相关图书出版计划，也请您发邮件告诉我们，以便我们更好地为您服务。

我们的联系方式：

地　　址：北京海淀区双清路学研大厦 A 座 707

邮　　编：100084

电　　话：010－62770175－4604

资源下载：http://www.tup.com.cn

电子邮件：weijj@tup.tsinghua.edu.cn

QQ：883604（请写明您的单位和姓名）

用微信扫一扫右边的二维码，即可关注清华大学出版社公众号"书圈"。

扫一扫
资源下载、样书申请
新书推荐、技术交流